Jörg Michael Kastl

Gesellschaftliche Komplexität und redaktionelle Routine

Studien zur Sozialwissenschaft

Band 142

Jörg Michael Kastl

Gesellschaftliche Komplexität und redaktionelle Routine

Zur Funktion und Sozialisation freier Mitarbeiter

Westdeutscher Verlag

Die Deutsche Bibliothek – CIP-Einheitsaufnahme

Kastl, Jörg Michael:
Gesellschaftliche Komplexität und redaktionelle Routine:
zur Funktion und Sozialisation freier Mitarbeiter / Jörg Michael
Kastl. – Opladen: Westdt. Verl., 1994
(Studien zur Sozialwissenschaft; Bd. 142)
ISBN 978-3-531-12569-5 ISBN 978-3-322-89381-9 (eBook)
DOI 10.1007/978-3-322-89381-9
NE: GT

Der Westdeutsche Verlag ist ein Unternehmen der Verlagsgruppe Bertelsmann International.

Umschlaggestaltung: Christine Huth, Wiesbaden

Gedruckt auf säurefreiem Papier

ISBN 978-3-531-12569-5

Diese Arbeit wäre ohne
Andrea Pfeifer, Anneliese Rancins, Armin Knauer,
Frank Heublein, Stefan Loeffler und Wolfgang Leißa
nicht zustande gekommen.
Eine Widmung drückt meinen
Dank nur unvollkommen aus.

Inhalt

Verzeichnis der Tabellen

Verzeichnis der Abbildungen

Vorbemerkungen

Es gibt verschiedene Möglichkeiten, Fragestellungen wissenschaftlicher Arbeiten zu begründen. Die legitime und allgemein übliche besteht darin, daß man sich in den sicheren Fortgang einer langjährigen Forschungstradition einreiht: Bisher ist dies und das gemacht worden, möglicherweise sind ja die Fragen falsch gestellt worden, und deshalb soll diese Arbeit dies und jenes leisten. Dahinter steht eine notwendige Fiktion des Fortgangs der Wissenschaft und darum kommt auch diese Arbeit nicht herum: Aber bevor ich in einem ersten Teil Literatur besprechen, Konzepte diskutieren und einen theoretischen Rahmen zusammenbauen will, der ganz zwangsläufig auf die Fragen hinausläuft, die wir uns gestellt haben, möchte ich auf eine zweite Möglichkeit hinweisen, Fragestellungen zu begründen.

Sie besteht im Hinweis auf die Kontingenzen, die einen Forschungsprozeß bestimmt haben und ist eigentlich nicht legitim, weshalb ich sie in dieses kurze Vorwort verbanne, bevor ich mich der wissenschaftlichen Disziplin unterwerfe und mein trockenes: "Diese Arbeit soll ..." intoniere. Zuvor also ein kurzer Blick auf die Geschichte der Umstände, die zu der Fragestellung oder zur Kombination von Fragestellungen, die dieser Arbeit zugrundeliegen, geführt haben. Sie sind eng verknüpft mit einem kleinen Forschungsprojekt des Soziologischen Seminars Tübingen am SWF-Landesstudio Tübingen.

Das Projekt entstand aus einem bis dahin losen Arbeitskontext heraus, in dessen Rahmen wir uns mit Fragen eines spezifisch *soziologischen* Zugangs zu Problemen der Analyse der Massenmedien und Massenkommunikation beschäftigt haben. Angeregt wurde das ursprünglich in Seminaren, die Walter M. Sprondel abgehalten hatte und in vielen Gesprächen mit ihm, Gesprächen, denen auch diese Arbeit wichtige Anregungen verdankt. Wir, das heißt eine Gruppe von Studenten und Mitarbeitern Prof. Sprondels, setzten das außerhalb von Seminaren fort. In verschiedenen kleineren Arbeiten und eigenen Forschungen beschäftigten wir uns mit Zeitungslesern und Zuschauern, mit Agenda Setting, mit der Analyse massenmedialer Kommunikate und eben auch - mit Journalisten.

Ich selbst hatte in meiner Magisterarbeit einen kommunikationstheoretischen Zugang zur Fernsehanalyse gewählt, der an den Problemen und Risiken ansetzte, die für den Kommunikator mit dem Betreiben von Massenkommunikation verbunden sind. Von daher entstand dann das Interesse an der Frage, was Journalisten eigentlich tun, wenn sie gesellschaftliche Wirklichkeit in handliche 2-Minutenportionen abpacken und wie sich der soziale Handlungszusammenhang, in den das eingebaut ist, beschreiben läßt.

Dazu kam bei mehreren von uns ein - ich sage es, wie es ist - diffuses Motiv, praktisch zu forschen, selber Daten zu erzeugen, anstatt immer nur die Phantasie zu pflegen: wenn man das und jenes herauskriegen wollte, bräuchte man

Daten der Form xy. Daß das alles nicht so leicht ist, wie es sich in der Phantasie ausnimmt, war uns klar. Aber wie anfangen? Wir brauchten eine Idee, die hinreichend konkret war, um daraus ein realistisch zu bearbeitendes Problem zu formulieren, das trotzdem Bezug hatte zu den großen Fragen, die wir fortwährend diskutierten, und das Ganze mußte dann auch noch mit einem von uns und mit möglichst geringem Aufwand erreichbaren Forschungsfeld verknüpft sein.

Wir hatten mehrere freie Mitarbeiter unter uns: Armin Knauer und Jörg Hamann bei der Zeitung, Andrea Pfeifer im Rundfunk und später stießen noch Wolfgang Leißa und Stefan Loeffler hinzu, auch sie freie Mitarbeiter. Durch irgendeinen Zufall wurden wir auf einige Artikel aufmerksam, die sich mit der Funktion freier Mitarbeit befaßten und wir wußten natürlich, daß freie Mitarbeit im Journalismus eine entscheidende Rolle spielt.

Was man aus diesen Artikeln herauslesen konnte, waren Thesen wie: "Freie Mitarbeit ist strukturell mit journalistischer Arbeit verknüpft", "Journalisten müssen die gesellschaftliche Realität und ihre Vielfalt zur Darstellung bringen, das können aber nicht die paar wenigen, die festangestellt in den Anstalten sitzen und dort zunehmend in Organisationsarbeit bürokratisch verkrusten. Deshalb braucht man die freien Mitarbeiter, sie fungieren als Einschleuser der gesellschaftlichen Realität in die Rundfunkanstalten; sie garantieren eine Repräsentation der gesellschaftlichen Umwelt in der Rundfunkanstalt".

Wir wußten schon insgeheim, daß da wahrscheinlich ein oder mehrere Haken waren. Aber diese Fragestellung war zu verlockend. Die alten, großen Fragen der Medienforscher ließen sich damit verknüpfen: transportieren Journalisten die gesellschaftliche Realität? Wie selektieren sie aus der komplexen Realität der modernen Gesellschaft das in der Regel sehr viel schlichtere Abbild, das wir in Zeitungen, im Radio, im Fernsehen zu Gesicht bekommen?

Das war sozusagen das philosophisch Interessante an dem Thema, viel wichtiger war aber, daß wir uns, weil sich die Artikel auf einen organisatorischen Kontext und bestimmte Strukturmerkmale dieses Kontextes bezogen, unmittelbar die ersten Schritte und Operationalisierungen vorstellen konnten: Kontaktaufnahme mit dem Studio; Arbeitsbeobachtung, Befragung; Vergleich zwischen festen und freien Mitarbeitern; Untersuchung der organisatorischen Einbettung der Arbeit der freien Mitarbeiter. Damit gingen wir ins Studio des Südwestfunks in Tübingen. Wir stießen nicht gerade auf Begeisterung, aber man ließ uns hinein und brachte uns schließlich ein Vertrauen entgegen, für das wir nach wie vor dankbar sind. Es ist schließlich keine Kleinigkeit, sich den ganzen Tag auf Schritt und Tritt von einem (wie es dann genannt wurde) "Schatten" verfolgen zu lassen. Wir taten zunächst so, als ob wir die Hypothesen unserer Gewährsleute beweisen bzw. widerlegen wollten, bastelten ein Modell daraus, das "Speditionsmodell", wir erfanden Operationalisierungen, erwarteten insgeheim, daß es so ganz nicht stimmt . . . und siehe da: es stimmte auch nicht ganz.

Etwas, was wir "Professionalität" nannten, spielte offenbar eine wichtigere Rolle als die Konfrontation des unbefangenen freien Mitarbeiters mit der "Wirklichkeit". Das ist nicht besonders überraschend. Aber es ist etwas anderes, eine

Selbstverständlichkeit zu wissen und sie empirisch und methodisch kontrolliert zu objektivieren. Wir konnten aufgrund eigener Beobachtungen journalistischer Arbeit (und das ist eine schöne Erfahrung für Schreibtisch-Soziologen, die wir bislang waren) angeben, worin diese Professionalität eigentlich begründet liegt: in der Beherrschung von Formen und im Umgang mit praktischen Zwängen, die eine bestimmte Sichtweise auf die gesellschaftliche Wirklichkeit nahelegt. Eine Sichtweise, die sich von der eines Nicht-Journalisten so sehr unterscheidet, daß die Geschichte mit dem Transport der gesellschaftlichen Realität etwas ins Wanken geriet.

Aus unseren Beobachtungen ergab sich ein zweites Modell, ein Gegenmodell: freie Mitarbeit als "professionelle Sozialisation", das ganz andere Prämissen über "Umwelt", über das Verhältnis von "gesellschaftlicher Wirklichkeit" und der journalistischen Praxis enthielt wie das erste Modell. Wir bauten unser Sozialisationsmodell und ein weiteres, das "Umweltmodell", das eigentlich nur die Implikationen des Sozialisationsmodells ausführt. Das setzte uns in die Lage, das weitere Vorgehen (Fragebögen, Interviews) als eine Art "Test" konkurrierender Modelle aufzuziehen. So stellte sich uns unser eigenes Vorgehen wohlgemerkt *nachträglich* dar, als wir auf der Hütte in Oberjoch versuchten, auf den Punkt zu bringen, was wir eigentlich gemacht hatten. Die Wirklichkeit folgte natürlich - wie das immer der Fall ist - etwas krauseren Linien. Aber wir fanden eigentlich, daß wir - nach zeitweiligen Phasen der Desorganisation - immer wieder auf den Punkt kamen und die notwendigen operativen und methodischen Schritte einleiteten.[1]

Uns war es wichtig, sich so gut es unsere Vorerwartungen zuließen, dem Gegenstand anzuvertrauen, das Instrumentarium nicht so weit festzulegen, daß kein Spielraum für Korrekturen mehr bleibt, aber es immerhin so weit festzulegen, daß wir noch rekonstruieren können, welchen Weg wir genommen haben. Es sollte nicht bloß herauskommen, was wir hineingesteckt hatten; aber wir sollten auch nicht irgendwo ankommen, ohne zu wissen, wie wir dahin gekommen waren.

Die vorliegende Arbeit versucht nun ebenfalls eine solche Strukturierung, von der man nicht richtig sagen kann, was daran eine "nachträgliche Ordnung" ist und was nicht. Ich möchte unsere Forschungsarbeit in einen theoretischen und empirischen Zusammenhang des Faches einbauen. Dazu werde ich in einem ersten Teil versuchen, einen Stand der Diskussion im Bereich der Kommunikatorforschung, der Organisationssoziologie und der Theoriediskussion zu rekonstruieren, von dem ich glaube, daß er unserem Vorgehen und unseren Ergebnissen entspricht und nochmals gezieltere Anschlußfragen zuläßt. Ich habe dabei versucht, eine möglichst intensive Nutzung weniger Studien vorzunehmen, weil mir scheint,

1 Karl Weik würde sagen: "Ihr habt das gemacht, was ich unter Organisieren verstehe: 'Die Gruppe gestaltet mehrdeutiges Rohgerede, das Gerede wird retrospektiv gesichtet und mit Sinn belegt und dieser Sinn wird im Retentionsprozeß als Wissen gespeichert. Das Ziel jedes Prozesses war es, Mehrdeutigkeit zu verringern und eine Vorstellung von dem, was geschehen ist, zu gewinnen.'" (Weick 1985, S. 195)

daß die Triftigkeit systematischer Argumente sich am besten in der Auseinandersetzung mit Details zeigen läßt. Insofern verfolge ich nicht den Anspruch einer umfassenden Dokumentation aller relevanten Forschungsarbeiten, die bis heute vorliegen, wohl aber den, an den von mir ausgewählten Arbeiten einen systematischen Stand darlegen zu können. Im zweiten Teil möchte ich unser Material nochmal so aufbereiten, daß es in diesem systematischen Kontext eine Bedeutung bekommt, die vorher nicht so deutlich abzusehen war.

Der erste Teil ist dabei so geschrieben, als hätte er zunächst keine Beziehung zu unserer Forschung. Das ist aber nur aus Gründen der Darstellung so, der Bericht über unsere Forschungsergebnisse wird dadurch von systematisch-theoretischen Überlegungen und von einer Überladung durch Bezüge zu anderen empirischen Arbeiten entlastet, zugleich aber im Vorgriff organisiert. Die Darstellung erzeugt die Fiktion, daß die Theorie und Aufarbeitung des Forschungsstandes eine bestimmte Fragestellung und damit verbundene Operationalisierungen erzeugt hat. In Wirklichkeit ist das, was ich als ersten Teil präsentiere und die Art, wie ich das tue, ebenso *Resultat* wie *Voraussetzung* unseres empirischen Vorgehens.

Wir haben die Sache auf eigene Rechnung, mit eigener Fragestellung begonnen, keiner hat uns einen Auftrag erteilt und niemand braucht einen Nutzen daraus zu ziehen. Dementsprechend geht es manchmal nicht um Handfestes, sondern um erkenntnistheoretische Spitzfindigkeiten. Es ist ein Spiel mit einigen wenigen Regeln. Weil das im zwangsläufig seriösen Ton des folgenden etwas untergehen wird, wollte ich es an dieser Stelle noch anmerken.

Teil I
Die Komplexität der Gesellschaft und die Organisation der journalistischen Arbeit

1. Einleitung

1.1. Massenmedien und "Komplexität"

Seit sich Theoretiker und Forscher mit dem Problem der Herstellung von Massenkommunikationen befaßt haben, ist damit immer auch das Problem berührt, wie Programm-Macher und Journalisten zu ihren Inhalten kommen und in welchem Verhältnis die Produkte journalistischer Arbeit zu ihrem Gegenstand stehen. Fast immer wird dieses Problem explizit oder implizit als ein Problem von Komplexität und der Bewältigung von Komplexität beschrieben.

Diese Problemfassung ergibt sich schon aus der Wahrnehmung einer Diskrepanz zwischen massenmedialen Formen und denkbaren Gegenständen massenmedialer Berichterstattung. Es gibt offensichtlich keinen gesellschaftlichen und außergesellschaftlichen Sachverhalt, den man sich nicht als potentiellen Inhalt von Zeitungen, von Rundfunk- und Fernsehprogrammen vorstellen könnte: ob sogenannte "Nachrichten", ob fiktionale Inhalte jeder erdenklichen Art, ob Kochrezepte, Sex, die Arbeit von Gefängniswärterinnen, das Paarungsverhalten der Ringelnatter, steckengebliebene Aufzüge, das Jubiläum einer Waagen-Fabrik, die Medien selbst, Krieg, Terrorismus, Zwölftonmusik, die Bepflanzung von Kleingärten.

Zugleich trifft man allerdings im faktisch gesendeten Programm eine rigide Beschränkung der möglichen Inhalte durch Formen und durch zeitliche Vorgaben an. Im Einzelfall, so muß man zumindest unterstellen, ist also eine Selektion erfolgt. Wie und aufgrund welcher Kriterien dies geschieht, ist eine Forschungsfrage, die sich von den Anfängen der Forschung über massenmediale Kommunikatoren bis heute durchzieht. Dabei wird meist von einer spezifischen Problemsicht ausgegangen: Es wird zunächst angenommen, daß eine im Prinzip unendliche oder jedenfalls doch schwer überschaubare Anzahl von Ereignissen und Themen vorgegeben ist, aus denen ausgewählt werden muß. Die Unterstellung ist, daß diese Auswahl nicht willkürlich geschehen kann. Es müssen dann Kriterien her, Kodes, durch die die Auswahlakte gesteuert werden. So spricht man beispielsweise in bezug auf die Gegenstände des Tagesjournalismus in der Kommunikatorforschung von sogenannten "Nachrichtenwerten"[2].

Diese Problemformulierung reicht bis ins 16. Jahrhundert zurück. Ein gewisser Tobias Peucer operiert in einer Dissertation über das Zeitungswesen mit der Vorstellung einer Auswahl des "Erinnerns- und Wissenswerten" "aus einer fast unendlichen Zahl von Ereignissen".[3] Die Liste, die der Autor dann anführt, unterscheidet sich von neueren Versuchen der Bestimmung von Nachrichtenwerten[4] mehr durch die Konkretheit der Kategorien (Wunderzeichen, Ungeheuerlichkeiten, Überschwemmungen, Erdbeben, neue Erfindungen, Regierungswechsel, Kriegs- und Friedensunternehmungen, der Tod berühmter Männer usw. usw.) als durch prinzipielle inhaltliche Verschiedenheiten. Kunczik schätzt die empirische Validität solcher Nachrichtenwertlisten allerdings eher als dürftig ein. Das Problem dürfte sich noch krasser stellen, wenn man nicht nur tagesjournalistische Formen berücksichtigt, sondern das gesamte Spektrum der von den Medien (z. B. auch des Fernsehens) kommunizierten Inhalte in Betracht zieht. Selbst die Behauptung (schon von Peucer geäußert) das tägliche Tun des Menschen könne kein Gegenstand werden, wird dann hinfällig - denn auch dafür stehen Formen von Vorabendserien bis zu "Lebenswelt"-Reportagen zur Verfügung.

Dieselbe Problemformulierung liegt, darauf komme ich noch, den sogenannten "Gate-keeper-Studien" zugrunde. Hier wird die Fülle der möglichen Ereignisse zwar nicht mehr als unendlich betrachtet, sie beschränkt sich auf die Fülle des Materials, das aus dem Fernschreiber in die Redaktionen tickert - aber auch hier ist angesichts des Umstandes, daß nur etwa ein Zehntel des Materials genutzt wird, thematisch, daß Selektionen aus einem komplexen Gesamt erfolgen und es wird die Frage nach dem "Wer" und "Wie" dieser Selektion gestellt.

Auch im Rahmen eher theoretischer Arbeiten zu Fragen der Medienkommunikation findet man entsprechende Formulierungen. Bei Luhmann beispielsweise liest es sich im Kontext der Theorie der gesellschaftlichen Differenzierung so[5]: Alle Funktionssysteme der modernen Gesellschaft (Politik, Wirtschaft, Erziehung usw.) verfügen in Gestalt subsystemspezifischer binärer Kodes (Geld, Macht usw.) über Mechanismen, jeweils nur einen begrenzten Teil der Welt (als der Gesamtheit denkbarer Sinn-Möglichkeiten) unter sehr begrenzten Gesichtspunkten in den Blick kommen zu lassen. Sie stellen Komplexität reduzierende Vermittlungsstrukturen zwischen Welt und "selektivem Geschehen" in der Gesellschaft dar. Mit der "Leistungsfähigkeit" und Eindeutigkeit solcher Strukturen hängt dann auch die Organisierbarkeit von gesellschaftlichen Funktionen zusammen. Solche binären

2 vgl. zusammenfassend Kunczik 1988, S. 197 ff.
3 Kunzcik 1988, S. 197
4 z.B. Galtung/Ruge 1965, Böckelmann 1975, S. 63 ff.
5 Luhmann 1981b

Kodes, so Luhmann, scheint es im Falle der Massenmedien nicht zu geben.[6] Die Konsequenz ist: "Hier kommt es zu einem relativ unvermittelten Selektionsdruck, zu einer scharfen, kaum begründbaren Selektion aus einem kaum limitierten Feld von Möglichkeiten; prinzipiell ist ja jedes Thema kommunikationsfähig." (Luhmann 1981b, S. 316). Die soziale *Organisation* von Massenkommunikation ist für Luhmann aufgrund dieses Umstands mit besonderen Problemen behaftet. "Können wir erwarten, daß sich durch Dekompositionsleistungen einer Organisation die Gesamtgesellschaft in der Nußschale reproduziert, daß der Makrokosmos als Mikrokosmos abgebildet wird?" fragt sich Luhmann.[7] "Offensichtlich ist das nicht der Fall", bemerkt er lakonisch und teilt dem Leser noch folgende Beobachtung mit:

> "Betrachtet man etwa Rundfunkanstalten, so wird man, wenn gelegentliche Impressionen mich nicht täuschen, ein ungewöhnlich turbulentes Milieu finden: zu viele Intelligenzen auf zu engem Raum bei scharfen, unbegründbaren Restriktionen - das scheint der Preis zu sein."(ebd., S. 319)

Hinter dem aphoristischen Duktus dieser Seitenbemerkung steckt ein Gedankengang, der uns noch beschäftigen wird: Organisationen reagieren auf komplexe, "turbulente" Umwelten mit der Ausbildung komplementärer Binnenstrukturen.[8] Vorerst kommt es nur darauf an, zu zeigen, daß sich auch bei Luhmann eine Problematisierung der Herstellung von massenmedialen Kommunikaten nach einem bekannten Muster ergibt: Prinzipiell sind die Medien zuständig für eine sachlich nicht eingrenzbare Menge potentieller Themen und Ereignisse. Faktisch wird aber nur über eine sehr begrenzte Anzahl von Ereignissen und Inhalten berichtet. Damit verbunden ist ein Problem von "Komplexität". Bei Luhmann besteht die Pointe allerdings nicht in dem Sachverhalt "Komplexität" als solchem, denn in der funktional-strukturellen Theorie bewältigt bekanntlich jedes soziale System Komplexität. Das Besondere im Falle massenmedialer Organisationen besteht im Fehlen eines institutionalisierten Selektionsschemas.

Theoriegeschichtlich gesehen hat übrigens die ganze neuere Kommunikationstheorie - und nicht nur die Kommunikationstheorie systemtheoretischer Provenienz - ihr Verständnis von Kommunikation an diesem Paradigma einer Auswahl aus zunächst unbegrenzten Möglichkeiten entwickelt. Der Ursprungskontext war letztendlich die sogenannte "Informations-", bzw. "Nachrichtentheorie". Information ist

---

6 Anders dagegen argumentiert die Arbeit von Frank Marcinkowski (Marcinkowski 1993). Marcinkowski nennt als spezifischen Kode eines gesellschaftlichen Subsystems "Publizistik" den binären Kode "veröffentlicht/nicht-veröffentlicht" bzw "öffentlich/nicht-öffentlich" (ebd., S. 65). Ohne an dieser Stelle eine Auseinandersetzung mit diesem Vorschlag führen zu können, so sticht doch das Tautologische dieses Konzeptes ins Auge. Die Kodes bei Luhmann lösen ein angebbares Problem, der hier vorgeschlagene "Kode" *ist* ja gerade das zu klärende Problem.

7 Luhmann 1981b, S. 318

8 vgl. Abschnitt 2.2.

im Kontext dieser Theorie ganz generell das Maß einer Wahlmöglichkeit bei der Selektion einer Botschaft:

"Information stellt die Auswahlfreiheit dar, die bei der Bildung einer Botschaft vorliegt, und muß folglich als statistische Eigenschaft der Quelle der Botschaften betrachtet werden. Anders gesagt: die Information ist jener Wert von Gleichwahrscheinlichkeit unter vielen kombinierbaren Elementen, je mehr Auswahlmöglichkeiten bestehen." (Eco 1972, S. 55)

In dieser Semantik ist der Informationsgehalt einer Botschaft und zugleich die Komplexität ihres Zustandekommens um so größer, je mehr Auswahlentscheidungen getroffen werden mußten. Auch Luhmanns Verständnis von Komplexität folgt diesem entscheidungstheoretischen Paradigma.[9] Mir geht es vorerst nur um die Kennzeichnung einer Denkweise, und nicht darum, ob sie einen empirischen Umstand trifft. Davon abgesehen, handelt es sich auch nicht nur um ein akademisch gestelltes Problem. Das beschriebene Paradigma ist fester Bestandteil auch außerwissenschaftlicher Debatten über die Massenmedien, in denen das Was und Wie ihrer Berichterstattung, ihre gesellschaftliche Relevanz und Wirkung und die Legitimität von Themen und Formen thematisch werden. Im zweiten Teil dieser Arbeit werde ich das am Beispiel der juristischen Auseinandersetzungen um die Institution der freien Mitarbeit ausführlich darstellen. Die zugrundeliegende Vorstellung ist immer: Die Medien sehen sich der unvermittelten "Komplexität" der modernen Gesellschaft gegenüber. Diesen Umstand würden sie mit der Soziologie teilen.

1.2. Zum Problem eines soziologischen Zugangs

Auf der Prioritätenliste der sich neu konstituierenden Disziplin "Soziologie" stand bekanntlich, von Max Weber auf die Tagesordnung gesetzt, das Stichwort "Soziologie des Zeitungswesens". Max Weber schlug beim ersten deutschen Soziologentag 1910 ein umfangreiches Programm vor, das Fragestellungen umfaßte, die man heute unter verschiedenen Rubriken wie Medienwirkungsforschung, Inhaltsanalyse von Medienkommunikaten, Berufssoziologie, Soziologie der Redaktion verbuchen würde. Warum ausgerechnet eine Soziologie des Zeitungswesens? Über die Gründe dieser Privilegierung geben Webers Ausführungen wenig Anhaltspunkte. Die überragende Bedeutung der Presse, damals das einzige Medium mit großer

---

9 Vgl. Luhmann 1987, S. 46 ff. Komplexität ergibt sich aus dem Sachverhalt, daß die Anzahl irgendwie gearteter Elemente in der Umwelt eines Systems so hoch ist, daß "nicht mehr jedes Element mit jedem anderen verknüpft sein kann" (ebd., S. 46) Die Folge ist: man muß sich entscheiden, welche Elemente und welche Beziehungen zwischen ihnen man herausgreift: "Komplexität in dem angegebenen Sinn heißt Selektionszwang"

Reichweite, schien ihm selbstevident: "... über die Größe der allgemeinen Bedeutung der Presse hier etwas zu sagen, hat ja keinen Zweck... Denken Sie sich die Presse einmal fort, was dann das moderne Leben wäre, ohne diejenige Art der Publizität, die die Presse schafft." (Weber 1911, S. 43).

Auch bei Weber klingt ein "Komplexitätsargument" an: allerdings nicht so sehr in Bezug auf die *Produktion* als vielmehr die *Rezeption*. Der Zeitungsleser, so Weber, nimmt jeden Morgen ein "Ragout" zu sich, "welches ihm eine Art von Chassieren durch alle Gebiete des Kulturlebens, von der Politik angefangen bis zum Theater, und allen möglichen anderen Dingen, aufzwingt" (ebd., S. 50) und: "Der fortwährende Wandel und die Kenntnisnahme von den massenhaften Wandlungen der öffentlichen Meinung, von all den universellen und unerschöpflichen Möglichkeiten der Standpunkte und Interessen lastet mit ungeheurem Gewicht auf der Eigenart des modernen Menschen" (ebd., S. 51)

Auch heute haben Soziologen keine Probleme, die Relevanz der Massenmedien für die moderne Gesellschaft zu begründen, zumal im Vergleich zu damals die Massenmedien mit Rundfunk und Fernsehen eine größere Präsenz im Alltag erreicht haben, als Weber sich das jemals hätte ausmalen können und die Bestandteile des "Ragouts" sich, wie ein beliebiger Blick in eine Programmzeitschrift zeigen könnte, vervielfacht haben. Um so überraschender ist der geringe Widerhall, den die Frage nach den modernen Massenkommunikationsmitteln im allgemeinen und das Problem ihrer berufsförmigen Herstellung im besonderen innerhalb der engeren Grenzen der Disziplin "Soziologie" gefunden hat. Das umfangreiche Programm Webers wurde bedingt durch den Ausbruch des ersten Weltkrieges nicht einmal ansatzweise in Angriff genommen. Bis heute kann von einer *soziologischen* Forschungskontinuität im Bereich der Medienforschung nicht die Rede sein.

Das trifft verstärkt auf das zu, was hier von Interesse ist, die soziologische Analyse der Herstellung von Medienkommunikaten. Systematische Anknüpfungspunkte hätte es an prominenter Stelle gegeben. Walter Lippmann hat in seinem 1922 erschienenen, mittlerweile zum Klassiker der Publizistik-Forschung avancierten Buch "Die öffentliche Meinung" bereits eine Richtung der Fragestellung vorgegeben, die soziologischen Untersuchungen den Weg hätte weisen können. Auch bei ihm findet sich das nachrichtentheoretische Paradigma "Reduktion von Komplexität durch Selektion": "Jede Zeitung ist im Augenblick, wo sie den Leser erreicht, das Endergebnis einer ganzen Reihe von Auswahlvorgängen, die bestimmen, welche Artikel an welcher Stelle mit wieviel Raum und unter welchem Akzent erscheinen sollen. Dafür gibt es keine objektiven Regeln. Es gibt aber Konventionen." (Lippmann 1964, S. 241)

Das Motiv der "Komplexität" wird auch hier wieder eingeführt, allerdings in einer etwas nüchterneren Instrumentierung:

"Selbst wenn alle Reporter der Welt Tag und Nacht arbeiteten, könnten sie nicht bei allen Ereignissen der Welt dabei sein. Es gibt auch nicht allzuviele

Reporter. Und keiner von ihnen hat die Kraft, an mehr als einem Platz gleichzeitig zu sein. Reporter sind keine Hellseher, sie blicken in keine magische Kristallkugeln, sie betrachten die Welt nicht nach Wunsch, keine Gedankenübertragung unterstützt sie. Und doch wäre der zahlenmäßige Umfang der Gegenstände, den diese verhältnismäßig wenigen Leute zu bearbeiten verstehen, wirklich ein Wunder, wäre es nicht standardisierte Routine" (Lippmann 1964, S. 231)[10]

Lippmann wendet das Problem also in einem Sinne, wie es etwa der Sicht der neueren Wissenssoziologie[11] entspricht: wenn es ein Problem der "Komplexität" gibt, dann antworten darauf schon immer berufliche und organisatorische Routinen. Anregungen dieser Art wurden in der Soziologie, von eher randständigen Arbeiten abgesehen, nie wirksam aufgegriffen, wie überhaupt die sogenannte "Kommunikatorforschung" überwiegend in Disziplinen wie Journalistik, Publizistik oder Kommunikationswissenschaften abgehandelt wird, selten im disziplinären Rahmen der Soziologie. Damit scheinen ganz bestimmte Defizite einherzugehen. Die an sich für eine soziologische Sichtweise ganz selbstverständliche Herangehensweise der Analyse der Handlungslogik des des sozialen Kontextes, innerhalb dessen die Produktion der Massenkommunikation erfolgt, versteht sich offenbar nicht von selbst. So beklagt Rühl noch 1989, daß die Journalisten-Forschung zu sehr an einer individualistischen Sichtweise ausgerichtet sei und die Perspektive, Redaktionen unter dem Gesichtspunkt ihrer Organisiertheit als "soziale Systeme" anzusehen, eher die Ausnahme bilde. Vielmehr: "Journalismus wird recht allgemein als Beruf gedeutet, der über psychische Einstellungen, persönliche Wertorientierungen, stereotypisiertes Selbstverständnis, berufliches und/oder professionelles Bewusstsein sowie durch andere, individuenbezogene Merkmale und Eigenschaften zu erschließen versucht wird...." (Rühl 1989, S. 255)

Das münde dann in einer Beschäftigung mit von der faktischen Realität des journalistischen Arbeitsalltags recht enthobenen subjektiven Ausdeutungen von Berufsrollen, die durch Befragung von Journalisten erhoben würden. Es ginge

---

10 Es sieht so aus, als ob Lippmann die Sache dann doch individualistisch-psychologisch wendet, wenn er etwa wie folgt formuliert: "Der Redakteur beschäftigt sich mit den Meldungen. Er sitzt in seinem Büro, liest sie, und nur selten beobachtet er einen größeren Teil der Ereignisse selbst..... Jede Meldung erfordert ein rasches, aber komplexes Urteil. Es muß verständlich sein, muß in Beziehung zu ebenso verständlichen anderen Meldungen gesetzt, je nach seinem voraussichtlichen Interesse für das Publikum hochgespielt oder abgeschwächt werden, wie es eben der Redakteur für wichtig hält. Ohne Standardisierung, ohne Stereotypen, ohne Routineurteile, ohne eine ziemlich rücksichtslose Vernachlässigung der Feinheiten stürbe der Redakteur bald an Aufregungen." (Lippmann 1964, S. 240). Lippmann rekonstruiert hier das Problem als eines der beruflichen Kompetenzen des einzelnen Journalisten. Ich werde darauf zurückkommen und zeigen, daß diese Sichtweise sehr wohl in eine organisationstheoretische Perspektive einzubauen ist. Lippmann heroisiert hier jedenfalls nicht ein journalistisches Berufsethos, sondern er verweist - auf dieses Argument will ich abheben - auf journalistische Alltagsroutinen als Lösungsformen eines Komplexitätsproblems.

11 Berger,Luckmann (1980)

diesen Untersuchungen eher um die Stützung journalistischer Berufsideologien, um die Heroisierung des "unabhängigen, freien, objektiv berichtenden Journalisten" als um eine sachliche Analyse der faktischen journalistischen Arbeit: "Ohne eine organisationsorientierte Differenzierung von Arbeits- und Berufsrollen ist eine empirische Berufsforschung begrifflich und theoretisch unzureichend gerüstet und sie kann schnell fehlgeleitet werden, begegnet sie dem beruflichen Selbstverständnis von Journalisten allein durch Befragung." (Rühl 1989, S. 255)

Journalismus ist für Rühl heutzutage überwiegend organisierter Journalismus. Die Einbettung journalistischer Arbeit in arbeitsteilige formale Organisationen sei unabdingbare Voraussetzung, "um Journalismus in zeitgemäßen Formen zu leisten". Deshalb sei grundsätzlich zu fragen, wie brauchbar Aussagen über heutigen Journalismus sind, wenn sie jegliche Art organisatorischer Bezüge vermissen ließen.[12] Rühls Argument läßt sich an der Geschichte einer prominenten Forschungstradition, den sogenannten "Gatekeeper-Studien", illustrieren, die zugleich in mustergültiger Weise das schon mehrfach erwähnte Komplexitätsmotiv in die Debatte brachten.[13]

Exkurs: Die Gatekeeper-Studien

Der Ausdruck "Gatekeeper" stammt von Kurt Lewin, der ihn zunächst am Beispiel des Entscheidungsverhaltens von Kunden eines Supermarkts entwickelt hatte. White und Gieber (1950) wandten ihn auf das Problem der Selektion von Nachrichten in Nachrichtenredaktionen an. Sie konzeptualisieren die Erzeugung von Nachrichten ("News") als einen regulierten Durchfluß von Informationen durch die "Kanäle" der nachrichtenproduzierenden Organisationen. Dabei gäbe es Stellen mit unterschiedlichen Funktionen, darunter eben die, die die Autoren "gate" nennen: "certain areas within the channels functioned as 'gates'. Carrying the analogy further, Lewin said that the gate sections are governed either by impartial rules or by 'gatekeepers' and in the latter case an individual or group is 'in power' for making the decision between 'in' or 'out'. (White 1964, S. 163)

Gatekeeper, zu deutsch "Pförtner", "Torhüter" (eine typische Grenzrolle also) - das war jener berühmte Mr. Gates, der als Nachrichtenredakteur am Fernschreiber Entscheidungen über Artikel von drei konkurrierenden Nachrichtenagenturen fällte. White und Gieber ließen ihn eine Woche lang alle nicht aufgenommenen Nachrichten aufbewahren und baten ihn dann noch bei jeder verworfenen Meldung um eine kurze Begründung der Zurückweisung. Die Ergebnisse dieser ersten Gatekeeper-Studie bestanden zum einen in einem Vergleich der Rangordnung der ausgewählten Meldungen mit den ursprünglich über den Fernschreiber eingegangenen nach Rubriken: Hier finden sich mit Ausnahme der Rubrik "human

12 Rühl 1989, S. 263

13 vgl. White 1964; Robinson 1973; Kunzcik 1988, S.192 ff.

interest" (35 % der eingangenen Meldungen, aber nur 23,1 % der benützten) kaum Abweichungen von mehr als 3 Prozent. Das zweite Ergebnis bestand in der Auswertung der Gründe der Zurückweisung von Meldungen durch Mr. Gates. Die Autoren bezeichnen dessen Begründungen an mehreren Stellen ihres Artikels als subjektiv und wertend: " ... we begin to understand how highly subjective, how reliant upon value-judgements based on the 'gatekeeper's' own set of experiences, attitudes and expectations the communication of 'news' really is" (ebd., S. 165).

Dieses Urteil stützen sie auf die Randbemerkungen, mit denen der "Gatekeeper" auf Wunsch der Forscher die verworfenen Meldungen kommentiert hatte. Allerdings besteht diese Liste, die White und Gieber in verschiedene Rubriken geordnet haben, zu einem großen Teil nicht aus Gründen oder Kriterien, sondern schlicht aus Urteilen: "not interesting", "too vague" oder "too far away". White und Gieber schließen aus der Diffusität dieser Formulierungen auf die Nicht-Existenz klarer Kriterien. Die Möglichkeit, daß der Gatekeeper in Wirklichkeit Kriterien folgt, die in Übereinstimmung mit professionellen oder redaktionellen Standards stehen, und die er nur nicht benennt, weil sie eben, wie Lippmann sagt "standardisierte Routine" sind, wird in dem von den Autoren gewählten Design nicht berücksichtigt. Zudem fällt auf, daß fast 50 % der Zurückweisungen damit begründet wurden, daß "kein Platz mehr frei" sei. Das ist nun aber eine Begründung, die man nicht unbedingt als "subjektiv" bezeichnen kann, sondern die eher mit sehr objektiven Zwängen der Zeitungsarbeit zusammenhängt.

Ganz unabhängig davon, daß die erste Gatekeeper-Studie die Frage nach den Kriterien der Auswahl nicht befriedigend in den Blick bekommen konnte, gab sie doch eine Antwort auf die Frage, auf welchem Wege denn die Fülle möglicher Gegenstände der Berichterstattung eingeschränkt wird. Im Verlauf der Bearbeitung von Nachrichten gibt es - so der Befund - offenbar eigens dafür ausdifferenzierte "Grenzrollen", die Entscheidungen über "in or out" treffen.

In den Nachfolgestudien ging es dann in der Tat darum, die Frage nach den Kriterien dieser Entscheidungen besser in den Blick zu bekommen. Die individualistische Sichtweise der ersten Studie wurde kritisiert, die herausgehobene Stellung des Gatekeepers wurde bezweifelt. Wenn man, so faßt Robinson diese weitere Entwicklung zusammen, den Gatekeeper als Mitglied einer Nachrichtenbürokratie ansieht, dessen Entscheidungen mit seiner Stellung innerhalb der Organisation verknüpft sei, dann könne man "nicht mehr zwischen dem differenzieren, der in einer Schlüsselposition sitzt und Entscheidungen trifft und den anderen Journalisten, die nur funktional differenzierte Rollen ausfüllen".[14] In der Tat war die Gatekeeper-Forschung in der Folge von einer Relativierung der Position des Gatekeepers bestimmt. So wurde darauf verwiesen,

> daß die Nachrichtenagentur für den Redakteur am Fernschreiber zur empfehlenden Instanz geworden sei

---

14 Robinson 1973, S. 346

- daß andere Positionen wie Chefredakteur, Verleger bzw. eine von ihnen durch formelle und informelle Mechanismen durchgesetzte Redaktionspolitik maßgeblich für die Kriterien der Auswahl seien,
- daß das Prestige der Nachrichtenquelle ausschlaggebend sei.

Robinson stellt den, wie sie es nennt, "individualistischen" "Gatekeeper"-Ansätzen ihr "kybernetisches" Modell entgegen, das sie in einer Studie über die jugoslawische Nachrichtenagentur Tanjug entwickelte. Sie versucht darin zu zeigen, daß im komplexen Prozeß der Nachrichtenselektion auf verschiedenen Ebenen Gatekeeper-Positionen eine Rolle spielen und ganze Abteilungen und Ausschüsse "Sensor"-Funktionen ausüben. Außerdem sei dieser Prozeß nicht einlinig, sondern würde über "feedback-Schleifen", "institutionalisierte Regelkreise" und informelle Kanäle gesteuert. Insgesamt sieht sie hier ein "homöostatisches System" am Werk: unabhängig von der eingehenden Informationsmenge gibt es, so Robinson, einen konstanten Ausstoß von Artikeln.[15] Der Gatekeeper ist in dieser Sicht nicht mehr die wichtigste Schaltstelle, sondern ein kleines Rädchen im System:

"Es hat sich herausgestellt, daß die meisten Gatekeeper... lediglich Durchlaß-Stellen besetzen. Die kleine Zahl von Journalisten, die tatsächlich weiterreichende Entscheidungen treffen, beeinflussen den Inhalt der Nachrichten: mit Hilfe prinzipieller Auswahlkriterien (Grob-Auswahl), durch Interpretation und die Urteile über Ausgewogenheit und Mischung der Nachrichten. Sie alle sind nicht die unabhängigen eigenverantwortlichen Persönlichkeiten, für die man sie ursprünglich hielt. Sie treffen ihre Entscheidungen weniger als Resultat eigener Abschätzung des Nachrichtenwerts, sondern vielmehr auf der Grundlage von professionellen und organisatorischen Kriterien.... " (Robinson 1973, S. 355)

Man kann sagen, daß sich hier in der Gatekeeper-Forschung das vollzog, was Rühl noch 1989 einklagte: eine Umstellung auf ein organisationstheoretisches Paradigma, hier in ein eher kybernetisches Sprachspiel gefaßt. Wenn auch nach wie vor das Hauptergebnis der Gatekeeper-Forschung eher in der Feststellung liegt, *daß* diese professionellen und organisatorischen Kriterien eine Rolle spielen als in ihrer inhaltlichen Auszeichnung, so bleibt doch festzuhalten: daß auf ein zu unterstellendes Problem der Auswahl von Nachrichten aus einer zu großen

---

15 "..Es wurde die Nachrichtenauswahl, wie wir gesehen haben, zunächst als eine linear verbundene Reihe individueller Entscheidungen begriffen und dann unter bürokratischen und prozeßhaften Aspekten gesehen. Die Organisationstheorie verdeutlichte, daß Nachrichtenselektion ein hierarchisch geordneter Prozeß ist, den das kybernetische Modell daraufhin spezifizierte, daß es mehr noch ein informationsreduzierender Prozeß ist, in dem Rollenträger, vorhandene Signalwege und 'Sensoren' durch feedback-Schaltungen verbunden sind, die eine relativ konstante Informationsabgabe und den homöostatischen Zustand des Gesamtsystems sicherstellen." (Robinson 1973, S. 354)

Gesamtmenge *organisatorisch* mit der Ausdifferenzierung von Rollen geantwortet wird, die auf verschiedenen Ebenen Selektionsentscheidungen zu treffen haben.

Was bis jetzt deutlich geworden ist, ist nicht viel mehr als eine Forschungsstrategie, eine Möglichkeit, wie man die großen "Komplexitätstheoreme" auf eine handhabbare Ebene heruntertransformieren könnte: nämlich über eine empirische Untersuchung des redaktionellen Alltags, der beruflichen und organisatorischen Routinen von Journalisten. Ob sich hier überhaupt ein Komplexitätsproblem stellt und in welcher Weise, ist dann zunächst einmal eine offene Frage. Und wenn es so ist, wie Lippmann behauptet, müßte man auch mit der Möglichkeit rechnen, daß das Problem vielleicht gar nicht mehr als Problem erkennbar ist. Mr. Gates schien jedenfalls keine großen Probleme damit zu haben, sein "no interest here" an den Rand der verworfenen Agenturmeldungen zu setzen, ohne sich um die Begründung allzu große Sorgen zu machen. "Funktionale Analyse ist", so heißt es lapidar bei Luhmann, "eine Technik der Entdeckung schon gelöster Probleme".[16]

Mit dieser Überlegung als Wegweiser werde ich im folgenden einen kleinen Durchgang durch eine Auswahl soziologisch bzw. organisationstheoretisch orientierter Rundfunk-Forschung unternehmen und sie auf ihre empirischen Befunde und deren theoretische Einordnung hin untersuchen. Die Einschränkung auf Rundfunk (bzw. Fernseh)-Organisationen ergibt sich aus dem pragmatischen Interesse einen Bezugsrahmen für unsere eigene Studie zu basteln, die ja im Bereich von Hörfunkredaktionen angesiedelt ist. Es geht mir dabei nicht darum, den jeweiligen empirischen Arbeiten oder theoretischen Konzepten zu einer vollständigen Darstellung zu verhelfen, sondern eher um die Kennzeichnung einer Systematik der Fragestellung. Teilweise lege ich Wert auf eine detaillierte Darstellung, dort nämlich, wo sich für meinen Geschmack grundlegende Probleme verbergen und wo es empirische Anknüpfungspunkte geben wird zu unserem eigenen Forschungsprojekt.

Durch den Rückgriff auf Begrifflichkeiten der allgemeinen Soziologie möchte ich versuchen zu ermitteln, auf welchem Niveau der Fragestellung und der empirischen Methoden man den zur Rede stehenden Gegenstandsbereich heute angehen müßte. Insofern spekuliere ich auf einen Minimalkonsens über den Stand des Faches.

---

16 Luhmann 1981b, S. 316

2. Exemplarische Untersuchungen der Organisationsstrukturen von Rundfunkanstalten

2.1. Journalisten in der Rundfunkanstalt - die Studie von Dygutsch-Lorenz

Im Zusammenhang der Frage nach organisationstheoretisch orientierten Analysen von Redaktionen im Bereich Hörfunk ist im deutschsprachigen Raum nach wie vor die Studie von Dygutsch-Lorenz von Bedeutung, obwohl sie mittlerweile zwanzig Jahre alt ist. Bis heute gibt es leider keine vergleichbar umfassend angelegte Studie, die detailliertere Einblicke in die Arbeitsweise von Hörfunkredaktionen gestatten würde.[17] Die 1971 veröffentlichte Studie stützt sich auf Material, das die Autorin in ausgewählten Abteilungen des Bayrischen Rundfunks über eine passive teilnehmende Beobachtung und Leitfadengespräche gewonnen hatte, und versteht sich als überwiegend deskriptiv-monographisch ausgerichtet:

> "Sie will einen ausführlichen Einblick in die für den Laien und Sozialwissenschaftler komplizierten Struktur- und Funktionszusammenhänge eines Teils der Programmdirektion Hörfunk der untersuchten Rundfunkanstalt gewähren, dies auf der Grundlage einer relativ detaillierten Deskription des erhobenen Materials; ferner will sie bestimmte strukturelle Aspekte des Forschungsobjekts analysierend in den Griff bekommen." (Dygutsch-Lorenz 1971, S. 19)

Dygutsch Lorenz beschreibt in einer ethnographischen Detailliertheit Personal, Arbeitsweise, Organisationsprinzipien unterschiedlicher Abteilungen. Ein Überblick über das Inhaltsverzeichnis zeigt bereits diese deskriptive Anlage: die Gliederung orientiert sich im wesentlichen an der sehr ausdifferenzierten Abteilungsstruktur des Forschungsgegenstandes. In meiner Besprechung kann ich diesem Detailreichtum nicht im Entferntesten gerecht werden.[18] Wir müssen uns daher auf einige Bemerkungen zur Systematik der Studie und zu einigen ausgewählten Befunden zu Strukturmerkmalen beschränken.

---

17 Der im Vorwort ausgesprochene beschwörende Wunsch Ronnebergers nach Vergleichsuntersuchungen war vergeblich. Es wird mehrfach darauf hingewiesen, daß Rundfunk und Journalisten ein sehr heikles Forschungsfeld ist. (Dygutsch- Lorenz 1971, S. 29, S. 9; dies. 1978)

18 Wie Dygutsch-Lorenz selbst sagt, besteht ein wichtiger Aspekt ihrer Studie darin, eine Art "Inside-knowledge" über den Aufbau und die Funktionsweise verschiedener Programmabteilungen einer Rundfunkanstalt auch an Außenstehende zu vermitteln.

Den Forschungskontext der Studie bilden, so die Verfasserin, die "Konzepte der soziologischen Organisationstheorie" als heuristische Rahmen für die Erschließung eines Einzelfalles.[19] Daraus gewinnt sie zunächst die Auszeichnung von Rundfunkanstalten als *"industriellen Großbetrieben"*. Sie verweist auf die sozio-historische Entwicklung der Massenmedien und deren Funktion bzw. Verknüpfung mit dem "durch die Industrialisierung induzierten endogenen sozio-kulturellen Wandel" und dem damit verbundenen hohen Technisierungsgrad und Kapitalbedarf hin. Daraus ergeben sich für sie folgende allgemeinen Merkmale von Massenkommunikationsmitteln: "a) industrielle Produktionsweise b) Großbetrieblichkeit und c) technischer Produktionsprozeß publizistischer Aussagen: Für die Aussagen der Massenkommunikationsmittel gilt schließlich noch, daß sie sich durch Aktualität, Periodizität und Universalität auszeichnen." (ebd., S. 13).

Dabei heißt "industrielle Produktionsweise", daß "das Produkt (das bedruckte Papier, die Sendung, der Film) der Massenkommunikationsmittel wie das jedes anderen industriellen Großbetriebes auf Grund seiner technischen Bedingtheit marktabhängig und somit dem Zwang zur Massenfertigung unterworfen ist."[20] Die unterstellte Großbetrieblichkeit will Dygutsch-Lorenz nun in ihrem Verhältnis zu dem Herstellungsprozeß der Massenkommunikate untersuchen. Als Forschungsproblem benennt sie: die "Frage nach den Auswirkungen der spezifischen institutionellen Rahmenbedingungen, d.h. der strukturellen Ordnungsmuster ebenso wie der verfahrenstechnischen und produktionswirtschaftlichen Regeln des betreffenden sozialen Systems, auf den Herstellungsprozeß von Inhalten der Massenkommunikation." (Dygutsch 1978, S.311 ff.)

Damit postuliert die Autorin von vorneherein einen Widerspruch zwischen der unterstellten industriellen Großbetrieblichkeit und dem eigentlichen Funktionsziel der Massenmedienorganisationen. Ihre Argumentation zielt damit auf eine klassische Argumentationsfigur der Organisationsforschung: einen Konflikt zwi-

19 (Dygutsch-Lorenz 1978, S. 320). Ich versuche hier ein Hauptargument aus ihrer Arbeit zu erschließen. Den heuristischen Wert von organisationssoziologischen Konzepten gibt Dygutsch-Lorenz in für heutige Ohren recht platt klingenden soziologischen Allgemeinplätzen an. So etwa, wenn sie in Anlehnung an verschiedene organisationssoziologische Quellen Merkmale nennt wie "formale und informelle Organisation", "Funktionsdifferenzierung" und "hierarchische Struktur". Vor dem heutigen Stand der Organisationsforschung wirken auch Aussagen wie folgende nicht sehr gehaltvoll: "Die kurze Skizzierung ihrer Formalstruktur weist die Massenkommunikationsmittel als Großbetriebe und damit stets auch als Organisationen aus, als soziale Gebilde mit einem angebbaren Mitgliederkreis und interner Rollendifferenzierung, die bewußt auf spezifische Zwecke und Ziele ausgerichtet und hinsichtlich deren Verwirklichung zumindest der Intention nach rational gestaltet sind." (S. 14). Das mag daran liegen, daß eine organisationssoziologische Sicht in diesem Gegenstandsbereich damals für sich genommen informativ war. Ein ähnliches Problem, nämlich sehr unspezifische soziologische Konzepte (soziales System, Berufsrolle, Normen, Werte, Hierarchie usw.) zur Aufschlüsselung sehr spezifischer Organisationsformen zu verwenden und damit eher tautologische Ergebnisse zu produzieren, läßt sich etwa in der Zeitungsredaktionsstudie von Rühl (Rühl, 1979) feststellen.

20 Dygutsch-Lorenz 1971, S. 13

schen bürokratischem und professionellem Handeln.[21] Allerdings bleibt Dygutsch-Lorenz in der Anwendung des "Professions"-Begriffes im Sinne gängiger Bestimmungen[22] auf Journalisten ambivalent. Einerseits könne man von einer Orientierung an berufstypischen Werte, die sich aus dem Ideal "eines freien, der Öffentlichkeit verantwortlichen Journalismus als Beruf"[23] ausgehen. Andererseits seien sowohl Ausbildungswege als auch Ausbildungsinhalte variabel und wenig formalisiert. Dygutsch-Lorenz macht das fest an der passiven Nachwuchsrekrutierung der Anstalt, an der geringen Formalisierung der Zugangswege zum Beruf und der innerbetrieblichen Ausbildung des Nachwuchses. Ihr Fazit: "Es läßt sich kaum eine unsystematischer betriebene Ausbildung als die des journalistischen Nachwuchses einer Rundfunkanstalt denken" (Dygutsch-Lorenz 1973, S. 156).

Bezüglich der Einbettung der journalistischen Mitarbeiter in die Organisationsstruktur kommt sie zu folgender Diagnose:

1. Es sei auszugehen von einer hohen funktionalen Autonomie der Programmabteilungen (Redaktionen), von schwachen Interdependenzen, von einer "föderativen Struktur" der Abteilung Hörfunk. Dygutsch Lorenz bemerkt, daß sie den subjektiven Eindruck hatte, bei jedem Abteilungswechsel "eine jeweils 'andere Welt' zu betreten" [24]. Ein Redakteur wird mit den Worten zitiert: "Die Abteilungen sind autonom wie Kurfürstentümer im Heiligen Römischen Reich Deutscher Nation" (ebd.).
2. Die Rolle übergeordneter Instanzen (Intendanz, Programmdirektion) für die redaktionelle Arbeit sei zwiespältig: "Liberalität, wenn nicht Laissez-Faire auf der einen, eigenwillige, personenbezogene Entscheidungen auf der anderen Seite. Letzteres bezieht sich nach Aussagen der Redakteure nicht auf die Programmarbeit in den Abteilungen, sondern auf organisatorische und personalpolitische Fragen, die sich freilich indirekt mehr oder minder stark (funktional oder dysfunktional) auf das Wie der journalistisch-publizistischen Funktionserfüllung auswirken können." (ebd., S. 142 f.)
3. Innerhalb der Redaktionen existiere zwar eine formale Hierarchie in Positionen wie der des "leitenden Redakteur", die eine Funktion der Außenvertretung der Abteilungen impliziere. Von Weisungsbefugnissen innerhalb der Redaktionen könne man aber in strengem Sinne nicht sprechen ("in der Praxis gebe niemand Anweisungen"). Hierarchien seien eher informeller Natur (Prestigehierarchie nach dem Senioritätsprinzip); Entscheidungsprozeße liefen überwiegend kollegial ab, ein theoretisches Vetorecht des Abteilungsleiters

---

21 vgl. dazu beispielsweise Blau,Scott 1963 (Kap. 3) oder neuer und anders gewendet: Benveniste 1990

22 So nennt sie spezielle Kenntnisse in einer langen systematischen Berufsausbildung erworben, Internalisierung professioneller Werte, Normen und Verhaltensstandards; Orientierung an universalistischen Werten; enge Bindung an Berufsorganisation usw.

23 ebd. S. 121

24 Dygutsch-Lorenz 1971, S. 121

werde praktisch sehr selten genutzt. Auch Kontrollmechanismen seien eher informeller Art. Nur in heiklen Ausnahmefällen komme es zu einer ausdrücklichen Einbeziehung bzw. Tätigwerden des Redaktionsleiters, insbesondere dann, wenn die Außendarstellung der Redaktion betroffen sei. Probleme mit dem leitenden Redakteur ergäben sich oft gar nicht so sehr aus dessen Eingriffen als Vorgesetzten, die von den Redakteuren auch leicht abgeblockt werden können, sondern mitunter geradezu aus seiner (ihm vorgeworfenen) Abwesenheit als Vorgesetzter. Der leitende Redakteur habe darüber hinaus eine gewisse Generalkompetenz für die Sendekonzeption und für allgemeine Programmrichtlinien im jeweiligen Bereich.

4. Die Autorin geht, wie bereits angedeutet, von einem Dauerkonflikt zwischen "professionellen Bedürfnissen" und Erfordernissen, die aus der "industriellen Großbetrieblichkeit folgen", aus.[25] Als Beleg für solche Konflikte nennt sie beispielsweise Klagen von Redakteuren über Schwerfälligkeiten im administrativen Bereich (bei Mittelbewilligung, Realisierung unkonventioneller Programmideen, Programmflexibilität usw.), Deprofessionalisierungserscheinungen vor allem in höheren Positionen durch eine zunehmende Belastung mit Verwaltungsaufgaben zuungunsten der Beteiligung an der eigentlichen Programmproduktion. Insbesondere betreffe das die Redaktionsleiter.

Nimmt man nun diese Befunde zusammen, kann man sich fragen, inwieweit ihnen die Bestimmung "industrieller Großbetrieb" eigentlich gerecht wird. Dygutsch-Lorenz wendet diesen Begriff teils aus theoretischen Überlegungen heraus deduktiv an, teils verifiziert sie ihn mit Aussagen der von ihr befragten Redakteure; sie zitiert etwa Äußerungen wie die folgenden:

> "Der Funk ist inzwischen Fabrik geworden: unübersichtlich in seiner personellen Besetzung - im Apparat." "Er (der Funk) ist nicht nur industrieller Großbetrieb, sondern fast auch Behörde. Der Rundfunk hat eine Größe erreicht, die die Unabhängigkeit des einzelnen und die Programmflexibilität behindert. Das zeitliche Allround-Programm muß industriell produziert werden. Gerade in aktuellen Abteilungen entscheidet man sich häufig für ein Lieber-Aktuell als Optimal-gemacht." "Wir sind eine Firma mit Verwaltungsapparat und Hierarchie bei demokratischer Abteilungsstruktur." (Dygutsch-Lorenz 1973, S. 15)

Der Kern der von den Redakteuren in diesen Zitaten geäußerten Kritik scheint sich freilich, so wäre meine Interpretation, gegen Bürokratisierungserscheinungen, gegen die administrative Komponente der Rundfunkarbeit zu richten, nicht so sehr aber gegen eine "industrielle Massenfertigung". Selbst in der zweiten Äußerung, in der das Stichwort "industrieller Großbetrieb" fällt, ist, denke ich, etwas anderes gemeint. Wenn der Sprecher den industriellen Charakter der Produktion mit dem

25 Dygutsch-Lorenz 1973, S. 13 ff.; 1972, S. 139

Beispiel illustriert, daß lieber "aktuell" produziert würde anstatt "perfekt", dann ist das eigentlich ein Indiz dafür, daß gerade *keine* Massenfertigung stattfindet. Denn Massenfertigung kann nicht "aktuell" sein, sondern impliziert ja gerade unabhängig von zeitlichen Kontingenzen massenhafte Outputs, die sich standardisierten Fertigungstechniken verdanken.[26] Das Problem scheint in einer ganz anderen Dimension zu liegen. Der in der Äußerung thematische Konflikt besteht darin, ob sich Gütekriterien aus dem Bezug auf eine zeitliche Konstellation (Aktualität) definieren oder aus der handwerklich-professionellen Perfektion des Produkts. Im einen wie im anderen Fall hat das Produkt notwendig "Unikatcharakter"[27].

Auch sämtliche anderen von Dygutsch-Lorenz genannten Strukturmerkmale der Organisation wie die relative Autonomie der Redakteure, die geringe, jedenfalls nicht routinemäßige Kontrolle der redaktionellen Arbeit durch übergeordnete Instanzen, die überwiegend kollegiale Form der Entscheidungsabläufe, die unklare Form der Ausbildung und Sozialisierung spricht nicht für eine industrielle Fertigung, sondern für die Fertigung von Unikaten.[28] Zugleich scheinen die organisatorischen Strukturen der Rundfunkanstalt unabhängig von den beklagten Bürokratisierungserscheinungen zumindest insofern auf die Eigenheit der journalistischen Arbeit zu reagieren, als sie eine erhebliche Autonomie der Journalisten durch den hohen Grad der vertikalen und horizontalen Dezentralisierung gerade *gewährleisten* und sie darüber hinaus von der administrativen Seite der Arbeit sowie langfristigen Planungserfordernissen (zumindest bis zu bestimmten Positionen) auch entlasten.

Der Topos des "Professional in bureaucracy", den Dygutsch-Lorenz verwendet, scheint mir dem nicht gerecht zu werden. Er unterstellt zu sehr, daß Strukturen formaler Organisation einen der journalistischen Arbeit bloß äußerlichen Sachverhalt darstellen. Insofern könnte man in diesem Zusammenhang durchaus die Kritik Rühls bemühen, daß der organisierte Charakter journalistischer Tätigkeit zugunsten einer Heroisierung des individuell arbeitenden, unabhängigen und freien Journalisten nicht genügend in Rechnung gestellt wird. Die partielle Autonomie könnte man genausogut gerade als Prinzip der organisatorischen Strukturen analysieren und nicht als im Widerspruch dazu stehendes Phänomen, das sich sozusagen ständig behaupten muß.

Man kann sich des Eindrucks nicht erwehren , daß die verwendeten systematischen Konzepte des "industriellen Großbetriebes" und des "Professionals in bureaucracy" dem Anliegen der Studie wie auch den empirischen Befunden nicht recht gewachsen sind. Damit hängt auch zusammen, daß Dygutsch-Lorenz die ermittelten und von ihr als solche bezeichneten Strukturmerkmale nicht richtig als solche ausweisen kann. Denn etwas in diesem Fall als "Strukturmerkmal" aus-

---

26 vgl. dazu Mintzberg 1979, S. 315 ff.

27 vgl. dazu Fünfgeld 1983, S. 751

28 Legt man den heute zugänglichen Stand des organisationstypologischen Wissens zugrunde, wie er sich etwa insbesondere in den Arbeiten Mintzbergs kondensiert hat.

zuweisen, hieße ja wohl, einen nicht-kontingenten Zusammenhang zur Handlungslogik der Herstellung von massenmedialen Kommunikaten herzustellen. Dazu wäre natürlich zunächst eine Verständnis dessen notwendig, *was* bei dieser Produktion vor sich geht. Dasselbe gilt natürlich für die Frage der Professionalität journalistischer Arbeit und welche organisatorischen Strukturen ihr gemäß sind oder nicht. Auch hier ist natürlich ein klares Verständnis dessen, *was* da organisiert wird und worauf sich die Professionalität bezieht, Voraussetzung.

2.2. Die Rundfunkanstalt als professionelle Organisation - die Studie von Oliver Fix und ihre theoretischen Implikationen

Eine wichtige Anregung dafür, einen Zusammenhang von journalistischem Arbeitsprozeß und darauf bezogenen Organisationsstrukturen genauer herauszuarbeiten, bietet eine bis dato in der Mediensoziologie unbeachtete Studie von Oliver Fix[29]. Unbeachtet wohl überwiegend deswegen, weil ihre Adaption des sogenannten "konfigurationstheoretischen Ansatzes" von Mintzberg einer überwiegend betriebswirtschaftlichen Fragestellung und Vorgehensweise entspringt. Gerade die Systematik des Mintzbergschen Konzeptes bietet aber wertvolle Anstöße für eine Analyse von Rundfunkanstalten im Sinne der im vorangegangenen Abschnitt angedeuteten Prämissen.

Fix hat umfangreiches Material zur Organisation von fünf deutschen öffentlich-rechtlichen Rundfunkanstalten ausgewertet und selbst eine empirische Erhebung in Form von Interviews und schriftlichen Befragungen von Mitarbeitern durchgeführt. Primäres Erkenntnisinteresse seiner Studie war die Abschätzung eines möglichen organisatorischen Wandels der Rundfunkanstalten im Sinne höherer betriebswirtschaftlicher Effizienz. In unserem Zusammenhang interessieren nur die empirischen Ergebnisse und die theoriegeleitete Erzeugung und Interpretation der erhaltenen Daten, insofern sie den Redaktionsbetrieb im engeren Sinne betreffen (und nicht zum Beispiel die Organisation der technischen oder administrativen Infrastruktur).

Zunächst wird es jedoch um eine kurzgefaßte Darstellung der erwähnten organisationstheoretischen Konzepte gehen müssen, die Fix seiner Studie zugrundegelegt hat. Es handelt sich hier um den sogenannten "konfigurationstheoretischen Ansatz" von Henry Mintzberg, der bisher in der deutschen soziologischen Debatte leider viel zu wenig Beachtung gefunden hat, stattdessen in der Betriebswirtschaftslehre bereits zur Standardliteratur gehören dürfte.

---

29 Oliver Fix: "Organisation des Rundfunks", Wiesbaden 1988

2.2.1. *Der konfigurationstheoretische Ansatz von Henry Mintzberg*

Mintzbergs Buch "Structuring the Organization"[30], in dem er diesen Ansatz entfaltet hat, stellt nicht so sehr eine Neuentdeckung bislang unbekannter Zusammenhänge dar, als vielmehr eine Synopse und Synthese der zu diesem Zeitpunkt bestehenden Forschungsliteratur. Der Ausgangspunkt seiner Systematik ist ebenso einfach wie elegant: es wird nicht von einer holistischen Betrachtung bereits objektivierter Formen sozialer Organisation ("Bürokratie", "formelle Organisation" usw.)ausgegangen, die als solche nicht mehr auf ihre Genese hin untersucht werden. Es wird auch nicht von einer in sich stimmigen Idealtypik ausgegangen, sondern diese wird durch die systematische Entfaltung eines denkbar einfach formulierten Problem - der Koordinierung von Handlungs- bzw. Arbeitsabläufen, erst erzeugt.

Mintzberg entfaltet das am Beispiel einer gewissen Mrs. Raku, die eine kleine, dann aber immer mehr expandierende Töpferei unterhält und irgendwann eine Firma mit dem Namen Ceramico gründet. Im Laufe dieser Entwicklung ändert sich der Charakter ihres Betriebs mehrfach. Davon ausgehend erläutert Mintzberg verschiedene Mechanismen der Handlungskoordination in Organisationen:

1. *gegenseitige Abstimmung* (mutual adjustment): Darunter versteht er eine direkte und gegenseitige nicht über formelle Regeln vermittelte Kommunikation (z.B. zwei Ruderer in einem Kanu).
2. *direkte Überwachung* (direct supervision) bzw. persönliche Weisung: Darunter versteht Mintzberg eine Form der Kontrolle von Abläufen durch einen Mitarbeiter (ein "Dritter", Vorgesetzter), dessen Funktion eben darin besteht, Verantwortung für Handlungsabläufe zu übernehmen.
3. *Standardisierung von Arbeitsprozessen* (standardization of work process): Arbeitsabläufe (z.B. am Fließband oder Entscheidungsabläufe in einer Verwaltung) werden im voraus festgelegt und geplant.
4. *Standardisierung von Arbeitsprodukten* (standardization of output): das Produkt von Arbeitsabläufen bzw. der Leistungsumfang wird im voraus geregelt; der Prozeß der Herstellung kann relativ offen bleiben.
5. *Standardisierung von Kenntnissen und Qualifikationen* der Mitarbeiter (standardization of skills): "Skills (and knowledge) are standardized when the kind of training required to perform the work is specified. The king trusted the governors because he trained them himself. More commonly, the individual is trained before he even joints the organization. Mrs. Raku hired potters from school, just as hospitals do when they engage doctors... On the job the workers appear to be acting autonomously, just as the good actor on the stage seems to be speaking extemporaneously. But in fact both have learned their lines well. So standardization of skills achieves indirectly what

30 Mintzberg 1979

standardization of work process or of work outputs does directly: it controls and coordinates the work." (Mintzberg 1979, S. 7)

Diese Koordinationsmechanismen stehen in einem Verhältnis zur Komplexität der Arbeitsabläufe: Gegenseitige Abstimmung findet sich sowohl bei sehr einfachen wie bei sehr komplizierten Abläufen (bei Mrs. Raku und ihrer ersten Angestellten oder aber auch bei der Organisation und technischen Planung der ersten Mondlandung), persönliche Weisung, Standardisierung von Abläufen, Produkten und Kenntnissen stehen in einer Reihe aufsteigender Komplexität.

Die Gestaltung nun der Aufbau- und Ablaufstrukturen von Organisationen (z.B. Spezialisierung von Einheiten, Gruppierung von organisatorischen Einheiten, Grad der Ausbildung und "Indoktrination" der Mitarbeiter, Grad der Zentralisierung oder Formalisierung) setzt Mintzberg in bezug zu bestimmten "situativen Faktoren" (contingency factors). Mintzberg entnimmt sie der Forschungsliteratur: "This research has uncovered a set of what are called situational or contingency factors, organizational states or conditions that are associated with the use of certain design parameters" (ebd., S. 215). Diese Zusammenhänge geben Aufschlüsse darüber, "why the organization designs its structure as it does" (ebd., S. 215).

Die Faktoren, die Mintzberg dann aufzählt, könnte man unterteilen in solche, die von der Organisation selbst geschaffen sind und auf die sie zugleich selbst reagieren muß (wie etwa: Alter und Größe der Organisation, ihr technisches System, Machtbeziehungen) und in solche, die auf externe Konstellationen, auf die Umwelt der Organisation, zurückgehen.[31] Die Thesen zum Zusammenhang von Umwelt und Struktur, die Mintzberg überwiegend der sogenannten kontingenztheoretischen Forschungsliteratur entnimmt, lauten:[32]

- Je dynamischer die Umwelt, desto organischer die Struktur.
- Je komplexer die Umwelt, desto dezentralisierter die Struktur.
- Extreme Hostilität in ihrer Umwelt veranlaßt jede Organisation zu einer vorübergehenden Zentralisierung ihrer Struktur.
- Disparitäten in der Umwelt veranlassen die Organisation zu selektiver Dezentralisierung zugunsten von unterschiedlichen Arbeitskonstellationen.

Daraus gewinnt Mintzberg eine Kreuztabellierung (Tabelle 1), die er in bezug zu seinen Koordinierungsmechanismen setzt.

31 Die Formulierung "extern" ist nur vorläufig, ich werde unten Argumente mobilisieren, die auch die Umwelt der Organisation nicht schlichtweg als feststehende "externe" Tatsache erscheinen läßt.

32 Mintzberg 1979, Kapitel 15; zur Kontingenztheorie vgl. auch unten Abschnitt 4.1

UMWELTMERKMALE	stabil	dynamisch
komplex	dezentralisiert bürokratisch (Standardisierung von Qualifikationen)	dezentralisiert organisch (gegenseitige Abstimmung)
einfach	zentralisiert bürokratisch (Standardisierung von Arbeitsprozeßen)	zentralisiert organisch (persönliche Weisung)

TABELLE 1: Zusammenhang von Umweltmerkmalen, Gestaltungsparametern und Koordinierungsmechanismen (Mintzberg 1992, S. 197)

Die Elemente der Analyse: Koordinierungsmechanismen, Gestaltungsparameter und Kontingenzfaktoren werden nun in eine Organisationstypologie eingearbeitet. "The elements of our study - the coordinating mechanisms, design parameters, and contingency factors - all seem to fall into natural clusters, or configurations." (ebd., S. 299). Die situativen Faktoren ergeben bestimmte organisationstypische "Handlungsprobleme" und die Strukturen der Organisation erscheinen als spezifische Weisen der Bewältigung dieser Handlungsprobleme.[33]

In "Structuring the organization" erzeugt Mintzberg auf diese Weise eine Typologie von fünf unterschiedlichen Organisationen[34], die sich in den genannten Dimensionen unterscheiden. Nur auf zwei dieser Strukturkonfigurationen sei kurz eingegangen, da sie für die Fixsche Studie eine Rolle spielen.

Bei der *"Adhokratie"*[35] liegt eine komplexe und dynamische Umwelt vor, zugleich stellt sie sich in verschiedene heterogene Segmente gegliedert dar, die jeweils unterschiedliche Formen der Bewältigung von Handlungsforderungen nach sich ziehen (disparat). Der Problembezug der Adhokratien liegt in der Erzeugung von Innovation. Das dominante Gestaltungsprinzip ist das einer sogenannten Projektmatrixstruktur, d.h. für zeitlich begrenzte Arbeitsvorhaben finden sich vorübergehend abteilungs- oder bereichsübergreifende Teams zusammen, in denen sich mehrere hierarchische Linien kreuzen. Im Rundfunkalltag wären das solche

---

33 Bezogen auf das Problem der Bewältigung von Umwelt ergibt sich aus der angeführten Kreuztabelle: Feld 1 entspricht dem Idealtyp der "Professionellen Bürokratie", Feld 2 entspricht dem Idealtyp der "Adhocratie", Feld 3 dem der "Maschinenbürokratie", Feld 4 dem der "Simple structure".

34 Vgl. dagegen Mintzberg 1983, wo er weitere Typen, den der "politisierten" und "missionarischen" Organisation hinzufügt; für unsere Fragestellung genügt allerdings der Hinweis auf die ältere Typologie.

35 Vgl. Mintzberg 1979, Kap. 21

etwa schon für einen bestimmten Beitrag oder eine Sendung kurzzeitig konstituierte "Teams", in denen sich technischer und redaktioneller Bereich überschneiden. Horizontale Kommunikation überwiegt die vertikale Kommunikation, informelle Kontakte spielen eine große Rolle, "organische"[36] Formen der Interaktion und Kooperation sind dominant. Formalisierung von Abläufen spielt eine geringe Rolle. Entscheidungen orientieren sich vielfach an rein situativen Konstellationen. Direkte Anweisungen bilden die Ausnahme; der vorherrschende Koordinationsmechanismus ist der der "gegenseitigen Abstimmung".

Als Schlüsselvorgang der *"professionellen Bürokratie"*[37] betrachtet Mintzberg die Anwendung vorab feststehender Kategorisierungen auf Umweltkontingenzen (pigeon holing). Diese Einordnung erlaubt ein Ingangsetzen von Handlungsprogrammen, ein Weiterarbeiten mit - in einem anderen Sprachspiel - "reduzierter Komplexität". "Der Patient wird zum Fall", das heißt: das Spezifische wird im Rahmen allgemeiner Kategorien wahrgenommen und dadurch "behandlungsfähig". Voraussetzung sind jeweils anspruchsvolle Kompetenzen und Fertigkeiten des "Professional". Diese Kompetenzen fungieren als "Handlungsprogrammme" und garantieren Abläufe und bestimmte "outputs" auch ohne dauernde Überwachung oder die Notwendigkeit ständiger gegenseitiger Abstimmung. Insofern bilden diese Kompetenzen - Mintzberg spricht von "standardization of skills" - den vorherrschenden Koordinationsmechanismus im entsprechenden Organisationstypus.[38] Voraussetzung dafür ist eine langjährige professionelle Sozialisation der "Professionals" ("training"). Sowohl Anweisungen und direkte Überwachung wie gegenseitige Abstimmung spielen in der professionellen Bürokratie in Reinform eine eher nachgeordnete Rolle. Solche quasi "äußeren" Koordinationsformen sind, zumindest in Routinefällen, nicht notwendig. Die Umwelt von professionellen Bürokratien ist einerseits komplex, andererseits - bezogen auf die Anwendbarkeit der "pigeon-holing"- Kategorien - "stabil".

Das bürokratische Element ist - das unterscheidet Mintzbergs Begriff der "Professionellen Bürokratie" von dem gängigen Argumentationsmuster "Professionals in bureaucray" - mit der professionellen Handlungskompetenz aufs engste verknüpft. Die standardisierten "pigeon-holing"-Kategorien lassen sich zwanglos in relativ klar umrissene Zuständigkeiten übersetzen: beispielsweise ergeben sich im Falle von Rundfunkanstalten Ausdifferenzierungen organisatorischer Einheiten nach Programmsparten ("Unterhaltung", "Aktuelles", "Kultur" usw.) oder Sendeformen.

---

36 Unter "organisch" versteht Mintzberg in Anlehnung an Burns, Stalker (1966) eine geringe oder keine Standardisierung bestimmter Gestaltungsparameter. Funktionen, Aufgaben, Zuständigkeiten werden eher in situativen Konstellationen ausgehandelt oder redefiniert, Zuständigkeiten sind nicht klar geregelt, Verantwortlichkeit fluktuiert, Kontrollen finden eher in einer netzwerkartigen Struktur als im Rahmen einer Hierarchie statt usw.. Vgl. Mintzberg 1979, S. 87 ff.

37 Vgl. Mintzberg 1979, Kap. 19

38 Ausdrücklich vormerken müssen wir die Frage, inwieweit sich dieser Mechanismus unterscheidet von "bürokratischen Bürokratien"!

Den methodologischen Status seiner Typologie läßt Mintzberg offen, er bietet dem Leser verschiedene Versionen an:

"First, we discuss it as a set of five pulls acting on almost every organization, second as a set of five pure types, that reflect the structures of many organizations, third as the basis for describing hybrid structures and fourth as the basis for describing structural transitions." (Mintzberg 1979, S. 469).

Faßt man die Konfigurationen als ein System von Kräften auf, so legt sich eine Analysestrategie nahe, die Strukturelemente *aller* Konfigurationen in *jeder* Organisation herausarbeitet. Die Strukturelemente lassen sich je verschiedenen Organisationsteilen bzw. bestimmten Trägergruppen zuordnen, von denen dann, so Mintzbergs Vorstellung, ein Druck (pull) ausgehen kann, auch die anderen Teile der Organisation im Sinne des jeweiligen Strukturprinzips zu beeinflussen. So kann etwa vom operativen Kern ein Professionalisierungsdruck ausgehen, von der strategischen Spitze ein Druck zur Zentralisierung; Turbulenzen in der Umwelt der Organisation können von den Experten des Technischen Stabes zur Adhokratisierung ausgenützt werden usw. Je nach Durchsetzungschancen solcher Tendenzen ergibt sich dann eine Dominanz von Strukturierungen in die eine oder mehr in die andere Richtung.

Die Konfigurationen als "pure types" haben einen methodologischen Status in dem bekannten, von Max Weber entwickelten Verständnis von "Idealtypen". Damit verträglich ist die Verwendung der Typologie als ein Schema zur Bestimmung von sogenannten "Strukturhybriden". Empirisch vorfindliche Organisationen stellen sich, so die damit verbundene Erwartung, immer als Mischformen dar, der Idealtyp tritt empirisch niemals in reiner Form auf. Gleichwohl kann man natürlich die einzelnen Dimensionen, die den jeweiligen Idealtyp ausmachen, operationalisieren und das Ausmaß bestimmen, in dem sich empirische Organisationen jeweils der einen oder anderen Bestimmung annähern.

Das kann so aussehen, daß sich Ausprägungen von Strukturelementen mehrerer Typen in allen Teilen der Organisationen aufzeigen lassen oder aber daß sich bestimmte Merkmale des einen Typs in bestimmten abgrenzbaren Teilen der Organisation finden und andere in anderen Teilen: "We saw an example of this in the case of the newspaper, with its editorial function structured like an adhocracy and its printing function structured like a machine Bureaucracy" (ebd., S. 477). Sowohl im ersten wie im zweiten Fall würde man von einer "Strukturhybride" sprechen.

Schließlich lassen sich die Konfigurationen zur Beschreibung struktureller Übergänge heranziehen. Hierbei bezieht sich Mintzberg auf Ergebnisse der empirischen Organisationsforschung zum "Alterungsprozeß" bzw. zum Wandel von Organisationen aufgrund von sich ändernden Umweltkonstellationen: so können "Simple structures" (etwa der klassische paternalistische Unternehmenstyp) sich im Laufe zunehmender Vergrößerung zu "Maschinenbürokratien" auswachsen. Adhokratien können sich, wenn der Innovationsdruck nachläßt, zu professionellen Bürokratien wandeln, wie umgekehrt professionelle Bürokratien sich in einer dynamischeren oder turbulenteren Umwelt zu Adhokratien umwandeln können usw..[39]

2.2.2. *Einige Ergebnisse der Fixschen Studie*

Oliver Fix hat sich die Mintzbergsche Typologie sowohl als Instrument zur Bestimmung von Strukturhybriden als auch zur Beschreibung struktureller Übergänge zunutze gemacht. In seiner Arbeit stellt er einen Versuch vor, die jeweiligen die Konfigurationen auszeichnenden Dimensionen zu operationalisieren und eine Abschätzung von Gestaltungsparametern, Koordinationsmechanismen und situativen Faktoren für die von ihm untersuchten fünf Rundfunkanstalten bzw. ihrer jeweiligen funktionellen Einheiten vorzunehmen.

Für die Zurechnung unterschiedlicher Strukturierungsprinzipien auf verschiedene Teilbereiche der Organisation ist die Unterscheidung zwischen Programm- und Produktionsbetrieb wichtig. Dabei versteht Fix unter "Programmbetrieb" alle jene organisatorischen Einheiten, die im engeren Sinne mit der Planung und Produktion des Programmes befaßt sind, soweit es die inhaltliche Seite betrifft (v.a. Redaktionen), während der Produktionsbetrieb die Einheiten meint, die mit der technischen, dispositionellen und infrastrukturellen Seite der Programmproduktion befaßt sind. Der Schwerpunkt des Interesses dieser Arbeit liegt auf dem ersten Bereich.[40]

Eine Unterscheidung quer zu dieser organisationsstrukturellen Unterscheidung ist die zwischen zwei verschiedenen Realisationstypen der Programmproduktion, mit denen Fix dem Problem begegnen will, daß sich neben der Produktion von Routinesendungen immer auch Sendungsformen finden, die dies gerade nicht sind: sei es, daß es sich um Experimente mit neuartigen Sendeformen handelt, sei es, daß es um die Live-Berichterstattung unvorhergesehener Ereignisse geht. Einen Überblick vermittelt Tabelle 2.

Als den aufbauorganisatorisch bedeutendsten Bestandteil identifiziert Fix den sogenannten "operativen Kern", gering ausgeprägt ist die sogenannte "mittlere" Linie. Der operative Kern ist, so Fix, auf die "komplexe" und "disparate" Umwelt bezogen und vor allem in Redaktionen und in Einheiten mit abgrenzbaren technischen Funktionen differenziert. Das Differenzierungsprinzip im Programmbetrieb folgt den Programmsparten bzw. einzelnen Sendungen.

Die vorherrschende Arbeitsweise ist die einer Projektmatrixorganisation. Dementsprechend diagnostiziert Fix einen hohen Grad an Dezentralisierung sowie einen "flachen" Organisationsaufbau, d.h. geringe Leitungsspannen. Den Autono-

39 vgl. dazu Mintzberg 1979, S. 477 ff.

40 Wenngleich es natürlich wichtig ist, zu sehen, daß gerade auf Differenzen in der Strukturierung dieser Bereiche wichtige innerorganisatorische Konflikte und strukturelle Dauerprobleme zurückgehen.

Klassifikationskriterien	Realisationstyp 1	Realisationstyp 2
Programminhalt: -künstlerischer Gehalt -Aktualitätsbezug	neuartig/kreativ hoch gering oder sehr hoch	journalist./perfekt gering mittel oder hoch
Programmform: visueller Qualitätsanspruch Hauptziel Hauptgewicht	Experiment gering Innovation "Idee"	Standardprogramm hoch Perfektion "Präsentation"
Beispiele für Programminhalte/ Formen	Spielfilm, Fernsehspiel, akt. Brennpunkt	Nachrichten, Sportübertragung, Unterhaltungsshow, Dokumentation
Programmstrategie	Professionelle Experimentierform	Professionalisierte Dienstleistung
korrespondierender Redaktionstyp	eher aktuell	eher nicht-aktuell
korrespondierender Produktionstyp	eher Film	eher EB, Elektronische Produktion

TABELLE 2: Realisationstypen redaktioneller Arbeit (Fix 1988, S. 79)

miegrad der Programmverantwortlichen schätzt Fix nach den Angaben der Mitarbeiter als relativ hoch ein, sowohl was Kontrollen durch die Aufsichtsgremien (Rundfunkrat und Verwaltungsrat) als auch, was Eingriffe höherer Instanzen in den täglichen Betrieb betrifft, die eher die Ausnahme bilden. Damit verbunden ist ein hoher Grad von vertikaler Dezentralisierung von Entscheidungen sowohl im Programm- als auch im Produktionsbetrieb:

"Die sachzielbezogene Auswahl der Programminhalte und die redaktionelle Ausgestaltung und Durchführung der Programmvorhaben finden auf der untersten Hierarchieebene des Programmbetriebs statt, wobei der einzelne Redakteur nicht nur über die Auswahl der Programminhalte weitgehend selbstständig entscheidet, sondern darüber hinaus berechtigt ist, über das ihm jährlich bereitgestellte Programmbudget zu verfügen." (Fix 1988, S. 140)

Im Bereich der Festlegung von Eckdaten in Form von Programmschemata und Budgetvorgaben muß allerdings von einer Zentralisierung von Entscheidungen bei der strategischen Spitze ausgegangen werden. Relativ gering ausgeprägt ist in den Rundfunkanstalten, die Fix untersucht hat, die sogenannte "Technostruktur", jener meist als Stab organisierte Bereich, der für die Standardisierung von Arbeitsabläufen zuständig ist. Dementsprechend wird auch der Standardisierungsgrad der Arbeit insgesamt vor allem von Programmitarbeitern als sehr gering eingeschätzt.[41]

Ebenfalls sehr niedrig ist der Formalisierungsgrad im Programmbetrieb - Stellenbeschreibungen existieren praktisch nicht. Kompetenzen und Verantwortlichkeiten sind laut der Befragung von Fix im Programmbetrieb "relativ ungenau bis ausreichend" festgelegt. Der Anteil informeller Besprechungen ist gegenüber dem Anteil formeller, institutionalisierter Besprechungen (wie Redaktionskonferenzen) höher. Prinzipiell ist von einem Übergewicht horizontaler Kommunikationen (mit Kollegen) gegenüber vertikaler (mit Vorgesetzten) auszugehen.

Den Grad der Spezialisierung der Mitarbeiter schätzt Fix in der horizontalen Dimension - das folgt schon aus dem flachen Organisationsaufbau - als sehr hoch ein. Er begründet das einerseits mit dem hohen Ausmaß an Eigenverantwortung der Redakteure für ein bestimmtes Ressort wie mit der Bedeutung der mit der redaktionellen Arbeit verbundenen jeweils spezifischen "professionellen Handlungsprogramme":

> "Für das den Programmbetrieb typischerweise kennzeichnende Aufgabengebiet des Recherchierens, Aufbereitens und Redigierens spezifischer Informationsinhalte bleibt der jeweilige Redakteur weitgehend selbst verantwortlich, was einen geringen vertikalen Spezialisierungsgrad zur Folge hat. Die horizontale Einengung ergibt sich aus den unterschiedlichen inhaltlichen Anforderungen des Programmauftrags. So ist jeder Redakteur nur für eine(n) ganz bestimmte Programmform bzw. -Inhalt zuständig. Für den daraus entstehenden Koordinationsbedarf spielt der sogenannte 'pigeon-holing-Prozeß' eine besondere Rolle. Danach ist davon auszugehen, daß jeder Redakteur über ein Standardrepertoire an vorgefertigten Lösungen (Standardprogrammen) zur Bewältigung der journalistischen Aufgaben verfügt, die er der Situation entsprechend anwendet. Die vorgefertigte Lösung - man kann sie sich bildlich auch als Schublade vorstellen, die der Redakteur je nach Bedarf aufzieht - legt weniger inhaltliche Aspekte, sondern vielmehr die Verfahrensweise fest, wie er mit dem Stoff umgeht. So kann die hohe Umweltdynamik im Produktbereich der Anstalt weitgehend absorbiert werden." (Fix 1988, S. 120)

41 vgl. Fix 1988, S. 353

Infolgedessen geht Fix von zwei dominanten Koordinierungsmechanismen aus: der "Standardisierung von Kenntnissen und Fähigkeiten" sowie der "gegenseitigen Abstimmung":

"Die 'Standardisierung des outputs' mit Hilfe des Planungs- und Kontrollsystems und damit eine leistungsbezogene Ergebnisvereinbarung ist im Programmbetrieb deshalb nur von untergeordneter Bedeutung, da bisher keine ausreichenden qualitativen Bemessungsgrundlagen für das Programmangebot existieren....Die 'gegenseitige Abstimmung' spielt als Koordinationsmechanismus zwar eine wichtige Rolle und wird vor allem durch zahlreiche Verbindungseinrichtungen institutionalisiert. Der hohe produktbezogene Spezialisierungsgrad im Programmbetrieb führt jedoch dazu, daß die Redakteure weitgehend autonom arbeiten. Insofern besitzt der Koordinationsmechanismus 'Standardisierung der Kenntnisse und Fähigkeiten' und damit der Ausbildungsgrad der programmverantwortlichen Redakteure die größte Bedeutung im Programmbetrieb." (ebd., S. 145)

Bezogen auf die Dominanz des Koordinierungsmechanismus "Standardisierung von Kenntnissen und Fertigkeiten" schätzt Fix den Ausbildungsgrad der Mitarbeiter im Programmbetrieb als hoch ein, was er vor allem anhand der Anstellungsvoraussetzungen "Hochschulstudium" und "Volontariat" belegt: "Während der Ausbildungszeit in Universitäten oder Journalistenschulen eignet sich der Redakteur bestimmte verfahrenstechnische Standardprogramme an, die im späteren Anstellungsverhältnis im Rahmen des pigeon-holing-Prozesses zur Anwendung gelangen." (ebd., S. 122). Die "Sozialisation" der Programmitarbeiter, so Fix, finde überwiegend während der Ausbildung und somit außerhalb der Rundfunkanstalt statt (123), die Einflußmöglichkeit auf die Ausbildung seitens der Rundfunkanstalt sei daher als gering einzuschätzen. Diesen Befund stützt Fix allerdings lediglich auf die Analyse der Angaben von Mitarbeitern über ihre *formale* Mindestqualifikation.[42]

Auf der Basis dieser Indikatoren ordnet Fix die von ihm analysierten Rundfunkanstalten in die Mintzbergsche Systematik ein. Seine Diagnose lautet: "Strukturhybride professionelle Bürokratie/Adhokratie". Den Mischtyp lokalisiert er dabei - wobei der Unterschied nicht immer deutlich herausgearbeitet wird - auf zwei verschiedenen Ebenen. Zum einen registriert er das gemeinsame Auftreten von Merkmalen, die im Mintzbergschen Schema einmal eher der Professionellen Bürokratie und einmal mehr der Adhokratie zuzuordnen wären. So sind Elemente,

42 vgl. Fix 1988, S. 123 und S. 378. Dort ist die Rede von "allgemein anerkannten Mindestqualifikation. Für Redakteure ist das: Abitur, Universitätsstudium oder Journalistenschule, als sonstige Qualifikation gibt Fix an: Berufspraxis und Volontariat. Einarbeitungszeit: gering. Die These, daß die Sozialisation überwiegend außerhalb der Rundfunkanstalt stattfinde, steht in auffälligem Widerspruch zu unseren Befunden (vgl. Teil II, Kapitel 4). Das dürfte auch mit methodischen Defiziten der Fixschen Studie zusammenhängen. Außerdem spielen die freien Mitarbeiter in seiner Studie praktisch keine Rolle.

die für "professionelle Bürokratie" sprechen, die überragende Rolle des operativen Kerns und die Bedeutung des Koordinierungsmechanismus "standardization of skills" sowie der damit verbundene hohe Grad an Dezentralisierung und relativer Autonomie der Redakteure. Elemente von adhokratischen Strukturen sind die Rolle "gegenseitiger Abstimmung" als einem Koordinierungsmechanismus, auf den gerade bei relativ komplexen Arbeitsabläufen zurückgegriffen wird, die Rolle von Matrixstrukturen und informellen Abstimmungen, der Zwang zur Innovation usw. Zum anderen macht Fix Strukturmerkmale der jeweiligen Typen an verschiedenen Untereinheiten der Organisationen fest. So weist er darauf hin, daß

"....die charakteristischen Merkmale des Professionalisierten Dienstleistungsunternehmens (= "professionelle Bürokratie", JMK) nahezu idealtypisch auch im Programmbetrieb der Rundfunkanstalt zu finden sind, während der Produktionsbetrieb nahezu sämtliche Merkmale der Adhokratie aufweist. Auch im Hinblick auf die verschiedenen Realisationstypen des Leistungsprogrammes der Rundfunkanstalt können einmal die Merkmale des professionalisierten Dienstleistungsbetriebs (=Realisationstyp II) und zum anderen die Merkmale der Adhokratie (=Realisationstyp I) als realitätsnahe Beschreibungsform gewählt werden." (Fix 1988, S. 149)

Ich möchte die Fixschen Befunde an zwei Punkten diskutieren, die miteinander in engem Zusammenhang stehen.

1. der Problematik der Mischtypen
2. einem Vergleich der Systematik der Studie mit der von Dygutsch-Lorenz.

1. *Zum Problem der Mischtypen:*

Die klare Trennung in Produktionsbetrieb und Programmbetrieb sowie in verschiedene Realisationstypen, die Fix in Tabellenform anbietet, verführt zu der Ansicht, daß die jeweiligen Strukturformen sich eindeutig aufbauorganisatorischen Einheiten zuordnen lassen. Es ist wichtig zu sehen, daß dies nur in sehr begrenztem Ausmaß der Fall ist. Ablauforganisatorisch nehmen ja auch die redaktionellen Mitarbeiter aus dem Programmbereich in den meisten Fällen an der Produktion teil bzw. sind - wie Fix selbst darlegt (S. 133) - in die Projektmatrixstruktur des Produktionsablaufes eingebunden.

Die Unterscheidung zwischen verschiedenen Realisationstypen des Leistungsprogrammes steht ebenfalls quer zu aufbauorganisatorischen Einheiten; Fix bleibt hier unentschlossen. Einerseits bezieht sich die Dimension "Leistungsprogramm" auf die Ablauforganisation, auf der anderen Seite versucht er aber die Realisationstypen bestimmten organisatorischen Einheiten zuzuordnen. Dadurch schleichen sich grobe Ungereimtheiten in die Typologie ein. So etwa, wenn er den Realisationstyp I eher aktuellen Redaktionstypen zuordnet, aber Spielfilme und Fernsehspiele als Beispiele für Programmformen nennt; so, wenn er den Typ 2 eher nicht-aktuell nennt, zugleich aber Nachrichten als Beispiele für Programminhalte anführt. Fix kommt hier zu keinem klaren Schluß bezüglich der Unter-

scheidungsdimensionen. Was er im Auge hat, scheint eher auf eine Dimension der Routine vs. Nicht-Routine von Abläufen hinauszulaufen, die für programmproduzierende Arbeit aber generell typisch sein dürfte. Beispielsweise würde im Bereich von Nachrichtenredaktionen eine Sonderberichterstattung über politische Großereignisse (Golfkrieg) Abläufe nötig machen, wie sie dem eher adhokratischen Realisationstyp I entsprechen, während die Routineberichterstattung eher "professionell-bürokratisch" abläuft; auch bei der Produktion von Fernsehspielen kann man sich ein Nebeneinander von sehr routinisierten Abläufen mit letztendlich nicht-routinisierbaren, mit der Einmaligkeit künstlerischer Produktion verbundener Abläufe vorstellen. Daß die Fixsche Studie hier nicht recht weiterhilft, liegt auch an der gewählten Methode. Fixs Daten lassen wenig Rückschlüsse auf empirische organisatorische *Abläufe* zu, sondern sind ausschließlich Strukturdaten bzw. Daten, die aus schriftlichen Befragungen gewonnen wurden.
Dieser Widerspruch ergibt sich allerdings aus der Mintzbergschen Typologie selbst. Die Etiketten "professionell-bürokratisch" oder "adhokratisch" beziehen sich nämlich sowohl auf Abläufe (z.B. der Koordination, der Entscheidungsfindung, der Kommunikation) als auch auf Charakteristika aufbauorganisatorischer Einheiten. Mintzberg läßt in seiner Synopse der Organisationsforschung eine Betrachtung von Organisationen als aufbauorganisatorische Anordnung von Instanzen und Arbeitskonstellationen ebenso zu wie als System geregelter Abläufe, Fluß informeller Kommunikationswege oder ad-hoc-Entscheidungen, ohne hier zunächst eine Gewichtung vorzunehmen.[43] In die Typologie fließen diese verschiedenen Sichtweisen gleichermaßen ein.

Fix faßt die Typen Mintzbergs tendenziell als eine Auflistung von heterogenen Merkmalen auf, die alle erfüllt sein müssen, um eine empirische Organisation als Typ X ausweisen zu können, was ein Gewichtungsproblem zur Folge hat: Empirisch findet man Merkmale, die zur Hälfte dem einen, zur Hälfte dem anderen Typ zuzuordnen sind, wie entscheidet man nun, ob aktuelle Redaktionen "eher adhokratisch" oder "eher professional-bürokratisch" strukturiert sind? Über eine Abzählung, ob mehr Merkmale des einen oder mehr des anderen Typs zutreffen?

Solche Fragen ergeben sich bekanntermaßen immer, wenn man mit analytisch verstandenen Typologien arbeitet. Mein Vorschlag im vorliegenden Fall wäre, dieses Problem dadurch zu lösen, daß man die von Mintzberg angebotene "dynamische" Variante der Anwendung seiner Typologie stärker akzentuiert. Die einzelnen Strukturierungsprinzipien werden dann als ein System von "Kräften" (Pulls) aufgefaßt. Damit verbinden ließe sich eine Auslegung der Kategorien, die deren ablaufbezogene (und damit handlungsorientierte) Dimension als die systematisch grundlegendere in den Vordergrund stellt. Sieht man sich die Begriffe "Professionelle Bürokratie" und "Adhokratie" genauer an, so läßt sich zeigen, daß sich beide auf einen Kern*vorgang* beziehen, dessen Institutionalisierung dann seine

43 vgl. Mintzberg 1979, Kapitel 3

Ausformung in bestimmten darauf bezogenen aufbauorganisatorischen Strukturierungen findet.

Bei professionellen Bürokratien handelt es sich dabei um den Vorgang des "Pigeon-holings", also der Situierung von Fällen im Kontext allgemeiner, in einer Ausbildung erworbener Kategorien. Bei Adhokratien ist das zeitliche Moment schon im Wort selbst enthalten: Adhokratien müssen auf eine dynamische Umwelt bezogene, sachlich komplexe und nicht routinisierbare Entscheidungsabläufe ermöglichen. Mit anderen Worten, ich würde hier für eine, wie ich meine, der Mintzbergschen Systematik angemessenere, *handlungstheoretische* Ausbeutung der Typologie plädieren. Die Etiketten "professionell" und "adhokratisch" wären dann zunächst für bestimmte beobachtbare Handlungs- bzw. Entscheidungsabläufe zu reservieren und danach erst wäre die Frage zu stellen, ob aufbauorganisatorische Strukturierungen diesen Abläufen korrespondieren.

2. *Zum Vergleich mit der Studie von Dygutsch-Lorenz:*
Vergleicht man die Fix-Studie mit der von Dygutsch-Lorenz, so lassen sich, was die empirischen Ergebnisse betrifft, weitgehende Übereinstimmungen feststellen, z.B. in der Beschreibung von Strukturmerkmalen des Programmbetriebs (Redaktionen). Die Interpretation der Ergebnisse unterscheiden sich dagegen stark voneinander. Dygutsch Lorenz ordnet ihre Befunde in das Schema "professionelle Mitarbeiter im Konflikt mit den Erfordernissen eines bürokratisch-industriellen Großbetriebs" ein. Die den Professionellen eingeräumte (auch von ihr wahrgenommene) relative Autonomie begreift sie als eine Art Zugeständnis der Organisation an die professionellen Mitarbeiter.

Im Rahmen der von Fix gewählten Systematik stellt sich dieses Phänomen anders dar. Hier würde man von einer prinzipiellen anderen Strukturlogik der Organisation als solcher ausgehen: die Strukturparameter sind nicht auf die Fertigung von Massen-Gütern, sondern ganz im Gegenteil auf die von *Unikaten* bezogen. Die journalistische Arbeit besteht in der Bearbeitung von "Fällen" im Kontext allgemeiner professioneller Kategorien (Pigeon-Holing), worauf aber die strukturellen Parameter der Organisation Rundfunkanstalt reagieren. Mithin: die funktionale Autonomie der Redaktionen, die sich etwa in der dezentralisierten Struktur des operativen Kerns, im flachen Organisationsaufbau, im geringen Grad der Formalisierung und Standardisierung ausdrückt, sind nicht "Zugeständnisse" oder Aufweichungen einer an sich bürokratischen Struktur, sondern im Gegenteil Strukturierungsprinzipien einer bestimmten Form von Organisation - eben der professionellen Bürokratie. Konflikte zwischen professioneller und administrativ-bürokratischer Handlungslogik sind infolgedessen nicht Konflikte zwischen einem an sich organisationsfeindlichen Prinzip und den Erfordernissen einer sachunangemessenen Betriebsförmigkeit, sondern zwischen zwei verschiedenen *Organisationsprinzipien*.

Darüber hinaus kann die Mintzbergsche Systematik, die der Fixschen Studie zugrundeliegt, auch in den Blick bekommen, daß in dem professionellen Handlungsprinzip selbst "bürokratische" Momente enthalten sind. Sie sind angelegt in der "Schubladenhaftigkeit" der professionellen Kategorien, die zu einer entsprechend rigiden unflexiblen Sparteneinteilung führen kann mit typisch bürokratischen Deformationsphänomenen wie: Starrheit der Abteilungsstruktur, Ressortegoismus, Schwerfälligkeit von Koordinationen, uneffektiven Produktionsabläufe, redundanten Outputs (Dubletten).[44]

Der Hauptvorzug von Mintzbergs Begrifflichkeiten liegt aber darin, daß der Zusammenhang zwischen der journalistischen Arbeit und den dadurch nahegelegten Strukturierungen der Organisation besser in den Blick kommen kann. Im Vergleich zur Studie von Dygutsch-Lorenz will die Fixsche Studie zumindest dem Anspruch nach Organisationsstrukturen problembezogen analysieren, was nichts anderes heißt, als ihr Zustandekommen auf systematische Handlungsprobleme zu beziehen. In der Sprache Mintzbergs: einen Zusammenhang von Gestaltungsparameter und situativen Faktoren herzustellen.

Der Schlüsselbegriff ist im Falle der "Professionellen Bürokratien" das "Pigeon-Holing" als zentraler Prozeß im operativen Kern. Der Problembezug, den Fix herausstellt, ist dabei die, wie er es nennt, "Notwendigkeit der Absorption von Umweltdynamik bzw. Umweltkomplexität".[45] Unabhängig vom Problem, was dies nun genau heißen kann (ich komme darauf im folgenden ausführlich zurück) - stellt sich die Frage, ob Fix' methodisches Vorgehen dem systematischen Rahmen (so gewendet) gewachsen ist. Er würde streng genommen voraussetzen, journalistische Arbeits*abläufe* zum Gegenstand der Beobachtung zu machen. Erst dann wäre eine Prüfung des Umstands möglich, ob hier tatsächlich eine Arbeitsform vorliegt, die mit dem Begriff "Pigeon Holing" gemeint ist und ob sich ein darauf bezogener spezifischer Umweltbezug aufzeigen läßt. Fix ermittelt den "situativen Faktor" "Umweltkomplexität" und "Umweltdynamik" lediglich durch eine schriftliche

---

44 vgl. dazu Fix 1988, Seite 162, wo er die organisatorischen Dysfunktionen im Programmbetrieb analysiert.

45 Vgl. Fix 1988, S. 120. Das Argument eines Zusammenhangs zwischen Umweltdimensionen und organisatorischen Strukturen, die irgendwie als "professional" ettikettiert werden, taucht insbesondere auch in der angloamerikanischen Kommunikatorforschung auf: "Network programmers must select producers and series, and publisher must select authors and titles, that fit their markets. However, the criteria for selection, even in concentrated and relative noninnovative industries, are not well defined. It is unclear who can generate content that meets market requirements. Further it is not even clear what those requirements will be; consumer tastes seem unstable, even unknowable. Organizational theorists characterize this situation as on of "uncertainty" ot "turbulence" at both the input and output boundaries of the organization." (Ettema 1987, S. 752). Fix geht, motiviert auch durch das betriebswirtschaftliche Interesse seiner Studie, von einem "Fit" zwischen Umwelt, Struktur und Unternehmensstrategie aus (Fix 1988, S. 29).

Befragung von Schlüsselpersonen[46] und nicht durch eine Beobachtung der Arbeitsabläufe selbst. Aus dem Befund, daß Befragte ihre "Umwelt" als relativ komplex bezeichnen (freilich: wo liegt der Vergleichsmaßstab, spielt hier berufliche Selbstheroisierung eine Rolle?) und aus allgemeinen Kenntnissen der redaktionellen Gliederung und anderer Strukturparameter schließt Fix indirekt auf die Existenz eines "Pigeon Holing"-Prozesses. Für eine empirisch gehaltvolle Konkretisierung der Bestimmung "komplexe Umwelt" und des darauf bezogenen Pigeonholing-Vorgangs leisten die Fixschen Befunde relativ wenig.

Das zeigt sich etwa an der Unentschiedenheit der Operationalisierung des Begriffs "Komplexität": Liegt sie in der Komplexität des aufzubereitenden Materials (Rechercheinformation, Selektion von Inhalten usw.)? Oder liegt sie gleichsam auf der "output"-Seite: in sich wandelnden Marktkonstellationen (Konkurrenz durch private Anbieter), in der Frage der Erwartungshaltungen von Rezipienten und in Veränderungen von Angebot und Nachfrage? oder in beidem? Von dieser letzteren Möglichkeit scheint Fix auszugehen, allerdings stellt sich dann sofort die Anschlußfragestellung, ob alle Einheiten der Organisation "Rundfunkanstalt" gleichermaßen auf diese verschiedenen "Umweltsegmente" reagieren. So ist es schwer vorstellbar, daß die tägliche redaktionelle Arbeit sich direkt mit "wandelnden Marktkonstellationen" auseinandersetzt. Fix scheint hier die Vorstellung zugrundezulegen, daß die Gesamtorganisation "Rundfunkanstalt" mit *einer* Form der "Komplexität" konfrontiert ist.

Von der Zielrichtung seiner Studie her gesehen, mag dieses Verfahren für ihn befriedigend sein - für mich ergibt sich die Möglichkeit, weiter zu fragen und die expliziten und impliziten theoretischen Potentiale der Mintzbergschen Theorie besser auszubeuten. Unversehens sind wir jetzt über das Argument einer "komplexen Umwelt" von Medienorganisationen wieder bei der Ausgangsfragestellung gelandet. Der Ertrag der bisherigen Sichtung besteht darin, ein deutlicheres Verständnis einiger organisationsstruktureller Parameter redaktioneller Arbeit erhalten zu haben. Außerdem haben wir - vermittelt über die Mintzbergsche Systematik - ein interessantes Instrumentarium in die Hände bekommen, um Zusammenhänge zwischen grundlegenden Handlungsproblemen redaktioneller Arbeit und ihrer organisatorischen Strukturierung herauszuarbeiten. Was die bisherigen Arbeiten nicht

---

46 Die Frage lautet beispielsweise: "Unter dem Begriff 'Umweltkomplexität' wird die Anzahl und Verschiedenheit der bei der Entscheidung zu berücksichtigenden Faktoren verstanden und damit indirekt auch der Schwierigkeits- bzw. Überschaubarkeitsgrad der zu verrichtenden Tätigkeiten angesprochen. Wie hoch ist Ihrer Einschätzung nach das Ausmaß der Komplexität in den folgenden Bereichen bzw. Aufgabenstellungen (Umweltsegmente) Ihrer Anstalt?" Das Verfahren ist natürlich nicht unproblematisch. Fix macht sich darin von Urteilen der Professionals selbst abhängig. Das könnte Verzerrungen in zwei Richtungen ergeben: unterstellt man, daß die professionellen Routinen ein Komplexitätsproblem lösen (vgl. oben), könnte es sein, daß die Profis dazu tendieren, gar kein allzugroßes Problem zu unterstellen; oder aber sie tendieren zu einer beruflichen Selbstheroisierung (wer gibt schon gerne zu, daß er es nur mit simplen Vorgängen zu tun hat). In jedem Fall müßte man, um Plausibilitätskontrollen zu ermöglichen, feiner und indirekter fragen.

erbracht haben, ist ein handlungstheoretisches Verständnis dessen, was systematisch im Zentrum stehen müßte: der redaktionellen Arbeit. Dazu sollen jetzt in einer weiteren exemplarischen Besprechung empirischer Studien einige Bausteine beschafft werden.

3. Analysen journalistischen Handelns und Wissens

Es geht also nun darum, ein feineres Verständnis des Kernvorgangs professioneller Bürokratien zu gewinnen, jenes Handlungsablaufs, den Mintzberg mit "Pigeon-Holing" beschreibt und der zugleich die spezifische Art des Umweltbezugs zumindest des operativen Kerns der professionellen Bürokratie bezeichnet. Durch diese Feinfokussierung empfiehlt sich zugleich eine Einschränkung. Schon Fix hatte auf die unterschiedliche Arbeitsweise verschiedener Redaktionen verwiesen. Das "Pigeon Holing" stellt sich im Bereich etwa einer "Kulturredaktion" möglicherweise anders dar als im Bereich aktueller Berichterstattung. Deshalb nehme ich im folgenden (auch mit Rücksicht auf die Schwerpunkte unserer eigenen Studie) eine Einschränkung auf den Bereich aktueller Berichterstattung vor. Ich möchte zwei Studien vorstellen und eingehend besprechen. Sie finden sich in den Arbeiten von Gaye Tuchman und Altheide.[47]

3.1. Typisierung von Nachrichten

3.1.1. Die Befunde von Gaye Tuchman

Die Fragestellung Tuchmans (Tuchman 1973/4) folgt der vorgeschlagenen handlungstheoretischen Strategie. Sie geht von der Analyse eines Handlungsproblemes aus und sie versucht darauf Routinen der Arbeitsorganisation zu beziehen. Auch in ihrem systematischen Ausgangspunkt finden sich bekannte Motive wieder. Tuchman hebt auf ein Problem sozusagen "zeitlicher Komplexität" ab (in der Organisationstheorie würde man sagen: auf das Problem einer "dynamischen Umwelt"): "News works thrives upon processing unexpected events, events that burst to the surface in some disruptive, exceptional (and hence newsworthy) manner" (Tuchman 1973/4, S. 111).

Analog zu Mintzbergs Vorstellung der Funktionsweise der professionellen Bürokratie (geschulte Professionals wenden Pigeon-Holing-Kategorien auf Fälle an) geht Tuchman von folgender Voraussetzung aus:

"Like any other complex organization, a news medium cannot process idiosyncratic phenomena. It must reduce all phenomena to known classifications,

47 Gaye Tuchman 1973/4 und 1978 sowie Altheide 1976

much as hospitals 'reduce' each patient to sets of symptoms or diseases, and as teachers view individual students in terms of categories pertinent to learning." (Tuchman 1978, S. 45)

Die Fragestellung lautet dann:

"how can an organization routinize the processing of unexpected events? Specifically, how do newsmen routinize the handling of a variety of unexpected events in order to process and to present accounts and explanations of them? For, without some routine method of coping with unexpected events, news organizations, as rational enterprises, would flounder and fail" (Tuchman 1973/4, S. 111)

Auf der Basis der Annahme "Persons categorize the objects of their work to controll it" (S. 112) ermittelte Tuchman in einer teilnehmenden Beobachtung in einer Fernsehstation und einer Zeitungsredaktion, daß die von ihr beobachteten Journalisten fünf Kategorien anwenden. Klassifiziert wird mit ihrer Hilfe etwas, das Tuchman als "events-as-news" bezeichnet. Dahinter steht eine erkenntnistheoretisch subtile Unterscheidung. Tuchman versucht (nicht zuletzt motiviert durch Doppeldeutigkeiten der Sprechweise ihrer Untersuchungspersonen) zu unterscheiden zwischen

a) Ereignissen in der "Alltagswelt" *("events", "happenings in the everyday-world")*, die unabhängig von der Wahrnehmung durch die Journalisten stattfinden,
b) Nachrichten *("news")*, definiert als "accounts and explanations of events presented by news organizations" (also das Produkt der Verarbeitung der Nachrichten),
c) "Ereignissen als Nachrichten" *("events-as-news"* als einer Art Zwischenform). Dazu gibt sie folgende Erläuterung: "this last term indicates that news men categorize events not only as happenings in the everyday world, but also as potentially newsworthy materials - as the raw material to be processed by news organizations" (Tuchman 1973/4, S. 112)

Die von ihr ermittelten Kategorien beziehen sich auf Ereignisse, die von den Journalisten bereits als potentielle Nachrichten ("news") wahrgenommen werden ("events-as-news"). Anders gesagt, die Anwendung der Kategorien steht jedenfalls nicht ganz am Anfang eines wie immer vorgestellten Selektionsprozeßes von Nachrichten. Die Kategorien lauten:

1. *"hard news" vs. "soft news"*. Als Beispiele für "hard news" geben die von ihr befragten Journalisten an: "Hard news is the gubernatorial message to the legislature, the State of the Union Address to Congress, the train-truck accident or the murder, the bank hold-up, the legislative proposal...and the

fire tomorrow." (ebd., S. 113). Beispiele für "soft news" sind: "an item about a big-city bus driver who offers a cheery 'good morning' to every passenger on his early morning run, a feature about a lonely female bear, a story about young adults who rent for a month a billboard proclaiming 'Happy Anniversary, Mom and Dad'" (ebd., S. 114). Daraufhin befragt, wie sie diese beiden Typen definieren würden, erhält Tuchman von ihren Befragten für "hard news" Kriterien genannt wie: "interesting to human beings"; "information, people should have to be informed citizens", "important matters" und für "soft news" Kriterien wie: "Interesting because it deals with the life of human beings"; "concerns human foibles and the texture of our human life".

2. *"spot news" vs. "developing news"*. Diese Kategorien sind nach den Angaben der Gewährsleute Tuchman Unterkategorien der "hard news" und beziehen sich auf einen zeitlichen Aspekt. Als typische Beispiele für "spot news" werden Themen der Sensations- und Katastrophenberichterstattung genannt: plötzlich auftretende Ereignisse, die Abweichungen von natürlichen oder gesellschaftlichen Normalitäten beinhalten: Tornados, Erdbeben, Mord, Raub, Unfälle. Dieselben Themen können aber im weiteren Verlauf als "developing news" klassifiziert werden. Dann nämlich, wenn sich herausstellt, daß weitere Informationen zum Thema folgen bzw. beschafft werden müssen: "When they (die Journalisten, J.K.) learned of an unexpected event, it was classed 'spot news'. If it took a while to learn the 'facts' associated with a 'breaking story', it was 'developing news". It remained 'developing news' so long as 'facts' were still emerging and being gathered." (Tuchman 1973/4, S. 115)

3. *"Continuing news"*. Hier lautet die Definition: "...continuing news is a series of stories on the same subject based upon events occuring over a period of time. As a prototype, the newsmen cited the legislative bill. The passage of a bill, they explained, is a complicated process occuring over a period of time. Although news of the bill's progress through the legislative maze may vary from day to day, all stories about the bill deal with the same content .... In this sense, they said, the story about the legislative bill continues as news." (Tuchman 1973/4, S. 115)

Bei den drei letztgenannten Kategorien bleibt unklar, ob sich die Klassifizierung auf bestimmte Inhalte bezieht, auf den zeitlichen Verlauf der Ereignisse oder auf den zeitlichen Verlauf der Informationsbeschaffung. Die Befragten erklärten, insofern eine bestimmte Sorte von Ereignissen typischerweise mit einem bestimmten zeitlichen Verlauf verbunden sei (beispielsweise eine Gesetzesvorlage, die durch die Parlamentsausschüsse geht), seien alle Aspekte gemeint.

Tuchman entwickelt dann im weiteren einen engen Zusammenhang zwischen der Klassifizierung von "news" und der Organisation der darauf bezogenen redaktionellen Arbeit. Mit diesen Klassifizierungen verbunden sind nämlich Implikationen für die Vorgehensweise im Laufe von Recherchen, für Entscheidungsspielräume, für die Planung personeller und zeitlicher Ressourcen sowie für die Programmplanung bzw. Einplanung von Platz in der Zeitung. So kann im Falle von *"soft news"* je nach den Umständen entschieden werden, ob und wann das Thema aufgenommen wird, sie können in den sogenannten "Stehsatz" aufgenommen werden und bilden dort Puffer, auf die man bei Themen- bzw. Beitragsmangel zurückgreifen kann. *"Spot news"* sind unvorhersehbar und für sich genommen nicht einplanbar. Ist etwas als "Spot news" typisiert, sind damit sofort bestimmte Handlungserfordernisse definiert: sie ereignen sich plötzlich und müssen in kürzester Zeit verarbeitet und veröffentlicht werden, weil ihr Wert gerade in dieser schnellen Weitergabe liegt. Ihre Wertigkeit schwindet, wenn die Veröffentlichung allzu lange Zeit benötigt. Stärker planbar ist die Verarbeitung von "developing news" und vollends von "continuing news", da die ihnen zugrundeliegenden Ereignisse als solche vorgeplant sind und insofern auch eine Planung von Personalkapazitäten und Sendeplätzen auf Seiten der Redaktionen möglich ist.

Tuchman weist darauf hin, daß besonders die Entscheidung zwischen "spot news" und "developing news" deutlich medienabhängig ist. So wurde das Attentat, der Gesundheitszustand und eintretende Tod Martin Luther Kings durch die Zeitungen als "spot news" aufgegriffen, während das Fernsehen den gesamten Verlauf der Geschehnisse live als "developing news" in einer zusammenhängenden Berichterstattung, die das Normalprogramm unterbrach, berichtete.

Im weiteren will die Autorin nun die Frage nach dem funktionellen Stellenwert dieser Kategorien für die journalistische Arbeit klären. Ausgehend von den Schwierigkeiten, die die Journalisten hatten, eine klare Definition der Kategorien anzugeben[48] und die Kategorien durch ein *inhaltliches* Kriterium voneinander abzugrenzen, kommt Tuchman zu dem Schluß, daß sie sich weniger auf den Inhalt bestimmter *Ereignisse* beziehen, als vielmehr auf den zeitlichen Verlauf von *"Ereignissen als Nachrichten"*.

"The subject matter of certain kinds of event-as-news tends to happen in certain kinds of ways. And so, newsmen 'just happen' to be alerted to the need to process them in different ways." und: "....newsmen do not categorize events-as-news by distinguishing between kinds of subject matter. Rather, they typify events-as-news according to the way these happen and according to the requirements of the organizational structure within which news stories are constructed." (Tuchman 1973/4, S. 116)

---

48 Die Definition dieser den Journalisten als solche geläufigen und übereinstimmend angewandten Kategorien fiel nicht immer leicht, meistens bekam sie Beispiele genannt: "To specify definitions, newsmen offer examples of the stories that fall within a category. They tend ro classify the same stories in the same manner, and some stories are cited with such frequency that they may be viewed as prototypes." (Tuchman 1973/4, S. 112)

Die ermittelten Kategorien reduzieren die Vielfalt von Ereignissen also nicht nach einem inhaltlichen, sondern nach einem formalen Aspekt: ihrem zeitlichen Auftreten und Verlauf und den darauf bezogenen Erfordernissen der Arbeitsorganisation. Dieser Umstand veranlaßt Tuchman die Bezeichnung "Kategorisierung" zu überprüfen. Kategorisierung, so Tuchman, meine eine Klassifizierung bestimmter Gegenstände oder Sachverhalte. Dabei gelten explizierbare Regeln über relevante Merkmale (Merkmale, die "ins Auge springen") dieser Gegenstände. Im Prinzip müßten sich also bei "Kategorisierungen" Definitionen erfragen lassen. Daß dem in ihrem Fall nicht so ist, nimmt Tuchman zum Anlaß, statt des Begriffs "Kategorisierung" den Begriff der "Typisierung" (typification) vorzuschlagen:

"Typification refers to classification in which the relevant characteristics are central to the solution of practical tasks or problems at hand and are constituted in and grounded in everyday activity. The use of typifications connotes an attempt to place informants classifications in their everyday context; typifications are embedded in and take their meaning from the settings in which they are used and the occasions that prompt their use." (ebd., S.116f.)

3.1.2. "Typ" und "Typisierung"

Ich möchte für eine vertiefte Besprechung der Tuchmanschen Überlegungen zunächst an diesem Punkt ansetzen. Tuchman schlägt den Begriff "Typisierung" vor, um auf den Umstand abzuheben, daß die von ihr ermittelten "Kategorien" eng mit bestimmten handlungspraktischen Erfordernissen verknüpft sind und aus der journalistischen Bewältigung von Alltagsproblemen herrühren. Der Begriff Kategorie ist ihr sozusagen zu kognitivistisch, zu sehr mit dem Vorstellung einer formalen Analyse und Klassifizierung behaftet.[49]

Stattdessen wählt sie bewußt eine, wie sie es nennt, "phänomenologische Perspektive" (S. 116). Geht man dieser von Tuchman selbst ausgelegten Fährte nach, lassen sich einige Präzisierungen anbringen. Zunächst: der Grundbegriff ist "Typus", den Vorgang der Zuordnung eines Erfahrungsinhaltes zu einem Typus nennt man "Typisierung", eine Unterscheidung, die bei Tuchman nicht immer ganz deutlich getroffen wird. Der Begriff geht auf die sozialwissenschaftlich orientierte Phänomenologie von Alfred Schütz zurück. Das Schützsche Werk greift bekanntlich das von Edmund Husserl angeregte Vorhaben einer "Ontologie der Lebenswelt" auf. Husserl verstand darunter eine Analyse der Struktur und Konstitution des "fraglos gegebenen" (vorprädikativen) Alltagswissens, auf dessen Boden er auch alle weiteren Formen von Wissen (z.B. wissenschaftlich-analytisches Wissen) begreifen wollte. Schütz geht es um eine Analyse des "alltäglichen Wissensvorrats", eben um die Gesamtheit dessen, was "fraglos gegeben", "wirklich"

49 vgl. Tuchman 1973/4, S. 116

erscheint.[50] Wissen ist dieses "fraglos Gegebene" für Schütz insofern, als daß zum einen im Kern jeder Wirklichkeitserfahrung ein Erkenntnisakt, ein Urteil impliziert ist (nämlich die Einordnung aktueller Inhalte in einen übergeordneten Sinnzusammenhang) und insofern zweitens diese Zuordnungen erworben werden müssen (Wissenserwerb). Einmal im "alltäglichen Wissensvorrat" "sedimentiert", vollziehen sie sich allerdings ohne Reflektion auf ihren Urteilscharakter oder auf die Erwerbssituation, sie sind selbstverständlich, erfolgen "intuitiv", erscheinen als "evident". Den übergeordneten Sinnzusammenhang (den Kontext, in dem aktuelle Inhalte Sinn gewinnen) bezeichnete Schütz zunächst als "Erfahrungsschema":

> "Ein Schema unserer Erfahrung ist ein Sinnzusammenhang unserer erfahrenden Erlebnisse, welcher zwar die in den erfahrenden Erlebnissen fertig konstituierten Erfahrungsgegenständlichkeiten erfaßt, nicht aber das Wie des Konstitutionsvorgangs, in welchem sich die erfahrenden Erlebnisse zu Erfahrungsgegenständlichkeiten konstituierten. Das Wie des Konstitutionsvorganges und dieser selbst bleibt vielmehr unbeachtet, das Konstituierte ist fraglos gegeben." (Schütz 1981, S. 109)

Später ersetzt Schütz diesen Begriff durch den des "Typs". Unser gesamter selbstverständlich verfügbarer Vorrat an Alltagswissen organisiere sich, so Schütz, in solche Typen als Sedimentationen vergangener Erfahrungen, ohne daß der Sedimentationsvorgang selbst Gegenstand eines reflexiven Bewußtseins wäre. Die Anwendung dieser Typen erfolgt, nachdem sie routinisiert sind, intuitiv, d.h. ohne eine besondere Aufmerksamkeit auf die Tatsache, daß hier ein Urteil, ein Erkenntnisakt auf der Basis von Vorwissen vollzogen wird. Durch die in Form der Typen vorliegenden Sinnbestimmungen werden aktuelle Gegenstände der Erfahrung als vertraut = typisch (oder auch: als unvertraut!) wahrgenommen

Typen, die im Alltagswissen vorliegen, sind also eine implizite, nichtreflexive Form des Wissens, ein Wissen, das sich selbst nicht als Wissen bewußt ist. Wichtig ist der zeitliche Aspekt: als Sedimentationen *vergangener* Erfahrungen ermöglichen Typen strukturierte Vorerwartungen über *zukünftige* Erfahrungen, sie ermöglichen Prognosen und dienen insofern der Handlungsorientierung.[51] Erst wenn diese Handlungsorientierung fragwürdig wird, weil in bestimmten Situationen auf der Basis eines bestehenden Typus nicht weiter gehandelt werden kann, wird eine reflexive Zuwendung erforderlich. Der vorhandene Typ muß dann modifiziert, ergänzt, spezifiziert werden oder es muß ein neuer Typ gebildet werden. Diese Bewältigung "problematischer Situationen" ist nicht nur die Bedingung des Erwerbs von neuen Typen, sondern Typen entstehen für Schütz ganz generell in der Bewältigung problematischer Handlungssituationen. [52]

---

50 Schütz 1979,1984

51 vgl. Schütz, Luckmann 1979, S. 286 ff., 290

52 vgl. Schütz, Luckmann 1979, S. 279

Typen leisten also durchaus etwas, was auch "Kategorien" , wie Tuchman sie definiert haben möchte, leisten - sie ermöglichen eine Klassifikation von Objekten aufgrund bestimmter charakteristischer Merkmale und sie enthalten Regeln darüber, welche Merkmale relevanter sind als andere.[53] Auch in Tuchmans Untersuchung können die Befragten ja durchaus angeben, welche "hervorstechenden" Merkmale etwas haben muß, um als "continuing news" oder "spot news" eingeordnet zu werden, wenngleich ihre Definitionen natürlich präziser sein könnten. Typen sind also insofern durchaus Klassifikationsschemata, als sie aktuell vorkommende Erfahrungen einer in vergangenen Erfahrungssituationen sedimentierten Bestimmungsrelation subsumieren.

Das Problem, weswegen Tuchman den Begriff "Kategorie" verwirft, liegt in der Frage der Reflexivität und Eindeutigkeit der Bezeichnungen "hard - soft, spot - developing, continuing news". Im Rahmen der Schützschen Theorie ist dieses Problem allerdings nicht besonders schwerwiegend. Tuchman weist in einer Fußnote selbst darauf hin, daß man "Kategorien" im Zusammenhang der Schützschen Theorie als "Untertyp von Typen" anzusehen hätte, insofern Kategorien einfach Typen mit einem höheren Grad an Spezifiziertheit und reflexiver Verfügbarkeit der enthaltenen Bestimmungsrelationen sind - insbesondere können damit auch gemeint sein: wissenschaftliche "Typen" als Konstrukte beispielsweise der Sozialwissenschaft. Nun ist es genau ein zentrales Anliegen der Phänomenologie, zu zeigen, daß wissenschaftlich reflektiertes Wissen letztlich auf einem lebensweltlichen und damit handlungspraktisch bestimmten Fundament aufruht. In der Sprache Schütz's sind wissenschaftliche Konstruktionen Typen zweiten Grades, die den Boden des intersubjektiv geteilten und selbstverständlichen lebensweltlichen Wissens voraussetzen müssen.

Die Stoßrichtung bei Husserl/Schütz ist ja nicht etwa, dem Alltagswissen den Status von Wissen zu bestreiten, sondern ganz im Gegenteil, zu zeigen, daß auch das, was gar nicht als "Wissen" erscheint, eine Art von Wissen ist. Insofern könnte man Tuchmans Anliegen etwa wie folgt wenden: Die von ihr ermittelten Kategorien haben den Status des von Schütz analysierten lebensweltlichen Typenwissens. Es ist eine Form impliziten und nur soweit spezifizierten Wissens, als es für erfolgreiches Handeln nötig ist. Es ist eine Form von Wissen, das unmittelbar auf die handlungspraktische Bewältigung bestimmter Situationen zugeschnitten ist und das auch in solchen Handlungssituationen konstituiert ist.

Abzugrenzen wäre das beispielsweise gegen "wissenschaftliches Wissen" (dessen Bestandteil dann aber nicht keine Typen, sondern eben "wissenschaftliche" Typen wären). Man kann sich diesen Unterschied klarmachen, wenn man die von Tuchman ermittelten Kategorien vergleicht mit den Kategorien eines Arztes zur

---

53 Mit Typen sind immer Relevanzstrukturen verknüpft, die eine Art Hierarchie von Merkmalen festlegen: so werde ich einen Pinscher spätestens dann als Hund einordnen, wenn er zu bellen beginnt, auch wenn ich noch nie einen so kleinen Hund gesehen habe. Die Merkmale "bellt" und "hat vier Beine" sind wichtiger als das Merkmal "Größe".

Diagnose bestimmter Krankheiten. Der Vorgang als solcher ist ähnlich: eine Konstellation aktueller Erfahrungsgegenstände wird einem vorkonstituierten Schema subsumiert.[54] Allerdings ist das Wissen des Arztes - zumindest in vielen Fällen, aber nicht immer! - expliziter, d.h. es ist reflexiv verfügbar, daß es sich um Wissen handelt. Es ist durchschnittlich ausgearbeiteter und es liegt in objektivierter Form vor: es kann beispielsweise in Büchern nachgelesen werden. Die Kriterien der Zuordnung von konkreten Krankheitssymptomen zu Krankheitsbildern ("Typen") können, zumindest idealiter, exakt angegeben werden. Die Erwerbssituation ärztlicher Typen ist für den einzelnen Arzt zumindest am Beginn seiner Tätigkeit nicht die problematische Handlungssituation, auf die der Typus bezogen ist, sondern die universitäre Ausbildung.

Die Hauptdifferenz ergibt sich also letztlich aus dem Umstand, daß die Typen, die im ärztlichen Wissen enthalten sind, in einem wissenschaftlichen Zusammenhang erzeugt wurden und die Tätigkeit des Arztes eine wissenschaftliche Ausbildung voraussetzt. Dies genau, so wäre die Implikation von Tuchmans These, ist beim Journalisten nicht der Fall. Ein schlüssiger Beleg für diese These läge allerdings weniger darin, wie gut nun einzelne Journalisten ihre Typen definieren können, sondern eher in der Ermittlung der typischen Erwerbssituation der Typen, anders gesagt: in der Auszeichnung der spezifischen Form der beruflichen Sozialisation.

3.1.3. "Typen" und "Umwelt"

Auch das phänomenologische Verständnis von "Typus" ist mit einem Komplexitätsproblem verbunden: die Lebenswelt verliert sich in der phänomenologischen Sicht in einen Horizont von Unbestimmtheit, Typen gliedern diesen Horizont in Bereiche größer und geringerer Vertrautheit und Bestimmtheit. Letztendlich ist auch in der phänomenologischen Theorie (wie bei unseren Komplexitäts-Theoremen) eine "Welt" als Totalität ungeordneter Mannigfaltigkeit impliziert.[55] Allerdings besteht ein wesentlicher Unterschied zu den informationstheoretischen Konzepten darin, daß das Problem des Selektionsdrucks entschärft ist. Typen haben gerade den Effekt, Erfahrenes in einem Horizont von Vorbekanntheit wahrnehmbar zu machen. Aber das soll erst in einem späteren Teil dieser Arbeit eine Rolle spielen.

Die Frage in unserem Zusammenhang ist, worauf sich die Ordnungsleistung der von Tuchman ermittelten Typen bezieht. Was wird hier eigentlich typisiert? Tuchman hatte auf zwei Doppeldeutigkeiten hingewiesen. Die erste Doppeldeutigkeit besteht darin, daß sich die Kategorien im Verständnis der Journalisten ebenso auf den *Inhalt* der Ereignisse wie auf ihre zeitliche *Form* (auf

54 Insofern handelt es sich um das, was Mintzberg unter "pigeon holing" versteht.
55 vgl. dazu Srubar 1979

Umstände ihres Auftretens und die Verkettung mit anderen Ereignissen) beziehen. Die zweite Doppeldeutigkeit besteht darin, daß sie sich ebenso auf Eigenschaften der "Ereignisse an sich" zu beziehen schienen wie auch auf Aspekte, die mit der Wahrnehmungsweise und den Handlungspraktiken der Journalisten zusammenhängen. Diese Verschränkung hielt Tuchman im Begriff der "events-as-news" gegenüber "events" und "news" fest.

Da die Kategorisierung der Nachrichten in hard/soft/spot/developing auf der Ebene der "events-as-news" ansetzt, müssen - von Tuchman nicht weiter analysiert - Entscheidungen vorausgegangen sein, die Ereignisse ("events") als "potentially newsworthy materials" (eben als "events-as-news") ausweisen. Tuchman bekommt also mit den von ihr ermittelten Typen nur einen Teilbereich der Arbeitsvorgänge in den Blick. Die Kategorien hard/soft beziehen sich bloß auf die Frage der Verbindlichkeit sofortiger Berichterstattung und die übrigen Kategorien auf die zeitliche Form der weiteren Bearbeitung. Unberührt davon bleibt das grundlegendere Problem der Einordnung des Materials als "newsworthy", von Fragen der konkreten inhaltlichen Weiterbearbeitung ganz zu schweigen. Jedenfalls bleibt festzuhalten, daß das scheinbare Ausgangsdatum der von Tuchman analysierten Routinen nicht ein externes, von journalistischer Wahrnehmung unabhängiges "Rohdatum" ist, sondern ein Etwas, in dem bereits journalistisches Handeln oder Wahrnehmen am Werk war.

Die von Tuchman befragten Journalisten tendierten offenbar dazu, die von Tuchman angedeuteten Differenzierungen nicht mitzumachen. Sie schienen von der Vorstellung auszugehen, daß die Kategorien "hard/soft/spot/developing" Eigenschaften der Ereignisse selbst sind. Dafür spricht das (sozusagen ontologisierende) Antwortverhalten der Journalisten auf die Aufforderung, die verwendeten Kategorisierungen zu definieren. Die Antworten erfolgten über die Nennung von Beispielen in Form von Prädikationen wie "The fire is a spot new", "Hard news is the gubernatorial message to the legislature". Ein Ereignis gehört in dieser Logik z.B. zur Kategorie der "hard news", weil es gewisse Eigenschaften an sich selbst aufweist. Etwas Objektives wird lediglich einer Klasse zugeordnet.

In den Begriffen der Organisationstheorie könnte man sagen: die Journalisten scheinen von der Vorstellung auszugehen, daß ihre Kategorisierungen Eigenschaften ihrer Umwelt sind. Tuchmans Analysestrategie besteht darin, über die Analyse interner Widersprüche der Äußerungen der Journalisten zu zeigen, daß die Kategorien ebenso gut Beschreibungen eines bestimmten *handelnden Umgangs der Journalisten* mit Ereignissen sind. Die scheinbar den Ereignissen außerhalb des journalistischen Kontextes anhaftenden Merkmale "spot", "developing" oder "continuing" beziehen sich also nicht einfach auf externe Sachverhalte, sondern auf externe Sachverhalte, wie sie sich aufgrund eines bestimmten handelnden Umgehens oder eines bestimmten internen Informationsstandes mit ihnen *darbieten*. So führen die Befragten, als sie den Unterschied von "continuing news" und "spot news" erklären sollen, im Widerspruch zu ihrer Behauptung, die Kategorisierung gehe auf den Inhalt der Ereignisse zurück, das Kriterium "amount of information that they have about an event-as-news at a given point in time" an.

Deutlich ist die Abhängigkeit der Typisierung von internen Handlungen bzw. Bedingungen in folgender Formulierung: " When they learned of an unexpected event, it was classed 'spot news'. If it took a while to learn the facts associated with a 'breaking story', it was 'developing news'".(Tuchman 1973/4, S.115)

Hier ist ganz deutlich: entscheidend für die Zuordnung ist nicht in erster Linie eine Eigenschaft des Ereignisses, sondern der Kenntnisstand der Journalisten bzw. eine interne Entscheidung darüber, ob weitere Informationen es wert sind, mit berücksichtigt zu werden oder sogar Eigenheiten des benützten Mediums.

Ähnlich liegt der Fall bei den "continuing news". Auch die als paradigmatisch für "spot news" präsentierte Feuersbrunst könnte man strenggenommen als "developing", wenn nicht "continuing" darbieten: wie gestalten sich die weiteren Ermittlungen der Polizei zur Brandursache, was machen die obdachlosen Bewohner, wie finden sie eine neue Wohnung, wird das Haus wieder aufgebaut usw.? In den meisten Fällen verschwimmt hier ununterscheidbar, ob das Prädikat "continuing" sich auf einen Prozeß in der Wirklichkeit, über die berichtet wird, bezieht[56], oder ob es sich auf den Prozeß der andauernden Recherche bezieht, der von internen Entscheidungen abhängt. Ebenso bei der Kategorisierung hard/soft: Tuchman weist darauf hin, daß ein und dasselbe Ereignis von Journalisten einmal als "hard news", einmal als "soft news" behandelt wurde. Der Unterschied lag lediglich in der Form der Verarbeitung, der Frage der Verbindlichkeit sofortiger Berichterstattung.[57]

Die Kategorien hard/soft, spot/developing, und continuing sind also nicht eindeutig auf Aspekte der Ereignisse beziehbar, sondern ebenso auf Aspekte der da-

---

56 Wobei natürlich Ereignisse eigentlich immer "continuing" sind, denn es läßt sich in einem gegebenen Kontext eigentlich kein Ereignis vorstellen, auf das nicht weitere Ereignisse bezogen wären. Die Differenz "spot" oder "continuing" ist strenggenommen eine Differenz, die nur dann sinnvoll ist, wenn sie auf die Aufmerksamkeitszuwendung eines Beobachters aus einem anderen Kontext bezogen wird.

57 Sichtet man einmal die Beispiele für "hard news", dann fällt auf, daß es sich dabei zum einen um Ereignisse handelt, die schon selbst a l s Verlautbarung an die Öffentlichkeit gefaßt sind und mit Hinblick auf eine partizipierende Öffentlichkeit stattfinden; zum anderen Ereignisse, von denen offenbar relativ unproblematisch eine öffentliche Relevanz unterstellt werden kann: Verbrechen, große Unfälle. Daraus leitet sich dann offenbar eine Verbindlichkeit der Berichterstattung ab. Anders formuliert: hier stehen Rahmen, sowohl was Relevanz betrifft, als auch was die sachliche Einordnung betrifft, in der Regel schon zur Verfügung. Ein besonderer Anspruch auf Relevanz und ein Interpretationsrahmen braucht zumindest bei der ersten Meldung nicht mehr eigens mitkommuniziert zu werden; einfach, weil man deren Vorhandensein relativ unproblematisch unterstellen kann. "Soft news" müssen in viel stärkerem Sinne gerahmt werden und in einen bestimmten Zusammenhang gestellt werden. Die Interpretationsmöglichkeiten und damit die Notwendigkeit für den Journalisten mögliche Interpretationsrahmen zu erzeugen und anzubieten ist größer. Das verlangt von ihm dann mehr "Kopfarbeit", er muß sich eigens und fallbezogen überlegen, wie er etwas bringt, in welchen Zusammenhang er es kleidet, wie er formulieren soll usw. Nicht etwa, weil "hard news" an sich eindeutiger, "objektiver" wären, sondern weil er auf unproblematisch geltende Interpretationsregeln nicht zurückgreifen kann.

rauf bezogenen Arbeitsroutinen. Für Journalisten aber erscheinen sie eher als Charakteristika der Umwelt, denn als Resultat ihres Interagierens mit irgendetwas in der Umwelt.

Man hat nun allerdings bei Tuchmans Analyse den Eindruck, es fehlt etwas. Die Zuordnung von Ereignissen bzw. Ereigniskonstellationen zu den beschriebenen Kategorien kann sich nicht von sich selbst ergeben; ob ich etwas als "developing news" behandle oder nicht, impliziert ein Relevanzschema, das sich auf inhaltliche Charakteristika der Ereignisse bezieht. Nur wenn ich es auf Grund welcher Umstände auch immer für *relevant* halte, z.B. die Nachgeschichte eines Ereignisses zu dokumentieren, werde ich ein Ereignis als "developing news" wahrnehmen. Erst über dieses Relevanzschema (mit Typisierungen inhaltlicher Art verbunden) läßt sich eine inhaltlich faßbare Sicht der Umwelt durch die Journalisten erkennbar machen. Insofern werfen Tuchmans Befunde ebensoviel Fragen auf, als sie beantworten.[58]

Festzuhalten bleibt allerdings, daß die erkenntnistheoretischen Spitzfindigkeiten, auf die Tuchman gestoßen ist, und denen sie mit der handlungstheoretischen Anwendung des "Typen"-Konzeptes gerecht werden will, auf einen Umstand hinweist, der in den organisationsstheoretischen Studien zu kurz kommt. Dort entsteht mitunter der Anschein, als handle es sich bei "Umwelt" um eine gegebene, unabhängige Größe. In Wirklichkeit kann Tuchman schon für ihre sehr einfachen und pauschalen Kategorisierungen zeigen, wie die Umwelt sozusagen erst durch die Brille des Handelns in Erscheinung tritt. Es ist dabei für die Beteiligten ununterscheidbar, ob etwas Objektives Charakteristikum eines unabhängig in der "Umwelt" stattfindenden Ereignisses oder ein Charakteristikum der organisatorischen Handlungspraxis ist.

Genau das aber ist der zentrale Punkt in der phänomenologischen Auffassung der "Typen", die sich überhaupt erst im handelnden Umgang mit Situationen, in der Interaktion mit etwas konstituieren - *insofern* ist nicht recht unterscheidbar, was ist auf die Umwelt, was auf die Handlung zurückzuführen. Die Erwerbssituation bzw. Konstitution der Typen ist bei ihrer Anwendung später nicht mehr im Blickfeld der Aufmerksamkeit - *insofern* erscheint der Typ als eine Eigenschaft der Gegenstände der Erfahrung.

3.2. Journalistisches Handeln als Verzerrung von Wirklichkeit - die Studie von Altheide

Das Argument, das sich bei Tuchman noch recht unspektakulär anläßt, wird in der Redaktionsstudie von David L. Altheide (1976) zugespitzt. Schon der Titel seines Buches "Creating Reality. How TV News Distorts Events" weist darauf hin. Ich möchte zunächst einige Befunde Altheides referieren, die die Tuchmansche

58 Fragen übrigens, die auch in der vorliegenden Arbeit nicht beantwortet werden können.

Sichtweise differenzieren und vertiefen können. Altheide setzt mit dem, was bei Tuchman eher als Ergebnis steht, ein:

"News report reflects the organization which produces them." "In the pages that follow I argue that the organization of news for practical reasons encourages the adaptation of a conoluted way of simplifying events. I call this outlook the news perspective." (Altheide 1976, S. 61).

Altheides Studie hat in unserem Zusammenhang den Vorzug, daß einerseits ähnliche Phänomene in den Blick kommen, sie zusätzlich aber - und darum geht es uns letzten Endes - auf organisatorische Strukturen bezogen werden. Die Beobachtungen, auf die ich mich im folgenden beziehe, stammen aus einer teilnehmenden Beobachtung von Fernsehnachrichtenredaktionen zweier Sender ("Channel A" und "Channel B").

Die Nachrichtenabteilung des Senders besteht aus insgesamt 25 Personen, dazu gehören Reporter, Kameraleute, Moderatoren, Sportberichterstatter, Sekretärinnen usw.. Abteilungsleiterfunktionen nimmt der Nachrichtenchef wahr ("news dircetor"), der direkt dem Leiter des Studios unterstellt ist. Sein Stellvertreter ist der Produktionsleiter; diesem wiederum ist der Redakteur vom Dienst ("assignment editor") zugeordnet; eine Anzahl von Reportern und Kameraleuten bilden die Gruppe der, wie Altheide sich ausdrückt, "soldiers of the news room", die wiederum von Mitarbeitern mit Unterstützungs- oder Stabsfunktionen flankiert werden.

Täglich wird eine einstündige Nachrichtensendung produziert, die internationale und nationale Nachrichten, Lokalnachrichten, Sport und den nationalen und lokalen Wetterbericht enthält. Gelegentlich wird zu bestimmten Ereignissen ein Kommentar hinzugefügt; die Sendung wird immer wieder für Werbespots unterbrochen und wird live moderiert. Für jede Sendung wird ein Sendeablauf konzipiert, der einer immer ähnlichen Aufteilung zwischen Moderationen, Beiträgen, Moderationen usw. folgt:

"the show order indicates that nearly 14 minutes are accounted for by commercials; another 2 minutes are required for 'teases' and 'tossess'; the sports and weather are alloted 5 an 4 minutes, respectively. The format also calls for a standard 3:30 for world and national news. This totals to nearly 29 minutes of news. The remaining 25 to 30 minutes will be filled with local film stories, the 'perspective', 'live items', and video packages provided by the network." (Altheide 1976, S. 63)

An der Spitze der Nachrichtenabteilung steht der *Nachrichtenchef* (news director). Seine Funktionen liegen abgesehen von Funktionen im Bereich der Sendungskonzeption nicht so sehr im redaktionellen Geschäft selbst, er hat koordinative und redaktionspolitische Funktionen, übernimmt die Außenvertretung (Public relations coordinator) der Abteilung und pflegt Beziehungen zur Lokalpolitik.

Auf Seiten der journalistischen Mitarbeiter bestehen eher diffuse Vorstellungen über seine Funktion: "Few of Channel B's employees knew exactly what the news director did. Most agreed that his time was spent looking busy, appearing important, and engulfing himself in trivia such as calls from viewers, work scheduling, and the like." (ebd., S.62)

In der Redaktion ist er äußerst unbeliebt und wird allgemein als inkompetent eingeschätzt. Seine Eingriffe in den redaktionellen Bereich beschränken sich auf administrative Maßnahmen, die allerdings auf zum Teil erhebliche Empörung stoßen und zu Vorwürfen führen wie etwa, er würde z.B. durch Kürzung von Überstundenzuschlägen Leute benachteiligen, die nicht auf seiner Seite stünden. Der Hauptvorwurf lautet, daß er den Produktionschef und den Redakteur vom Dienst toleriere, deren Arbeit, so die Meinung in der Redaktion ständige Probleme verursache.[59]

Die Funktion des *Produktionschefs* besteht primär in der Koordination von Nachrichtenchef, Redakteur vom Dienst, Reporter und Kameraleuten. Er ist dafür zuständig, den Sendeablauf insofern zu gewährleisten, als er über die Reihenfolge und zeitliche Gewichtung von Beiträgen entscheidet und dafür verantwortlich ist, daß die Sendung "gefüllt" wird. Ist dies nicht der Fall, muß er fehlende Beiträge organisieren. Das geschieht etwa unter Rückgriff auf stets verfügbare Agenturmeldungen, die auch während der Sendung noch schnell zurechtformuliert werden können und vom Moderator dann ohne Bild verlesen werden. Eine andere Möglichkeit ist der Rückgriff auf vom sogenannten "News Program Service", eines überregionalen "Network", angebotene Videos als Füller. "NPS is often a livesafer" - nämlich dann, wenn aus irgendwelchen Gründen (etwa der Moderator liest zu schnell ab oder Beiträge fallen unerwartet aus) ein zeitlicher Überschuß entsteht.[60] Auch die Tätigkeit des Produktionschefs wird von den journalistischen und technischen Mitarbeitern als überwiegend organisatorisch eingeschätzt und nicht besonders hochbewertet. In den meisten Fällen erfolgt eine Plazierung und zeitliche Gewichtung der Beiträge ohne Berücksichtigung ihrer inhaltlichen Wichtigkeit: der Produktionschef verteilt die Beiträge auf den Sendeablauf, ohne den Inhalt genau zu kennen bzw. gewährt Sendezeit ohne genau zu wissen für was. Rückmeldungen oder Verbesserungsvorschläge zu Beiträgen von ihm erfolgen so gut wie nie. Die Konsequenz dieses Umstands beschreibt Altheide so:

---

59 Altheide adoptiert hier, wie leicht zu sehen ist, den Standpunkt der Redaktionsmitglieder, die, um mit Mintzberg zu sprechen, den operativen Kern der Nachrichten-Organisation bilden. Ein für professionelle Bürokratien typischer Konflikt wird benannt: Funktionen, die sich von denen der Professionals im Operativen Kern unterscheiden, werden von diesen minimalisiert bzw. gar nicht wahrgenommen: auch darin zeigt sich die Dominanz des operativen Kerns. Vgl. dazu unsere eigenen Befunde Teil 2, Abschnitt 3,4.

60 Ich weise schon hier als Merkposten ausdrücklich darauf hin, daß es sich hier um ein Handlungsproblem handelt, das genau umgekehrt zur Problemfassung, die wir bis jetzt zu hören bekamen, ist. Ich komme darauf noch ausführlich zurück, vor allem in Teil II.

"Some cameramen, for example became so convinced that no one cared about their work that they intentionally started 'doing as little as possible'. One cameraman boasted that he was going to see just how bad his work could get before anybody would say anything."(Altheide 1976, S. 66)

In engerem Zusammenhang zu der Arbeit der Reporter und Kameraleute steht der *Redakteur vom Dienst (the "desk")*. Seine Hauptfunktion besteht in der Selektion von "stories" aus den verfügbaren Quellen: "wire services, newpapers, press releases and telephone calls". Während die Aufgabe des Produktionschefs darin besteht, den formalen Sendeablauf zu gewährleisten, Beiträge zu plazieren, ist der Redakteur vom Dienst dafür verantwortlich, den Inhalt der Sendebeiträge zu beschaffen. Dabei orientiert er sich an den Standardvorgaben des Sendeablaufes. So weiß er zum Beispiel, daß er einen bestimmten Zeitanteil mit lokalen Beiträgen füllen muß. Insofern teilt er das Problem des Produktionsleiters "die Sendung zu füllen". Dabei steht er unter verschiedenen Terminzwängen, die aus technischen und organisatorischen Erfordernissen resultieren und dazu führen, daß die meisten "Geschichten" Stunden vor der Sendung feststehen müssen. Dazu muß er sie aber erst einmal kennen: "The desk can only select stories he knows about. Since he needs to be able to assign crews, he must have prior knowledge about newsworthy news" (ebd., S. 67). Überwiegend entnimmt der Redakteur vom Dienst die Themen, mit denen er ein Team beauftragt, Quellen wie Pressemitteilungen, der lokalen Zeitung, den "Radio monitors" der Feuerwehr und Polizei sowie den ständigen Meldungen des Fernschreibers, die von verschiedenen Nachrichtendiensten stammen.

Die Abhängigkeit von solchen institutionalisierten Quellen drückt sich, so Altheide, ganz deutlich in der Zusammensetzung der Sendungen aus. Je nach Zeitpunkt der Sendung: abends oder mittags, werktags oder am Wochenende, je nach Jahreszeit (Sommer/Winter) verändere sich der Charakter der Sendung. So wird wochentags mehr über Pressekonferenzen berichtet, abends und am Wochenende werden mehr "spot news" (Verbrechen, Feuer usw.) berichtet.

Die Gründe liegen dabei, so Altheide, nicht etwa darin, daß abends mehr Verbrechen stattfinden und gemeldet würden, vielmehr würden die Polizei- und Feuerwehrmeldungen tagsüber schlichtweg weniger beachtet, weil die Aufmerksamkeit auf anderen Quellen liege. Am Wochenende erklärt Altheide das Übergewicht von "spot news" durch die Abwesenheit des Redakteurs vom Dienst. Der Umstand der Abhängigkeit von institutionalisierten Quellen wird vor allem von den Kameraleuten und Reportern kritisch wahrgenommen, Altheide zitiert einen Reporter: "They depend so much on those damn press releases coming in there and telling them, you know, to go here and do this, that they have developed no outside sources for news" (ebd., S. 70). Altheide kommentiert: "From the desk's perspective, news is defined in terms of scheduling , rather than of substantive importance". (ebd., S. 70)

Die Aufgabe der ***Reporter*** faßt Altheide so zusammen:"A TV journalist's task is to find something newsworthy in events which have been selected for scheduling and other practical reasons." (ebd., S. 73). Mit vielen Themen, mit denen sie vom "Schreibtisch" aus beauftragt werden, können Reporter, so berichtet Altheide, nichts anfangen; die Reporter rechnen das den Verantwortlichen in der Redaktion zu: "We've got an assignment editor who doesn't think past his fucking nose; a producer who doesn't think; a news director that does'nt know how." (ebd., S. 73). Die Arbeit des Reporters besteht zunächst darin, schon vor Beginn der Recherchen einen sogenannten "Aufhänger", einen Gesichtspunkt ("angle") zu finden, von dem her der Beitrag als eine "Geschichte" mit bestimmten formalen Gliederungen (Anfang, Mittelteil, Schluß) vorentworfen werden kann. Dieser Aufhänger ist entscheidend für den Nachweis, daß und was an dem Beitrag "newsworthy" ist. Der Aufhänger dient dazu, den Inhalt der Story in einem Kontext zu situieren und ihm insofern eine bestimmte Bedeutung zu verleihen.[61] So wird sich etwa ein Bericht über einen Bankraub nicht mit der Aufzählung von Umständen der Tat begnügen. Ein möglicher Aufhänger könnte beispielsweise sein: "this is the 14th time this bank has been robbed; the teller who handed the money over was Mrs. so and so who comes from another job at such and such, a place, where she had been robbed 4 times; her reaction to this robbery was that it was unique in that she noticed this or that"(ebd., S. 74).

Eine wichtige Funktion hat die Vorentscheidung über einen "angle" auch bei der Interviewführung und -Bearbeitung: er gibt dabei ein Kriterium dafür ab, welche Fragen zu stellen, auf welche Aspekte einzugehen ist. In Gesprächen mit den Interviewpartnern wird ihnen in der Regel bereits vorher dieser "Angle" in einer groben Absprache von Frage und Antwort nahegelegt. Bei der anschließenden Bearbeitung des im Vergleich mit der zur Verfügung stehenden Zeit (zwischen 2 und 3 Minuten) meist viel umfangreicheren Bild- und Tonmaterials muß dieses dann nochmals so reduziert werden, daß der "angle" möglichst gut zum Ausdruck kommt. Nur so kommt eine gute "Story" zustande.

Allerdings ist die Wahl des "angle" nicht völlig beliebig, er muß sich vor Ort, in der Interaktion des Reporters mit den Informanden zumindest insoweit bewähren, als es nicht zu groben Unstimmigkeiten zwischen "angle" und manifesten Inhalten kommen darf. Altheide dazu zusammenfassend:

"Reporters select and present the content as evidence of the angle. The angle is the framework to which specific content will be nailed in order to tell a story. The important point is, that the story is simply the format or medium through which a definition of an event - the angle - is presented. This means that the story

61 Anders gesagt: der Aufhänger verschafft dem Inhalt der Geschichte sowohl "Bedeutung" wie auch "Bedeutsamkeit". Ich verwende im folgenden dafür auch den Begriff "Rahmung" oder "Rahmen". Dieser Ausdruck wurde von Bateson (1985) kreiert und von Goffman in die Soziologie eingebracht (Goffman 1981). Gemeint ist damit ein System von metakommunikativen Prämissen, die Einzelkommunikationen organisieren und damit Sinn festlegen.

is already pretty well set before they leave the station, although they must be certain to not make the mistake of 'misconstructing' the story by letting the framework survive at the demise - and contradiction - of the content." (Altheide 1976, S. 76)

Der Reporter bezieht diese Aufhänger aus verschiedenen Quellen. Zum einen liegen, so Altheide, bestimmte institutionalisierte Gesichtspunkte in vielen Fällen bereit. Beispielsweise werden Ereignisse oft unter dem Gesichtspunkt "Konflikt" präsentiert (so läßt sich zugleich die Überparteilichkeit des Mediums mitkommunizieren). Lokale Ereignisse werden sehr oft durch den Bezug auf überlokale Entwicklungen gerahmt. Manchmal bekommen Reporter Gesichtspunkte vom "Assignment Editor" vorgegeben - hier können dann auch Faktoren wie etwa die Überleitung zum folgenden Beitrag im Verlauf der Sendung eine Rolle spielen. Auch auf eher indirekte Weise ist der Reporter abhängig von gewissen Vorentscheidungen innerhalb des Studios, entscheidend ist beispielsweise die Zeit, die für einen Beitrag zur Verfügung steht. Insgesamt sei der Reporter aber, was die eigentliche Berichterstattung anbelangt, relativ autonom: "This is where the Reporter must 'do something' with the story; he 'dig', 'think', and 'develop' the story as much as possible." (ebd., S. 73).

Der "Angle" sollte idealiter auch in dem Bildmaterial zum Ausdruck kommen, das der *Kameramann* zur Verfügung stellt. Von daher ergibt sich ein hoher Koordinationsbedarf zwischen Reporter und Kameramann. In den wenigsten Fällen entspricht die Sequenz der Aufnahmen vor Ort der Sequenz der dann gesendeten, weil die meisten Ereignisse sich natürlich nicht in den Zeitdimensionen eines Zweieinhalb-Minutenbeitrags abspielen: "Natural editing is not very common since few events are of such short duration and occur in sequences which permit telling the story without rearranging the action." (ebd., S. 85)

Die Regel ist, daß von dem Material, mit dem das Team ins Studio zurückkehrt, vielleicht ein Drittel genützt wird, der Rest wird weggeschnitten. Insofern muß bereits beim Filmen darauf geachtet werden, daß das wichtigste Material, das benötigt wird, um eine Story aufzubauen, vorhanden ist. Der Kameramann muß bereits bei den Aufnahmen den sich anschließenden Schnittvorgang im Hinterkopf haben.[62] Das setzt voraus, daß bei den Aufnahmen die "Story" in den Grundzügen bereits feststeht, nur dann ist eine gezielte Auswahl des Materials möglich.

Auch die Studie von Altheide läuft auf ein Argument hinaus, das dem von Tuchman sehr ähnlich ist. Zwischen die Journalisten und die Ereignisse, über die sie berichten, schieben sich Wahrnehmungs- und Ordnungsraster - Tuchman nannte sie "Typen", Altheide spricht von "angles". Die Typen von Tuchman beziehen sich

62 Beispielsweise wird in der Regel ein "establishing shot" als Einstieg benötigt (eine Art optische Rahmung, die auf den Kontext der Geschehnisse hinweist); die wichtigsten Elemente für die Konstruktion der Story müssen auch optisch zur Verfügung stehen, um sie hinterher an entsprechender Stelle "einzubauen".

dabei eher auf eine Grobsortierung von potentiellen Nachrichten, während sich das, was Altheide "Angles" nennt, eher auf die Details eines einzelnen Beitrags bezieht. Diese Raster sind aufs engste verbunden mit handlungspraktischen Zwängen der journalistischen Arbeit, sie legen die Wahrnehmung und das Vorgehen der Journalisten mit dem journalistischen "Rohmaterial" (Informationen, Recherchepartner, Darstellungsinhalte usw.) fest und prägen dann auch die Darstellung von Sachverhalten im Kommunikat.

Darüber hinaus weist Altheide auf weitere organisatorische Zwänge, wie die Abhängigkeit von bestimmten Quellen, die Aufteilung von Entscheidungen auf verschiedene Positionen und die Abhängigkeit von einem rigiden Programmschema, das einen Zwang zur Planung und Vorschematisierung möglicher Beiträge ausübt und vor allem ein rigides zeitliches Beitragsformat nahelegt. Das alles erschwere, so Altheide, eine an der Realität orientierte Berichterstattung, wenn es sie nicht ganz verhindere. Ereignisse werden in Altheides Sicht in eine ganz eigene "News"- Perspektive gerückt und dadurch verzerrt:

"The capacity to approach events from one dimension and then show their significance by constructing a narrative account with a beginning, middle, and end is what I refer to as the news perspective....The news perspective fundamentally distorts most events it is presumed to illuminate" (Altheide 1976, S. 71)

Nicht ganz deutlich wird, ob Altheide die von ihm sehr einfühlsam beschriebenen Praktiken nur für "Auswüchse" hält oder ob er die Arbeitsweise ganz generell ablehnt. Seine Bewertung der "News Perspective" als etwas, das zu einer verzerrenden Sicht auf Ereignisse führt, spricht an sich für das erstere. Auf der anderen Seite ist schlecht zu sehen, inwiefern eine grundsätzliche Alternative besteht. Auch die von ihm beobachteten Reporter thematisieren schließlich die Frage, inwieweit die Rahmung eines Ereignisses diesem mehr oder weniger entspricht - es gibt "angles", die auch die Professionals als "misconstructing" deuten würden. Der Kern der Sache liegt dabei letztendlich, das stellt Altheide deutlich heraus, in der Frage der medienspezifischen Organisation von Inhalten im gesendeten Programm und damit in den Präsentationsformen.

Eine besondere Rolle spielt dabei der besondere Aspekt, daß diese Formen zeitlich sehr eingeschränkt sind. Gerade darauf zielt Altheides Kritik (und die vieler anderer medienkritischer Ansätze): die Kürze verhindere eine sachangemessene Berichterstattung. Strenggenommen müsste man sich, wollte man das ändern, eine Form der Medienkommunikation vorstellen können, die auf Zeitbindungen und Programmzwänge verzichtet, um sozusagen einem Prinzip der Sachhaltigkeit größere Geltung zu verschaffen.[63] Was Altheide hier prinzipiell

63 So argumentiert Oevermann in seiner Analyse von Fernsehkommunikation (Oevermann 1983); vgl. dazu meine Kritik (Kastl 1988).

kritisiert, ist nichts anderes als die "Programmförmigkeit"[64] der massenmedialen Kommunikation, auf die sämtliche von ihm kritisierten Zwänge und Vorgehensweisen zurückgehen.

Ich komme darauf ausführlich zurück. Zunächst möchte ich aber Altheides Befunde nochmals für den Argumentationsverlauf dieser Arbeit ausbeuten und ihnen eine etwas andere Wendung geben. Ausgegangen waren wir von dem Problem, daß die organisationsstrukturell arbeitenden Forschungsansätze, den Kernprozeß des von Mintzberg so genannten "Pigeon holing" nicht recht in den Griff bekommen. Wir hatten dazu Tuchman und Altheide konsultiert und in Gestalt der Typen Tuchmans erste Beispiele für "Pigeon-Holing"-Kategorien von Journalisten erhalten. Gegenüber dem Konzept von Tuchman bietet Altheide weitere wichtige Differenzierungen. So kann man zunächst sagen, daß das journalistische "Pigeonholing" ein mehrstufiger Entscheidungsprozeß ist, der zumindest im Falle der von Altheide beobachteten Redaktion auf mehrere organisatorische Positionen aufgeteilt ist und sich aus dem Zusammenwirken von Nachrichtenchef, Produktionsleiter, Redakteur vom Dienst und Reporter/Kameramann ergibt.

Der Nachrichtenchef entscheidet über Fragen der Sendungskonzeption. Der Redakteur vom Dienst entscheidet über die inhaltliche Aufnahme bestimmter Themen bzw. Ereignisse in die Berichterstattung überhaupt. Im Prinzip hat er auf ihm zur Kenntnis kommende Ereignisse, die von Tuchman herausgearbeiteten Kategorien anzuwenden; der Produktionsleiter entscheidet über Plazierung und zeitliche Gewichtung im faktisch gesendeten Programm. Auf der Basis dieser Vorentscheidungen müssen sich Reporter und Kameramann dann auf einen inhaltlichen Aufhänger einigen, wiederum einer Art Entscheidungsraster für Größen, die die konkrete Beitragsgestaltung betreffen: Text, Schnitte, Einstellungen usw..

Ein weiteres Argument kommt hinzu: konnten Tuchmans Vorstellungen noch mit der Sichtweise in Übereinstimmung gebracht werden, die Redaktion sähen sich einer prinzipiell unendlichen Anzahl von auch zeitlich unbestimmten, wenig voraussehbaren Ereignissen konfrontiert, so weist Altheide dezidiert auf den Umstand hin, daß bereits der Redakteur vom Dienst es mit einer sehr eingeschränkten Anzahl denkbarer Themen zu tun hat. Eingeschränkt vor allem durch die Quellen, die der Redaktion zur Verfügung stehen: Agenturmeldungen, Polizei und Feuerwehrberichte usw. Hier sind bereits Vorentscheidungen ganz außerhalb der Reichweite der Redaktionen nach Gesichtspunkten gefallen, die nicht unter ihrer Kontrolle stehen. Die Abhängigkeit von diesen Quellen führt so weit, daß es oft gar nicht das primäre Problem ist, aus einer schwer überschaubaren Mannigfaltigkeit berichtenswerter Themen und Ereignisse eine begründete Auswahl zu treffen, sondern ganz im Gegenteil, überhaupt die "Sendung zu füllen"[65]. Das

---

64 Ich verstehe darunter die vorherige Planung von Kommunikationen (im Sinne der griechischen Ursprungsbedeutung des Wortes) und ihre Ordnung in diskontinuierliche thematische Einheiten. Vgl. Abschnitt 5.1., sowie ausführlich meine Magisterarbeit.

65 Ich greife das Argument noch auf. Hier ist festzuhalten, daß das dem "Komplexitätsargument" eine überraschend andere Wendung gibt!

Kernargument Tuchmans - die "Realität", auf die die Journalisten ihre Arbeit richten, sei zum Teil eine durch ihre Handlungspraxis "konstruierte" - läßt sich somit durch Altheides Befunde noch stärker profilieren.

Dieser Umstand führt nun zu einer weiteren Überlegung: Wir waren ausgegangen von einem sehr allgemein definierten Problem der Komplexität, wir hatten dann - im Versuch eine soziologische Operationalisierung dieser Fragestellung zu erlangen - einige organisationtheoretische Versuche besprochen, die dieses Problem reformuliert hatten als ein Problem des Verhältnisses des organisierten Sozialsystems "Redaktion" und seiner Umwelt. Als Kernbegriff dieses Umweltbezugs fungierte für den Fall der "professionellen Bürokratie" der Begriff des "pigeon-holing". Die Anwendung solcher "Schubladen" läßt sich in der Tat feststellen, allerdings in einen mehrstufigen Entscheidungsprozeß auseinandergezogen. Aber ein wichtiger Unterschied hat sich gegenüber den Fix/Mintzbergschen Argumenten ergeben. Insbesondere bei Altheides Beispielen zeigt sich nämlich, daß nicht schlichtweg ein Problem der Typisierung von vorgelegten Material aus der "Umwelt" und eine nur quantitativ reduzierte "Einschleusung von Umwelt" in die redaktionelle Arbeit erfolgt. Wie sich insbesondere im Falle der Reporter zeigt, spielen oft Vorentscheidungen in der Redaktion eine Rolle, auf die dann eine bestimmte Vorgehensweise *folgt*. Es liegt mitunter a priori fest, was überhaupt wahrgenommen wird und verarbeitet wird. Das gilt auch für viele Entscheidungen des Redakteurs vom Dienst, die beispielsweise nach bestimmten Erfordernissen des Programmformats erfolgen.

Was aber kann dann noch, muß man sich fragen, "Umwelt" heißen? Ein Begriff, der insbesondere von Fix in dem Sinne verwendet wird, als handle es sich dabei um die Summe der unabhängig von der Organisation bestehenden, von außen auf sie "einwirkenden" und insofern in Entscheidungen zu berücksichtigenden Faktoren. Diese Sichtweise erscheint zu einfach, um jene eigentümliche Verschränkung "interner" Handlungspraxis mit "externen" Faktoren zu fassen, mit der wir es hier zu tun haben. Mit dem Problem, was wir als "Umwelt" journalistischer Organisationen begreifen wollen, hängt natürlich auch die Frage der "Komplexität" aufs Engste zusammen, die diese Handlungspraxis angeblich ständig bewältigen muß. Bevor versucht werden soll, die besprochenen Arbeiten und Konzepte etwas zu synthetisieren, muß ein weiterer konzeptueller Baustein bereitgestellt werden - eine Überprüfung und Reformulierung des Konzeptes der "Umwelt", die unserem Gegenstandsbereich gerecht wird.

4. Zum Begriff der "Organisationsumwelt"

4.1. Probleme organisationstheoretischer Umweltbegriffe

Der Begriff der "Umwelt" leitet sich ursprünglich aus der Anwendung einer systemtheoretischen Perspektive insbesondere in der Biologie ab. Lag der Schwerpunkt systemtheoretischer Anwendungen in empirischen Wissenschaften zunächst im Paradigma "Das Ganze ist mehr als die Summe seiner Elemente", so setzte sich, angeregt etwa durch die Arbeiten des Biologen Bertalanffy, zunehmend ein noch weitergehendes Verständnis von Organismen als "*offenen* Systemen" durch.[66] Der Gesichtspunkt, daß Organismen in Austauschbeziehungen mit einer Umwelt stehen und die Frage, wie diese Austauschbeziehungen sich organisieren und welchen Einfluß sie auf die Binnenstruktur von Systemen haben, rückte in den Vordergrund. "Umwelt" wird hier zunächst als eine realistische Größe aufgefaßt, als eine Art Ausschnitt der realen Außenwelt, der auf den jeweiligen Organismus direkt oder indirekt einwirkt. Wechselwirkungen, d.h. auch Rückwirkungen des Systems auf die Umwelt waren dabei durchaus auch schon in dieser Fassung der Theorie möglich und gerieten in der Anwendung des Konzeptes auf Organisationen noch mehr in den Blickwinkel. Allerdings ließen sich auch diese Wechselwirkungen zunächst einfach in einem realistischen Sinne deuten: so wie die Umwelt auf das System einwirkt, kann - eingeschränkter - das System die Umwelt seinerseits verändern.[67]

Insgesamt könnte man die frühen Anwendungen der Konzeption in der Organisationsforschung als eine Art "architektonisch-topologische" Vorstellung der Organisation charakterisieren. Die Organisation wird nach dem Muster eines Gebäudes, also einer räumlichen Größe aufgefaßt, wie ja oft der Name von Organisation und dem Gebäude, in dem die Handelnden ein- und ausgehen eigentümlich ineinander verschwimmen: das Finanzamt, das Amtsgericht, der Südwestfunk. Organisationen sind in diesem Verständnis massiv, kompakt und in Form von Organogrammen faßbar. Man hat einen Plan des Gesamtgebäudes, den man immer feiner untergliedern kann, in Flügel, Stockwerke, Zimmer usw. - zwischen diesen Einheiten hat man eine Art internen Nachrichtenverkehr. Wie in jedem Gebäude gibt es Öffnungen nach außen in Gestalt von Fenstern, Türen, Telefonen, durch die Informationen, Rohstoffe usw. nach innen kommen. Noch der Begriff des "Gatekeepers" lebt von dieser Semantik.

---

66 vgl. dazu ausführlich Scott (1986), Kapitel 5; Bertalanffy (1968)

67 vgl. Endruweit (1981), S.150 ff.; Scott (1986), S. 240 ff.

Auch die Umwelt ist dann eine topographische Größe: vor den Türen des "Organisationsgebäudes" fängt die Umwelt an und alles, was von da außen hereinkommt, wird als "Input" aufgefaßt: Ressourcen, Rohmaterialien, Informationen. Dabei ist die Umwelt je nach Wetter, Klima, Marktlage, Überschaubarkeit usw. eine wohlgesonnene, feindliche, schwer verstehbare, übersichtliche oder dynamische Umwelt. Sie hat als objektive Wirklichkeit bestimmte Eigenschaften und je nachdem wird man im Organisationsgebäude Vorkehrungen treffen. Die Art der Beziehung der Organisation zu der Umwelt ergibt sich aus dem benötigten "Input". Liefert die Umwelt knappe Ressourcen, ergibt sich eine "Abhängigkeit" der Organisation von ihrer Umwelt; wird die Umwelt dagegen primär als Quelle von Informationen aufgefaßt, wird sie als mehr oder weniger "unsicher", "komplex" erfahren. [68]

Nimmt man diese etwas karikierende Darstellung einmal als Ausgangspunkt, könnte man die Geschichte des Begriffes in der Organisationsforschung als eine "De-Ontologisierung"[69] des Konzeptes auffassen. Ich möchte das mit dem Hinweis auf einige ausgewählte Arbeiten etwas näher ausführen.

Klassische Arbeiten zum Verhältnis von Umwelt und Organisation sind unter dem Titel "Kontingenztheorie" in die Lehrbücher der Organisationsforschung aufgenommen worden. Auch Mintzberg rekurriert auf sie. Allerdings ist bei ihm "Umwelt" nur ein situativer Faktor neben anderen und es wird nicht ganz deutlich, inwieweit sich sein Verständnis des Begriffes "Umwelt" nun von dem der Kontingenztheoretiker grundlegend unterscheidet oder nicht.

Die klassische Fragestellung dieser Richtung haben Lawrence und Lorsch wie folgt formuliert: "What pattern of differentiation and integration of the parts of a large organizational system is associated with the organization's coping effectively with a given external environment?" (Lawrence, Lorsch 1967, S. 2). "Umwelt" ist in dieser Formulierung ganz deutlich eine zunächst unabhängig von der Organisation gegebene Größe, die gewissermaßen optimale Systemzustände selegiert. Die Organisation reagiert damit auf objektiv faßbare Eigenschaften, die der Umwelt zurechenbar ist. Insofern bietet sich eine Problemfassung in Form von Beziehungen zwischen unabhängigen und abhängigen Variablen an. Man kommt dann auf Thesen des Typs, wie sie in Tabelle 3 verzeichnet sind.[70] Diese Sicht ist deutlich angelehnt an eine bestimmte Auffassung der Evolutionstheorie. So beruft sich Terreberry[71] auf Darwins "Die Entstehung der Arten" und spricht explizit von "Anpassungsfähigkeit". Im Unterschied zur klassischen Fassung der Evolutionstheorie ist aber für Terreberry Anpassung durch Lernen denkbar:

---

68 vgl. dazu beispielsweise Aldrich, Mindlin 1978, S. 150 ff und S. 156 ff
69 vgl. Luhmann (1987), S. 243
70 Vgl. auch oben Abschnitt 2.2.1., Dill 1957/8, Lawrence,Lorsch (1967), Mintzberg 1979
71 Terreberry 1968

UNABHÄNGIGE VARIABLE (UMWELT): JE	ABHÄNGIGE VARIABLE (ORGANISATIONSSTRUKTUR): DESTO
größer die Umweltunsicherheit	geringer der Formalisierungsgrad
stabiler die Umwelt	stabiler die Organisationsstrukturen
wechselnder die Umwelt	mehr dezentralisierte Entscheidungsstrukturen
	mehr ungebundene und direkte Kommunikationen in der Organisation
komplexer die Umwelt	dezentralisierter die Organisation
größere "Feindlichkeit" ("hostility") der Umwelt	größer der Grad der Zentralisierung

TABELLE 3: Kontingenztheoretische Thesen zum Zusammenhang von Umwelt und Organisationsstruktur

"Organizational change is largely externally induced...System adaptibility (e.g., organizational) is a function of ability to learn and to perform according changing environmental contingencies" (Terreberry 1968, S. 611 ff.) Aus dem Zitat wird eine eindeutig realistische Auffassung des Verhältnisses von "Umwelt" und Organisation deutlich: entweder werden objektive Eigenschaften der Umwelt (oder deren Wandel) wahrgenommen und es wird auf sie rechtzeitig reagiert oder die Organisation geht zugrunde wie ein Dinosaurier, der sich nicht schnell genug umstellen kann.[72] Allerdings begannen sich in der Organisationsforschung und Theorie schon recht früh gewisse erkenntnistheoretische Äquivokationen des Umweltbegriffes zu zeigen. Nicht alles im Sinne von "Umwelt" als einer residualen Größe hat Einfluß auf die Organisation oder berührt ihre Tätigkeit oder

72 Terreberry 1968, S. 613: "It is our thesis that the selective advantage of one intra- or interorganizational configuration over another cannot be assessed apart from an understanding of the dynamics of the environment itself. It is the environment which exerts selective pressure. 'Survival of the fittest' is a function of the fitness of the environment. The dinosaurs were impressive creatures, in their days."

ihren Bestand.[73] Man braucht ein Relevanzkriterium. Auf dieses Problem reagierte das Konzept des "task environment". Gemeint ist damit die Gesamtheit der Aspekte, die für die Zielsetzung und Zielerreichung der Organisation potentiell von Bedeutung sind[74].

Damit beginnt aber bereits eine Sichtweise, die Umwelten in einem anderen Sinne in Abhängigkeit zur Organisation sieht als dem einer bloßen Rückwirkung der Organisation auf die Umwelt. Die Sichtweise, die sich hier andeutet, besteht darin, daß sich durch die internen Handlungsentwürfe eine Art "Perspektive" auf Externes ergibt - das wäre dann die Umwelt. Die folgende Definition von Duncan, die sich an den Begriff des "task environment" anlehnt, vollzieht deutlich den Schritt in eine Art "Subjektivierung" des Problems: "environment is thought of as the totality of physical and social factors that are taken directly into consideration in the decision-making behaviour of individuals in the organization" (Duncan 1972, S. 137).

Diese "Subjektivierung" erfolgte überwiegend im Zeichen der sogenannten "Informationsperspektive".[75] Die Umwelt wird in diesem Konzept nicht als eine Quelle von notwendigen Ressourcen, sondern als eine Quelle von Informationen und die Organisation als eine Instanz der Verarbeitung von Informationen aufgefaßt.[76] Probleme für die Organisation stellen sich dann nicht so sehr durch Abhängigkeit von knappen Gütern oder Anpassungen an "handfeste" Zwänge, sondern der Problembezug wird in Begriffen wie "Unsicherheit", "Komplexität" oder gar "Turbulenz" formuliert. Schon diese Konzepte geben strenggenommen nur einen Sinn, wenn man sie auf einen bereits bestehenden Informationsstand bezieht. An sich ist kein Zusammenhang komplex oder unsicher, sondern er besteht einfach - er wird nur vor dem Hintergrund eines gegebenen Vorwissens von einem Beobachter als komplex oder weniger komplex erfahren.[77]

---

73 Ein einleuchtendes Beispiel findet sich bei Huber und Daft (1987), S. 137: "For example, if a prison implicitly views its task as one of serving as a custodian, it will tend to see its environment as relatively certain. On the other hand, if the prison views its task as rehabilitation, it will tend to view its environment as more uncertain." Und nicht nur "unsicherer", sondern es werden ganz andere Aspekte der "Umwelt" relevant. Man könnte sagen, von innen gesehen, hat das Gefängnis eine andere "Umwelt".

74 vgl. Dill 1958, Scott 1986, S. 257

75 vgl. dazu Aldrich,Mintlin 1978

76 Das Gegenstück dazu ist die sogenannte "Ressourcenperspektive" (Aldrich Mintlin 1978, S. 156), in der die Umwelt als Quelle knapper Ressourcen aufgefaßt wird und wo man wegen der Handfestigkeit der Abhängigkeit nicht gut einen solchen Perspektivenwechsel durchführen konnte, sondern eben "objektive" Zwänge am Werk sah.

77 Je nach Informationsstand oder auch der Ambiguitäts- und Unsicherheitstoleranz (Duncan 1972, S. 325) dessen, der etwas wahrnimmt, ist die Umwelt sicherer oder unsicherer, komplexer oder weniger komplexer (vgl. Duncan 1972, S. 318). Insofern ist eine prominente Umstellung des Konzeptes der "Unsicherheit" von Umwelt, die zunächst ausschließlich als eine Funktion der Umwelt angesehen wird, in ein Konzept der "*Perceived* Environmental Uncertainty" (vgl. Duncan 1972) eigentlich tautologisch. Trotzdem gibt es auch in Bezug auf Komplexität durchaus objektivistische Auffassungen (vgl. Aldrich, Mindlin 1978).

Mit dieser Modifikation der Perspektiven hatte man mehr oder weniger offensichtlich einen Paradigmenwechsel in der Konzeptualisierung des Verhältnisses von Organisation und Umwelt vollzogen. Hatte man zunächst die Beziehung von System und Umwelt, angeregt durch die Verwendung der Systemtheorie in der Biologie, als eine von Selektion und Anpassung angesetzt, so ging man nun dazu über, eine Beziehung von erkennender/wahrnehmender Instanz[78] und Erkenntnisgegenstand anzusetzen[79].

Damit handelte man sich allerdings alle jene erkenntnistheoretischen Äquivokationen und Aporien ein, wie wir sie aus der Philosophie kennen: Rechnet man Bestimmungen der Erkenntnisgegenstände einem als unabhängig von der Erkenntnis bestehenden Objekt oder dem Erkenntnisvermögen, Wahrnehmungsapparat (wie immer) einer erkennenden Instanz zu? Oder beidem? Beschränkt man sich auf phänomenologische Analysen der Struktur von Erkenntnisgegenständen, wie sie sich als solche zeigen? Aber wem? "Perception of information is assumed to be an intervening link between the organization's environment and any resulting organization activities" formulieren Aldrich und Mintlin (1972, S.151) - von was hängt dann aber ab, ob eine Umwelt als "unsicher" erfahren wird? Von objektiven Gegebenheiten der Umwelt? Von der Wahrnehmungsfähigkeit und individuellen Merkmalen der Organisationsmitglieder? Von organisatorischen Binnenstrukturen und - Prozeßen? Von allem zusammen?[80] In welche geradezu philosophisch-ästhetische Dimension das Problem dann rückt, und mit welchen Komplikationen die Fragestellung dann plötzlich beladen wird, zeigt folgende Formulierung von Huber und Daft: "The information environment is the "sensable" representation of

---

78 Es ist klar, daß diese Skizze nur sehr pauschale Positionen wiedergibt. Die Schreibweisen differieren: manche Autoren sprechen strikt davon, daß die "*Mitglieder* der Organisation" Umwelt erkennen, wahrnehmen, ausdeuten; die meisten aber sprechen von der "Umwelt der *Organisation*" und demzufolge sind Formulierungen möglich wie, daß Organisationen oder organisatorische Einheiten "wahrnehmen" (z.B. Huber, Daft 1987, S. 153, S. 141).

79 Ein Paradigmenwechsel übrigens, der sich mittlerweile in der systemtheoretisch orientierten Biologie ebenfalls vollzieht bzw. vollzogen hat. So bei Maturana und Varela, wo Strukturen und Verhaltensweisen von Organismen als Umweltbeschreibungen aufgefasst werden (vgl. Maturana 1985, S. 37)

80 Alle Versionen wurden als Forschungshypothesen verfolgt. "It seems reasonable that characteristics of an organization's environment affect an obeserver's feeling about how certain he or she is concerning what will be happen in the environment or why something did happen. Some authorities have used the concept of environmental uncertainty as if it were a characteristics of the environment itself. Others have used it in reference to the perceptions that individual organizational members have about the environment, in which case it is generally referred to as perceived environmental uncertainty. The latter conceptualization of uncertainty, as a function both of the environment and the perceiver, seems more useful in light of three nearly universal findings. The first of these is, that basic environmental characteristics, such as complexity , turbulence and information load influence Perceived Environmental Uncertainty (PEU). The second is that PEU is affected by organizational structures and processes. The third finding is that PEU is affected by personal characteristics." (Huber, Daft 1987, S. 137)

the organization's external environment; it is not the external environment itself, just as a set of photographs is a seeable representation of the object photographed but is not the object itself." (Huber, Daft 1987, S. 152). Freilich, führen diese Überlegungen weiter? Man kann sich des Eindrucks nicht erwehren, daß Organisationssoziologen, eher ungeübt im Umgang mit erkenntnistheoretischen Problemstellungen, Sackgassen ablaufen, die in anderen Feldern (insbesondere in der Philosophie und der Wissenssoziologie) bereits als solche ausgeschildert sind. Huber und Daft setzen bei aller Relativierung ein Repräsentationsmodell an, unterstellen einen Zusammenhang von erkennender Instanz, Repräsentation und Repräsentiertem als einer Art "Umwelt an sich". Damit schaffen sich die Forscher Probleme, die möglicherweise unlösbar sind. Karl Weick, ein vergleichsweise anarchistischer Denker in der Gemeinschaft der Organisationsforscher, formuliert:

"Forscher, die Organisationen studieren, trennen häufig Umwelt und Organisation und behaupten, die Dinge würden sich zwischen diesen beiden abgesonderten Wesenheiten abspielen... Die Rede von gebundenen Umwelten und Organisationen zwingt den Forscher beispielsweise, Fragen zu stellen wie: 'Wie *entdeckt* eine Organisation die *zugrundeliegende* Struktur in der Umwelt'. Nachdem sie die 'zwei' Wesenheiten getrennt und ihnen unabhängige Existenz erliehen haben, müssen die Forscher ausgedehnte Spekulationen anstellen bezüglich der Methoden, mittels derer die eine Wesenheit durch die andere entdeckt und erkannt wird." (Weick 1964, S. 239)

Wo liegt die Alternative? Karl Weick sieht sie in der Vorstellung, daß Organisationen ihre Umwelten handelnd herstellen, eine Position, die wegen ihrer Nähe zu den Fragestellungen dieser Arbeit nun ausführlicher dargestellt werden soll.

4.2. Handlungstheoretische Umformulierung des Begriffes "Umwelt" - Weick mit Luhmann

"Man erzählt, daß drei Schiedsrichter über die Frage des Pfeifens von unvorschriftsmäßig ausgeführten Schlägen uneins waren. Der erste sagte: "Ich pfeife sie, wie sie sind", der zweite sagte: "Ich pfeife sie, wie ich sie sehe". Der dritte und cleverste Schiedsrichter sagte: "Es gibt sie überhaupt erst, wenn ich sie pfeife" ....Der Schiedsrichter, der korrekterweise behauptet: "es gibt sie überhaupt erst, wenn ich sie pfeife", zeigt recht zutreffend ein zentrales Element des Organisationslebens auf: die wichtige Rolle, welche die Leute bei der Schaffung der Umwelten spielen, die sich ihnen aufdrängen. Organisationen sind trotz ihrer scheinbaren Inanspruchnahme durch Fakten, Zahlen, Objektivität, Konkretheit und Verantwortlichkeit in Wahrheit voll von Subjektivität, Abstraktion, Rätseln, Schau, Erfindung und Willkür... ganz wie wir alle. Vieles von dem, was Organisationen Schwierigkeiten bereitet, ist ihr eigenes Produkt...." (Weick 1985, S.9 und S. 14)

Weicks Hauptwerk "Der Prozeß des Organisierens" stellt nicht so sehr eine dezidiert ausgearbeitete Theorie der Organisation als vielmehr eine Art Materialsammlung auf dem Weg zu einer solchen Theorie dar. Auch er teilt verschiedene Prämissen, die in dem vorangegangenen Aufriß einiger Umwelt-Begriffe aus der Organisationsforschung schon zur Sprache kamen wie etwa:

1. eine Auffassung von Organisationen als informationsverarbeitenden Instanzen (man könnte geradezu von einem "journalistischen Paradigma" in der Organisationsforschung sprechen) und
2. die Anwendung evolutionstheoretischer Begrifflichkeiten auf Organisationen.

Zentrales Anliegen der Weickschen Argumentation ist die Kritik an konventionellen Organisationsvorstellungen. Weick will den Sinn des Begriffes "Organisation" überhaupt unterminieren. Anstelle von "Organisation" will er das "Organisieren" in den Mittelpunkt stellen, statt der Strukturen Prozeße.[81] "Organisieren" ist für Weick "die Reduktion von Mehrdeutigkeit mittels bewußt ineinandergreifender Handlungen. Organisieren heißt, fortlaufende unabhängige Handlungen zu vernünftigen Folgen zusammenzufügen, so daß vernünftige Ergebnisse erzielt werden" (Weick 1985, S.11) Der Prozeß des Organisierens stellt sich für Weick als eine Abfolge von drei Phasen dar: "ökologischer Wandel", "Gestaltung", "Selektion" und "Retention".[82]

Ökologischer Wandel bezieht sich auf Änderungen "innerhalb der Erlebensströme, die Menschen und Tätigkeiten umgreifen" (Weick 1985, S. 190) Weick bleibt hier bewußt unbestimmt und allgemein, um offenzuhalten, wieso es zu solchen Änderungen kommt. Wichtig ist einfach, daß aus nicht weiter spezifizierten Gründen (die in der Organisation liegen können *oder* in von ihr unabhängigen Sachverhalten) von Personen oder Gruppen in der Organisation eine Erfahrung von Diskontinuität gemacht, eine Differenz zu einem vorherigen Zustand wahrgenommen wird: "Diese Unterschiede können die Gelegenheit zu Versuchen bieten, Mehrdeutigkeit zu beseitigen und die Bedeutsamkeit oder Belanglosigkeit der Unterschiede zu bestimmen. Ökologische Veränderungen stellen die gestaltbare Umwelt, die Rohmaterialien der Sinngebung bereit" (Weick 1985, S. 190).

---

81 Das klingt für soziologisch geschulte Ohren nicht neu und man wird sagen: Organisationen sind immer beides. "Dingliche, objektive" Größen und das tägliche Handeln der Mitglieder. Das Nicht-Triviale ergibt sich einfach aus dem anderen Forschungskontext, in dem Weick sich befindet und in dem wissenssoziologische bzw. allgemein soziologisch-theoretische Begrifflichkeiten oder Denkweisen erst langsam einsickern. Daraus erklärt sich auch, daß Weick (wir werden es sehen) Argumente oft , ich vermute in polemischer Absicht, überzieht.

82 Weicks Verständnis des Prozeßes des Organisierens ergibt sich aus der Adaption eines Begriffstripels aus der neueren Evolutionstheorie, die Darwinsche Evolution wird als ein Zusammenspiel von drei verschiedenen Mechanismen angesehen: Bildung von Variationen (genetische Vielfalt per Mutation), Selektion (durch Umweltbedingungen, die bestimmte Variationen als geeigneter erscheinen lassen) sowie Retention, Sicherung der Reproduktion durch genetische Speicherung.

Gestaltung bezeichnet einen Vorgang der aktiven Aufmerksamkeitszuwendung auf bestimmte Aspekte des "ökologischen Wandels": "Wenn Unterschiede im Strom des Erlebens auftreten, wird der Akteur u.U. etwas unternehmen, um diese Wandlungen zur näheren Betrachtung auszusondern" (ebd., S. 190). Der Begriff der Gestaltung entspricht dem biologischen Begriff der "Variation", insofern nämlich "ungewohnte Arrangements" produziert werden, mehrdeutige Vorgänge, Phänomene, Ereignisse in den Blick kommen, deren Mehrdeutigkeit im Laufe des weiteren Vorgangs reduziert werden muß. Weick wählt den Begriff "Gestaltung", um damit die aktive Rolle zu betonen, die Organisationsmitglieder bei der Konstitution von Umwelten einnehmen.

Man könnte sagen: über den Prozeß der "Gestaltung" verschafft sich das Handeln mehrdeutige Rohmaterialien, mit denen es in den anschließenden Prozeßen weiterarbeitet: "Gestalten ist Handeln, das Rohmaterialien produziert, die anschließend mit Sinn belegt werden können" (ebd., S. 194). Zur Verdeutlichung gibt Weick das Beispiel eines Fernschreibers, der unentwegt Symbole ohne jede Gliederung in Sätze oder Absätze ausdruckt. Der Vorgang ist zunächst eine Form "ökologischen Wandels", der für sich nicht weiter bedeutsam wäre, wenn nicht ein Handelnder beginnt, versuchsweise Gliederungen zu unterlegen:

"Man weiß bei dem ungegliederten Output nicht, wo eine "story" anfängt und eine neue beginnt, ja nicht einmal, ob eine "Story" eine vernünftige Analyseeinheit ist....<Es> ist eine Masse an Daten ohne jeden Hinweis auf ihre Bedeutung gegeben. Es ist die Aufgabe der Angestellten, Teile des ... Fernschreibens für weiteres Studium herauszuschneiden. Diese Tätigkeit des Ausschneidens ist die Rohform des Gestaltens. Sobald irgendetwas ausgesondert worden ist, ist dies für den Augenblick die Umwelt der Organisation, und diese Umwelt wurde eben durch die Handlungen der Angestellten selbst geschaffen." (Weick 1985, S. 221 f.)

Dieser Vorgang der Einklammerung kann durch sogenannte "Schemata" angeleitet werden:

"Ein Schema ist eine abgekürzte, verallgemeinerte und korrigierbare Gliederung von Erfahrung und dient als erster Bezugsrahmen für Handlung und Wahrnehmung. Ein Schema ist der Glaube an den Satz 'Ich werde es sehen, wenn ich es glaube'. Schemata schränken das Sehen ein und dienen daher dazu Erlebensabschnitte einzuklammern" (ebd., S. 223).

In den sich anschließenden Prozessen der *"Selektion" und "Retention"* geht es nun darum, die zunächst handelnd hergestellte Vieldeutigkeit der Rohmaterialien zu reduzieren. "Selektion" ist der organisatorische Prozeß, der Antworten auf die Frage "Was geht hier vor?" produziert" (S. 249). Bestimmte Kontexte zur Einordnung der mehrdeutigen Vorlagen werden ausgewählt (S. 260), es erfolgt eine "vernünftige" Interpretation der Geschehnisse, aus möglichen Lesarten wird eine ausgelesen. Diese Versionen werden dann u. U. als "bewährt" gespeichert und objektiviert - Produkte erfolgreicher Sinngebung, Weick nennt sie "gestaltete Umwelt": "Eine gestaltete Umwelt ist ein gegliederter und zusammenhängender Abriß einer ehemals mehrdeutigen Vorlage. Sie ist eine sinnvolle Version dessen, worauf sich die Mehrdeutigkeit bezog, wenngleich auch andere Versionen hätten konstruiert werden können..." (ebd., S. 192).

Dieser Vorgang der Etablierung sinnvoller und als bewährt angesehener Muster ist für Soziologen natürlich nichts besonders Neues.[83] Jede Form von Habitualisierung und Institutionalisierung beinhaltet eine solche Form der "Retention" von Sinnmustern. Berger/Luckmann würden hier von der sozialen Konstitution einer "objektiven Wirklichkeit" sprechen und stärker noch, als es bei Weick der Fall ist, auf den interaktiven Aspekt solcher Prozeße und die Dialektik von Handeln und objektivierter Wirklichkeit hinweisen.

Der letztgenannte Punkt kommt bei Weick allerdings über die gegenseitigen Beziehungen der Elemente des Organisierens zum Tragen. So ist der ganze Prozeß nicht als lineare Abfolge zu verstehen, sondern als ein Vorgang, bei dem Ergebnisse der vorhergehenden Organisationsarbeit die nachfolgenden Prozeße in einer ständigen Rückkopplung wieder beeinflussen, sei es im Sinne einer Verstärkung, Verminderung oder einer inhaltlichen Anleitung. So leiten Deutungen, die in Retentionsprozeßen stabilisiert wurden, sowohl Selektion als auch Gestaltungsvorgänge an. Aktives Gestalten wiederum kann überhaupt erst "ökologischen Wandel", also Diskontinuitäten der Erfahrung hervorrufen bzw. in den Blick kommen lassen. Weick gibt zur Übersicht folgendes Schema:

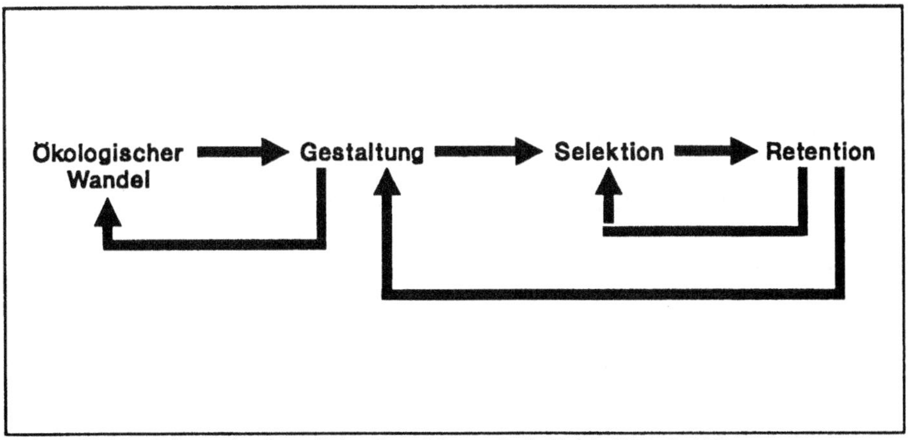

Abb. 1: Weicks Schema des Prozeß' des Organisierens (vgl. Weick 1985, S. 193)

83 vgl. etwa Berger/Luckmann 1980. Was in der einen Forschungstradition (z.B. der phänomenologischen Theorie) fast schon ein Allgemeinplatz ist, ist in der anderen (z.B. der Organisationsforschung) eine umstürzlerische Erkenntnis.

Auf was es mir ankommt, ist nun nicht eine ausführliche Analyse des Weickschen Modells des Organisierens, seiner Reichweite, Schwächen usw..[84] Es geht mir ausschließlich um das Konzept von "Umwelt", das er anbietet und um die Frage, ob es uns aus den beschriebenen Dilemmata heraushilft oder nicht. Was Weicks Überlegungen etwas schwierig macht, ist, daß er den Begriff der "Umwelt" in zwei ganz verschiedenen Versionen verwendet.

Wenn Weick sagt, daß "Gestaltung" der einzige Prozeß sei, in dem sich die Organisationsmitglieder *unmittelbar* mit einer äußeren Umwelt befassen (S. 191), dann versteht er unter Umwelt zunächst eine unbestimmte Menge von "Rohmaterialien", die aufgrund vorangegangener Vorgänge (Erfahrung von Diskontinuität) in das Blickfeld rücken. Die andere Bedeutung von "Umwelt" entspricht der Sache nach der in der Organisationssoziologie gemeinhein verwendeten Version: Umwelt als ein von den Organisationsmitgliedern relativ kompakter und sinnhaft ausgedeuteter Auschnitt von Wirklichkeit. Im Unterschied zu den üblichen Ansätzen hebt Weick aber auf den Umstand der Hergestelltheit, des Produkthaften dieser Umwelt ab. Sie ist nicht "Input", sondern "Output" des Handelns, sie wird in der Auseinandersetzung mit mehrdeutigen Rohmaterialien eher im *Nachhinein* und *innerhalb* der Organisation *konstruiert*. Weick hebt darüber hinaus auf den Umstand ab, daß sich solche Konstruktionen von Umwelt nicht nur auf "externe" Sachverhalte beziehen, sondern auch durchaus Funktionen im symbolischen Haushalt *im Binnenraum* der Organisation haben: sie dienen beispielsweise der Legitimation und plausiblen Erklärung von Handeln wie auch der Anleitung von zukünftigem Umgang mit "Umwelt" im erstgenannten Sinn.[85] In Weicks Worten:

"Ein wesentliches Kennzeichen unseres Modells des Organisierens ist, daß die Umwelt eher als Output denn als Input angesehen wird. Die Leute konstruieren auf der Grundlage von Gestaltungen und Interpretationen im nachhinein ein Bild von irgendeiner Umwelt, welche diese Handlungen verursacht haben könnte. Die Umwelt, die gewählt wird, hat jedoch die Handlungen und die Sinngebung nicht notwendigerweise unmittelbar determiniert. Sie wird eher nach dem Geschehen installiert, als plausible Erklärung der Gründe, weshalb diese Aktionen und Etikette aufgetreten sein könnten. Wenn diese gestaltete Umwelt einmal existiert, dient sie als glaubhafter Führer für zukünftige Handlungen und Interpretationen. Eine gestaltete Umwelt ist ein historisches Dokument, das im Retentionsprozeß gespeichert wird, gewöhnlich in Form einer Ursachenkarte, welche künftigem Handeln übergelegt werden kann. In gewissem Sinn ist daher das Produkt einer Organisation, ihr Hauptergebnis, der 'Grund' für ihre Existenz oder ihr 'Ziel' die Schaffung von stabilen Interpretationen für mehrdeutige Vorlagen." (Weick 1985, S. 326)

---

84 Ich werde in Teil II, Abschnitt 3.1. eine Anwendung auf die Arbeit eines Reporters vorstellen.

85 Auch das natürlich für Wissenssoziologen ein wichtiger Punkt, vgl. Berger/Luckmann 1980, S. 98 ff.

Weick spitzt, könnte man sagen, die in der Informationsperspektive schon immer angelegte Tendenz zu einer De-Ontologisierung des Begriffes "Umwelt" zu und treibt die Vorstellung in die äußerste Konsequenz, ohne allerdings das gleichsam erkenntnistheoretische Paradigma (Organisation als Erkenntnissubjekt, Umwelt als Erkenntnisobjekt) mitzumachen. Eine Folge davon ist, daß die "Umwelt" von Organisationen ihre klaren Konturen verliert, die Grenzen zwischen Umwelt und System verschwimmen:

"Die Grenzen zwischen Organisation und Umwelt sind niemals so eindeutig und stabil, wie viele Organisationstheoretiker meinen. Diese Grenzen verlagern sich, verschwinden und werden in willkürlicher Weise gezogen. Wir nehmen sie nicht so ernst. Stattdessen behaupten wir, daß Umwelten durch Organisationen aus verwirrenden Umgebungen geschaffen werden und daß diese sinnvollen Umwelten im Prozeß des Organisierens ziemlich spät auftauchen." (ebd., S. 192)

Theoriestrategisch resultiert diese "De-Ontologisierung" des Verständnisses von Umwelt bei Weick daraus, daß er dem Begriff den Status eines nicht weiter auflösbaren Grundlagenbegriffes nimmt und ihn nochmals auf einen systematisch vorausliegenden Konstitutionsprozeß bezieht. In ganz ähnlicher Weise geht die vielleicht avancierteste Fassung des System/Umwelt-Problems in Gestalt der autopoietisch gewendeten Systemtheorie Luhmanns vor. Luhmanns systematischer Zugang ist allerdings noch etwas anders gelagert als bei Weick.

Die gesamte Systematik der Luhmannschen Begrifflichkeit in diesem Zusammenhang ins Spiel zu bringen, würde zu weit führen. Was wir für unser Problem benötigen, ist folgender einfacher Zusammenhang: Auch Luhmann geht von der Vorstellung eines elementaren Prozesses aus, der nicht nur Organisationen, sondern soziale Systeme überhaupt konstituiert: Kommunikation. Diese Vorstellung leitet sich letztendlich aus der Auseinandersetzung mit der Phänomenologie ab, in der ebenfalls von einem elementaren "Prozessieren", einem "Erlebensstrom", ausgegangen wird, der nachträglich sinnhaft ausgedeutet und reflexiv gegliedert werden kann. Nur ist es im Fall sozialer Systeme bei Luhmann nicht der Strom des Bewußtseins, sondern - davon in relativer Autonomie - der Strom der Kommunikationen.

Dieser Prozeß muß, um sich zu "ermöglichen", durch Selbstbeobachtung auf sich Bezug nehmen. Das geschieht, indem Kommunikationen als Handlungen aufgefaßt werden.[86] Dadurch wird der Fluß der kommunikativen Ereignisse gegliedert,

86 "Kommunikation ist die elementare Einheit der Selbstkonstitution, Handlung ist die elementare Einheit der Selbstbeobachtung und Selbstbeschreibung sozialer Systeme" heißt es da (Luhmann 1987, S. 241). Wichtig dabei ist: daß nur durch Selbstbeschreibung bzw. Selbstbeobachtung weitergehandelt werden - das liegt in der Konzeptualisierung sozialer Systeme als "*selbstreferentieller* Systeme": weitere Elemente kommen nur durch Bezugnahme auf vorangegangene Elemente zustande, soll, etwas banaler heißen: soziales Handeln setzt soziales Handeln voraus, soziales Handeln muß als soziales Handeln typisiert werden können.

in elementare Einheiten zerlegt, sequenziert. Das hat wie alles bei Luhmann einen sozialen, sachlichen und zeitlichen Aspekt. *Sozial* konstituieren sich Handlungen über Zurechnung auf Akteure und Zuschreibungen von Motiven und Verantwortlichkeiten. Das ist verbunden mit entsprechenden Bindungseffekten. Solche Zurechnungen sind je nach Kontext disponibel, also selbst sozial erzeugt, sie vereinfachen zwangsläufig (beispielsweise ergeben sich Handlungen ebenso aus der Dynamik von Situationen). Durch Zurechnungen aber werden Kommunikationen gleichsam lokalisierbar. *Sachlich* gesehen werden sie durch diese Reduktion auf sozial bereit gestellte Typisierungen bezogen ("typisch Handlung x": damit verbunden sind Unterstellungen über Handlungsentwürfe, Ziele, Sinn usw.). *Zeitlich* gesehen markieren Handlungen Irreversibilitäten, ordnen sich in deutlich erkennbare aufeinanderfolgende Sequenzen.[87]

Schon die Konstitution von klar erkennbaren Handlungen geht also für Luhmann auf Prozesse der Selbstbeobachtung in sozialen Systemen zurück. Diese elementare Form der Selbstbeobachtung, die Reduktion von kommunikativen Prozessen auf eine Folge von Handlungen, ist nun für Luhmann eine Voraussetzung für jene anspruchsvollere Form der Selbstbeobachtung, die er in der Unterscheidung von System und Umwelt sieht. Die Reduktion von Kommunikation auf Handlung bezieht sich auf eine Selbstbeobachtung der *Elemente* der sozialen Systeme, während sich die Unterscheidung von System und Umwelt auf die Einheit des "Systems" als eines *Handlungszusammenhangs* bezieht - dessen notwendiges Korrelat die Umwelt ist. Basis ist aber immer zunächst die Identifizierung von Handlungen:

"Die Anfertigung einer Beschreibung, die das soziale System auf einen Handlungszusammenhang reduziert, ist mithin Voraussetzung jeder Beobachtung, die die Differenz von System und Umwelt ins Spiel bringt, also zum Beispiel dem System Merkmale zuschreibt, durch die es sich von seiner Umwelt unterscheidet." (Luhmann 1987, S. 247)

Auch für Luhmann ist damit die Frage der Umwelt in den Bereich der "Selbstbeschreibung" von sozialen Einheiten gerückt und die Konstitution der System/-Umwelt-Unterscheidung muß von einem elementaren Prozeß her, dem der

87 Eine ähnliche gelagerte Überlegung findet sich übrigens bei Schütz/Luckmann (1984), wenn auch der Ausgangsbegriff hier nicht "Kommunikation" ist: "... irgendeine Form der Zurechnungsfähigkeit ist im Aufbau historischer Sozialwelten notwendig vorausgesetzt. Dieses Prinzip konstituiert die Lebenswelt - und vor allem die Alltagswirklichkeit - als den Bereich der Praxis." (Schütz/Luckmann 1984, S. 17) "Er (der Mensch, J.K.) bleibt zwar vor sich selbst... die letzte Instanz, die zu entscheiden hat, ob er in einem gegebenen Fall gehandelt hat oder nicht; es sind aber die anderen, die Mitmenschen, die aufgrund gesellschaftlich objektivierter, im sozialen Wissensvorrat abgelagerter Regeln typischen, beobachtbaren Verhaltensabläufen auch das typische Vorhandensein oder Nicht-Vorhandensein eines Ziels, eines Handlungsentwurfs zuordnen. Als praktisch gültige Instanz entscheiden die anderen, ob etwas eine Handlung war oder nicht." (Schütz/Luckmann 1984, S. 18)

Kommunikation bzw. dessen Vereinfachung, der Sequenz des zurechenbaren Handelns, verstanden werden:

"Für soziale Systeme, die sich als Handlungssysteme beschreiben, muß dies auf den Basisprozeß zurechenbaren Handelns bezogen werden. Nur was gemacht werden kann, hat eine im System kontrollierbare Realität, und nur diese Realität zählt. Man muß sich die Umwelt dann als eine Verlängerung der Handlungssequenzen nach außen vorstellen: als Kontext der Bedingungen für und der Ergebnisse von Handlungen im System." (ebd., 48)

Bei Weick führen "Gestaltungsvorgänge" durch Selektion von Umweltversionen letztendlich zu relativ eindeutigen "gestalteten Umwelten", die als Sinnschemata verfügbar sind. Diese "gestalteten Umwelten" sind wiederum Kontext für neue Gestaltungsvorgänge, die wiederum zu Modifikationen von Umweltversionen führen können. Ganz ähnlich besteht auch bei Luhmann eine Art gegenseitige Abhängigkeit von Handlungen und Umwelt. Etablierte Versionen des Verhältnisses von Umwelt und Handlungssystem - und damit Vorstellungen über Grenzen (d.h. mögliche und sinnvolle Handlungen gegenüber solchen, die das nicht sind) - ermöglichen Handlungen bzw. Kommunikationen. Auf der anderen Seite werden Sinngrenzen durch Handlungen (Kommunikationen) unter Umständen verschoben:

"Jedes Element trifft, so gesehen, eine Zuordnungs- und damit eine Grenzentscheidung. Jede Kommunikation im sozialen System, und nicht etwa nur eine grenzüberschreitende Kommunikation nach außen, nimmt die Differenz zur Umwelt in Anspruch und trägt dadurch zur Bestimmung bzw. zur Veränderung der Systemgrenze bei." (ebd., S. 266)

Einmal abgesehen von der Frage, inwieweit das "Element" diese Entscheidung trifft und nicht die Akteure - ein vielleicht müßiger Streit um Sprachspiele - wäre zu präzisieren, was unter dieser Zuordnungsentscheidung verstanden werden soll. Ich hätte hier eine banale und wenig mystische Lesart. Wenn sich Regeln der Handlungstypisierung erst einmal kommunikativ eingeschliffen haben, ergibt sich eine Zuordnung aus dem sachlichen Sinn der Handlung in der Regel von selbst: so wird der Verzehr eines Butterbrotes kaum als Bestandteil des Handlungszusammenhangs "Finanzamt" aufgefaßt. Der Sinn der Handlung weist zugleich Bezüge auf ein "Außerhalb" des Zusammenhangs auf, in dem sie selber steht: "man produziert zum Beispiel für einen Markt; ... die Selektion der Handlung selbst wird im System verortet, wird durch systemeigene Regeln gesteuert und in ihrer Verantwortung anders behandelt als Umwelthandeln" (ebd., S. 247).

Umwelt ist dann nichts anderes als der mit dem Sinn der Handlung notwendig verknüpfte Kontext - der sich in diesem Fall durch das Handlungsziel, das Produkt abzusetzen ergibt. Damit hätte man den entscheidenden Fortschritt der Umweltbegriffe von Weick wie Luhmann benannt: das Schlüsselparadigma heißt nicht "Erkenntnis" oder "Wahrnehmung", sondern "Handlung". Diese handlungstheoretische Komponente wird gerne übersehen, wenn Weicks und Luhmanns Positionen als "konstruktivistisch" bezeichnet werden und man darunter eine Art Subjektivismus in neuem Gewand versteht. Umwelt wird bei beiden Autoren als intern "konstruiert" aufgefaßt - soweit richtig. Der Standardeinwand ergibt sich aus der Tatsache, daß in vielen Fällen "Umwelt" eine dingliche Kompaktheit aufweist, Zwänge auf die Organisation bzw. das Handeln ausübt, es z.B. unter Zeitdruck setzt. "Konstruiert" muß aber nicht etwa heißen, daß die Umwelt eine Art "Einbildung" ist. "Konstruktion" sollte nicht in einem kognitivistischen Sinne mißverstanden werden. Weick bemerkt dazu:

"... diese Konstruktion stellt man sich gewöhnlich als etwas vor, was die Tätigkeit des Untereinanderausdiskutierens der Frage, was gegeben sei, beinhaltet. Weniger prominent ist in diesen Analysen der Gedanke, daß die Leute aktiv Dinge in die Welt setzen, sie dann wahrnehmen und über ihre Wahrnehmung diskutieren. Diese ursprüngliche Setzung von Realität ist das, was durch das Wort Gestaltung festgehalten wird." (Weick 1985, S. 238)

Mit anderen Worten, die Umwelt hat, wie immer durch das System intern erzeugt, einen Widerstandskoeffizienten:

"Es trifft gewiß zu, daß sich Organisationen an den Dingen stoßen und daß ihre blauen Flecke eine gewisse Handfestigkeit ihrer Umwelt bezeugen, auch wenn diese Handfestigkeit auf vielerlei Weise gegliedert werden kann."(ebd., S. 240) "In dem Maße, wie sich der Umfang der Organisation vergrößert, wird sie ihr eigenes Selektionssystem und erlegt sich buchstäblich die Umwelt auf, die sich ihr auferlegt." (ebd., S. 241) Wenn Leute handeln, machen sie Variablen zu nichtzufälligen, legen Spuren von Ordnungshaftigkeit und schaffen buchstäblich ihre eigenen Zwänge. Das trifft zu, ob diese Zwänge nun in der Fantasie geschaffen wurden, um Tests zu vermeiden, oder in der Realität, um handfeste Beulen zu erklären." (ebd., S. 237)

Bei Luhmann liest sich das so: "Die Differenz (zwischen System und Umwelt, J.K.) ist keine ontologische, und darin liegt die Schwierigkeit des Verständnisses. Sie zerschneidet nicht die Gesamtrealität in zwei Teile: hier System und dort Umwelt. Ihr Entweder/Oder ist kein absolutes, es gilt vielmehr nur systemrelativ, aber gleichwohl objektiv." (Luhmann 1987, S. 244). "Das alles heißt jedoch nicht, daß die Umwelt vom System abhängt oder daß das System über seine Umwelt nach Belieben disponieren könnte." (ebd., S. 36)

Luhmann spricht ganz ähnlich wie Weick davon, daß das "System" seine eigenen Abhängigkeiten miterzeugt.[88] Das Problem der Anpassung eines Systems an eine

---

88 Luhmann 1987, S. 279

je nachdem - widrige oder förderliche Umwelt stellt sich dann immer auch quasi von innen: "mit welcher Semantik bestimmt das System selbst die Unterscheidung von System und Umwelt, wie wirkt diese Semantik sich auf Prozesse der Informationsverarbeitung aus und welche Anpassungsnotwendigkeiten erscheinen infolgedessen auf den Bildschirmen des Systems."(ebd., S.476)

Die Schwierigkeit besteht darin, die aktive Rolle der Handelnden bzw. des Handlungssystems bei der Konstitution von Umwelten zusammenzubringen mit der Vorstellung, daß Umwelten dennoch nicht "beliebig" sind und handfeste Zwänge ausüben können. Ich schlage vor, um das besser zu verstehen, auf eine Denkfigur zurückzugreifen, die sich in eher philosophischen Kontexten findet. Ich nenne hier einerseits die Handlungstheorie von Jean Paul Sartre, andererseits die Wahrnehmungstheorie von Mead. [89] Es handelt sich um den Begriff des "Widerstands", der ja von der Wortwurzel her nichts anderes besagt als eben das deutsche und oft allzu erkenntnistheoretisch begriffene Wort "Gegenstand". "Wider" ist nur eine etwas altertümliche Version für "gegen".

Handlungen haben - darin dürften sich neuere Handlungstheorien, ob soziologischer oder philosophischer Provenienz, meistenteils einig sein - eine Sinnform, die man als "Entwurfsstruktur" bezeichnen könnte. Das bedeutet, ein gegebener Zustand wird zugunsten eines antizipierten noch nicht bestehenden Zustandes, wie Sartre sagt "negiert". Durch die Handlung wird oder soll ein Sachverhalt, wie er ist oder von sich selbst aus sein wird, verändert. Handeln ist damit notwendig bezogen auf die Existenz von einem *"Gegenstand" des Handelns*, auf den eingewirkt werden muß, um den Handlungsentwurf zu realisieren und der insofern einen Widerstand ausübt, als er nicht von selbst so wird oder ist, wie es mein Handlungsentwurf vorsieht. Im Grad der Realisierung des Handlungsentwurfes erfahre ich den Widerstand der Sachverhalte, sozusagen ihr Beharrungsvermögen.[90] Mead formuliert hier sehr weitgehend: erst im Grade der handelnden Einwirkung auf etwas, so der Kern seiner Wahrnehmungstheorie, konstituieren sich Gegenstände als Gegenstände (z.B. als Gegenstände der Wahrnehmung). Das gilt bereits für den einfachen Bereich sinnlicher Wahrnehmung: ein Ding wird für mich erst zu einem Ding, wenn ich handelnd damit umgehe, es zum Beispiel anfasse. Durch den Druck meiner Hand erfahre ich den Widerstand des Materials.[91] Objekte werden, so Mead in Anlehnung an Bergson, durch das Handeln "herausgeschnitten und

---

89 Bei Sartre in "Das Sein und das Nichts" (1987), 4. Teil "Haben, Machen, Sein"; bei Mead in "Philosophy of the act" (1972) bzw. in dem Aufsatz "Die Objektive Realität der Perspektiven" (1983). Der Begriff des "Widerstandes" ist über die Rezeption pragmatistischer Traditionen (v.a. eben Mead) auch in die phänomenologische Soziologie eingeflossen. Vgl. z.B. Schütz, Luckmann (1979), S. 25 oder S. 179. Die Denkfigur als solche ist bei Sartre am einfachsten und deutlichsten formuliert.

90 Es gibt auch Handeln, das darauf gerichtet ist, bestehende Zustände zu erhalten. In diesem Fall besteht der Widerstand, dem sich das Handeln gegenüber sieht, nicht darin, daß etwas von sich aus so bleibt, wie es ist, sondern daß es sich von sich aus ändert, wenn nicht gehandelt wird, z.B. ein Haus oder die "Moral" "zerfällt".

91 vgl. Mead 1983

geformt."[92] Ein Gegenstand oder Sachverhalt wird Bestandteil meiner "Umwelt", wenn ich mich genötigt sehe, einen Bezug zu meinem Handeln bzw. dessen symbolischer Repräsentation in der Handlungsantizipation (oder, wie es bei Sartre und in der Phänomenologie heißt: im Handlungsentwurf) herzustellen. Insofern ist die "Umwelt" nichts Fixes. Ein und dasselbe Ding kann sich dann, je nach meinem Handlungsentwurf, als ganz andere Realität herausstellen:

"Jener Felsblock, der einen unermeßlichen Widerstand bekundet, wenn ich ihn fortbewegen will, ist dagegen eine wertvolle Hilfe, wenn ich hinaufklettern und die Landschaft betrachten will. An und für sich - falls es überhaupt möglich ist, es ins Auge zu fassen, was er an und für sich sein kann - ist er neutral, das heißt, er wartet darauf durch sein Ziel erhellt zu werden, um sich als Gegner oder als Bundesgenosse bekunden zu können" (Sartre 1987, S. 611)

Die Dinge haben, so Sartre, eine Art "Feindseligkeitskoeffizienten" (ebd., S. 611), Mead spricht wie gesagt von "Widerstand". Beispiele kann man sich nicht banal genug konstruieren. Ich will mit dem Fahrrad in die nächste Stadt fahren; unvorhergesehene Dinge passieren: ein Reifen platzt, ich habe Gegenwind:[93] "Die synthetische Bildung aus diesen fortwährenden 'Widerfahrnissen'", so Sartre, "bildet die Einheit dessen, was die Deutschen 'Umwelt' nennen, und diese Umwelt kann nur innerhalb der Grenzen eines freien Sich-Entwerfens entdeckt werden, das heißt der Wahl der Ziele, die ich bin." (Sartre 1987, S. 638)

"Umwelt" in einem primären Sinn wäre insofern die Gesamtheit der mit dem Sinn einer Handlung (oder von Handlungszusammenhängen) notwendig verknüpften "Gegenstände" dieser Handlungen, sowohl im Sinne dessen, an dem die Handlung etwas "verändert", als auch im Sinne der Gesamtheit dessen, was der Realisierung des Handlungsentwurfes "entgegensteht". Die "Umwelt" ist dabei nicht einfach ein residuales "Außerhalb", sondern sie konstituiert sich als Interaktionseffekt eines "Außerhalb" und der darauf bezogenen Handlung. Darauf wiederum kann sich dann eine reflexive Rekonstruktion bzw. symbolische Repräsentation richten. Bei Mead ergibt sich aus solchen Überlegungen eine Art relativistischer Materialismus: Objekte (und damit die Umwelt als Gesamt möglicher Objekte) konstituieren sich als relationale Größen, sie "entstehen im Handeln"[94], sie sind perspektivisch gegeben. Gleichwohl ist eine Umwelt als die mögliche Gesamtheit dieser Perspektiven nicht in irgendeinem Sinne "subjektiv": sie ist in strengem Sinne durch das Verhältnis der Organisation der handelnden Instanz/Handlung und des Handlungsgegenstandes bestimmt, ist aber selbst Drittes, eine emergente Wirklichkeit, die auch nicht bloß eine Selektion aus einer komplexen an sich bestehenden Gesamtheit von Elementen darstellt:

---

92 Mead 1987, S. 308
93 Sartre 1987, S. 368
94 Mead 1983, S. 219

"Perspektiven sind weder Verzerrungen von irgendwelchen vollkommenen Strukturen noch Selektionen des Bewußtseins aus einer Gegenstandsmenge, deren Realität in einer Welt der Dinge an sich zu suchen ist. Sie sind in ihrer wechselseitigen Bezogenheit aufeinander die Natur, die die Wissenschaft kennt." (Mead, 1983, S. 213)

Perspektiven und damit "Umwelten" sind so gesehen "objektiv", im Sinne von "wirklich". Realität ist für Mead nichts anderes als die wechselseitige Bezogenheit von sogenannten "consentient sets", Struktureinheiten möglicher Perspektiven in je eigenen Raum/Zeitsystemen. Es ist hier nicht der Ort zu einer ausführlichen Aufarbeitung von Grundlagentheorie und zum detaillierten Theorievergleich. Es dürfte aber, trotz beträchtlicher Unterschiede in der Semantik, deutlich geworden sein, daß in der Denkfigur, auf die es hier ankommt, zwischen den hier bemühten Theoretikern deutliche Konvergenzen bestehen: "Umwelt" ist "konstruiert", gleichwohl aber nichtbeliebig, keine ontische Größe im üblichen Verständnis, gleichwohl von "dinglicher", "handfester" Beschaffenheit.[95] Die Aporien einer rein erkenntnistheoretisch angelegten Fassung des Verhältnisses von Umwelt und System werden durch die Verknüpfung mit dem "Handlungs"-Begriff umgangen.[96] Die primäre Konstitution von Umwelt ist eine Funktion von Handlung *und* einer als unabhängig davon gedachten Realität (die sich aber nur durch die Handlung als Realität fassen läßt!). Was Handelnden als "sinnvolle Umwelt" erscheint, ist Ergebnis einer, wie Weick sagt, "Sinngebungstätigkeit", die versucht *nachträglich* "Außenwelt und Handlung zu trennen" (191). Solche Versuche einer Trennung von

95 Das ist übrigens ein Verständnis von Umwelt, das sich auch in der Biologie verbreitet hat unter dem Stichwort "ökologische Nische". Die Nische wird nicht als objektiv-topologische Umgebung definiert, sondern sie ergibt sich aus dem Zusammenspiel von Struktur des Organismus (die die möglichen Interaktionen definiert, in die er eintreten kann) und Eigenschaften eines unabhängig gedachten Milieus: der Organismus kann nicht ohne Eigenschaften der Umgebung verstanden werden und umgekehrt aber kann die Nische nicht unabhängig von den Strukturen des Organismus, der sie sozusagen erst als Nische spezifiziert, definiert werden. Vgl. Maturana 1985, S. 35; "Die Möglichkeiten der Einwirkungen der Nische wird durch die Struktur des Organismus und die Beschaffenheit der Umgebung definiert. Verschiedene Gattungen, deren Körperbau, Struktur usw. sozusagen bestimmte Handlungsmöglichkeiten definiert, können in der gleichen räumlichen Umgebung leben, haben jedoch vollkommen andere Nischen." An diesem Beispiel wird klar, daß es sich hier weder um einen Objektivismus noch um einen Subjektivismus handelt!

96 Weick weist ausdrücklich auf eine pragmatistische Erkenntnistheorie hin, die seinen Überlegungen zugrundeliegt: "Die Möglichkeit eines vom Subjekt auf das Objekt gehenden Effekts bedeutet, daß Erkennen eine Aktivität ist, in der das Subjekt partiell mit dem Objekt interagiert und es konstituiert. Zwischen Subjekten und Objekten gibt es eine wechselseitige Beeinflussung, nicht einseitige Beeinflussung von der Art, wie sie die Vorstellung, ein Reiz löse eine Reaktion aus, enthält. Diese wechselseitige Beeinflussung wird im Modell des Organisierens erfaßt durch die in beide Richtungen verlaufenden Einflußströme zwischen Gestaltung und ökologischem Wandel". (Weick 1985, S. 238 f.) Das ist die klassische Argumentation des Pragmatismus gegen ein reduktionistisch verstandenes Reiz/Reaktionsmodell, vgl. dazu John Dewey: "The Reflex Arc Concept in Psychology", Psychological Review (1896), Vol. III, No. 4, S. 357-370

Umwelt und Handlung sind einerseits notwendig für die Selbststeuerung und -Vergewisserung des Handelns. Sie sind aber immer Konstruktionen im Sinne nachträglicher Interpretationen.

Nimmt man diese Überlegungen nun zusammen, taucht "Umwelt" als systematische Größe auf zwei Ebenen auf. Zum einen auf der Ebene der handlungspraktischen Konstitution von "Umwelt" als durch die Handlung definierte Gesamtheit der Widerstände. Zum anderen auf der Ebene der nachträglichen Interpretation und Aggregierung dieser Widerstandserfahrung, der darauf bezogenen Deutungsmuster. Diese Fassung des Problems ist auch in der Organisationsforschung nicht ganz neu, sie taucht explizit oder implizit immer wieder auf - allerdings wird dann nicht selten doch wieder in ein verdinglichend-realistisches Verständnis zurückgefallen.[97] Pauschale Redeweisen von "der" Umwelt (vgl. etwa Fix) einer Organisation verraten das. Mit dem hier präferierten Verständnis von Umwelt wird es zunächst einmal fragwürdig, umstandlos von *der* Umwelt einer Organisation zu sprechen. Die enge Bindung an den Grundbegriff der Handlung legt es nahe, zunächst von faktischen Handlungsabläufen und den dabei involvierten Handlungspositionen innerhalb von Organisationen auszugehen. Ab einem bestimmten Grad der Ausdifferenzierung von verschiedenen Handlungspositionen müßte man je nach Funktion bzw. faktischer Ausfüllung dieser Funktion mit der Möglichkeit ganz verschiedener Umweltbezüge in ein und derselben Organisation rechnen. [98]

Genau darin besteht der Sinn der Weickschen Redeweise von "Umwelt*en*" in Organisationen. Daß sich in einer Organisation eine interne Differenzierungen übergreifende einheitliche Version "sinnvoller Umwelt" konstituiert, dürfte immer auch das Produkt langwieriger und unterstellbar konfliktreicher interner "Sinngebungs"-Vorgänge sein und von der oder den jeweiligen Funktion wie auch

97 Ansatzpunkte finden sich etwa auch bei Huber und Daft, die ansonsten eher zu einem nach wie vor realistischen Umweltbegriff tendieren bzw. aus einer erkenntnistheoretischen Aporie nicht recht hinauskommen. Das bereits oben zitierte Beispiel des Gefängnisses (Fußnote 78) illustriert das hier Gemeinte dennoch sehr schön. Weitere Ansatzpunkte finden sich in den wohlbekannten Einsichten in der Organisationsforschung zur "Interdependenz" von Umwelt und Organisation (vgl. zusammenfassend Scott 1986, S. 240ff.). Allerdings wird dieser Tatbestand oft nicht in einem konstitutionstheoretischen Sinne aufgefaßt, sondern einfach im Sinne einer Wechselwirkung zwischen realen Größen. Auch die Formulierung, daß sich Organisationen ihre Umwelten bis zu einem gewissen Grad "aussuchen", kann hier genannt werden. Dieses "bis zu einem gewissen Grad" deutet darauf hin, daß man dieses "Aussuchen" nicht grundsätzlich genug versteht, sondern im Sinne eines "manchmal" bzw. der Auswahl unter verschiedenen möglichen realistischen Umwelten. Das alles gilt für die empirisch orientierte Organisationsforschung, während eher theoretisch ambitionierte Autoren das im Blick haben, worum es hier geht. Türk hat in seinem Lehrbuch der Organisationssoziologie in einer Adaption der Luhmannschen Systembegriffes bereits diese handlungstheoretische Fundierung des Umweltbegriffes vollzogen. (Türk 1978, S. 50).

98 Ich werde das anhand der Positionen Reporter, Redakteur vom Dienst und Studioleiter im empirischen Teil zu zeigen versuchen. Solche Verschiedenheiten sind oft Anlässe für strukturelle Konflikte.

von internen Machtkonstellationen abhängen. Gerade in sehr dezentralisierten Gebilden wie Rundfunkanstalten, ich werde das für den redaktionellen Bereich zu zeigen versuchen, müßte man eher damit rechnen, daß sich verschiedene, nebeneinanderher bestehende oder auch gelegentlich in Konflikt tretende Umweltbezüge ergeben.

5. Konsequenzen für Theorie und empirische Redaktionsforschung

Es ging mir bei dem vorangegangenen Durchgang durch Versionen des Umweltbegriffes nicht um eine enzyklopädische Wiedergabe verschiedener Positionen. Mein Ziel war es, zu einer für unseren Gegenstand handhabbaren Fassung des Umweltbegriffes zu gelangen. Es ging mir darum zu zeigen, daß in den für dieses Anliegen wesentlichen Punkten sich Konvergenzen bei ansonsten ganz unterschiedlichen theoretischen Positionen finden: Weick, Luhmann, Mead, die phänomenologische Wissenssoziologie. In einer theoretischen Arbeit hätte man die Unterschiede zwischen den Autoren vergröbern müssen, zeigen, daß Weick eben doch eine Neigung zum Subjektivismus hat, daß Schütz/Luckmann etwas anderes meinen usw.. Ich habe diese Möglichkeit ausdrücklich umgangen, um eine Art operativen Konsens für die Bearbeitung eines empirischen Problems herzustellen. Ich möchte ausdrücklich betonen, daß ich übertriebenen Respekt vor theoretisch geschlossenen "Ansätzen" in einem letztlich an einer gehaltvollen Ausdeutung empirischer Sachverhalte orientierten Kontext für eine äußerst zweifelhafte Tugend halte. In der Regel sind Theorien selbst aus sehr heterogenen Versatzstücken zusammengebastelt, warum sollte man nicht damit weiterbasteln, vorausgesetzt, es funktioniert.

Bevor wir den Ertrag der referierten Konzepte für unseren Gegenstandsbereich bestimmen können, empfiehlt sich nochmal eine Vergegenwärtigung des bisherigen Vorgehens. Ich war nach der Wiedergabe einiger Ergebnisse von Dygutsch-Lorenz zu dem Schluß gekommen, daß ihre überwiegend deskriptiven Befunde schärfer auf ein herauszuarbeitendes Handlungsproblem hin profiliert werden müssten. Sie konnte - in Einklang mit anderen Redaktionsstudien - zwar zentrale Strukturmerkmale der Organisation redaktioneller Arbeit benennen, diese allerdings systematisch nicht befriedigend interpretieren.

Die an der Mintzbergschen Konfigurationstheorie orientierte Rundfunkstudie von Fix bot hier eine organisationstypologische Systematik an. Diese brachte den Ertrag, Strukturmerkmale von Organisationen (Gestaltungsparameter) auf systematische Handlungsprobleme beziehen zu können und eine nähere Bestimmung des Problems der "Professionalität" leisten zu können. Und zwar nach zwei Seiten: einer Auszeichnung der organisationsstrukturellen Verankerung professionellen Handelns und einer Auszeichnung des Kernbestandteils des professionellen Handelns selbst, als sogenanntes "pigeon holing". Als eine die Strukturparameter bestimmende Größe wird hier ein bestimmter Umweltbezug angesehen, der im Falle professioneller Bürokratien als "komplex" ausgezeichnet wird. Als Mangel der Fixschen Studie (nicht unbedingt der Mintzbergschen Systematik als solcher) erwies sich aber eine Unterbestimmung der zentralen Problematik einer "komplexen Umwelt" und des darauf bezogenen Kernvorgangs "Pigeon Holing".

Die Arbeiten von Tuchman und Altheide beschäftigen sich genau mit diesem Problem, insofern sie eine Art Feinanalyse redaktioneller Arbeit liefern, die handlungsorientiert ist und darüber hinaus auch gegenüber der etwas holzschnitzartigen Sicht der Studie von Fix, der nicht ausdrücklich den redaktionellen Bereich untersucht, einige Differenzierungen gestattet. Aus Tuchmans und Altheides Überlegungen ergab sich dann aber sozusagen eine Art Richtungsumkehr des Verhältnisses von Umwelt und Organisation. Fix legte immer noch die Vorstellung nahe: eine komplexe Umwelt bedingt eine darauf bezogene Strukturierung der Organisation.[99] Tuchman und Altheide aber legten mit ihren Analysen des Vorgangs der Produktion von Beiträgen wenn nicht eine umgekehrte, so doch eine weniger einlinige Sichtweise nahe. Beide hoben jeweils auf den Tatbestand ab, daß interne Handlungsroutinen das, was als "Umwelt" erscheint: die Ereignisse, über die berichtet wird, wesentlich bestimmt.

Dieser Tatbestand führte uns zu einer genaueren Prüfung dessen, was im Rahmen organisationstheoretischer Konzepte unter "Umwelt" eigentlich verstanden wird. Die Spannweite reichte von realistischen, an bestimmte Auffassungen der Biologie angelehnte Versionen bis zu Umweltkonzepten, die sich geradezu in eine "erkenntnistheoretische" Problematik verstrickten. Mit Hilfe der Autoren Weick, Luhmann, Mead versuchte ich dann, den Umweltbegriff "handlungstheoretisch" zu verankern. "Umwelt" erscheint dann auf zwei Ebenen, einer primären, konstitutiven Ebene als ein Interaktionseffekt zwischen Handlung und Handlungsgegenstand bzw. -Kontext und auf einer "sekundären", d.h. auf der Ebene der darauf bezogenen empirisch vorfindlichen Deutungsmuster.

Dieser Umweltbegriff scheint mir hinreichend differenziert, um den von Altheide und Fix nahegelegten Befunde auch systematisch gerecht zu werden. Der Nachweis, daß das so ist, muß jetzt an den besprochenen Arbeiten nochmals im Detail geleistet werden. Dabei wird auch zu prüfen sein, inwieweit die theoretische Konzepte, die die Autoren selbst verwenden, mit den hier erörterten zusammenzustimmen.[100]

---

99 Mintzberg ist hier nicht einheitlich. An manchen Stellen weist er sehr wohl auf die Interdependenzen zwischen Organisation und Umwelt hin. Bei seiner Integration der kontingenztheoretischen Konzepte scheint er allerdings, das ergibt sich schon aus der Darstellung der Konzepte in der Form von "Je-desto"-Hypothesen (vgl. Mintzberg 1979, S. 270 ff.), doch wieder eine monokausale Abhängigkeit zu unterstellen. Auch seine Besprechung der Dimensionen von Umwelt (ebd., S. 267 ff.) verweist auf ein eher objektivistisches Verständnis.

100 Unabhängig davon werde ich im zweiten Teil Gebrauch von den referierten Konzepten machen, um eigene empirische Befunde zu interpretieren.

5.1. Zum Problem der "Umwelt" der Redaktion

Tuchman rekurrierte für die Interpretation ihrer Befunde auf den Schützschen Begriff des "Typus". Der Vorteil dieses Begriffs lag in dessen handlungstheoretischer Ausrichtung: Typen bilden sich aus der Bewältigung alltäglicher Handlungsprobleme heraus und sie spiegeln diesen Entstehungskontext wieder. Sie sind nicht einfach eine wahrnehmungs-/erkenntnistheoretisch faßbare Größe (wie in Tuchmans Verständnis der Begriff der "Kategorie"). Typen sind immer Funktionen sowohl der Erfordernisse, die aus einem bestimmten handelnden Umgang mit Sachverhalten herrühren als auch bestimmten Merkmalen der Sachverhalte, die aber ohne den handelnden Umgang gar nicht zum Problem geworden wären. Typen sind sedimentierte *Lösungen* von Handlungsproblemen, weder sind sie einfache Funktionen des Handelns, noch sind sie realistische Widerspiegelungen der Sachen. Ihr Ursprungskontext sind Situationen, in denen Handlungsroutinen problematisch werden und eine Neubestimmung des Handlungsgegenstandes erfolgen muß.[101] Das genau ist aber mit dem Begriff des "Widerstandes" gemeint, den wir oben zur näheren Charakterisierung des Verhältnisses von Umwelt und Handlung eingeführt hatten.

Hinzu kommt die zeitliche Dimension des Typus. Typen haben einen Vergangenheitsbezug: sie sind (zumindest für den reflektierten Beobachter) Sedimentierungen vergangener Situationen bzw. Erfahrungen. Zugleich aber haben sie einen Zukunftsbezug: sie enthalten Unterstellungen über zukünftige Erfahrungen (nämlich, daß auf ihrer Basis auch in Zukunft erfolgreich gehandelt werden kann). Typen implizieren strukturierte Vorerwartungen über zukünftige Situationen, "Vorhersagen" über Wirklichkeit, sie gliedern zukünftige Erfahrung in einem gewissen Sinne "a priori"[102]. Schütz/Luckmann sprechen hier in Anlehnung an Husserl von einem "'ich kann immer wieder' - Index" jedes Typs.[103] . Diese Elemente: die Verschränkung von Handlung und Handlungsgegenstand, die Konzeptualisierung der Entstehung und die zeitliche Struktur der Typen sind aber durchaus analog zur Weickschen Vorstellung der Merkmale und Konstitution "gestalteter Umwelten" bzw. damit verbunden: der Schemata. Auch bei ihm steht eine problematische Erfahrung am Ausgangspunkt des Prozesses. Im "ökologischen Wandel" liegt ja, unter Umständen durch Handlung ("Gestaltung") provoziert, genau jene Erfahrung von Diskontinuität vor, die auch für Schütz/Luckmann der Ausgangspunkt der Konstitution von Wissen und Typen ist.[104]

---

101 vgl. Schütz/Luckmann 1979, S. 150, S. 279

102 Der Unterschied zum philosophischen A- Priori ist natürlich, daß Typen korrigierbar bleiben. Dazu muß allerdings eine problematische Handlungssituation entstehen.

103 vgl. Schütz/Luckmann 1979, S. 29

104 Nebenbei: dieselbe Vorstellung findet sich bei Mead und im Pragmatismus, der ja bekanntlich von Schütz rezipiert wurde. Reflexive Erfahrung und die Konstitution von Objekten überhaupt ist in Meads Vorstellung an die erfolgreiche Bewältigung von Handlungskrisen gebunden. Vgl. Mead (1983), S. 99 ff..

Altheides "Angles" sind natürlich nichts anderes als Typen, Typen denkbarer "Storys". Allerdings handelt es sich hier um Typen, die spezifizierter sind und sich auf andere Handlungsprobleme beziehen wie die von Tuchman. Letztere ergeben sich aus der Notwendigkeit einer Art Vorabsortierung von "Events-as-news", um den zeitlichen Verlauf des weiteren Verfahrens zu planen und zu koordinieren: muß sofort berichtet werden oder nicht, muß die Berichterstattung fortgesetzt werden, müssen also dafür zeitliche und personelle Ressourcen bereitgestellt werden, ist der weitere Verlauf absehbar, z.B. an Termine gebunden? Altheides "Angles" hingegen beziehen sich auf das Problem der inhaltlichen Struktur der Darstellung. Der "Angle" ist nichts anderes als eine strukturierte Vorerwartung: "Das ist eine typische Geschichte xy", z.B. "Konflikt zwischen Arbeitgebern und Arbeitnehmern" oder "Eine weitere Geschichte zum Thema 'Unfähigkeit der Feuerwehr'". Diese Vorerwartung leitet dann die weiteren Handlungen des Reporters an: wen er befragt, was für Fragen er stellen wird, was der Kameramann aufnimmt, wie er die Geschichte anfangen und enden läßt, welche Informationen er aufnimmt und welche nicht.

Diese Typen sind Bestandteil einer Version "gestalteter Umwelt", die er sich im Laufe seiner Tätigkeit als Journalist erworben und erfolgreich angewendet hat. Allerdings müssen diese Typen sich in der konkreten Recherchesituation relativ bewähren. Daß dem so ist, steht nicht von vorneherein fest. Altheide weist auf Situationen hin, wo diese Vorannahmen auch in der Wahrnehmung des Journalisten oder seiner Kollegen, Geschehnisse "miskonstruieren". Altheide läßt sich nicht weiter darüber aus, in welchen Fällen und wodurch diese Wahrnehmung entsteht. Aber es scheint festzustehen, daß solche Situationen fester Bestandteil journalistischer Alltagserfahrung sind und daß diese Wahrnehmung im Rahmen der Interaktion des Journalisten mit dem beigebrachten "Material" entsteht - beispielsweise, wenn die von Recherchepartnern beigebrachten Informationen sinnhaft unverträglich mit dem konstruierten Typ sind. Genau dann, müßte man in der Begrifflichkeit sagen, die wir oben entwickelt haben, macht der Reporter eine "Widerstandserfahrung". Ein neuer Typ muß gebildet werden oder der bestehende muß abgeändert werden. Mithin: der Journalist muß eine "problematische Situation" im Sinne von Schütz-Luckmann bewältigen.

Möglicherweise liegt genau darin der Unterschied zwischen den "Pigeon holing"-Kategorien von professionellen Handelnden zu rein bürokratischen Mustern. Der Professionelle ist in einem stärkeren Maß zur Vermittlung von allgemeinen Kategorien und konkreten Aspekten des Falles gezwungen - mit anderen Worten: seine Tätigkeit beinhaltet in stärkerem Maße als dies etwa für einen Sachbearbeiter in der Lohnsteuerabteilung eines Finanzamtes gilt, die Bewältigung von Widerstandserfahrungen. Das wäre eine wichtige Ergänzung der Mintzbergschen Professionstheorie. [105]

---

105 Im Prinzip ähnlich argumentiert die Oevermannsche Professionstheorie; vgl. dazu Oevermann 1990.

Altheide argumentiert hier einfacher. Für ihn werden Ereignisse per se dadurch "miskonstruiert", daß *überhaupt* Vorab-Typisierungen von "Geschichten" erfolgen. Solche Typisierungen sind in seiner Perspektive möglichst zu vermeidende Folge von Zwängen, die sich aus dem Programmformat ergeben und dem Journalisten eine eigentümliche "news perspective" aufzwingen. Zwei Punkte spielen dabei eine besondere Rolle:

- der Zwang zur Vorausplanung von Beiträgen
- die rigide zeitliche Struktur des Programmschemas, das einen erheblichen Zwang zur Selektion und Vereinfachung ausübt, zugleich die Arbeit des Journalisten unter beträchtlichen Zeitdruck setzt und damit überhaupt erst die Notwendigkeit erzeugt, Geschichten zu "konstruieren".

Wenn man diese Argumentation konsequent weitertreibt, dann kommt man auf das Gegenmodell einer von internen Handlungszwängen unbeeinflußten Berichterstattung über "Ereignisse an sich". Der geheime Kern dieser Argumentation ist die Vorstellung einer "objektiven", von der Tätigkeit der Berichterstattung sozusagen unabhängigen Umwelt, die für die Medieninstitution existiert, und auf die sie eigentlich bloß aufmerksam und sensibel reagierten müßte, um sie möglichst unverfälscht abzubilden. Diese Vorstellung müßte man im Kontext unserer Überlegungen ad acta legen. Da die Umwelt nicht eine gegebene Größe ist, sondern sich in der Interaktion eines Handelnden mit einem Handlungsgegenstand konstituiert, ist die Repräsentation einer unabhängig gedachten Umwelt eine Vorstellung, die möglicherweise für den Handelnden selbst eine notwendige Fiktion ist, für einen analysierenden Beobachter dagegen nicht haltbar.

Man kann sich daran nochmal die Logik der Argumentation verdeutlichen. Es geht hier selbstverständlich nicht darum zu sagen, daß es nicht Geschehnisse gibt, die unabhängig von der Aktivität der Medienmacher ablaufen[106]. Das Feuer, über das berichtet wird, ist ohne jedes Zutun der Medienmacher ausgebrochen. Der Punkt ist die Frage, wie sich die Ereignisfolge um dieses Feuer und seine Folgen jemandem darstellt, der darüber einen kleinen eineinhalb-Minuten-Bericht machen muß. Allein durch diese Handlungsvorgabe wird - so ist die Denkweise - eine Perspektive festgelegt, eine Perspektive auf jene Ereignisse, die eben die Perspektive von jemanden ist, der darüber einen Bericht machen muß. *Das* ist die Umwelt des Journalisten, die eine ganz andere ist als die des Feuerwehrkommandanten, der die Löschmaßnahmen koordinieren muß und die der Versicherungsagentur, die hinterher über Leistungen befinden muß. Es ist sinnlos zu sagen, die eine Umwelt ist die wirklichere - die Umwelten sind Resultate eines

---

106 Wobei man andererseits nicht den Anteil der Ereignisse unterschätzen sollte, die schon selbst auf die Tätigkeit der Medien ausgerichtet sind oder mitbestimmt sind von der Tatsache, daß es Medien gibt. Vgl. dazu den Begriff "pseudo events" (Lang,Lang 1984). Genauso interessant wäre es auch, sich die andere Seite der "Interaktion" anzusehen, inwieweit nämlich das, was für den Medienmacher "Umwelt" ist, für sich auf den Umstand reagiert, daß es Objekt einer Medienberichterstattung ist (vgl. Gitlin 1980).

handelnden Umgangs mit bestimmten Phänomenen. Es geht dabei auch nicht um einen bloßen Erkenntnisrelativismus: die jeweiligen Umwelten sind mit handfesten Zwängen verbunden, auf die die einzelnen Handelnden und die Organisation als Ganzes "reagieren" müßen. Natürlich kann sich der Journalist in die Perspektive eines Versicherungsunternehmens versetzen - seinen Bericht aber muß er aus der Perspektive des Journalisten machen (in der eine in die Geschichte passende Perspektive des Versicherungsunternehmens durchaus vorkommen kann!).

Die spezifisch journalistische Perspektive auf ein Ereignis ist eben das Denken in "stories", in denkbaren Geschichten, die notwendig mit Sinnrahmungen arbeiten müßen, die sich nicht quasi von selbst nahelegen. Im Sinne der oben zitierten Meadschen Konzeptualisierung von Perspektive als einer emergenten Wirklichkeit mit eigenem Recht, formuliert Tuchman:

"To say that a news report is a story, no more, but no less, is not to demean news, nor to accuse it of being fictitious. Rather, it alerts us that news, like all public documents, is a constructed reality possessing its own internal validity. A selective reality, rather than a synthetic reality as in literature, news report exist in and of themselves. They are public documents that lay a world before us."[107] Tuchman (1976), S. 97

Will man die Eigenlogik der journalistischen Produkte verstehen, muß man die Handlungszwänge analysieren, in denen Journalisten stehen. Altheide sieht sie letztendlich begründet in dem, was man die "Programmförmigkeit" massenmedialer Kommunikation nennen könnte. Der Begriff "Programm" ist abgeleitet aus dem Griechischen "prographein", was soviel heißt wie: vor-schreiben, vorher festlegen. Massenmediale Kommunikationen sind eine Form vorgeplanter Kommunikation. Man hat diesen vorgeplanten Charakter der massenmedialen Kommunikationen immer auf die Technologie geschoben. Aber der Planungsbedarf ergibt sich schon aus Gründen, die in der Struktur der *Kommunikation* liegen.

Dazu eine kurze Skizze[108]: Medien- oder Massenkommunikation ist für die Instanz, die sie betreibt, alleine durch die Struktur der damit implizierten Kommunikationssituation ein in verschiedener Hinsicht problematisches und riskantes Unternehmen. Im Vergleich zu face-to-face Kommunikation hat der Betreiber wegen der Kontextlosigkeit der Massenkommunikation eine minimale Kontrolle über zwei wesentliche mit dem Kommunikationsvorgang verknüpfte Aspekte: nämlich darüber, erstens überhaupt Aufmerksamkeit zu finden und zweitens das Ob und Wie des Verstehens seiner Kommunikation zu kontrollieren[109]. Der Rezipient hat eine relative Autonomie in der Zuwendung zu und der Auslegung von

---

107 Selbst die kleine Einschränkung, die Tuchman mit ihrem Vergleich zur Literatur anbringt, die aber zu ihren Überlegungen an anderer Stelle (vgl. oben) in Widerspruch steht, könnte man in der Meadschen Sicht fallenlassen.

108 vgl. dazu ausführlich meine Magisterarbeit

109 vgl. dazu Luhmann 1981a

massenmedialen Kommunikationen, weil er sich gegenüber dem Kommunikator - anders als in face-to-face-Situationen - nicht sichtbar durch eigene Handlungen bindet. Der Zumutungsgehalt von Kommunikation - man muß sich Zeit dafür nehmen, man muß sie verstehen, man muß Entscheidungen darüber treffen, ob man sie inhaltlich "annimmt" oder nicht - ist bei Medienkommunikation sehr hoch und schwieriger zu reduzieren als in face to face Kommunikationen. "In anderen Situationen haben die Leute etwas anderes zu tun".[110]

Hinzu kommt das Problem, daß der Kommunikator weniger als in face-to-face Situationen kontrollieren kann, was ihm - abhängig vom Verstehen - als Handlung zugerechnet wird. Zugleich aber sind diese Zurechnungen recht folgenreich: während Rezipienten sich durch die Teilnahme an Massenkommunikation zu nichts verpflichten - weil sie sich - gegenüber dem Kommunikator - nicht ihrerseits durch sichtbare kommunikative Handlungen binden, gilt umgekehrt für den Kommunikator eine maximale Sichtbarkeit von kommunikativen Handlungen für Kontexte, die er nicht überblicken kann und damit ein maximaler Bindungseffekt auch durch kleinste Aspekte seines Verhaltens. Hinzu kommt eine pauschale Bedeutsamkeitsunterstellung auf Seiten von Rezipienten einfach aufgrund der Tatsache, daß man unterstellen kann, daß Inhalte der Massenmedien im Prinzip jedem zugänglich sind [111].

Die kommunikativen Risiken müssen deshalb zum einen vorher abgeschätzt werden und durch eine erhöhte Kontrolle über die Kommunikation gelegentlich bis hin zur Planung jedes einzelnen Wortes reduziert werden[112] Zum anderen muß sich die Massenkommunikation in eine Form bringen, die die Probleme minimiert. Dies geschieht eben durch das Prinzip der "Programmförmigkeit". Das ist gleichbedeutend mit Planung von Kommunikation und Institutionalisierung einer ständig mitlaufenden Selbstreferenz durch eine Doppelung der Kommunikationen in eine primäre Kommunikation und eine Metaebene. In Form von Ansagen und Moderationen als ständig präsenter Metakommunikation können dann immer Kontexte für die "primären Kommunikationen" bereitgestellt werden, um Mißverständnissen sozusagen prophylaktisch zu begegnen.

Außerdem ist mit Programmförmigkeit eine sachliche und zeitliche Differenzierung verbunden. Programme sind Folgen von diskontinuierlichen Einheiten (Sendungen), die wiederum sachlich differenziert sind und bestimmte Regeln der Produktion und der Rezeption (Genres, Sendungsaufbau usw.) implizieren. Hinzu kommt eine Festlegung auf Sendungszeitpunkte und damit verbunden eine vorherige Einschränkung der Sendungslänge, sowie eine Veröffentlichung dieser

---

110 vgl. Luhmann 1981, S. 26

111 vgl. Goffman (1981).

112 Auch die Tatsache, daß das nicht der Fall ist, wird eigens geplant über spezielle Gattungen wie Live-Sendungen. Die Risiken werden dann nicht über Festlegung von Text abgefangen, sondern über den Einsatz von Personen, bei denen man ein beträchtliches Gespür an Takt, Geistesgegenwart und Gespür für Situationen voraussetzen kann. Sozusagen Schauspieler ohne Skript.

Zeiten in Programmzeitschriften. Der Vorteil dieser Struktur liegt zum einen darin, daß die zeitliche Zumutung verringert wird: Rezipienten können Zeitpunkt und Dauer bestimmter Kommunikationen (Sendungen) vorher abschätzen und in die Zeitperspektiven ihrer eigenen Handlungskontexte einbauen. Außerdem dauern die Sendungen nur begrenzte Zeit, die Zumutung ist absehbar.[113]

Das Verstehensproblem wird dadurch ebenfalls gemildert. Über bestimmte Sendungsgattungen werden formale und inhaltliche Aspekte institutionalisiert und damit Verstehen erleichtert: die Massenkommunikation stellt, wenn man so will, einseitig ihre eigenen kommunikativen Kontexte bereit. Für den Kommunikator ermöglicht Programmförmigkeit eine bessere Abschätzung erreichbarer Aufmerksamkeit[114], und läßt eine bessere Abschätzung zu, wie die Kommunikation inhaltlich "ankommt" und bei wem - das Publikum wird durch die Massenkommunikation in überschaubarere Segmente gegliedert, je nach Interessen, potentiellen Aufmerksamkeiten und Vertrautheit mit bestimmten Sendungstypen.

Die Gültigkeit dieser Analyse einmal vorausgesetzt ist "Programmförmigkeit" mit massenmedialer Kommunikation konstitutiv verknüpft, sie löst Probleme oder mildert sie zumindest ab. Insofern müßte jede Argumentation, die auf eine Abschaffung von Programmförmigkeit hinausläuft, zunächst funktionale Äquivalente benennen. Altheide tut das nicht, beklagt aber die Zwänge, die aus dem Prinzip der Programmförmigkeit resultieren wie etwa: Planung als solche, den Zwang, Informationen metakommunikativ und über Gattungsregeln zu rahmen, in Kontexte zu bringen, die zeitliche Begrenztheit von Einzelbeiträgen und Produktion von Einzelbeiträgen, die zu formalen und inhaltlichen Routinisierungen zwingen usw.

Ich halte die Argumentation von Altheide vor dem Hintergrund des skizzierten Konzepts für zu grundsätzlich. Die Probleme, die er beklagt, werden sich in Einzelfällen abmildern, nicht aber aus der Welt schaffen lassen, sie sind strukturell mit medialer Kommunikation verknüpft. Natürlich könnte man sich vorstellen, daß es längere Formen gibt (in Gestalt von Dokumentarfilmen oder Reportagen ist das auch der Fall!) und vielleicht auch, daß solche Formen dem Hörer und Zuschauer selbst in einer Nachrichtensendung präsentiert werden. Was wem genau zugemutet werden kann, darüber gibt es ohnehin nur Mutmaßungen, die oft genug im Redaktionsbetrieb beliebig zu Rechtfertigungszwecken eingesetzt werden. Freilich: das alles ist eine Frage des Grades und berührt nicht den grundsätzlichen Zwang *überhaupt* eine zeitliche und vorgeplante Eingrenzung der Darstellung vornehmen zu müssen.

Es handelt sich dabei im übrigen gar nicht um ein massenmedienspezifisches Problem, sondern um ein Problem, das grundsätzlich mit jeder Form des kommunikativen Darstellens bestimmter Ereignisse und Sachverhalte verbunden

113 Das klingt sehr banal - aber in den Anfangszeiten des Rundfunks gab es diese zeitliche Festlegung von Einzelsendungen in dem Ausmaß nicht: abends gibt es Fernsehen, punktum.

114 Alleine durch den Zeitpunkt der Sendung lassen sich denkbare Publikumssegmente abschätzen. Die Rundfunkanstalten investieren deshalb ein nicht unbeträchtliches Budget in Tagesablaufuntersuchungen von Rezipienten.

ist. Es ist dabei unerheblich, ob es sich um einen Journalisten, einen Wissenschaftler oder um einen Witzbold handelt, der eine Anekdote aus seinem Leben erzählt. Journalistisches Handeln definiert sich, durch was immer sonst, durch das minimale Handlungsziel, Ereignisse zur Darstellung zu bringen. Das heißt aber nichts anderes, als Symbolisierungen dieser Ereignisse in einem anderen Kontext zu verwenden, als dem, in dem die Ereignisse stattfanden. Der Kontext der Ereignisse selbst ist ja nicht transportabel und prinzipiell unabgeschlossen (man könnte sagen: unabgeschlossen sowohl in die Vergangenheit als auch in die Zukunft). Die Sinnbezüge von Ereignissen können niemals ausgeschöpft werden, weil Zeithorizonte offen sind und Ereignisse, z.B. die Feuersbrunst, auch nachträglich einen anderen Sinn für Beteiligte bekommen können. Die Handlung der Darstellung aber ist zeitlich begrenzt und zeitlich lokalisiert. Das gilt für den Beitrag einer Sendung, für eine im Alltag erzählte Geschichte und selbst für eine wissenschaftliche Arbeit. Irgendwann werden die Beteiligten ihre alltägliche Handlungspraxis wieder aufnehmen. Hinzu kommt das begrenzte und spezifische sachliche Interesse derjenigen, denen die Darstellung präsentiert werden soll.

Aus diesem Mißverhältnis von Handlung und Gegenstand der Handlung rührt der Zwang zur Selektion und Reorganisierung des zugänglichen Materials. Wenn man so will, ist das der spezifische Widerstand der Handlung "Ereignisse und Sachverhalte darstellen", der Umgang mit diesem Widerstand die spezifische Handlungskompetenz des Journalisten. Insofern entstehen Zwänge, die gar nicht als solche mit den Ereignissen verbunden sind, sondern erst mit dem Handlungsentwurf "etwas zur Darstellung bringen" enstehen. Der Reporter mag dann zum Beispiel feststellen: die Sache ist "komplex". Man kann aber strenggenommen nicht sagen, daß die "Sache" oder die "Umwelt" an sich "komplex" sei. Die Wahrnehmung der Komplexität rührt primär daher, daß der Reporter sich wegen des beschriebenen Verhältnisses von Handlung und Handlungsgegenstand einem erheblichen Selektionsdruck ausgesetzt sieht. Er muß viele Entscheidungen treffen - und *das* erzeugt die Komplexitätserfahrung.[115]

Auch auf dieses Handlungsproblem antworten die von Altheide herausgearbeiteten "Typisierungen". Insofern müßte man vorsichtig damit sein, sie vorschnell als "professionelle Deformationen" zu werten. Ganz im Gegenteil wäre die erste Vermutung, sie als Bestandteil der professionellen Kernkompetenz des Journa-

115 Beispiel: ich mache eine Reportage über ein Dorf, das alltägliche Leben der Bauern. Für den Bauern ist die tägliche Lebenspraxis nicht besonders komplex, für ihn besteht die "Realität" aus dem ruhigen Fluß seines alltäglichen Lebens, aus Routinen und Überschaubarkeiten. Für den Reporter aber, der etwas über die Wirklichkeit des bäuerlichen Lebens in einem halbstündigen Filmbeitrag einfangen will, ist die Wirklichkeit komplex: er wird sich zunächst in einem - für ihn - Gewirr von Details, Bildern (soll man den mit Geranien bepflanzten Misthaufen aufnehmen mit O-Ton der Besitzerin, wenn ja, aus welcher Perspektive, haben wir dann noch Zeit für 30 Sekunden "Leute kommen aus der Kirche"? Was ist wichtiger?) Deutungen, Sinnbezügen, Perspektiven (Pfarrer, Dorfschullehrer, Bauer, Dorfjugendliche, eingepferchte Schweine usw.) ausgesetzt sehen.

listen, als routinisierte Lösung von strukturell mit seinem Handeln verbundenen Problemen anzusehen. Etwas platt gesagt: selbst in einer "idealen Rundfunkanstalt" mit einem Minimum an Zwängen würden Reporter Typen von Geschichten ausbilden und anwenden müssen.

Die "Umwelt" von Medieninstitutionen ist nicht die "Wirklichkeit", in der bestimmte Ereignisse stattfinden. Die Umwelt von Medieninstitutionen ist die Umwelt[116], wie sie sich Leuten darbietet, die damit beschäftigt sind, Ereignisse und Sachverhalte, die sie nichts angehen, in kurzen Beiträgen zusammenzufassen, zu "Geschichten" organisieren, sie in Programme abzupacken und an ein relativ anonymes Gegenüber zu versenden, das die Ereignisse in der Regel auch nicht besonders persönlich betrifft. Journalisten mögen das anders beurteilen und ihr Pathos darin sehen, die "Wirklichkeit, wie sie ist" zu transportieren - dennoch werden sie nicht umhin können, bei näherem Zusehen nicht mehr so recht unterscheiden zu können, was an ihrer Geschichte jetzt eigentlich auf die "wirkliche Wirklichkeit" und was auf ihr eigenes Handeln zurückgeht. Die "Umwelt" ist immer beides. Das ist die Schwierigkeit und das meint Weick, wenn er auf die Künstlichkeit des Bemühens hinweist, Umwelt und Handlung auseinanderzuhalten.

Tuchman war auf diese Doppeldeutigkeit von Anfang an gestoßen, als sie sich und die Journalisten fragte: ist ein Ereignis bzw. eine Ereignisfolge "developing news", weil die Ereignisse so sind, wie sie sind oder weil die Recherchen aus irgendwelchen Gründen weiterlaufen oder weil man zufällig in einer Fernsehstation sitzt und nicht in einer Zeitungsredaktion?

5.2. Zusammenfassung und neue Probleme

Den Ausgangspunkt dieser Arbeit bildete ein Motiv, das in der Medienforschung und der theoretischen Befassung mit der Rolle der modernen Massenmedien in vielen Varianten immer wieder anklingt: die Annahme, daß die Massenmedien, weil sie die moderne Gesellschaft als solche zum Gegenstand haben, einer besonderen "Komplexität" ausgesetzt seien, die sie zu an sich unbegründbaren Selektionsentscheidungen zwingt. Ich habe diese Sichtweise aufgegriffen und als eine empirische Aussage über den Handlungszusammenhang begriffen, der Medienkommunikation produziert, der Redaktion. Eine Anregung von Walter Lippmann aufgreifend habe ich einige ausgewählte Arbeiten analysiert. Das Motiv der "Komplexität" ließ sich in jeweils anderer Fassung immer wieder entdecken: bei Dygutsch-Lorenz als ein Problem der Behauptung von "professionellen Mitarbeitern" in einer Bürokratie, bei Fix als eine Form der organisatorischen Strukturierung, die auf eine "komplexe Umwelt" bezogen ist, bei Tuchman und Altheide als Anwendung bestimmter vordefinierter Typen.

---

116 oder mit Weick: sind *die* Umwelt*en*

Allen Autoren ist allerdings gemeinsam, daß sie ein Problem der "Komplexität" nur analytisch voraussetzen, nicht aber empirisch vorfinden. Ganz im Gegenteil: wir finden keine "Komplexität", sondern Routine-Handlungen und Strukturen, von denen wir nur theoretisch unterstellen, daß sie auf ein Problem reagieren. Wo "Komplexität", "Turbulenz" usw. zu vermuten gewesen wäre, fanden sich Ordnungsstrukturen in Form von organisatorischen Routinen, Aufteilung von Entscheidungsprozessen, Institutionalisierung bestimmter Themen- und Informationsquellen, angebbare Arbeitsweisen, Formen, Wahrnehmungsschemata, Typen.

In diesem Zusammenhang hatte ich die Kategorie der "Umwelt" einer systematischen Prüfung unterzogen. Dabei erwies sich die Vorstellung einer Polarität von Umwelt und Organisation im Sinne eines Zusammenhangs von erkennender, wahrnehmender Instanz und davon als unabhängig gedachtem Erkenntnisobjekt als nicht recht verträglich mit den Befunden insbesondere der Arbeiten von Tuchman und Altheide. Ich nahm das zum Anlaß einer handlungstheoretischen Umdeutung der Kategorie "Umwelt".

Journalisten haben nicht die unendlich mannigfaltige gesellschaftliche Wirklichkeit zum Gegenstand, sondern sie stellen im Rahmen des Handlungszusammenhangs "Redaktion" eine Version von Umwelt handelnd her, auf die sie sich dann beziehen, mit der sie arbeiten, die sie dann aber zugleich unter angebbare Zwänge setzt. Diese Zwänge sind zum Teil völlig anders gelagert, als man im Rahmen des "Komplexitätsarguments" (das sich zunehmend als Produkt einer Zuschreibung eines externen Beobachters der Medienkommunikation erweist) hätte erwarten können. So erweist es sich im redaktionellen Alltag (Altheide wies eindringlich darauf hin) weniger als ein Problem, aus einer überkomplexen Mannigfaltigkeit von Themen auszuwählen, sondern ganz im Gegenteil sehr oft genügend Themen zu finden, um die "Sendung zu füllen".[117] Die Umwelt, der sich die Redaktionen ausgesetzt sehen, ist also offenbar eine andere als die unterstellte. Journalisten können nicht einfach auf die Straße gehen und Ereignisse auflesen.

Mit diesem Perspektivenwechsel von einer unterstellten "Umwelt" auf eine "Umwelt", die ich als handelnd konstituierte betrachtete, rückte im Laufe dieser Arbeit zunehmend der professionelle Handlungszusammenhang in das Blickfeld. Mit Mintzberg hatte ich den Kern der Arbeitsweise der Journalisten als die Anwendung von "Pigeon-holing"-Kategorien bzw. von Typen auf Fälle verstanden. Diese "Pigeon-holing" -Kategorien bzw. Typen hängen aufs Engste mit dem zusammen, was wir als das Organisationsprinzip der medialen Kommunikation selbst ausgemacht hatten, dem Prinzip der "Programmförmigkeit". Insofern nämlich, als die Beherrschung der Typen einerseits durch Zwänge, die aus dem Programmförmigkeit resultieren, antwortet und andererseits, insofern sie unmittelbar mit bestimmten Programmsparten, Genres usw. verbunden sind.

117 Die gesteigerte Aufmerksamkeit auf diesen Punkt verdanke ich einem Hinweis von Walter M. Sprondel.

Ebenfalls Mintzberg folgend hatte ich "Professionalität" nicht nur als Auszeichnung einer bestimmten Handlungslogik begriffen, sondern zugleich als ein organisatorisches Strukturierungsprinzip. Auch die Merkmale dieser Organisationsstrukturen sind beziehbar auf das herausgearbeitete Prinzip der Programmförmigkeit. Horizontale und vertikale Differenzierung der Organisation folgen der kommunikativen Struktur, die in der Programmförmigkeit vorgegeben ist. Die horizontale Ausdifferenzierung in Redaktionen entspricht der sachlichen Ausdifferenzierung des Programms in Sparten und Sendungstypen. Die insbesondere bei Altheide aufgezeigte komplizierte Entscheidungshierarchie zwischen Reporter/-Kameramann, Redakteur vom Dienst, Produktionsleiter, Nachrichtenchef folgt der vertikalen Hierarchie des Programms, nämlich der Verschachtelung verschiedener kommunikativer Ebenen und Metaebenen (Beitrag, Einzelsendung, Sendung als Gattung, Programm insgesamt). Damit verbunden ist eine komplizierte Abstufung von Verantwortlichkeit, die, so wäre mein Vorschlag, zu beziehen wäre auf das grundsätzliche Zurechnungsproblem, das mit Medienkommunikation strukturell verknüpft ist.

Das gilt auch für die Tatsache, Dygutsch-Lorenz weist darauf hin, daß in Nicht-Routinesituationen ein Durchgriff höherer Instanzen auf die im Routinevollzug autonom arbeitende Redaktionsebene prinzipiell gesichert ist. Einerseits wird somit die spartendifferenzierte autonome professionelle Bearbeitung von Fällen gesichert, andererseits wird dem erhöhten Zurechnungsrisiko von Medienkommunikation durch eine differenzierte Verteilung von Verantwortlichkeit Rechnung getragen.

Dieser Handlungszusammenhang mit all seinen Routinen, Zwängen, aber auch Handlungsmöglichkeiten bestimmt wesentlich das, was dann als "Umwelt" der journalistischen Arbeit erscheint, sei es nun in der Wahrnehmung der Journalisten während der Arbeit oder sei es in der Objektivierung dieser Umwelt im journalistischen Produkt.

Ein wichtiger Punkt bei diesem allem ist jedoch: das Funktionieren einer derart anspruchsvollen Struktur ist nur gesichert unter der Vorausetzung dessen, was Mintzberg "standardization of skills" nennt. Mit diesem Begriff ist der Zusammenhang zwischen dem Handeln des einzelnen Journalisten und dem Funktionieren der Organisation hergestellt. Die journalistischen Kompetenzen garantieren einerseits die Gewährleistung grundlegender Standards der Produkte wie sie andererseits den entscheidenden Koordinationsmechanismus darstellen, über den eine Organisationsform wie die "Professionelle Bürokratie" überhaupt funktionieren kann. Diese Kompetenz besteht, könnte man sagen, in nichts anderem, als den spezifischen mit dem journalistischen Handeln und seiner Organisation gegebene Form des "Umweltbezugs" zu realisieren, die Routinen zu beherrschen, die Typisierungsleistungen zu erbringen, in Gattungen und Formen zu denken, der evt. "Widerständigkeit" bestimmter Situationen gerecht zu werden, mithin fallgerecht zu recherchieren. Das Argument führt zur Frage des Erwerbs dieser Kompetenzen, der journalistischen Ausbildung. Die Literatur gibt insgesamt nicht allzuviel für diese Frage her.

Nach wie vor wird eine Arbeit von Warren Breed aus den 50er Jahren zitiert[118]. Breed zeigt für den Fall von Zeitungsredaktionen auf, daß journalistische Sozialisation überwiegend in den Redaktionen selbst in Form einer sukzessiven Anpassung an eine bestimmte "Redaktionslinie" und Integration in die Redaktion stattfindet. Er unterscheidet dabei drei Stufen: die "Kükenstufe", die "Einarbeitungs- und Kontaktphase" und die "Star" oder "Veteranenstufe". Für den Rundfunkbereich liegen abgesehen von Ausführungen von Dygutsch-Lorenz keine Untersuchungen zu diesem Punkt vor. Fix läßt es bei dem bloßen Hinweis auf die "formalen" Voraussetzungen für die Ausübung einer Redakteurstätigkeit bewenden, die in einem akademischen Studium und praktischer Berufserfahrung besteht. Gerade das Mintzbergsche Konzept hätte es eigentlich nahegelegt, hier genauer nachzufragen, da das Strukturierungsprinzip der "professionellen Bürokratie" als solches mit dieser Frage verknüpft ist.

Dygutsch-Lorenz behandelt die Frage der journalistischen Nachwuchsrekrutierung in ihrer Studie überwiegend kritisch. Das gipfelt in der Bemerkung, daß sich keine unsystematischere Ausbildung denken ließe, wie die, die sie beim Bayrischen Rundfunk angetroffen hätte (1972, S.155). Auch sie verweist auf den Umstand, daß der "innerorganisatorischen Sozialisation" eine erhebliche Bedeutung zukommt, ohne daß allerdings von einer systematischen Rekrutierung oder gar "Ausbildung" die Rede sein könne. Man beschränke sich

> "auf ein überwiegend passives Verfahren, das sich kaum oder gar nicht am personellen Bedarf der Rundfunkanstalt orientiert und entsprechend auf bestimmte Mindestvoraussetzungen bzw. nur bedingt verifizierbare Qualifikationen der Bewerber abstellt. Ausfluß dessen ist eine 'reversive selectivity'; d.h. ein mehrmaliger Filterungsprozeß im Laufe innerorganisatorischer Sozialisation, dessen Kostspieligkeit weder berufsideologisch (durch ein Rekurrieren auf die nur in der Praxis zu ermittelnde Begabung) noch durch die Auffassung zu rechtfertigen ist, der Rundfunk habe in seiner Rolle als Mäzen, Interessierten eine Art Selbsttest professioneller Eignung zu ermöglichen." (Dygutsch-Lorenz 1972, S. 153)

Abgesehen von dem Umstand, daß auch Dygutsch-Lorenz nicht über genaue Daten verfügt, hat sie auch bei diesem Punkt innerhalb ihres argumentativen Rahmens wenig Möglichkeit, eine systematische Begründung ihrer Kritik zu liefern - etwa, um dem Einwand zu begegnen, ob nicht der monierte "organische" Charakter dieser Form der Sozialisation sachliche Gründe haben könnte, sachliche Gründe, die sich beispielsweise aus den strukturellen Besonderheiten journalistischer Professionalität ergeben könnten. Tuchman hatte in diese Richtung argumentiert, als sie auf die Nähe des journalistischen Wissens zu alltäglichem Typenwissen verwiesen hatte. Damit hatte sie insbesondere auch die Form des *Erwerbs* dieses Wissens gemeint (nämlich in praktischen Handlungszusammenhängen und nicht

118 vgl. Funkkolleg Medien (1991); Breed (1973)

beispielsweise an der Universität). Ich werde auf diese Fragen im zweiten Teil zurückkommen. Hier dürfte aber bereits deutlich geworden sein, daß die Frage der Sozialisation in einem engen Zusammenhang steht zu den bisher behandelten Aspekten: der Frage der Professionalität (sowohl als Handlungsprinzip wie auch als Prinzip organisatorischer Strukturierung) und zur Frage der spezifischen journalistischen Umwelt (insofern die Sozialisation geradezu in dessen Internalisierung in Form von Routinehandeln, Wissen und Wahrnehmungsschemata besteht).

Und nicht zuletzt steht natürlich die Frage der beruflichen Sozialisation der Journalisten in Beziehung zu dem leidigen "Komplexitätsproblem". Mein Argument diesbezüglich lief darauf hinaus, dieser "Komplexität" bestenfalls den Status einer analytischen Größe einzuräumen, die als "empirisches Problem" aber in dem Maße, wie journalistische Handlungskompetenzen beherrscht werden, eigentlich nicht zu beobachten ist. Die Untersuchung von Sozialisationsvorgängen könnte an Hand einer Analyse der Handlungsprobleme von angehenden Journalisten, die die journalistischen Routinen eben gerade noch nicht beherrschen, besseren Aufschluß geben. Darüber hinaus könnte man sich davon eine empirische Absicherung oder zumindest Plausibilisierung der eher konstitutionstheoretischen Überlegungen versprechen, die wir zum Problem der "Umwelt" journalistischen Handelns durchgeführt hatten.

*

Ziel dieses ersten Teils war es, ein Netz von Fragestellungen, Begrifflichkeiten und Prämissen für empirische Redaktionsforschung zu entwerfen, ein Raster, das dann im zweiten Teil vorausgesetzt werden kann. Insgesamt laufen die angestellten Überlegungen auf ein Plädoyer für eine eher handlungstheoretisch orientierte Redaktionsforschung hinaus. Das impliziert eine problembezogene Analyse organisatorischer Strukturen, d.h. ein Rückbezug auf basale Handlungsprobleme. Das bedeutet, daß Aussagen über Professionalität, "Umwelt", über organisatorische Strukturierungen wie "Dezentralisierung", "Autonomie" usw. auf eine Beobachtung faktischer Handlungsabläufe zurückgreifen können und daß man davon nochmals zu unterscheiden hat die Ebene der Selbstdeutung der Handelnden. Das gilt insbesondere für den Problemkomplex der "Umwelt" des journalistischen Handelns, den wir ausführlich behandelt hatten.

Im zweiten Teil soll an einem sehr spezifischen Problem, dem der "Freien Mitarbeiter" und an einem Einzelfall der hier vorgestellte systematische Rahmen gleichsam ausprobiert werden. Alle Motive des ersten Teils (einschließlich einiger sehr spezieller empirischer Befunde von Dygutsch-Lorenz, Tuchman und Altheide) werden wieder auftauchen. Das Motiv von "Komplexität und Umwelt" in der "realistischen" Registratur wird schon in der Ausgangsfragestellung unserer Studie wieder anklingen: tragen freie Mitarbeiter die "Komplexität" der gesellschaftlichen Umwelt in die Rundfunkanstalt? Es wird aber auch in der von uns gewählten handlungstheoretischen Registratur anklingen: die Journalisten stellen ihre Umwelt im Rahmen der von uns beforschten Organisation praktisch her.

Ich werde in der Logik der im ersten Teil exponierten Argumente die Frage der Funktion der Institution "freie Mitarbeit" vom Problem der Repräsentation einer gesellschaftlichen Umwelt verschieben auf das Problem des Erwerbs professioneller Handlungskompetenz. Die Frage nach journalistischer "Professionalität" selbst wird im Rahmen einer enger umrissenen Fragestellung zum Gegenstand werden, zusammen mit der Frage, wie sie durch den organisierten Handlungszusammenhang gesichert wird und welche Arbeitsteilungen das impliziert (und wie diese wieder auf verschiedene Umwelten bezogen sind).

Unsere empirische Studie wird dem hier entworfenen systematischen Rahmen und seinen forschungslogischen Prämissen nicht gerecht werden. Sie ist mit den typischen Unvollkommenheiten empirischer Arbeit ebenso belastet wie jede andere hier vorgestellte Studie. Davon abgesehen kann sie diesem Rahmen gar nicht gerecht werden, weil er, wie ich bereits in den Vorbemerkungen angedeutet habe, ebenso Ergebnis wie Voraussetzung der Studie war. Wenn aber plausibel gemacht werden könnte, daß dieser Rahmen Sinn macht und man zukünftige Studien besser daran orientieren könnte, als uns das gelungen ist, dann wäre das ein befriedigendes Ergebnis.

Teil II
Forschungsbericht

1. Freie Mitarbeit als Spezifikum redaktioneller Rundfunkarbeit

Ein hervorstechendes Merkmal redaktioneller Arbeit und Arbeitsorganisation ist der erhebliche Rückgriff auf sogenannte "freie Mitarbeiter". Das gilt sowohl für den Pressebereich wie für Hörfunk- und Fernsehredaktionen. Die Intensität dieser freien Mitarbeit ist dabei unterschiedlich. Das Spektrum reicht von einmaligen Beiträgen oder Beteiligungen an Produktionen bis zu einer festen Integration in die Redaktionen: die freien Mitarbeiter kommen im letztgenannten Fall täglich in die Redaktionen, arbeiten voll, fertigen Beiträge an und nehmen Funktionen wahr, die sich mitunter kaum von denen der festangestellten Mitarbeiter unterscheiden. Für diesen Typus von Mitarbeitern hat sich in den Anstalten die etwas paradoxe Bezeichnung "fester " oder "ständiger" "freier Mitarbeiter" eingebürgert.

Das Zahlenverhältnis der freien Mitarbeiter zu den festen Mitarbeitern ist schwierig zu bestimmen. Es schwankt von Anstalt zu Anstalt, außerdem gibt es wegen der unterschiedlichen Involvierung der Mitarbeiter und aufgrund der Tatsache, daß manche freien Mitarbeiter bei mehreren Anstalten zugleich mitarbeiten, keine eindeutigen Zahlen. Aus den Daten und Geschäftsberichten etwa der öffentlich-rechtlichen Anstalten läßt sich meist wenig Aussagekräftiges entnehmen, da die festen Planstellen zu ungenau aufgeschlüsselt sind.

Insofern können die folgenden Zahlen bloß einen sehr groben Einblick bieten: Seidel (1983) nennt für den WDR für das Jahr 1983 die Zahl von 16150 freien Mitarbeitern; das ARD Jahrbuch 1984 nennt für das gleiche Jahr 3845 besetzte Planstellen. Saur (1978) gibt für den bayrischen Rundfunk die Zahl von 15000 freien Mitarbeitern gegenüber 2846 festangestellten Mitarbeitern an. Davon seien etwa 500 sogenannte "feste" freie Mitarbeiter. Diese Zahlen sind allerdings insofern wenig aussagekräftig, als bei den freien Mitarbeitern auch Personen berücksichtigt sind, die einmalige Beiträge geliefert haben, z.B. nur ein Gedicht eingeschickt haben oder ein "Wort zum Tag" gesprochen haben.

Bei Fünfgeld (1983) finden sich folgende Angaben: "Im Jahre 1978 waren bei den ARD Rundfunkanstalten insgesamt 20532 Personen festangestellt. Davon waren in den programmgestaltenden Tätigkeiten - etwa als Redakteure, Reporter und Regisseure - 3854 Mitarbeiter beschäftigt. Dem standen im gleichen Jahr rund

83000, das ZDF eingeschlossen rund 90000 freie Mitarbeiter gegenüber, mit denen rund 800000 Honorarverträge abgeschlossen wurden. Hiervon waren ständige Mitarbeiter mit einem Jahreseinkommen von 16800 DM und mehr 2273 Personen, mit einem Jahreseinkommen von 6000 bis 16800 DM 5517 Personen." (Fünfgeld 1983, S. 65)

Im Falle des Südwestfunks gibt der Geschäftsbericht 1990 die Zahl von 453 festen (mit einer - Zitat - "gewissen Regelmäßigkeit ständig wiederkehrend beschäftigten") freien Mitarbeitern gegenüber einem festem Personal von 1631 Mitarbeitern, die der Hörfunk- und Fernsehdirektion unterstellt sind. Allerdings ist die letztere Zahl keine rechte Vergleichsgröße, da hier Personal enthalten ist, das im engeren Sinne keine redaktionellen bzw. Programm-Mitarbeiter enthält. Im Falle des von uns untersuchten Landesstudio des SWF kann man in den einzelnen Redaktionen von einem Verhältnis von festangestellten Redakteuren und solchen freien Mitarbeitern, die zwischen 40 und 50 Stunden wöchentlich arbeiten (!) von mindestens 1:1 ausgehen, in den aktuellen Redaktionen eher mehr.

Für den Anteil der freien Mitarbeiter am Gesamtsendeaufkommen gibt es keine Zahlen. Unsere eigenen Erhebungen für den Bereich der täglichen Sendungen, die vom Landesstudio aus im letzten Quartal 1990 produziert werden, ergeben für alle Redaktionen zusammengenommen einen Anteil der freien Mitarbeiter am *täglichen* Sendeaufkommen[119] von etwa 75%.

1.1. Freie Mitarbeit als juristisches Problem

Der arbeitsrechtliche Status dieser freien Mitarbeiter hat zu zahlreichen juristischen Auseinandersetzungen geführt. Freie Mitarbeiter haben keinen Arbeitnehmerstatus und können die mit einem Arbeitsverhältnis verbundenen Rechte und Schutzmechanismen tariflicher, betriebsverfassungsrechtlicher, arbeitsschutzrechtlicher, versicherungsrechtlicher und sozialer Hinsicht nicht für sich beanspruchen. Insbesondere gilt das für die Gewährung des sogenannten "arbeitsrechtlichen Bestandsschutz". D.h. freie Mitarbeiter haben zunächst keinen Anspruch auf jedwede Form von Kündigungsschutz, keinen Anspruch auf eine Beschäftigung über Einzelaufträge hinaus.

Für jede Einzelleistung des freien Mitarbeiters wird ein Honorarvertrag für eine bestimmte eng umrissene Werk- oder Dienstleistung abgeschlossen. Der SWF beispielsweise hat dafür ein ausgefeiltes Honorrahmen-Schema, in dem detailliert Einzelleistungen mit entsprechenden Vergütungen aufgelistet sind. Die Spielräume sind allerdings teilweise erheblich.[120] Diese Verträge sind rechtlich gesehen "unabhängige" oder "freie" Dienst- bzw. Werksverträge und begründen kein

119 Nicht eingegangen sind hier zweiwöchentliche monothematische Sendungen, die mehr von festangestellten Mitarbeitern als von freien produziert werden.

120 Südwestfunk, Honorarrahmen, Stand 1.5.1990

Arbeitsverhältnis. Problematisch wird das dann, wenn der freie Mitarbeiter wiederkehrend beschäftigt wird und sich sozusagen unter der Hand ein "arbeitnehmerähnliches Verhältnis" ergibt. Wichtig ist in diesem Zusammenhang die Frage der "persönlichen Abhängigkeit" des Mitarbeiters vom Dienstherren[121]. Wäre eine solche Abhängigkeit gegeben, könnte nämlich der Mitarbeiter ein förmliches Arbeitsverhältnis einklagen.

Gerade für redaktionelle ständige freie Mitarbeiter, oft über Jahre beschäftigt, ist eine solche persönliche Abhängigkeit faktisch vielfach gegeben.[122] Seit den 70er und 80er Jahren kommt es deswegen zu regelmäßigen Festanstellungsklagen von freien Mitarbeitern, denen in vielen Fällen von den zuständigen Arbeitsgerichten stattgegeben wurde. Zwischen 1974 und 1982 mußten die Arbeitsgerichte 550 Klagen bearbeiten, von denen rund 450 erfolgreich waren.[123] Höhepunkt dieser rechtlichen Auseinandersetzungen bildete eine Klage des WDR beim Bundesverfassungsgericht gegen einige Entscheidungen der Arbeitsgerichte. Dazu komme ich gleich ausführlich.

Die derzeitige Praxis der Anstalten im Anschluß an das Verfassungsgerichtsurteil besteht darin, daß mit ständigen freien Mitarbeitern, die ein bestimmtes Beschäftigungs- bzw. Verdienstlimit überschreiten, ein sogenannter "Rahmenvertrag" oder auch ein "Tarifvertrag für arbeitnehmerähnliche Personen" abgeschlossen wird. In diesen Verträgen werden dem freien Mitarbeiter begrenzte Rechte (Urlaubszahlungen, Beteiligung an der Sozialversicherung, eine Ankündigungspflicht der Anstalt für den Fall, daß sie keine Aufträge mehr vergeben will) in jeweils allerdings sehr verschiedenem Umfang eingeräumt.

Im Falle des von uns untersuchten Landesstudio des SWF gibt es laut Angaben des Studioleiters einige allerdings "ungeschriebene" Regeln. So wird der freie Mitarbeiter bis zu einem Jahreshonorar von 10000 DM verwaltungsmäßig zunächst einmal "nicht zur Kenntnis genommen". Überschreitet er dieses Limit, erhält er einen sogenannten Selbstauskunftsbogen, in dem er (freiwillig) Angaben über Person, Wohnort, Versicherungs, Schul- und Berufsausbildung, Stand des Studiums und den Schwerpunkt seiner Tätigkeit beim SWF macht, ob er bei anderen Anstalten arbeitet usw. Überschreitet der Mitarbeiter ein Jahreshonorar von 20000 DM, erhält er einen sogenannten Rahmenvertrag für die einzelnen

121 Vgl. Entscheidungen des BverfG 1982, S.234

122 Kriterien für eine persönliche Abhängigkeit in der bundesarbeitsgerichtlichen Rechtssprechung sind beispielsweise:
- großer Umfang der Weisungsgebundenheit
- Unterordnung unter andere im Dienste des Auftragsgebers stehende Personen
- Bindung an feste Arbeitszeiten
- Intensität der Inanspruchnahme
- Erledigung der Tätigkeit im Betrieb des Arbeitgebers
- monatliche Entgeldleistungen
- Zurverfügungstellen von Arbeitsgeräten durch den Auftraggeber usw. (vgl. Rehbinder 1973, S. 21)

123 Entscheidungen des BverfG 1982, S. 237

Honorarverträge. Mit Studenten wird allerdings kein solcher Rahmenvertrag abgeschlossen. Nur vier der 34 befragten freien Mitarbeiter gaben an, einen Rahmenvertrag zu haben.[124] Dieser Rahmenvertrag enthält Schutzklauseln der Anstalt gegen Festanstellungsansprüche des Mitarbeiters sowie folgende Zusicherungen an den freien Mitarbeiter:[125]

- Der SWF verpflichtet sich zu einer schriftlichen Mitteilung, wenn er beabsichtigt keine weiteren Honorarverträge abzuschließen.
- Nach Ablauf eines Jahres zahlt der SWF dem Mitarbeiter auf Antrag eine Abfindung (Übergangsgeld") in Höhe von 5 % der seit Beginn des Rahmenvertrags bezogenen Vergütungen.
- Der SWF verpflichtet sich 3 Monate vor Ablauf des Rahmenvertrags mitzuteilen, ob er den Vertrag verlängert oder nicht.

Fester Bestandteil der Rahmenvereinbarung sind Formulierungen, die zur juristischen Absicherung der Anstalt gegen Festanstellungsansprüche der freien Mitarbeiter dienen. Sie nehmen Bezug auf das erwähnte Bundesverfassungsgerichtsurteil:

"Die Verträge werden deshalb immer nur für eine einzelne Sendung oder Sendereihe oder Teile einer Sendereihe abgeschlossen, um dem Gebot der Vielfalt der zu vermittelnden Programminhalte Rechnung zu tragen. Dieser sachliche Grund für die Befristung der Vertragsverhältnisse folgt gemäß Entscheidung des Bundesverfassungsgerichtes vom 13.1.1982, die den Vertragspartnern bekannt ist, aus der grundrechtlich geschützten Rundfunkfreiheit. Danach haben die Rundfunkanstalten das Recht, dem Gebot der Vielfalt des Programms bei der Auswahl und Beschäftigung der Rundfunkmitarbeiter Rechnung zu tragen." (Rahmenvereinbarung, Formular SWF).

Auch die Befristung der Rahmenvereinbarung wird mit dem Verweis auf das Bundesverfassungsgerichtsurteil begründet: "Diese Vereinbarung endet am ... , ohne daß es einer besonderen Mitteilung bedarf. Auch diese Befristung hat ihren Grund in der Sicherung des programmlich bedingten Abwechslungsbedürfnisses gemäß der in Ziff. 1 genannten Entscheidung des Bundesverfassungsgerichtes vom 13.1. 1982." (Rahmenvereinbarung, Formular SWF).

Das besagte Bundesverfassungsgerichtsurteil erfolgte auf eine Verfassungsbeschwerde des WDR gegen verschiedene Urteile der Arbeitsgerichte, die Festanstellungsklagen von freien Mitarbeitern stattgegeben hatten. Diese freien

---

124 Das ist durch den hohen Studentenanteil unter den freien Mitarbeitern des Landesstudio erklärlich und durch die Tatsache, daß eine Reihe der befragten Mitarbeitern noch kein ganzes Jahr gearbeitet hatten (insbesondere in der erst 1991 gegründeten S4-Redaktion).

125 laut Rahmenvereinbarung, Formular SWF

Mitarbeiter waren überwiegend im redaktionellen Bereich tätig als Reporter, Moderatoren, Autoren oder Regisseure. Die Arbeitsgerichte hatten ihre Entscheidungen mit dem Verweis auf die "persönliche Abhängigkeit" der freien Mitarbeiter von der Rundfunkanstalt begründet:

- So habe die Rundfunkanstalt über Einzelaufträge hinaus von den freien Mitarbeitern ständige Dienstbereitschaft erwartet.
- Die Rundfunkanstalt habe die Erwartung haben können und faktisch gehabt, der Mitarbeiter werde Aufträge ohne sachlichen Grund nicht ablehnen.
- Die Rundfunkanstalt habe über die Arbeitskraft des Mitarbeiters wie ein Arbeitgeber verfügen können.
- Der Mitarbeiter sei an zeitliche Dispositionen der Rundfunkanstalt gebunden.
- Die Tätigkeit weise keinen Unterschied zur Tätigkeit festangestellter Mitarbeiter auf.

Der WDR klagte gegen diese Entscheidungen. Kern der Klage war die Argumentation, die Rechtsprechung der Arbeitsgerichte verletze das Verfassungsgebot der Rundfunkfreiheit (Art. 5, Abs. 1 Satz 1 des GG). Mit dieser Rundfunkfreiheit sei verknüpft die "Programmfreiheit", d.h. die "Freiheit der kompetenten Organe der Rundfunkanstalten, das Rundfunkprogramm nach Inhalt und Umfang unbeeinflußt von dritter Seite zu bestimmen". (BVERFGU S. 249). Das habe unmittelbare personalrechtliche Konsequenzen. Eine dieser Konsequenzen liege im Recht des Rundfunks auf das Heranziehen freier Mitarbeiter:

"(...)seiner Aufgabe, die gesellschaftliche Wirklichkeit widerzuspiegeln, könne der Rundfunk nur dann voll gerecht werden, wenn er, zumindest teilweise, Mitarbeiter unmittelbar aus der Gesellschaft heranziehe. Hierfür sei jedoch freie Mitarbeit unabdingbar; sie sei als Element und Stütze der Programmfreiheit und damit als Bestandteil der Rundfunkfreiheit prinzipiell verfassungsgeboten und verfassungsgeschützt." (Entscheidungen des BverfG 1982, S.249)

Das Bundesverfassungsgericht schloß sich dieser Argumentation in wichtigen Punkten an. Der Rundfunk, als "Medium in einem Kommunikationsprozeß" müsse in möglichster Breite und Vollständigkeit informieren, er müsse dem Einzelnen und den gesellschaftlichen Gruppen "Gelegenheit zu meinungsbildendem Wirken" geben. Im Gesamtprogramm seien die Rundfunkanstalten gehalten, nicht *eine* bestimmte Tendenz zu verfolgen, "sondern sie müssen im Prinzip *allen* Tendenzen Raum geben" (S. 258). Das setze aber voraus, daß die personellen Voraussetzungen dafür gegeben seien. Und weiter:

"Dazu wären sie (die Rundfunkanstalten, JK) nicht in der Lage, wenn sie ausschließlich auf ständige feste Mitarbeiter angewiesen wären, welche unvermeidlich nicht die ganze Vielfalt der in den Sendungen zu vermittelnden Inhalte wiedergeben und gestalten könnten. Sie müssen daher auf einen breit gestreuten

Kreis geeigneter Mitarbeiter zurückgreifen können, was seinerseits voraussetzen kann, daß diese nicht auf Dauer, sondern nur für die Zeit beschäftigt werden, in der sie benötigt werden." (Entscheidungen des BverfG 1982, S.259)

Das schließliche Urteil lautete dann:

"Der durch Art. 5 Abs 1 Satz 2 GG in den Schranken der allgemeinen Gesetze (Art. 5 Abs. 2 GG) gewährleistete verfassungsrechtliche Schutz der Freiheit des Rundfunks erstreckt sich auf das Recht der Rundfunkanstalten, dem Gebot der Vielfalt der zu vermittelnden Programminhalte auch bei der Auswahl, Einstellung und Beschäftigung derjenigen Rundfunkmitarbeiter Rechnung zu tragen, die bei der Gestaltung der Programme mitwirken. Dies haben die Gerichte bei der Entscheidung darüber zu beachten, ob die Rechtsbeziehungen zwischen der den Rundfunkanstalten und ihren in der Programmgestaltung tätigen Mitarbeitern als unbefristete Arbeitsverhältnisse einzuordnen sind." (ebd., S. 231)

Daran ist zunächst zweierlei festzuhalten:

1. Es bezieht sich ausschließlich auf Mitarbeiter, die an Programmen *inhaltlich* mitwirken und nicht zum Beispiel auf Mitarbeiter, die bloß für die Organisation von Abläufen, der Vorbereitung und Durchführung von Sendungen (z.B. Produktions- und Aufnahmeleiter) mitwirken; die mithin die inhaltliche Gestaltung "organisatorisch umsetzen"[126]
2. Das Urteil legt nahe und die Rechtssprechung der Arbeitsgerichte folgte dieser Logik, daß in jedem Einzelfall eine "Güterabwägung" vorzunehmen sei zwischen dem Gebot der Vielfalt des Programms (also dem Beitrag des betreffenden Mitarbeiters für die Gewährleistung dieser Vielfalt) und dem sogenannten "arbeitsschutzrechtlichen Bestandsschutzinteresse" des Mitarbeiters.

Das läuft auf eine doppelte Prüfung hinaus: nämlich 1., ob durch eine Festanstellung überhaupt eine Einbuße der Programmvielfalt entsteht und 2., ob durch eine Nicht-Festanstellung eine so erhebliche Einschränkung der sozialen Schutzbedürftigkeit des Mitarbeiters erfolgt (z.B. wegen fortgeschrittenen Alters usw.), daß den Rundfunkanstalten in Abwägung damit eine Einbuße auf der Ebene der Programmvielfalt zumutbar ist.

Es gab dann Fälle, in denen die Bundesarbeitsgerichte auch nach dem Urteil des Verfassungsgerichtes weiterhin Festanstellungsklagen stattgaben und zwar insbesondere dann, wenn sich der Mitarbeiter als "vielseitig" einsetzbar erwies. Beispiele werden bei Löwisch (1982) genannt:

126 vgl. Löwisch (1982), S. 11

"Ganz ähnlich wird in einem weiteren der genannten Urteile darauf abgehoben, daß der Kläger als Filmemacher über lange Zeit hinweg mit verschiedenartigen Beiträgen beschäftigt worden sei, ohne, daß es auf besondere fachliche Kenntnisse oder Kompetenzen oder auf eine spezifische künstlerische Kreativität angekommen sei. Wenn der Kläger in Zukunft in einem unbefristeten Arbeitsverhältnis beschäftigt werde, bestehe deshalb keine Gefahr, daß die Rundfunkanstalt nicht mehr die ganze Vielfalt der in ihren Sendungen zu vermittelnden Inhalte in voller Breite wiedergeben und gestalten könne. Sie habe im Kläger einen langjährig beschäftigten, erfahrenen und vielseitig verwendbaren Mitarbeiter gefunden, der in der Lage war, alle in der Vergangenheit aufgeworfenen Themen sachgerecht zu behandeln. Es gebe keine Anhaltspunkte dafür, daß er dazu in der Zukunft nicht mehr in der Lage wäre. Nicht anders heißt es in einem weiteren der Urteile, daß der in der Vergangenheit mit einer Vielzahl von Themen befaßte Kläger in der Lage gewesen sei, das von den jeweils zuständigen Redakteuren gewünschte Programmangebot mit künstlerischen Mitteln zu verwirklichen. Die jahrelange Beschäftigung zeige, daß der Kläger veränderten Fragestellungen und veränderten künstlerischen Ansprüchen gerecht werden könne, weshalb durch die Anerkennung eines unbefristeten Arbeitsverhältnisses in seinem Fall die Rundfunkfreiheit nicht oder nur unwesentlich beeinträchtigt werde." (Löwisch 1982, S. 23 f.)

Mit derselben Argumentation wies das Arbeitsgericht Klagen solcher Mitarbeiter zurück, deren Beitrag zur Programmvielfalt in einem hohen Maß in "Originalität", an persönlichen Merkmalen, "künstlerischer Selbstständigkeit" lag. Bei einem ausgeprägten persönlichen künstlerischen Stil sei die Gefahr groß, daß das Interesse des Publikums abnehme. Insofern sei in solchen Fällen eine Befristung zulässig. Sei der einzelne freie Mitarbeiter also in der Lage, so das Argument, einer bestimmten Themenvielfalt usw. gerecht zu werden, dann sei nicht einzusehen, daß er nicht auch festangestellt "Vielfalt" garantieren könne. Je origineller, je persönlicher und auf spezifische Inhalte beschränkter die Tätigkeit des freien Mitarbeiters ist, desto mehr ist in dieser Logik die Befristung berechtigt. Etwas anders ausgedrückt: je "einseitiger" der einzelne freie Mitarbeiter ist, desto mehr trägt er zur durch die freien Mitarbeiter *in ihrer Gesamtheit* gewährleisteten Vielfalt bei. Deswegen kann er aber genau nicht festangestellt werden. Ist der einzelne Mitarbeiter als Einzelperson vielseitig, trägt er auch als einzelner *fest*angestellter Mitarbeiter zur Programmvielfalt bei. Nach wie vor sind also auch nach dem Bundesverfassungsgerichtsurteil Festanstellungsklagen mit Aussicht auf Erfolg denkbar. Löwisch rät in seinem Gutachten für den Südwestfunk diesem deswegen,

"...befristete Beschäftigungen ausdrücklich zu vereinbaren. Dies gilt auch, wenn nach Meinung der Rundfunkanstalt der Mitarbeiter als freier Mitarbeiter anzusehen ist. So wird vermieden, daß, falls die Arbeitsgerichte einen konkreten Mitarbeiter entgegen der Auffassung der Rundfunkanstalt einordnen, ein dann unbefristetes Arbeitsverhältnis begründet wird. Dabei sollte übrigens auch ausdrücklich klargestellt werden, daß die Befristung wegen der Rundfunkfreiheit erfolgt. Sonst besteht ... die Gefahr, daß die Befristung von vornherein als nicht durch die Rundfunkfreiheit veranlaßt und damit sachlich nicht gerechtfertigt angesehen wird." (Löwisch 1982, S. 21)

Genau darauf reagiert der Text der oben zitierten Rahmenvereinbarung zwischen dem SWF und den freien Mitarbeitern, die dadurch deutlichen Absicherungscharakter für die Anstalt hat. Der freie Mitarbeiter unterschreibt gewissermaßen, daß er als festangestellter Mitarbeiter im Prinzip nicht in der Lage wäre, individuell dem Gebot der Vielfalt gerecht zu werden.

1.2. Zur der juristischen Argumentation zugrundeliegenden "Organisationstheorie"

Im Kontext dieser rechtlichen Auseinandersetzungen gibt es verschiedene Stellungnahmen insbesondere von Rundfunkmitgliedern in höheren Verwaltungspositionen, die sich mit der Funktion freier Mitarbeit beschäftigen.[127] Auch diese Stellungnahmen laufen allesamt auf das Argument hinaus, daß die freien Mitarbeiter in ihrer Gesamtheit die Gewähr bieten, die "gesellschaftliche Realität insgesamt darzustellen".[128] Von Sell, ebenfalls ehemaliger Verwaltungsdirektor des WDR, hatte dieses Argument bereits 1973 als Bestandteil einer Theorie der Arbeitsteilung in Rundfunkanstalten zwischen festen und freien Mitarbeitern ausgearbeitet. Diese Arbeitsteilung leitet von Sell aus zwei funktionalen Grunderfordernissen der Rundfunkarbeit ab:

1. der Gewährleistung einer "Zuwendung des Rundfunks zur Gesellschaft und damit eine Durchlässigkeit für alles, was relevante gesellschaftliche Wirklichkeit darstellt"[129] ,
2. der Notwendigkeit der Übernahme von Programm*verantwortung*, institutionalisiert im Amt des Intendanten bzw. in der Delegation von Programmverantwortung durch den Intendanten an nachgeordnete Ebenen.

Der zweite Punkt ergibt sich, laut von Sell, aus dem Sachverhalt, daß das "Gebot der Offenheit, der Durchlässigkeit, der Aufgeschlossenheit" realistischerweise gewissen Einschränkungen unterliege, "die sich in der Realisierung der Programmaufgaben durch begrenzte Sendezeiten sowie dadurch ergeben, daß das Programm selbst dem Grundsatz eines Mindestmaßes an Ausgewogenheit

127 vgl. Fünfgeld (1983), Seidel (1983), von Sell (1973)
128 Seidel 1983, S. 756
129 v. Sell 1973, S. 41

unterliegt, daß eben nun einmal mit der Forderung nach der Berücksichtigung relevanter Meinungen und Tatsachen innerhalb begrenzter Sendezeiten ein numerus clausus an der Quelle allen Programmgestaltens wirkt und zur Auswahl, zur Beschränkung, zwingt." (von Sell 1973, S. 43)

Es entsteht daher das Problem, wer die Verantwortung für diese faktisch stattfindende Selektion übernimmt und garantiert, daß dennoch die vom in der Verfassung niedergelegten Rundfunkauftrag Imperative der Vielfalt und Ausgewogenheit in verantwortbarem Maße garantiert bleiben. Die beiden Grunderfordernisse - nämlich Gewährleistung von "Durchlässigkeit" zur Gesellschaft und Übernahme von Verantwortung für notwendige Selektionen - setzt von Sell in einer sehr eleganten Argumentationskette in Bezug zur Personalorganisation von Rundfunkanstalten. Das Strukturierungsprinzip dieser Organisation bezeichnet er als ein Wechselspiel zwischen einer betrieblichen "hard-ware" und der "soft-ware" als dem "programmgestaltenden Kräftepotential der Gesellschaft" (ebd., S. 42). Für die hard-ware sei kennzeichnend ihre Bedeutung für die Realisierung der notwendigen Programmverantwortung. Diese liege ausschließlich beim Intendanten, der nun wiederum Mitarbeiter in den Betrieb hinein verpflichte, die die Wahrnehmung dieser Programmverantwortung auch faktisch sicherten:

"Diese auf die Programmverantwortung des Intendanten bezogene Übertragung von Aufgaben und Pflichten kann nur an festangestellte Mitarbeiter erfolgen, da allein diese dem Organisations- und Weisungsrecht des Intendanten unterliegen, also in einen der Gesamtverantwortung des Intendanten zugeordneten Verpflichtungszusammenhang fest genug eingebunden werden können. Allein der Arbeitsvertrag erweist sich hier als das praktikable Instrument, um die Wahrnehmung dieser Funktionen sicherzustellen." (ebd., S. 42)

Die "soft-ware" hingegen ist bezogen auf die Notwendigkeit "eines zur gesellschaftlichen Umwelt hin weitestmöglich aufgeschlossenen und durchlässigen Programmbetriebs" (S. 43). Sie besteht eben aus den freien Mitarbeitern, die dafür zuständig seien, "ein Höchstmaß an Umwelt und Umfeld in die Programmgestaltung einzubringen" (S. 44). Zwar sei auch durch festangestellte Mitarbeiter "Umwelt" in den Anstalten "repräsentiert", aber: "ihre Nutzbarmachung (wird) durch hierarchische, auf Kompetenz, d.h. auf Abgrenzung gerichtete Organisationsprinzipien behindert" (ebd., S. 45). Eine Festanstellung freier Mitarbeiter muß in dieser Sicht zwangsläufig zu einer qualitativen Änderung des Umweltbezugs führen:

"Eine Einbeziehung außerbetrieblicher Umwelt (soll heißen, eine Festanstellung der freien Mitarbeiter, J.K.) verbietet sich generell aus der Einsicht, daß damit das Spezifikum der außerbetrieblichen Umwelt durch 'Eingemeindung' verloren ginge. Gerade dieser spezifischen Qualität der außerbetrieblichen Umwelt aber bedarf der Programmbetrieb aus den schon erwähnten Gründen in höchstmöglichem Umfang." (ebd., S. 45)

Hinzu kommt das Argument, daß freie Mitarbeit einen auf die Dynamik gesellschaftlicher Entwicklungen bezogenen Personalwechsel garantierten: "Die das Programm prägenden, schöpferisch tätigen Mitarbeiter müssen je nach den programmlichen Strömungen und Zuschauerinteressen, die sie beeinflussen und von denen wiederum sie selbst zeitweilig getragen werden, nach mal kürzeren, mal längeren Perioden 'ausgetauscht' werden können" (ebd., S. 45).

*

Wir haben im Verlauf unserer Forschungsarbeit die referierten Überlegungen zur Funktion der freien Mitarbeiter als Theorie ernstgenommen. Man könnte, das sei ausdrücklich betont, einen anderen Weg einschlagen: etwa die Argumentationen wissenssoziologisch untersuchen, den sozialen Status der Verfasser (allesamt Verwaltungsdirektoren) mit in Betracht ziehen und sich fragen, wieso sich ihnen die Angelegenheit so darstellt, welche Art von Handlungskontext ein Deutungsmuster wie das vorstehende nahelegt, letztendlich: inwieweit es sich hier um eine Legitimationsideologie handelt. Das ist ausdrücklich nicht unsere Strategie gewesen und sie wird es auch nicht in dieser Arbeit sein. Das aus verschiedenen Gründen:

- Der Kontext dieser Deutungsmuster war uns nicht zugänglich. Man hätte andere Personen befragen müssen und Daten benötigt, die uns nicht zugänglich waren: etwa über den gesamtbetriebswirtschaftlichen Stellenwert der Beschäftigung freier Mitarbeiter.
- Für eine wissenssoziologische Analyse bringen unsere Ergebnisse dennoch wichtige Anregungen, insofern sie einen Beitrag zur Aufschließung der Handlungslogik redaktionellen Handelns darstellen. Das aber ist eine wichtige Voraussetzung dafür, eine Analyse der darauf bezogenen Deutungsmuster gehaltvoll zu machen. Dafür aber mußten wir die Überlegungen der Autoren erst einmal ernstnehmen.
- Die Vorstellungen der Autoren über den Stellenwert der freien Mitarbeiter lassen sich zwanglos in wissenschaftliche Theorien einpassen. Sie hätten auch etwa im Rahmen einer kontingenztheoretischen Argumentation fallen können, sie arbeiten mit wissenschaftlich theoretisierbaren Implikationen.

Worin liegen diese Implikationen? Die Argumentation hängt zunächst an einer bestimmten Konzeptualisierung des Verhältnisses von Organisation (Rundfunkanstalt) und "Umwelt". Der Begriff "Umwelt" entstammt, wie wir gesehen haben, einem organisationswissenschaftlichen Kontext und die Autoren verwenden ihn zum Teil explizit. "Umwelt" ist für sie die "gesellschaftliche Realität insgesamt", die "gesellschaftliche Wirklichkeit", die "*relevante* gesellschaftliche Realität" (von Sell), schlicht: die "Gesellschaft". Ähnlich wie die zu Anfang des ersten Teils referierten Vorstellungen arbeiten die Autoren mit der schlichten Entgegensetzung: hier der Rundfunkbetrieb, die Organisation, dort die gesamte "Gesellschaft" als Umwelt. Die "Gesellschaft" hat dabei den deutlichen Charakter einer Residualgröße: was nichts mit Rundfunk zu tun hat, kommt "unmittelbar aus der Gesellschaft".[130]

Seidel (1983) beispielsweise formuliert so: durch freie Mitarbeiter sei es möglich, "ein wesentlich größeres Feld politischen, wirtschaftlichen, wissenschaftlichen und künstlerischen Lebens oder auch des Sports oder der Unterhaltung oder schlicht der gesellschaftlichen Realität insgesamt"[131] zu erfassen. Die Gesellschaft erscheint hier in Rubriken aufgeteilt, sie ist sachlich vielfältig. Systemtheoretiker würden hier ihre Subsysteme der Gesellschaft wiedererkennen.[132] Vor allem im Bundesverfassungsgerichtsurteil wird diese Vielfalt im Sinne eines pluralistischen Gesellschaftsmodells verstanden: als eine Vielfalt von politischen und weltanschaulichen "Tendenzen" und Meinungen, denen im Prinzip die Rundfunkanstalt allen Raum geben müsse. Außerdem zeichnet sich die Gesellschaft in dieser Sicht durch Dynamik und Wandel aus, und zwar in zwei Dimensionen. Zum einen können aktuelle Ereignisse dazu führen, daß man "kurzfristig" auf "kompetente Fachleute" zurückgreifen muß , die es erlauben, eine Sache von verschiedenen Gesichtspunkten her anzugehen - z.B. "aus soziologischer, politologischer oder wirtschaftlicher Sicht"[133]. Zum anderen ist der Geschmack und die Bedürfnisse des Rundfunkpublikums selbst einem Wandel unterworfen; Abwechslung ist nötig.

Organisationstheoretiker würden sagen: die Umwelt ist komplex, disparat und dynamisch. Dieser externen Vielfalt und Dynamik, so die weitere Argumentation, müssen interne Strukturen und Vorkehrungen korrespondieren; sie muß in der entsprechenden Programmvielfalt und -Mobilität zum Ausdruck kommen. Die Programm*inhalte* erscheinen dabei als extern erzeugte Ressourcen, für die die Rundfunkanstalt nur eine Art Verbreitungsmedium ist. Man muß gewährleisten, daß diese Inhalte möglichst unbeschädigt angeliefert werden und ebenso unbeschädigt massenhaft weiterverbreitet werden können. Die Rolle der Rundfunkanstalt ist dann die einer Institution zur möglichst neutralen Widerspiegelung bzw. Verbreitung dieser gesellschaftlich erzeugten Inhalte, ein Instrument der Gesellschaft sich Ausdruck zu verschaffen. Die Inhalte sind Bestandteil der "Umwelt". Daran knüpft sich der nur logische Schritt, daß die Inhalte am besten durch Personen "unmittelbar aus der Gesellschaft" herangeschafft und zur Darstellung gebracht werden sollten. Die Personen in Gestalt der freien Mitarbeiter erscheinen dann als legitime "Träger" bzw. "Repräsentanten" dieser Inhalte.

---

130 So, als ob die Welt aus Rundfunk und Gesellschaft besteht und der Rundfunk nicht Bestandteil der Gesellschaft sei.

131 Seidel 1983, S. 756

132 Besonders interessant ist die Rubrik "Unterhaltung" als eines Teilbereichs der gesellschaftlichen Realität. Man wäre im Sinne der Analysen in Teil I (3.1.1.) versucht, hier eine weitere jener amüsanten Zweideutigkeiten zwischen Umwelt und Handlung zu sehen.

133 Seidel 1983, S. 757

Das ist zunächst einmal eine quasi "basisdemokratische" Konzeption von Rundfunk. Idealiter sollte jeder "Bereich", jedes Mitglied der Gesellschaft das Recht haben, Inhalte und Tendenzen einzuschleusen. Die Kompetenz dieser Mitarbeiter besteht allein in ihrer Vertrautheit mit "Inhalten", sei es im Sinne einer spezialisierten Fachkompetenz, sei es im Sinne einer Art Alltagskompetenz, die aus ihrer Verankerung in bestimmten gesellschaftlichen Kontexten herrührt oder sei es im Sinne idiosynkratischer kreativer Sonderbegabungen. Eine logische Implikation dieser Vorstellung ist es, daß die mediale Darstellung selbst offenbar nicht als eigenständige Kompetenz angesehen wird. Im Prinzip müßte jeder, der nur mit spezifischen Inhalten vertraut ist, in der Lage sein, sie auch im Rahmen eines Rundfunkprogramms zur Darstellung zu bringen.

Damit hängt auch die Vorstellung zusammen, daß die Inhalte als solche transportierbar sind - die Handlung der Darstellung hat als solche keinen Effekt auf die sachlichen Gehalte. Wir haben im Laufe unserer Forschung deshalb für diese Vorstellungen das Kürzel "Speditionsmodell" verwendet (ich werde es auch im Laufe der vorliegenden Arbeit tun): die freien Mitarbeiter erscheinen als lauter kleine, selbstständige Unternehmer für den Transport von möglichst unbeschädigten Inhalten - als Spediteure eben.

In einer Hinsicht aber nimmt die Organisation der Medienkommunikation auch in der Sicht des Speditionsmodells Einfluß auf die inhaltliche Seite des Programms. Nämlich, insofern eine Beschränkung der Inhalte erfolgen muß, da die Zeit für Sendungen beschränkt ist. Von Sell spricht von einem "Numerus clausus", der an der "Quelle allen Programmgestaltens" wirksam sein müsse. Es muß aus allen möglichen Inhalten sozusagen eine repräsentative Stichprobe gezogen werden. Aus dem basisdemokratischen Forum für alle denkbaren Tendenzen wird dann eine Art Parlament, in dem zumindest die "relevante" gesellschaftliche Wirklichkeit und die relevanten Tendenzen repräsentiert sind.[134]

Dieses zu gewährleisten kann nun aber nicht ebenfalls den freien Mitarbeitern als Funktion zugewiesen werden, denn diese repräsentieren ja nur bestimmte Bereiche, bestimmte Tendenzen, bestimmte Inhalte. Hier siedelt von Sell über die bloße Gewährleistung des zur Verbreitung der Inhalte notwendigen Betriebs hinaus die Programmfunktion der *festangestellten* Mitarbeiter an. Sie müssen für eine ausgewogene und realistische Repräsentation der Vielfalt im Gesamtprogramm sorgen, die Inhalte im einzelnen auswählen und dadurch beschränken. Sie übernehmen, wenn man so will, die Verantwortung für die Güte der Stichprobe.[135]

---

134 Nebenbei eine Vorstellung, die in den Gremien der Rundfunkräte, in denen Vertreter aller gesellschaftlichen Gruppen sitzen müssen, institutionalisiert ist. Allerdings wird das Bestehen dieser Gremien in der redaktionellen täglichen Arbeit fast nie sichtbar, von punktuellen Eingriffen abgesehen.

135 Genau genommen müßte man in der Konsequenz der Argumentation eigentlich Überlegungen zu einem irgendwie den Wahlen analogen Mechanismus der Gewährleistung dieser Repräsentation der gesellschaftlichen Wirklichkeit anstellen müssen. Etwas davon findet sich in der Konstruktion der Rundfunkräte wieder, in denen gewählte bzw. bestimmte Vertreter gesellschaftlicher

Als prototypisch für diese Funktion der festen Mitarbeiter wäre die Position des sogenannten Redakteurs vom Dienst (RVD) zu nennen. Der RVD fällt im Routinebetrieb alle für eine konkrete Sendung relevanten Entscheidungen, so etwa, welche Themen und Beiträge aufgenommen werden und in welcher Reihenfolge und Gewichtung. Der Redakteur vom Dienst ist zuständig für die Rekrutierung von Reportern bzw. für den "Einkauf" bereits fertiggestellter Beiträge, er ist zumindest theoretisch dazu verpflichtet, die Beiträge vor der Sendung auf ihre presserechtliche Unanfechtbarkeit zu prüfen, in Zweifelsfällen muß er Entscheidungen über die inhaltliche Zulässigkeit von Formulierungen fällen. Insofern entspricht der RVD dem etwa im Mediengesetz Baden-Württemberg verankerten "verantwortlichen Redakteur".[136] Der RVD ist zuständig für die gesamte organisatorische Abwicklung der Sendungsvorbereitung und Ausstrahlung (z.B. Bestellung von Leitungen u.ä.). In der Regel übernehmen die Mitarbeiter einer Redaktion RVD-Dienste im wöchentlichen Wechsel.

Den festen Mitarbeitern spricht von Sell in letzter Konsequenz die Befähigung ab, selbst für eine befriedigende Einschleusung von Inhalten in das Programm zu sorgen. Die Argumentslogik der Autoren ist hier nicht ganz schlüssig. Manchmal scheinen sie das Argument stark zu machen, daß die festen Mitarbeiter einfach sozusagen eine zu kleine Stichprobe darstellen, als daß sie der Vielfalt der Gesellschaft insgesamt gerecht werden könnten. An anderen Stellen sieht es, insbesondere bei v. Sell, so aus, daß die festen Mitarbeiter infolge ihrer Einbettung in den bürokratisch strukturierten Rundfunkbetrieb sozusagen eine strukturelle "Betriebsblindheit" erleiden, die es nicht sinnvoll macht, auf freie Mitarbeiter zu verzichten.

Freilich müßte man sich dann fragen, durch was die festen Mitarbeiter nun eigentlich dazu befähigt sind, die *Auswahl* der Inhalte zu bewerkstelligen. Wenn sie auch selbst nicht diejenigen sind, die primär für die Inhalte sorgen, so wären sie in diesem Modell immerhin für die Selektion des Materials zuständig und insofern hätten sie durchaus eine "inhaltliche" Kompetenz, wenn auch durch die pluralistisch zusammengesetzten Rundfunkräte kontrolliert. Wie immer - was die Autoren hier nahelegen, ist, zwar nicht die Selektion, wohl aber die Darstellung und Vermittlung von Inhalten aus dem Bereich der Kernfunktionen der Rund-

---

"Gruppen" (Regierungen, Volksvertretungen, Kirchen, Universitäten, Erziehungswesen, Jugendorganisationen, Sportorganisationen, Gewerkschaften, Kammern, Presse, Gemeinden und Gemeindeverbänden) sitzen. Im Falle des Südwestfunks hat der Rundfunkrat beratende und überwachende Funktionen gegenüber dem Intendanten als oberstem und einzigstem Programmverantwortlichen. Er wählt den Intendanten - gemeinsam mit dem Verwaltungsrat, beschließt den Haushalt und hat einige weitere Befugnisse, die mit der Beratungs- und Überwachungsfunktion zusammenhängen (etwa Ausschüsse zu bilden und Mitarbeiter des SWF zu Sitzungen vorzuladen). Insofern sind die festangestellten Mitarbeiter, die die Vielfalt und Ausgewogenheit des Gesamtprogramms zu garantieren haben, zwar nicht selbst demokratisch gewählt, aber durch repräsentativdemokratische Gremien überwacht. Vgl. dazu SWF Rechtsgrundlagen 1979; Rundfunkrecht 1990

136 § 52, vgl. Rundfunkrecht 1990, S. 63; dazu Bullinger, Gödel 1986, S. 319 ff.

funkanstalten herauszudefinieren. An sich sind die Inhalte und ihre Darstellung etwas Organisationsfremdes, das man an Außenstehende delegieren muß, wenn eine möglichst unbeschädigte Wiedergabe von Inhalten und damit Repräsentation von Vielfalt erreicht werden soll. Als Träger dieser Inhalte fungieren die freien Mitarbeiter, die möglichst wenig in die internen Betriebsroutinen eingebettet sein sollen. Es handelt sich dabei sozusagen um Mitarbeiter, die keine Mitglieder der Organisation sind. Nimmt man "formelle Mitgliedschaft" als *das* weithin anerkannte Minimalmerkmal von organisierten Sozialsystemen[137] - so könnte man sagen: die Organisation nimmt hier ein an sich organisationsfeindliches bzw. -fremdes Moment auf, um der Komplexität ihrer Umwelt gerecht werden zu können.

Das ist eine interessante Konstruktion. Die Frage ist, ob sie funktioniert. Es dürfte bei der Paraphrase der Vorstellungen deutlich geworden sein, daß sich die Argumentation durchweg in die im ersten Teil referierten Vorstellungen zur Frage der "Komplexität" und des kontingenztheoretischen Konzeptes von Organisation und Umwelt einfügt. Dazu gehört der logische Ausgangspunkt, eine System/-Umwelt-Differenz so anzusetzen, daß auf der einen Seite die Rundfunkanstalt steht und auf der anderen Seite die Gesellschaft schlechthin. Dazu gehört die inhaltliche Auszeichnung dieser Umwelt als komplex, disparat und dynamisch, dazu gehört die Vorstellung einer Art Korrespondenz interner Strukturen und der Umwelt (hier Programmvielfalt und- Flexibilität, dort gesellschaftliche Vielfalt) und dazu gehört die Vorstellung einer Reduktion dieser Komplexität durch interne, der Organisation zurechenbare selektive Handlungen.

Was neu ist, ist der Gedanke, daß sich die Einschleusung gesellschaftlicher Inhalte quasi durch einen Transport durch Personen mit spezifischen Kompetenzen bewerkstelligen läßt. Allerdings liegt auch diese Vorstellung in der Logik eines realistischen Konzeptes von Umwelt und Organisation, etwa im Sinne der sogenannten "Informationsperspektive", die die Umwelt als eine Quelle von Informationen auffaßt, über die sich die Organisation nur ins Bild setzen muß.

Die theoretischen Einwände gegen das Modell der freien Mitarbeiter als Spediteuren gesellschaftlicher Inhalte dürften ebenfalls deutlich sein. Sie folgen aus unseren Überlegungen im ersten Teil dieser Arbeit und sie lassen folgendermaßen auseinanderziehen: Man würde den Ansatzpunkt zu einer Analyse des Organisation/Umwelt-Verhältnisses zunächst nicht in einer objektiv bestehend gedachten Komplexität der Gesellschaft suchen, sondern man würde ihn aus einer Analyse des redaktionellen Handelns herausarbeiten. Der Schwerpunkt der Betrachtung läge dabei zunächst nicht auf den als unabhängig von dem organisierten Handeln bestehenden "Inhalten". Vielmehr würden die Inhalte nicht nur als Voraussetzung, sondern ebenso als Produkte des journalistischen Handelns genommen. Die aus der Programmförmigkeit der Massenkommunikation resultierenden Handlungszwänge würden nicht nur als eine Frage der bloßen Einschränkung

---

137 vgl. dazu Luhmann 1964, S. 59ff; Luhmann 1975, 1988; Tyrell (1983)

und Selektion begriffen, sondern als aktiver Vorgang der Konstruktion und Vortypisierung von Inhalten, der ebenso an diesen selbst wie an den Erfordernissen der massenmedialen Kommunikationssituation orientiert sein muß. Programmförmigkeit ist dann nicht nur ein - wie es in der Darstellung von v. Sell durchscheint - mehr oder weniger notwendiges und möglichst zu minimierendes Übel, sondern ganz im Gegenteil Konstitutionsprinzip von massenmedialer Kommunikation.

Als solches setzt es eine sehr spezifische professionelle Kompetenz voraus und kann gerade nicht von Spezialisten für *Inhalte* geleistet werden, sondern nur von Spezialisten für die massenmediale *Darstellung* von Inhalten. Das berührt unmittelbar Vermutungen über den Stellenwert der freien Mitarbeiter: es ist dann schwerlich vorstellbar, daß Mitarbeiter "unmittelbar aus der Gesellschaft" schon deswegen fähig sind, Beiträge und Sendungen zu machen, vielmehr wäre die primäre Voraussetzung eine *formale* Kompetenz.[138] Es erhebt sich dann natürlich auch im Rahmen des hier gewählten Bezugssystems die Frage nach der Funktion der freien Mitarbeit. Für unseren Fall vertreten wir eine These, die den Annahmen der referierten Autoren genau entgegengesetzt sind. Die Funktion der freien Mitarbeit ist nicht die Gewährleistung eines die Beschränkungen der Rundfunkorganisation kompensierenden Moments, sondern ganz im Gegenteil, die zunehmende Inklusion und Integration der freien Mitarbeiter in die journalistische Organisation. Die Funktion liegt nicht in der Nutzbarmachung einer an sich organisationsfremden, externen Kompetenz, sondern gerade in der Erzeugung "interner", professioneller Kompetenzen, nicht in der *Einschleusung* von Umwelt, sondern ganz im Gegenteil in der Erzeugung einer Kompetenz zu einer organisationsspezifischen *Konstruktion* von Umwelt - kurz gesagt, die Funktion der freien Mitarbeit liegt in der professionellen Sozialisation der freien Mitarbeiter.[139]

---

138 Die Arbeitsgerichte haben in ihrer Auffassung des Verfassungsgerichtsurteils eine eigentümliche Strategie gewählt. Sie prüften weiterhin im Einzelfall, ob der Mitarbeiter fähig sei, vielfältigen Inhalten gerecht zu werden bzw. ob er (s.o.) besondere spezielle Kompetenzen habe. Ist das erstere der Fall und das zweitere nichtl, so entschieden die Arbeitsgericht auf Festanstellung. An der Oberfläche der Argumentation scheint es so, als ob die Festanstellung erfolgte, weil spezifische und spezielle Kompetenzen *fehlen*. Der naheliegende Gedanke, daß die eigentümliche Kompetenz des Journalisten gerade in der Rekonstruktion ganz vielfältiger Inhalte besteht, ist im Bezugssystem des Speditionsmodells nicht recht faßbar. Vgl. dazu Löwisch 1982.

139 Ich betone bereits hier, daß diese Befunde sich aus unserem Fall ergeben haben und nicht den Anspruch auf Verallgemeinerbarkeit erheben können. Dennoch wäre auch im Falle von freien Mitarbeitern, die wegen spezifischer und inhaltlicher Kompetenzen freie Mitarbeiter sind, zu vermuten, daß dabei nicht die inhaltliche Seite ausschlaggebend für die Rekrutierung ist, sondern primär die journalistische Kompetenz diese im Rahmen von Programmkategorien definierbaren Kriterien zu organisieren; nicht jeder Soziologe, nicht jeder Musikspezialist, nicht jeder begeisterte Theatergänger kommt in Frage.

Der Sinn des zweiten Teils dieser Arbeit besteht darin, den konzeptuellen Rahmen am Beispiel der freien Mitarbeiter für einen empirischen Fall zu plausibilisieren. Ich möchte dazu in drei Schritten vorgehen.

1. Nach der Vorstellung unseres Untersuchungsgegenstandes und unserer Studie (Abschnitt 1.3) sollen einige Implikationen des Speditionsmodells zur Arbeitsteilung zwischen freien und festen Mitarbeitern anhand des empirischen Materials überprüft werden, das wir zur Verfügung haben (Kapitel 2).
2. Es soll an Beispielen zur Arbeitsweise von freien und festen Mitarbeitern gezeigt werden, daß die vom Speditionsmodell zugrundegelegte Vorstellung des Umweltbezugs programmproduzierenden Handelns die von uns beobachtete Arbeitsweise der Journalisten nicht gut beschreibt (Kapitel 3).
3. Es soll plausibilisiert werden, daß freie Mitarbeit in unserem Fall eher mit der Funktion einer professionellen Sozialisation der Mitarbeiter als mit einer "Umwelteinschleusungsfunktion" verknüpfbar ist (Kapitel 4).

1.3. Unsere Studie und ihr Untersuchungsgegenstand

1.3.1. Das Südwestfunk-Landesstudio Tübingen

Das Sendegebiet des Südwestfunks ergibt sich aus dem Territorium der ehemaligen französischen Besatzungszone im Südwesten Deutschlands. Auf Anordnung der Besatzungsmacht wurde wie in allen anderen Besatzungszonen Deutschlands ebenfalls ein Rundfunksender ins Leben gerufen, der mit einem Staatsvertrag zwischen den Ländern Baden, Rheinland-Pfalz und Württemberg-Hohenzollern 1951 eine juristische Grundlage erhielt. [140]

Sitz des Südwestfunks ist demnach Baden-Baden, das Sendegebiet reicht von Rheinland-Pfalz über Baden bis ins südliche Württemberg. In dem Staatsvertrag war festgelegt, daß in jedem der damaligen Länder mindestens ein Studio einzurichten sei: die Universitätsstadt Tübingen als damalige Hauptstadt des Landes Württemberg-Hohenzollern wurde deswegen Sitz eines "Landes"studios. Auch nach der Gründung Baden-Württembergs im Jahre 1951 wurde der Sendebetrieb wie insgesamt die Konstruktion des Südwestfunks aufrechterhalten. Es gab bis zum heutigen Tag immer wieder politische Überlegungen zur Neuordnung des Rundfunks im Südwesten, etwa im Sinne einer Fusion von Südfunk und Südwestfunk, die mit einer erheblichen Bedeutungsminderung, wenn nicht Auflösung des Tübinger Studios verbunden wäre. Eine Fusion war politisch aus den verschiedensten Gründen nicht durchsetzbar, es wurden aber Anfang 1991 recht

140 Vgl. SWF Rechtsgrundlagen 1979; Rundfunkrecht 1990

weitgehende Kooperationsvereinbarungen zwischen den beiden Sendern auch im Bereich des Hörfunks (für das Fernsehen gab es dies Kooperation schon vorher) beschlossen. So wurde das zweite Hörfunkprogramm (überwiegend an Bildungs- bzw. kulturellen Inhalten und "E-Musik" orientiert) zu einem Gemeinschaftsprogramm umgestaltet. Zusätzlich zu den bei beiden Sendern vorhandenen dritten Programmen wurde ein viertes gemeinsames Programm ins Leben gerufen (S 4). Dieses vierte Programm (Musikfarbe: volkstümliche Musik, deutsche Schlager) trägt deutlich regionale Züge: in ein übergreifendes Rahmenprogramm werden regelmäßig sogenannte "regionale Fenster" aufgeschaltet (Sendungen mit regionspezifischen Nachrichten und Beiträgen). Tübingen teilt sich dabei mit einer entsprechenden Redaktion beim Südfunk in Stuttgart die Gestaltung des Regionalprogramms für einen erweiterten mittleren Neckarraum ("Württemberg-Radio").

Dem Landesstudio Tübingen sind mehrere sog. Regionalstudios bzw. -Büros unterstellt, die wichtige Zuliefererfunktionen haben. Eine besondere Rolle nimmt dabei das Studio Stuttgart (das entscheidenden Anteil am Sturz des baden-württ. Ministerpräsidenten Späth hatte) ein, das einen großen Anteil der landespolitischen Berichterstattung des SWF trägt. Darüber hinaus gibt es das Studio Ravensburg, das für den oberschwäbischen Raum bis ins Allgäu zuständig ist, sowie die Regionalbüros in Biberach und Villingen-Schwenningen.

Das Landesstudio selbst gliedert sich in die Bereiche "Hörfunkprogramm" (als Hauptabteilung mit einem - zumindest formellen - Abteilungsleiter, zugleich stellvertretender Studioleiter) sowie die Bereiche "Hörfunktechnik" und "Verwaltung". Dem Landesstudio steht der Studioleiter vor, der zugleich "ständige Vertretung der Betriebsleitung im Landesstudio" ist.[141] Er vertritt also auch die Intendanz des Stammhauses in Baden-Baden. Unsere Forschung setzte ausschließlich im Bereich "Hörfunk-Programm", also im redaktionellen Bereich an. Ihm zugeordnet sind folgende Redaktionen:

- die Aktuelle Redaktion,
- die Redaktion "Kulturelles Wort",
- die Redaktion "S4" (für das in Kooperation mit dem SDR produzierte vierte Hörfunkprogramm zuständig),
- die Redaktion "Unterhaltung",
- die Redaktion Musik.

Das Organigramm in Abbildung 2 gibt einen Überblick über die personelle Ausstattung der Redaktionen. Der Schwerpunkt des in dieser Arbeit verwendeten Materials stammt überwiegend aus der Beobachtung der Arbeit und Interviews mit Mitarbeitern der Redaktionen "Aktuelles", "S4" und "Unterhaltung". Da auch die Redaktion S4 überwiegend mit der Produktion von Beiträgen für tagesaktuelle Sendungen beschäftigt ist, meine ich, wenn ich im Folgenden von "den" aktuell*en*

141 laut Organigramm des SWF vom 1.10.90

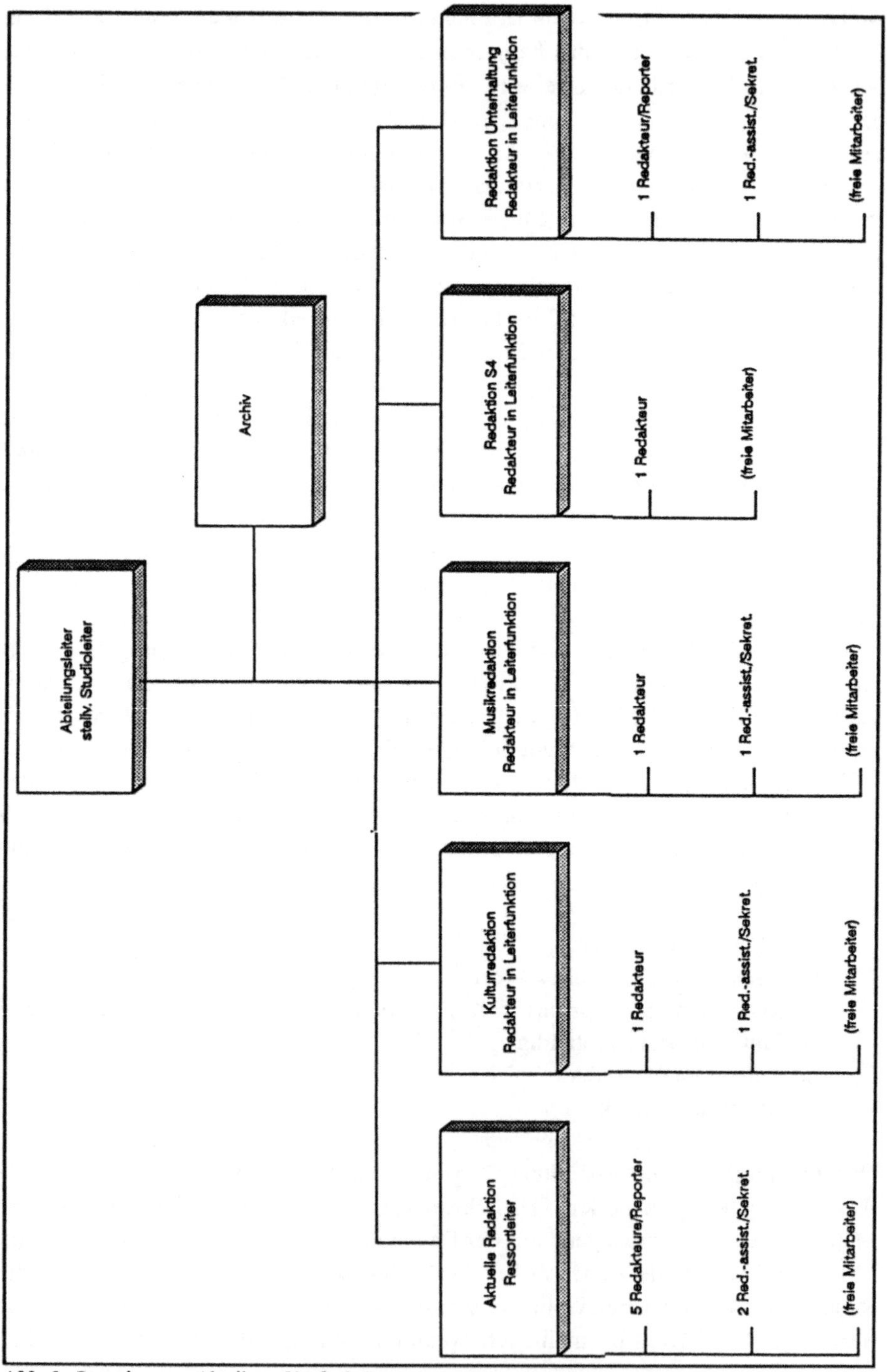

Abb. 2: Organigramm Abteilung Hörfunk-Programm, SWF-Landesstudio Tübingen

Redaktionen spreche, sowohl die "Aktuelle Redaktion" wie auch die Redaktion des vierten Programms. Die Singularform bezieht sich dann nur auf erstere.

Die redaktionelle Arbeit aller Redaktionen besteht dabei hauptsächlich in der Produktion von Magazinsendungen, die zu regelmäßigen (meist täglichen) Sendezeiten im Wechsel mit entsprechenden Redaktionen im SWF-Landesstudio Freiburg bzw. beim Südfunk Stuttgart (S4) ausgestrahlt werden. Darüber hinaus werden ebenfalls im Wechsel mit den genannten anderen Redaktionen einmal wöchentlich ausgestrahlte sogenannte "monothematische Sendungen" produziert - hier handelt es sich um halb bis ganzstündige Feature-Sendungen zu einem bestimmten Themenkomplex.

Da ich in dieser Arbeit vorwiegend auf Beispiele aus der "Aktuellen Redaktion" zurückgreife, kurz zu den täglichen Sendungen dieser Redaktion ein paar Bemerkungen. Es werden, wie gesagt, im Wechsel mit Freiburg, drei tägliche Sendungen produziert:

1. Das *"Morgenradio" (die sogenannte "Frühsendung")* von 5.05 bis 8.00 Uhr: Die Sendung besteht zum überwiegenden Teil aus Musik, unterbrochen von (je nach Moderator) mehr oder weniger launigen Moderationen, von Servicemeldungen (Zeitansage, Verkehrsmeldungen, Pegelstände, Pollenflugvorhersage) und einzelnen Beiträgen von ein- bis dreiminütiger Dauer. Die Beiträge sind dabei - verglichen mit der "Mittagssendung" - im Durchschnitt von deutlich höherem Unterhaltungscharakter.
2. Das landespolitische Magazin *"Baden-Württemberg Aktuell" (die sogenannte "Mittagssendung")* von 12.05 bis 13.00 Uhr: Wie der Name schon sagt, handelt es sich dabei um eine tagesaktuelle Magazinsendung mit deutlichem Landesbezug. Auch hier werden zwischen den Beiträgen Musiktitel eingespielt. Im Anhang findet sich als Beispiel ein Sendeablauf dieser Mittagssendung aus dem Beobachtungszeitraum. Die Sendung ist in zwei Blöcke unterteilt. Die erste halbe Stunde besteht aus der sogenannten "Newsshow", unterbrochen von Nachrichtenmeldungen. Die "Newsshow" besteht aus kürzeren, telegrammartigen Beiträgen (von etwa 1 Minute Dauer oder kürzer) mit einem sogenannten "O-Ton" (Originalton) entweder des dafür zuständigen Reporters oder eines befragten Recherchepartners. Wenn im Folgenden der Plural "Newsshows" verwendet wird, sind in Anlehnung an den Sprachgebrauch im Studio immer die einzelnen Beiträge gemeint, aus denen die "Newsshow" insgesamt besteht. Die erste halbe Stunde wird zugleich auch vom vierten Programm übernommen. Die zweite halbe Stunde wird als "Hauptprogramm" bezeichnet: es besteht aus einer Folge von "längeren" Beiträgen (d.h. zwischen etwa 2-3 Minuten Dauer). Bestandteil dieser Beiträge kann ein sogenanntes "Radiomobil" sein. Das "Radiomobil" ist ein mit einem Sender ausgestatteter Kleinbus, mit dem Live-Berichte von vor Ort in die Sendung eingespielt werden können. Zugleich bezeichnet der Ausdruck die damit verbundene Beitragsform. Am Schluß werden die Beiträge noch einmal in jeweils einem kurzen Satz als "Schlagzeilen" zusammengefaßt.

3. Die sogenannte *"Abendsendung"*, eine Art Abendkurzausgabe von "Baden-Württemberg Aktuell" (natürlich mit anderen Themen!) von 17.20 bis 17.30 Uhr: Sie besteht ebenfalls aus einer Folge von (allerdings kürzeren) Wortbeiträgen und wird durch Meldungen ("was sonst noch geschah") abgeschlossen.

Die aktuelle Redaktion ist dabei für die Wortbeiträge (Moderationen und Beiträge) und die Gesamtsendeplanung zuständig. Die Musiktitel werden - auf den durch die Wortbeiträge abgesteckten zeitlichen Rahmen abgestimmt - von der Musikredaktion ausgesucht und in die Sendung eingebracht. Der Rahmen dafür ergibt sich aus der "Musikfarbe" des ersten Programmes: "aktuelle deutsche Schlager, internationale Hits, Tanzmusik, volkstümliche Melodien sowie Musical und Operette".[142]

Die redaktionelle Arbeit wird in allen Redaktionen von festangestellten Redakteuren (pro Redaktion zwei, bei den Aktuellen fünf Redakteure, dazu kommen Redakteure in den Außenstudios) und freien Mitarbeitern getragen. Insgesamt haben wir bei unserer Befragung neben 4 Hospitanten, und 14 festangestellten Mitarbeitern 34 freie Mitarbeiter erfaßt (Rücklauf von ca. 80 %). Die meisten Freien arbeiten vorwiegend für die Aktuelle Redaktion (15) bzw. S4 (8), für die Unterhaltung arbeiten 7 erfaßte Mitarbeiter. Die übrigen verteilen sich auf Kultur und Musik.

1.3.2. Operationalisierung und Methoden

Wir haben mit einer Kombination verschiedener Erhebungs- und Auswertungsverfahren gearbeitet.

Mit einer *Arbeitsbeobachtung* wollten wir einen unmittelbaren Einblick in die tägliche Arbeit unserer Probanden bekommen, sowie einige grundlegende Hypothesen (vgl. unten) testen. Beobachtet wurden je ein Redakteur und ein freier Mitarbeiter aus jeder Redaktion über jeweils 2 - 3 Arbeitstage. In den Protokollen wurden Episoden ab dem Zeitraum einer Minute erfaßt. Diese Episoden bildeten die Zähleinheiten, Hauptkriterium für die Episodenbildung war der Wechsel/-Nichtwechsel von Interaktionspartnern.[143] Die Episoden wurden mit verschiedenen vorher entwickelten und in rudimentären Pretests geprüften Kategorien belegt. Im Anhang findet sich eine Übersicht über die verwendeten Kategorien und den zeitlichen Umfang der Beobachtung in den einzelnen Redaktionen (Anhang 1 und 2). Darüber hinaus fertigte jeder Protokollant einen *alltagssprachlich gehaltenen Erfahrungsbericht* an, in dem einerseits der Tagesablauf rekonstruiert, andererseits ihm bedeutsam erscheinende Details vermerkt wurden. Diese Beobachtungsberichte

142 Südwestfunk-Radioprogramme, Broschüre SWF, Baden-Baden 1991

143 Bei der Eingabe der Daten in den Rechner wurde jede Kodierung als eine binäre Variable behandelt, die für jede Episode (Fall) den Wert 0 = nicht belegt oder 1 = belegt annehmen kann.

sollten als "Forschungstagebuch" geführt werden und bewußt "subjektiven" Eindrücken Raum lassen (vgl. Verzeichnis S. 244). Vorgaben waren lediglich einige Aufmerksamkeitsregeln und die Anweisung, in einer möglichst fallnahen Sprache zu schreiben, d.h. insbesondere die Kodierungsbegriffe der standardisierten Beobachtung zu umgehen. Die "Ich"-Form, die manche von uns gewählt haben (vgl. Abschnitt 3.1.), ist Ausdruck dieses eher subjektiven Schreibstils - gemeint ist dann immer der Beobachter selbst. Die Auswertung der Daten erfolgte über Mittelwertsvergleiche nach Anstellungsstatus bzw. Redaktionszugehörigkeit und über Diskriminanzanalysen für freie und feste Mitarbeiter bei der standardisierten Arbeitsbeobachtung, sowie über die qualitative Interpretation der Forschungstagebücher.

Über eine *Auswertung von Sendenachweisen* für ein repräsentatives Quartal konnten wir die Anteile der freien und festen Mitarbeiter am Gesamtsendeaufkommen ermitteln. Diese Sendenachweise müssen für jede ausgestrahlte Sendung in den einzelnen Redaktionen angefertigt werden und enthalten Angaben über Thema und Dauer der Beiträge in Sekunden, über die Autoren der Beiträge und die Moderatoren und RVDs der jeweiligen Sendungen.

Mit einer *standardisierten schriftlichen Befragung* haben wir alle Programmmitarbeiter (Rücklaufquote ca. 80 %, 52 Befragte) erfaßt. Neben verschiedenen Rahmendaten (Arbeitsintensität, Dauer und Art der Mitarbeit) wurden die Mitarbeiter als Experten ihrer eigenen Praxis nach den für ihre Tätigkeit typischen Beitragsformen und Sendungsfunktionen (Arbeitsprofil) gefragt. Jeweils eine "Batterie" von Items prüfte Indikatoren zu den Dimensionen "Umweltbezug" und "Professionalität". Darüber hinaus haben wir zu einer Reihe in der Beobachtung erhobenen Kategorien (insbesondere Interaktionspartner) Selbsteinschätzungen abgefragt, um eine Art Gegentest zu den Ergebnissen der Arbeitsprotokollierung zu ermöglichen. Die Auswertung der Fragebögen erfolgte über eine Kombination von Cluster- und Diskriminanzanalysen. Der Fragebogen findet sich ebenfalls im Anhang zusammen mit den eingetragenen Variablennummern.

Mit *Leitfadeninterviews* schließlich haben wir verschiedene Schlüsselpersonen befragt, von denen wir uns näheren Aufschluß insbesondere über den Verlauf einer von uns vermuteten "Karriere" einer Freientätigkeit erhofften: dazu gehörten neben Hospitanten (als "Einsteigern"), solche freien Mitarbeiter, die auch Redaktionsdienste wahrnehmen, Redakteure, sowie der Studioleiter. Eine Übersicht über die in diese Arbeit eingegangenen Interviews findet sich im Verzeichnis auf Seite 244.

Die verschiedenen Instrumente operationalisieren sich überdeckende Bereiche. Dadurch ist einerseits eine Art Gegenkontrolle der Ergebnisse möglich. Wir erhofften uns dadurch eine Kompensation der jeweils mit einem Verfahren verbundenen prinzipiellen Mängel (z.B. der Frage der Reliabilität der Beobachtungskategorien) bzw. der aus den Eigenheiten des Falles resultierenden methodischen Defizite (z.B. die geringen Fallzahlen bei der Fragebogenerhebung). Darüber hinaus liefert jede Methode natürlich Details und Daten, mit denen die anders erzeugten Befunde angereichert werden können. Daraus ergibt sich die

Möglichkeit zu einem indirekten Test der Ergebnisse: nämlich ob verschieden erzeugte Befunde plausibel und konsistent zur Deckung gebracht werden können.[144] Besonders die Interviews lassen Rückschlüsse darauf zu, inwiefern von uns ermittelte Zusammenhänge (z.B. über bestimmte Gruppierungen von Mitarbeitern oder "Phasen" der "Freienkarriere") auch mit den subjektiven Deutungen der Beteiligten übereinstimmen oder nicht.

Für die Entwicklung und Veränderung der Fragestellung im Lauf der Untersuchung haben - das sei ausdrücklich betont - "wilde" Formen der Erfahrungsgewinnung eine erhebliche Rolle gespielt, die allenfalls in Form von Notizen, nachträglichen Gedächtnisprotokollen objektiviert wurden. Dazu gehört alles, was sich im Rahmen der sozialen Einbettung der "Forscher" im Landesstudio ergeben hat: viele interessante Gespräche, die nicht nur unter dem Aspekt einer wissenschaftlichen Ausbeutung geführt wurden, Dinge, die man einfach nebenbei mitbekommen und zunächst gar nicht bewußt registriert hat. Und nicht zuletzt gehören dazu auch Auseinandersetzungen mit den Mitarbeitern über die Untersuchung, für uns eine Auseinandersetzung mit Aufgeschlossenheit oder Desinteresse, mit Ablehnung oder kritischer Zustimmung, mit Vertrauen oder Vorbehalten.[145]

Unsere Fragestellung legt den Test von "Unterschiedshypothesen" nahe. Das gilt sowohl für die Prämissen, die sich aus dem Speditionsmodell ergeben (der hohe Umweltbezug der Freien vs. den "Binnenfunktionen" der Festen) als auch für die schon erwähnte Dimension, auf die wir im Verlauf unserer Untersuchung gestoßen sind: den Grad von Professionalität des journalistischen Arbeitens. Unser Untersuchungsziel verschob sich im Laufe der Untersuchung zunehmend darauf, das Verhältnis von Umweltbezug und Professionalität des Arbeitens in Bezug auf den Anstellungsstatus (frei/fest) zu untersuchen. Welcher Zusammenhang besteht zwischen den genannten Dimensionen? Lassen sich die Gruppierungen der freien und festen Mitarbeiter optimal hinsichtlich dieser Dimensionen unterscheiden oder lassen sich Gruppierungen von Mitarbeitern finden, die sich in ihrer Rolle für die Herstellung des Umweltbezugs und der Professionalität des Arbeitens sehr ähnlich

---

144 vgl. dazu unten Kap. 3

145 Journalisten sind keine bequemen "Forschungsobjekte", sie haben keinen übertriebenen Respekt vor wissenschaftlichen oder vorgeblich wissenschaftlichen Ambitionen. Dazu kommt eine Art Konkurrenzsituation. Auch Journalisten dokumentieren und beschreiben wie Soziologen die gesellschaftliche Realität. Jede Untersuchung darüber, wie sie das machen, hat natürlich etwas von der Anmaßung eines Beobachters der Beobachter, also eines Besserwissers. Diese Rolle nehmen Journalisten und Soziologen immer wieder wechselseitig ein: beide Seiten haben eine lange Tradition sich gegenseitig kritisch zu beäugen, sich über die jeweils andere Form der Dokumentation von Realität lustig zu machen, Vorurteile werden leicht bestätigt, die jeweiligen professionellen Deformationen können gut ausgespielt werden. Auf der anderen Seite kam es in demselben Ausmaß trotz oder wegen aller Unterschiedlichkeiten zu einem regen Austausch von Anregungen. Gerade weil wir uns dieser Ambivalenz bewußt sind, sind wir dankbar für die kritisch-konstruktive Arbeitsatmosphäre, die uns die Mitarbeiter des Landesstudios Tübingen ermöglicht haben.

sind, aber nicht den gleichen Anstellungsstatus aufweisen? Methodisch gesehen läuft das auf die Ermittlung möglichst homogener Gruppen hinaus. Für den standardisierten Teil unserer Untersuchung legten sich daher vor allem die zwei statistischen Verfahren der Diskriminanzanalyse und der Clusteranalyse nahe:[146]

- Die *Diskriminanzanalyse* prüft, in welchem Ausmaß sich vorgegebene Gruppen bezüglich bestimmter Variablen voneinander unterscheiden und welche Gewichtung bestimmte Variablen dabei haben. Kriterium für die Trennschärfe ist dabei die richtige Zuordnung von Fällen in die vorgegebenen Gruppen durch eine mit den Merkmalsvariablen gebildete Diskriminanzfunktion. Ein weiterer Indikator für die Trennschärfe zwischen Gruppen ist dabei die Maßzahl des Wilks Lambda[147]. Die Diskriminanzanalyse haben wir von Anfang an zur Hypothesenprüfung eingesetzt: unterscheiden sich vorgegebenen Gruppen wirklich signifikant? in welchen Dimensionen?
- Die von uns gewählte *hierarchische Clusteranalyse* nach dem Wardverfahren faßt die Fälle einer Stichprobe nach dem Kriterium der geringsten Mittelwertdifferenzen sukzessive zu Gruppen zusammen. Vorgegeben werden dabei bloß die Variablen, nicht aber die Gruppen selbst.

In der Kombination dieser beiden Verfahren lassen sich dann verschiedene Gruppierungen von Mitarbeitern (nach frei und fest, nach "Umweltbezug", nach Kriterien der Professionalität) auf ihre Homogenität, Trennschärfe und inhaltliche Interpretierbarkeit hin vergleichen.

Inhaltlich bestand unser Vorgehen zunächst einmal darin, so zu tun, als ob wir die Gültigkeit des "Speditionsmodells" erweisen wollten. Als Implikationen der Überlegungen der Autoren von Sell, Seidel, Fünfgeld haben wir versucht, Hypothesen und entsprechende Indikatoren zu entwickeln, die vor allem bei der Entwicklung des Kategorienschemas für die standardisierte Beobachtung eine Rolle gespielt haben. Die wichtigsten davon sind folgende:

Hypothese 1 - Differenzierung von Beitragsproduktion und Organisationsarbeit: Freie Mitarbeiter sind für die inhaltliche Seite der Programmproduktion zuständig, feste Mitarbeiter eher für sendungsorganisierende, selegierende und kontrollierende Tätigkeiten. Als Indikatoren für die eine bzw. die andere Rolle sahen wir an:
- Freie Mitarbeiter müßten in ihren alltäglichen Interaktionen mehr Episoden aufweisen, in denen die Auseinandersetzung mit Beitragsinhalten und mit Details der Beitragsfertigung thematisch ist, während festangestellte Mitarbeiter mehr Episoden mit organisierendem bzw. koordinierenden Charakter aufweisen müßten.
- Freie Mitarbeiter müßten ganz allgemein Beiträge anfertigen, während feste

146 vgl. dazu Backhaus (1990); zur Kombination der Verfahren ebd., S. 162
147 vgl. dazu Backhaus (1990), S. 184 ff.

Mitarbeiter eher sendungskoordinierende bzw. verantwortende Funktionen übernehmen. Prototypisch für die zweite Funktion ist die Funktion des Redakteurs vom Dienst (RVD). Wichtig war in diesem Zusammenhang die Auswertung der Sendenachweise (vgl. dazu die unter Abschnitt 2.1. referierten Ergebnisse).

Hypothese 2 - Funktion für die Themenanregung und Informationsgewinnung
Freie Mitarbeiter regen Themen an und schleusen Informationen auf der Basis von Kontakten in bestimmte gesellschaftliche Bereiche in die Redaktionen ein, feste Mitarbeiter selegieren die von den Freien beigebrachten Themen und Inhalte. Indikator hierfür waren die vorrangigen Themen- und Informationsquellen und die Frage, wieviele Themen von den Freien angeregt werden (vgl. dazu die unter Abschnitt 2.2. referierten Ergebnisse).

Hypothese 3 - Integration in den Betrieb
Freie Mitarbeiter sind verglichen mit den festangestellten Mitarbeitern nicht in dem Maße in den Redaktionsbetrieb integriert ("eingemeindet", v. Sell). Indikatoren hierfür waren für uns Ausmaß und Qualität der Personenkontakte von festen und freien Mitarbeitern (Feste - mehr Binnenkontakte, Freie - mehr Außenkontakte), die Frage, welche Instanzen für die Beitragserstellung der Freien bedeutsam sind (von wem wird Kritik oder Rat eingeholt?), die Frage der Einbettung in den täglichen Betrieb (eigene Arbeitsplätze, Umfang der Tätigkeit in der Redaktion, Nutzung von Betriebsmitteln?) (vgl. dazu die unter Abschnitt 2.3. referierten Ergebnisse).

Hypothese 4 - Differenzierbarkeit der freien Mitarbeiter nach Inhalten
Freie Mitarbeiter sind in der Sicht des Speditionsmodells Spezialisten für einen Ausschnitt der gesellschaftlichen Realität bzw. weisen angebbare Sonderbegabungen auf. Indikatoren hierfür war für uns, ob die freien Mitarbeiter in besonderer Weise auf bestimmte Themen oder Formen spezialisiert sind, ob sie in besonderem Maße einen persönlichen Stil in die Arbeit einbringen (vgl. dazu die unter Abschnitt 2.3. und in Kapitel 4 referierten Ergebnisse).

2. Empirische Befunde zur Frage der Arbeitsteilung zwischen festangestellten und freien Mitarbeitern

2.1. Differenzierung von Beitragsproduktion und Organisationsarbeit

Eine wesentliche Kategorisierung bei unserer Beobachtung war die Unterscheidung zwischen unmittelbar produktionsbezogenen ("P") und organisierenden ("O") Tätigkeiten. Wir haben mit "P" solche Episoden kodiert, in denen der beobachtete Mitarbeiter direkt mit der Produktion von Beiträgen bzw. Moderationen befaßt war. Das Kernkriterium für eine Verkodung mit "P" war dabei, daß in der Episode die konkrete Textgestalt[148] bzw. der Inhalt eines Beitrags thematisch ist. "P"-Episoden enthalten somit im Sinne der referierten Vorstellungen in hervorragender Weise Bezüge zur Umwelt als dem Gegenstand der Berichterstattung.

Fehlt ein Bezug zu Inhalten, handelt es sich beispielsweise nur um die Frage der Plazierung oder Nicht-Plazierung von Beiträgen, um Fragen der Koordinierung oder Organisation von Beiträgen bzw. Sendungen, der Themenvergabe oder auch der Organisation der "P"-Arbeit, dann war mit "O" zu kodieren. Ist bei "O"-Episoden auch ein inhaltlicher Aspekt thematisch (beispielsweise: ein RVD macht die Aufnahme eines Beitrags in die Sendung davon abhängig, auf welchen Aspekt der Beitrag abhebt), dann war eine Doppelkodierung möglich. "P"-Kodierungen kann man auch als "Basisarbeit"[149] auffassen, demgegenüber sind "O"-Kodierungen alle Tätigkeiten, die darauf gerichtet sind, die "Basisarbeit" zu ermöglichen, zu steuern, zu koordinieren ("Arbeitsarbeit").

"O" und "P"-Episoden wurden dann nochmals dadurch unterschieden, ob der Mitarbeiter alleine war (Kodierung: "O" bzw. "P"), mit einem Interaktionspartner face to face (Kodierung: "OI" oder "PI") oder telefonisch ("OIT" bzw. "PIT") kommunizierte. Durch die Mitkodierung von Interaktionspartnern sind zugleich Kreuztabellierungen möglich.

Das Profil in Abbildung 3 zeigt die Verteilung von "P" und "O"-Episoden auf freie und festangestellte Mitarbeiter für alle Episoden sowie die Verteilungen nur für die beiden beobachteten Mitarbeiter aus der aktuellen Redaktion. Abgetragen ist jeweils der prozentuale Anteil an "P" bzw- "O"-Verbuchungen an der Gesamtepisodenzahl der jeweiligen Gruppe (freie oder feste Mitarbeiter). Die Tabelle in

148 "Text" im Sinne eines erweiterten Textbegriffes, gemeint sind auch die nicht-sprachlichen Merkmale von Beiträgen: Jingles, Musik, O-Töne usw.

149 vgl. Mintzberg 1979, S. 24 "basic work"

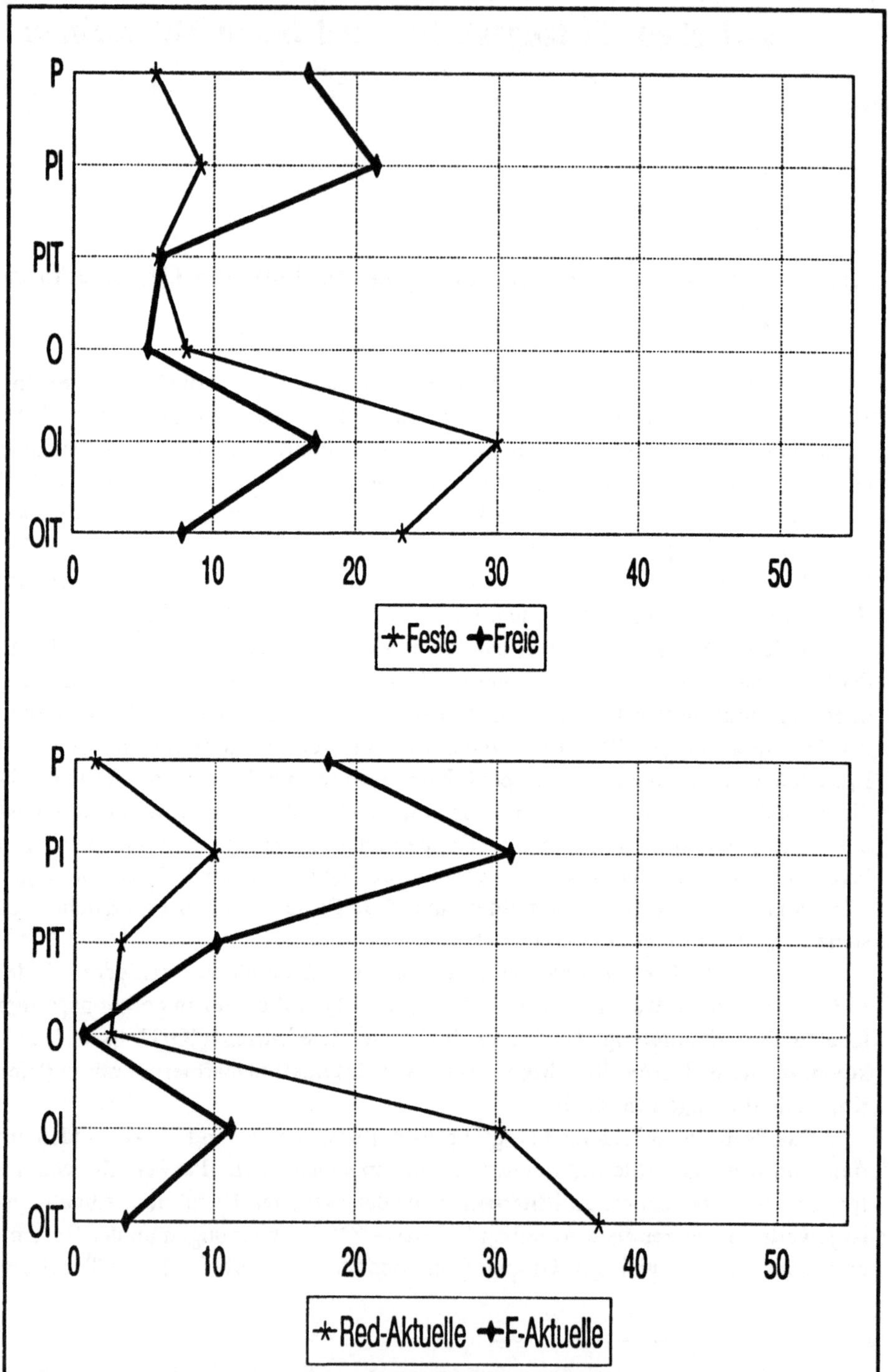

Abb. 3: Verteilung von "O" und "P"-Episoden auf Freie und Feste, oben: Gesamtstichprobe, unten: Episoden Aktuelle (Angaben in % der jeweiligen Gesamtepisodenzahl)

Anhang 4 listet die genauen Werte auf, zusammen mit den entsprechenden Signifikanzniveaus für eine einfaktorielle Varianzanalyse (F-Test). Abgesehen von den beiden Kategorien "O" und "PIT" sind die Unterschiede in der Tat im Sinne der Hypothese signifikant. Daß die Unterschiede bei der Gesamtauszählung nicht ganz so ausgeprägt sind wie bei der Aktuellen Redaktion hat verschiedene Gründe. Zum einen ist bei der Aktuellen Redaktion die Differenzierung in Reporter und RVD-Tätigkeiten schärfer als etwa in den Redaktionen Kultur und Unterhaltung, wo selbst der RVD einer Sendung gleichzeitig an Beiträgen und Moderationstexten arbeiten kann. Zum anderen wurde in der Unterhaltung eine freie Mitarbeiterin in der Funktion eines RVD beobachtet, die deshalb mehr "O"-Interaktionen aufwies. Icht komme gleich darauf zurück. Die geringeren Unterschiede bei "O" und "PIT" gehen auch darauf zurück, daß diese Kategorien mit am geringsten belegt waren.

Eine genauere Interpretation nun anhand der Werte für die aktuelle Redaktion. Beim beobachteten RVD der Aktuellen Redaktion treten nur sehr wenig "P"-Episoden auf. Beim freien Mitarbeiter handelt es sich dabei um Episoden, in denen er beispielsweise Texte schreibt, Bänder schneidet oder abhört, oder sich Notizen für Fragen macht, die er an Recherchepartner stellen will.

Bei der korrespondierenden Kategorie "O" ist dagegen ein minimaler Unterschied auf insgesamt niedrigerem Niveau zu beobachten. Ein höherer Wert wäre im Sinn der Hypothesen beim Redakteur zu erwarten gewesen. Daß dem nicht so ist, dürfte mit der Dominanz koordinierender Tätigkeiten beim RVD zusammenhängen. Von allen Beobachteten hatte der Redakteur der Aktuellen den höchsten Wert bei der Kategorie "KO", die notwendig interaktiv ist (insgesamt 37,8 % der Gesamtepisoden).[150] Mit anderen Worten: die "O"-Verbuchungen des Redakteurs sind meistens interaktiv, entweder telefonisch ("OIT") oder eben face to face ("OI"). Während der Redakteur die höchsten Werte bei den Kategorien "OI" und "OIT" aufweist, liegen die Spitzenwerte beim beobachteten freien Mitarbeiter in der Tat im Sinne der Hypothese bei "PI" bzw. "P". Allerdings weist auch er immerhin einen gewissen Anteil an Episoden mit "OI" auf, dabei handelt es sich meist um Absprachen über Termine, Anmoderationen, technische Fragen.

Ein nochmals etwas differenzierteres Bild ergibt sich, wenn man die Kreuztabellierungen der Tätigkeitskategorien mit Personenkategorien hinzuzieht. Die Werte in Tabelle 4 geben den prozentualen Anteil an den jeweiligen Tätigkeitskategorien wieder, die auf die angegebenen Personengruppen entfallen. Beispielsweise interagiert der RVD in 28,4 % aller "OI"-Episoden mit dem Moderator. Daß die Summe der Anteile in der Regel mehr als 100 % ergibt, ist darauf zurückzuführen, daß es bei den Personenkategorien zu Doppelkodierungen kommen kann. So können z.B. Absprachen über Beiträge mit dem freien Mitarbeiter, der das Thema bearbeitet *und* dem Moderator (der beispielsweise den Text für die Anmoderation benötigt) erfolgen.

---

150 Unsere Kodierungsanweisung für "KO" lautete: Abstimmen von Arbeitsabläufen oder Handlungen. Beide Interaktionspartner sind in ihrem Handeln von dem des anderen abhängig.

Kreuztabelle RVD-Aktuelle:	OI	OIT	PI
Redaktionsleiter	6,4	4,5	2,5
Verwaltung	12,7	9,7	0
Mitarbeiter Außenstudios oder ARD	7,3	*67,9*	7,5
Technik	10,0	4,5	15,0
Moderator	*28,4*	2,2	*37,5*
RVD	13,6	1,5	10,0
Redakteure	*22,7*	5,2	22,5
freie Mitarbeiter	*22,7*	9,0	*37,5*
Hospitanten	0	0	0
Recherchepartner	0	0	0

TABELLE 4: Kreuztabelle Interaktionspartner und wichtige Tätigkeitskategorien für den festangestellten Mitarbeiter der "Aktuellen Redaktion". Angaben in % der jew. Spalte

Es fallen folgende Punkte auf:

- Besonders aus den Anteilen der Personenkategorien an den OI-Verkodungen wird die Schlüsselfunktion des RVDs deutlich. Die Anteile entfallen dabei ziemlich gleichmäßig auf einem ersten Niveau auf den Moderator, auf andere Redakteure und auf die freien Mitarbeiter sowie auf einem zweiten, etwas niedrigeren Niveau auf Verwaltungspersonal, Technik, sowie RVDs anderer Sendungen. Der Moderator ist während des ganzen Tags zusammen mit dem RVD für die Planung der Sendung zuständig. Er sitzt im selben Zimmer (dem Konferenzraum), vor allem, um seine Moderationen im Laufe des Tages (je nach einlaufenden und beschlossenen Beiträgen) zu erstellen. Mit Redakteuren ergeben sich Absprachen, weil diese u. U. Beiträge liefern, weil sie Sendungen in Planung haben, in denen möglicherweise interessierende Themen eine Rolle spielen. Konsultationen von anderen Redakteuren sind notwendig bei Anfragen zu Themen von Sendungen in der vergangenen Woche oder für Themenplanungen in der nächsten sowie wegen bestimmter organisatorischer Tätigkeiten (z.B. Betreuung von Hospitanten o.ä.). Interaktionen mit freien Mitarbeitern beziehen sich meistens auf Fragen der laufenden Sendungsplanung. Mit Verwaltungspersonal hat der RVD zu tun wegen der formellen Sendungsabwicklung (z.B. Erstellen von Sendeplänen), der Honorierung der

Mitarbeiter, des Bestellens von Leitungen usw.. Mit RVDs anderer Sendungen ergeben sich Absprachen über die Übernahme von Beiträgen oder zur Vermeidung von inhaltlichen Überschneidungen. Insbesondere betrifft das das vierte Programm (S4).

- Die "OIT"-Episoden entfallen in der Hauptsache auf Absprachen mit Mitglieder anderer ARD-Einrichtungen (meistens des Südfunks) sowie mit Mitarbeitern der Außenstudios. Bei diesen Episoden geht es meistens darum, Beiträge "einzukaufen", zu bestellen, abzufragen und damit zusammenhängende organisatorische Fragen (Zeitpunkt der Überspielung usw.) zu klären.
- Die "PI"-Episoden, die der RVD aufweist, entfallen mit jeweils 37,5 % schwergewichtig auf den Moderator und die freien Mitarbeiter. Im einen Fall handelt es sich um die Besprechung von inhaltlichen Details der Moderationen, im anderen Fall um die Festlegung von inhaltlichen Aspekten für die Beiträge. Darauf komme ich gleich zurück.

Tabelle 5 zeigt zum Vergleich die Anteile der jeweiligen Interaktionspartner des *freien Mitarbeiters* der "Aktuellen Redaktion" an dessen wichtigen Tätigkeitskategorien "PI", "PIT und "OI".

Kreuztabelle: FM-Aktuelle	PI	PIT	OI
Redaktionsleiter	3,4	0	0
Verwaltung	0	0	9,5
Mitarbeiter Außenstudios oder ARD	0	5,3	0
Technik	*19,0*	0	14,3
Moderator	3,4	0	*41,8*
RVD	*31,0*	*36,8*	*66,7*
Redakteure	1,7	0	4,8
freie Mitarbeiter	13,8	0	14,3
Hospitanten	5,2	0	4,8
Recherchepartner	*37,9*	*57,9*	0

TABELLE 5: Kreuztabelle Interaktionspartner und wichtige Tätigkeitskategorien für den freien Mitarbeiter der "Aktuelle Redaktion", Angaben in % der jew. Spalte

Es ergibt sich folgendes Bild:

- Verglichen mit der Verteilung der "OI"-Belegungen des Redakteurs auf verschiedene Interaktionspartner, ist das Spektrum bei den "PI"-Belegungen des freien Mitarbeiters eingeschränkter. Die Belegungen verteilen sich ungleichmäßiger auf weniger Kategorien von Interaktionspartnern. Wichtig sind hier an erster Stelle die Recherchepartner mit 37,9 % aller PI-Episoden. Beispiele für derartige Episoden wären Gespräche mit Informanden, Absprachen mit "O-Tongebern" über O-Ton-Aufnahmen oder Live-Übertragungen sowie die Live-Übertragungen selbst. Dann folgt der RVD als zweitwichtigster Interaktionspartner der "PI"-Episoden mit 31%. Dabei handelt es sich durchweg um Absprachen des Reporters mit dem RVD über inhaltliche Details von Beiträgen: Schwerpunktsetzung, "Aufhänger", welche O-Töne erforderlich sind, welche Interviewpartner angesprochen werden können, ob das Thema "etwas hergibt". Mit einigem Abstand folgt dann die Gruppe der Techniker, hier handelt es sich um Episoden, in denen Absprachen und Gespräche über eher technische Details von Beiträgen bzw. Live-Übertragungen (Schnitt, Überspielung, Musikeinblendung, Dauer, Qualität usw.) erfolgen .
- Bei den telefonischen beitrags- und inhaltsbezogenen Interaktionen ("PIT") spielen ebenfalls die Recherchepartner und der RVD die wichtigste Rolle. Im ersten Fall handelt es sich um telefonische Recherchen oder vorbereitende Gespräche für Recherchen vor Ort. Im zweiten Fall geht es um Absprachen von Details mit dem RVD meistens dann, wenn der Reporter vom Rechercheort oder von Live-Übertragungen telefoniert oder aber, wenn er im Haus vom sogenannten "Freienzimmer" aus mit dem RVD telefoniert.
- Auch bei den "O"-Interaktionen des Reporters spielt der RVD die Schlüsselrolle, gefolgt vom Moderator. Hier dürfte es in der Regel um Fragen der Anmoderation gehen oder um Details der Ablaufplanung - "wann kann man mit dem Beitrag rechnen" o.ä., die der Moderator in Stellvertretung des RVD mit dem freien Mitarbeiter bespricht.

Nimmt man die Befunde zusammen, ergibt sich ein wichtiger Punkt. Zwar kann man sagen, daß der freie Mitarbeiter in der Tat sein Schwergewicht auf "P"-Kategorien hat, insofern mehr Tätigkeiten und Interaktionen aufweist, die unmittelbar inhaltsbezogener (und insofern im Sinne des Speditionsmodells "umweltbezogener") Natur sind. In diese Richtung weist auch die überragende Rolle der externen Recherchepartner für die Tätigkeitskategorien.

Umgekehrt ist aber der Schluß, daß der feste Mitarbeiter, in diesem Fall der RVD *keine* Funktion für die Festlegung, Verarbeitung und Erschließung von Inhalten hat, nicht möglich. Zwar hat der RVD - geht man von den Anteilen der Tätigkeitskategorien an seinen Gesamtepisoden aus - in der Tat ein Übergewicht von "O"-Kodierungen. Aber: er ist nach den Recherchepartnern der wichtigste Interaktionspartner in den Interaktionen des beobachteten (freien) Reporters, die Beitragsinhalte betreffen. Das korrespondiert damit, daß bei den "PI"-Interaktionen des RVD die freien Mitarbeiter zusammen mit dem Moderator die wichtigsten

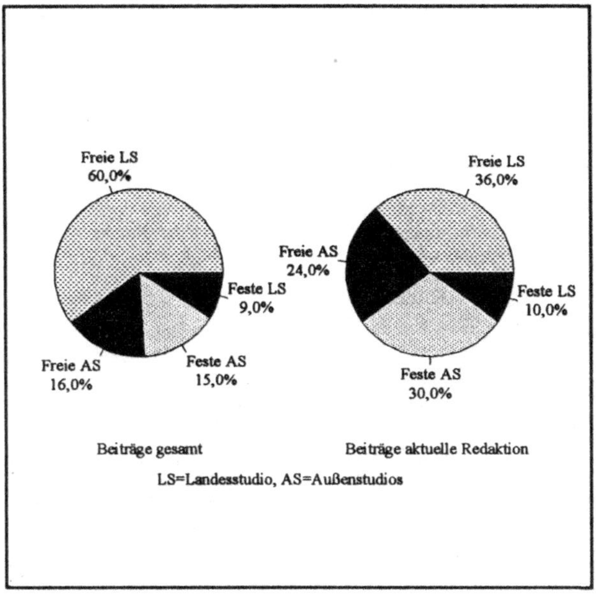

Abb. 4: Verteilung Beitragsminuten 4. Quartal 1990

Interaktionspartner sind. Die "PI"- Interaktionen mit dem RVD beziehen sich, wohlgemerkt, nicht auf die förmliche Beauftragung des freien Mitarbeiters und auf eine Abnahme des Beitrags - das wäre kompatibel mit den Vorstellungen der Rolle des festen Mitarbeiters, wie sie v. Sell darstellt. Die bloße Beauftragung würde nämlich mit "OI" kodiert. Bei den PI-Interaktionen handelt es sich vielmehr in der Regel um kollegiale Formen des Austauschs über *Inhalte* oder um *inhaltliche* Anweisungen des RVDs.

Eine förmliche Abnahme von Beiträgen wurde von uns dabei nicht beobachtet. Sie scheint insgesamt eher die Ausnahme zu sein, bzw. vor allem bei unerfahreneren freien Mitarbeitern oder Hospitanten vorzukommen (vgl Kapitel 4). Auf der sechsstufigen Skala des Fragebogens (1=nie bis 6=sehr oft) ergeben die Angaben der freien Mitarbeiter auf die Frage "Wie oft kommt es nach Ihrer Erfahrung zu einer förmlichen Abnahme Ihrer Beträge" nur einen arithmetischen Mittelwert von 3,4.

Ein weiterer wichtiger Indikator für die Funktion der freien Mitarbeiter und für die Frage, ob sie schwergewichtig die Inhalte tragen, ist ihr Anteil am Gesamtbeitragsaufkommen der Redaktionen. Dazu haben wir eine Auszählung der für jede Sendung zu erstellenden Sendenachweise für ein repräsentatives Quartal (4/1990) vorgenommen. Auch hier seien die Ergebnisse für die Redaktionen insgesamt und dann nochmals gesondert für die "Aktuelle Redaktion" vorgestellt. Berücksichtigt wurden die dabei die täglichen Magazinsendungen, nicht aber die zweiwöchentlich von Tübinger Redaktionen aus produzierten monothematischen Sendungen, deren Daten uns nicht zugänglich waren. Hier dürfte sich eine Verschiebung der Anteile zugunsten der festangestellten Mitarbeiter ergeben.

Abbildung 4 zeigt links die Anteile der freien und festen Mitarbeiter nochmals nach Außenstudios und Studio Tübingen getrennt, rechts dasselbe nur für die Beiträge, die im Rahmen von Sendungen der aktuellen Redaktion ausgestrahlt wurden. Der Löwenanteil der Beiträge wird von den freien Mitarbeitern des Landesstudios in Tübingen geliefert. Zusammen mit den Beiträgen der freien Mitarbeiter aus den

Außenstudios ergibt das einen Anteil von 76 % am Gesamtsendeaufkommen der täglichen Magazinsendungen.

Nimmt man nur die aktuellen Sendungen, ergibt sich eine doppelte Verschiebung der Tendenz:

1. Eine Verschiebung zugunsten der Rolle der Außenstudios: Das hängt damit zusammen, daß die Außenstudios überwiegend Beiträge für die tagesaktuellen Sendungen liefern, während sie in den Sendungen der Kulturredaktion eine sehr geringe (1% der Gesamtminuten) und in den Sendungen der Unterhaltung eine nicht so große Rolle wie bei den Aktuellen spielen (34,9%). In den aktuellen Sendungen des 4. Quartals waren etwa 55 % der Beiträge aus den Außenstudios.

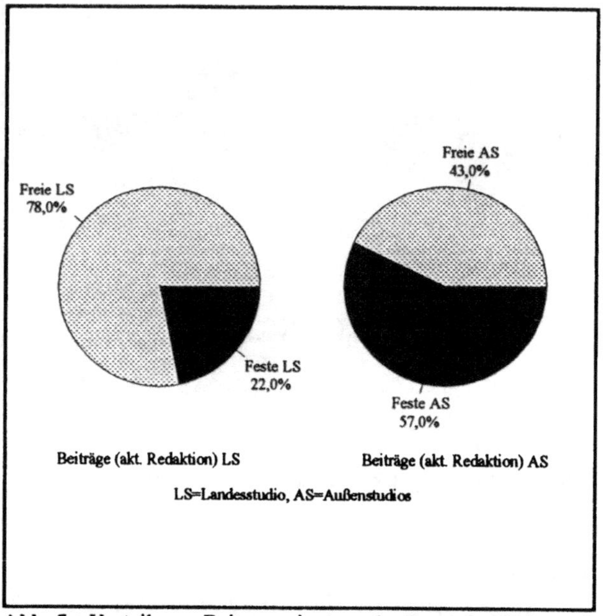

Abb. 5: Verteilung Beitragsminuten 4. Quartal 1990 nach Landesstudio/Außenstudios

2. Damit zusammenhängend ergibt sich eine Verschiebung zugunsten der Rolle der Redakteure: Nimmt man die Festen in Außenstudios und im Landesstudio zusammen, so ergibt sich ein Anteil am Gesamtbeitragsaufkommen von immerhin 41 % der festangestellten Mitarbeiter gegenüber 59% der freien Mitarbeiter. Die Erklärung dafür gibt Abbildung 5, die die Anteile der festen und freien Beiträge für aktuelle Sendungen nach Studios getrennt auflistet. Während im Landesstudio 78 % der Sendeminuten von freien Mitarbeitern geliefert wurden und nur 22% von festangestellten, liegt das Verhältnis in den Außenstudios ganz anders: 57% der Gesamtsendeminuten der von Außenstudios gelieferten Beiträge sind von festen und 43% von freien Mitarbeitern produziert worden.

Dieser Sachverhalt dürfte damit zusammenhängen, daß die Redakteure in den Außenstudios schwergewichtig die Funktion der Zulieferung von Beiträgen für die Sendungen haben. Zwar übernehmen auch Redakteure der Außenstudios gelegentlich feste Redaktionsdienste wie Moderationen und RVD, allerdings nicht im selben Umfang wie die Mitarbeiter des Landesstudios. In den Außenstudios entfallen zudem rein organisierende Funktionen und Tätigkeiten.

Nimmt man das als Beleg dafür, daß sich sehr wohl auch festangestellte Mitarbeiter auf die Fertigung von Beiträgen spezialisieren, wäre die umgekehrte Frage interessant, ob denn auch freie Mitarbeiter die laut Modell eigentlich den festangestellten Mitarbeitern vorbehaltene Tätigkeit des RVDs ausüben können. Daß dem so ist, ist einer der überraschendsten Befunde unserer Studie. So ergab sich für das Quartal 90/91 für die Mittagssendung und Abendsendung der aktuellen Redaktion eine gleichmäßige Verteilung von RVD-Funktionen auf festangestellte und freie Mitarbeiter.

Dieser Umstand ist allerdings sendungs- bzw. redaktionsabhängig. Die Frühsendung der Aktuellen Redaktion wird in der Regel von einem Redakteur moderiert, der dann zugleich zuständiger RVD ist. Demgegenüber ergibt sich für die Sendungen der S4 Redaktion sogar ein Übergewicht der freien Mitarbeiter bei den RVD-Diensten, was darauf zurückzuführen ist, daß sich die 1991 neugegründete Redaktion schwergewichtig aus freien Mitarbeitern rekrutiert. Auch in der Unterhaltungsredaktion wird die Rolle des RVD sehr oft von freien Mitarbeitern eingenommen. In den Sendungen der Kulturredaktion dagegen wird die RVD-Funktion in aller Regel von festangestellten Mitarbeitern übernommen.

2.2. Funktion der freien Mitarbeiter für die Themen und Informationsgewinnung

Bei unserer Arbeitsbeobachtung ließ sich kein Zusammenhang zwischen dem Anstellungsstatus und der Rolle für die Themenanregung beobachten. Es schien, als ob die Themenanregung bzw. -Gewinnung v.a. an der Funktion des RVDs hängt, der wiederum auf konventionelle Themenquellen wie Agenturmeldungen, die morgendliche Schaltkonferenz (an der die SWF- und SDR-Studios und die jeweiligen Regionalbüros teilnehmen) sowie die Tageszeitungen zurückgreift.

Bei der morgendlichen Konferenz der Aktuellen zur Sammlung und Verteilung von Themen meldete sich während unserer Beobachtung kaum jemals ein freier Mitarbeiter mit einem Themenvorschlag zu Wort. Sie schienen die Konferenz eher informellen Gesprächen zu nutzen und nahmen gegebenfalls Aufträge entgegen. Insgesamt gingen von elf beobachteten Beitragsbearbeitungen von freien Mitarbeitern nur zwei auf die Initiative eines freien Mitarbeiters zurück (dabei schlug in einem Fall der freie Mitarbeiter die Fortsetzung eines nicht von ihm selbst initiierten Beitrags aus der vergangenen Woche vor). Die Themen wurden in sieben Fällen vom RVD angeregt und vergeben, in zwei Fällen vom betreffenden Redaktionsleiter. Die Selbsteinschätzung der eigenen Rolle bei der Themenanregung im Fragebogen durch die Mitarbeiter insgesamt ergibt gar einen signifikanten Unterschied zugunsten der *festen* Mitarbeiter.[151] Damit läßt sich die These, daß die freien Mitarbeiter eine besondere Rolle in der Einschleusung von Themen innehaben, durch unsere Beobachtungen nicht bestätigen.

Eine weitergehende Überlegung in diesem Zusammenhang war, ob vielleicht die *Qualität* der Themen- und Informationsquellen eine andere ist. Die Vorstellungen von v. Sell hätten es nahegelegt, daß die freien Mitarbeiter durch ihre besondere Beziehung zu bestimmten Umweltsegmenten oder durch sonstige persönliche Kompetenzen andere, nicht schon institutionalisierte Quellen wie etwa Pressemitteilungen und Agenturmeldungen nutzen, beispielsweise auf persönliche Beziehungen und Kenntnisse zurückgreifen.

Zu diesem Punkt hatten wir eine Reihe von Items mit verschieden Themen- bzw. Informationsquellen gebildet, für die wir eine Einschätzung der Wichtigkeit auf einer Ratingskala von 1-6 erfragten. Es handelte sich hierbei einerseits um "institutionalisiertes", "intern" verfügbares, meist schon medial "vorformatiertes" Material (Tageszeitungen, Agenturmeldungen, Pressemitteilungen, Ereignisvorschau[152], andere Sendungen, Kollegen aus der Redaktion). Andererseits enthielt die Liste solche Quellen, die mit persönlichen Beziehungen, individueller Kreativität, besonderer Sachkompetenz zusammenhängen (Kollegen außerhalb, Bücher, persönliche Interessen und Erfahrungen, Hobbies, Gespräche mit Freunden, Bekannten, Privatpersonen, Geistesblitz).

Das Profil in Abbildung 6 zeigt die arithmetischen Mittelwerte (Skala 1-6; 1: "spielt gar keine Rolle", 6: "spielt eine sehr große Rolle") für die Gruppen frei und fest. Die Unterschiede sind mit Ausnahme des Items "Gespräche mit Kollegen außerhalb des Landesstudios" nicht signifikant. In diesem einen Fall kreuzen die festen Mitarbeiter signifikant höher an[153].

Insgesamt fällt auf, daß die von uns hypothetisch den freien Mitarbeitern zugeschriebenen, weniger institutionalisierten Themenquellen gerade durchweg von festen Mitarbeitern höher angekreuzt werden.[154] Dazu paßt, daß die Rolle von Tageszeitungen und Agenturmeldungen (für uns typisch "konventionelle", intern

---

151 Beide Gruppen allerdings schätzen die eigene Rolle für die Themenanregung eher hoch ein: die festen Mitarbeiter mit 5,1, die freien Mitarbeiter mit 4,1 auf einer Skala von 1 bis 6. Dabei ist zu berücksichtigen, daß hier natürlich insbesondere diejenigen freien Mitarbeiter ins Gewicht fallen, die oft RVD-Dienste machen und die insofern kraft Funktion Themen vorschlagen müssen.

152 Dabei handelt es sich um einen von einer zentralen Abteilung in Baden-Baden erstellte Liste von Vorankündigungen für bestimmte "Ereignisse" (Veranstaltungen, Pressekonferenzen, Jubiläen, kulturelle Ereignisse usw.)

153 Signifikanzniveau: 0,0163.

154 Zwar sind diese Werte nicht statistisch signifikant; die Logik zieht sich aber auch (vgl. unten) bei den Informationsquellen sowie bei den von uns gebildeten Clustergruppen durch. Dabei gilt: Je höher die unterstellbare journalistische Erfahrung ist, desto eher werden auch unkonventionellere Quellen genutzt; während eher Unerfahrene durchweg auf institutionalisierte und konventionelle Quellen zurückgreifen.

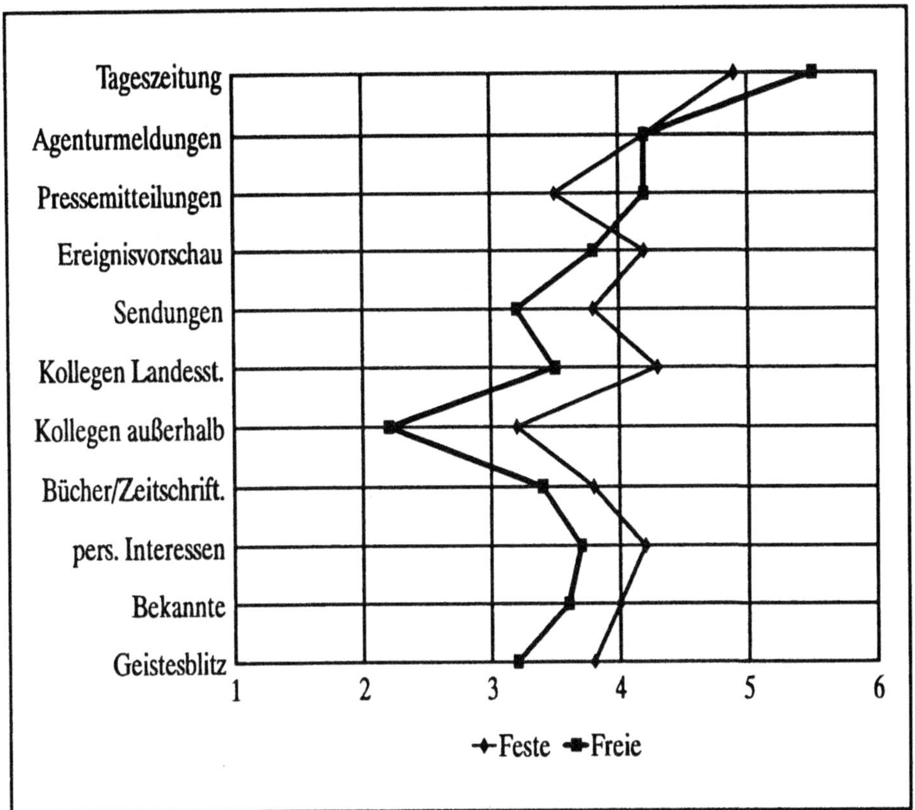

Abb. 6: Einschätzung der Bedeutung von Themenquellen (arithmetische Mittelwerte frei/fest auf einer Skala von 1=spielt gar keine Rolle bis 6=spielt eine sehr große Rolle)

verfügbare Quellen) bei den freien Mitarbeitern sogar höher ist!

Dasselbe Bild zeigt sich auch bei der Frage nach den Informationsquellen. Abbildung 7 zeigt das Profil. Der einzige statistisch signifikante Wert besteht beim Item für "Persönliche Erfahrungen"[155], umgekehrt zur Vorerwartung, aber konsistent zu den Ergebnissen bei den Themenquellen: auch hier liegen die festangestellten Mitarbeiter leicht höher.

Betrachtet man die Ergebnisse zu Themen- und Informationsquellen insgesamt, so ist vor allem erstaunlich, was für eine große Rolle Tageszeitungen als Quellen der Themen- und Informationsgewinnung spielen. Dieser Sachverhalt spiegelt sich auch in der ritualisierten Rolle der Lektüre von Tageszeitungen wider, die fester Bestandteil des redaktionellen Tagesablaufs ist. Im Konferenzraum liegen sämtliche regionalen und überregionalen Blätter, die im Sendegebiet veröffentlicht werden, aus. Konferenzbeginn ist morgens um 9 Uhr, in der Regel kommen der RVD und auch manche Mitarbeiter schon früher, um die Zeitungen zu studieren

155 auf dem 5 %- Signifikanzniveau (0.0197)

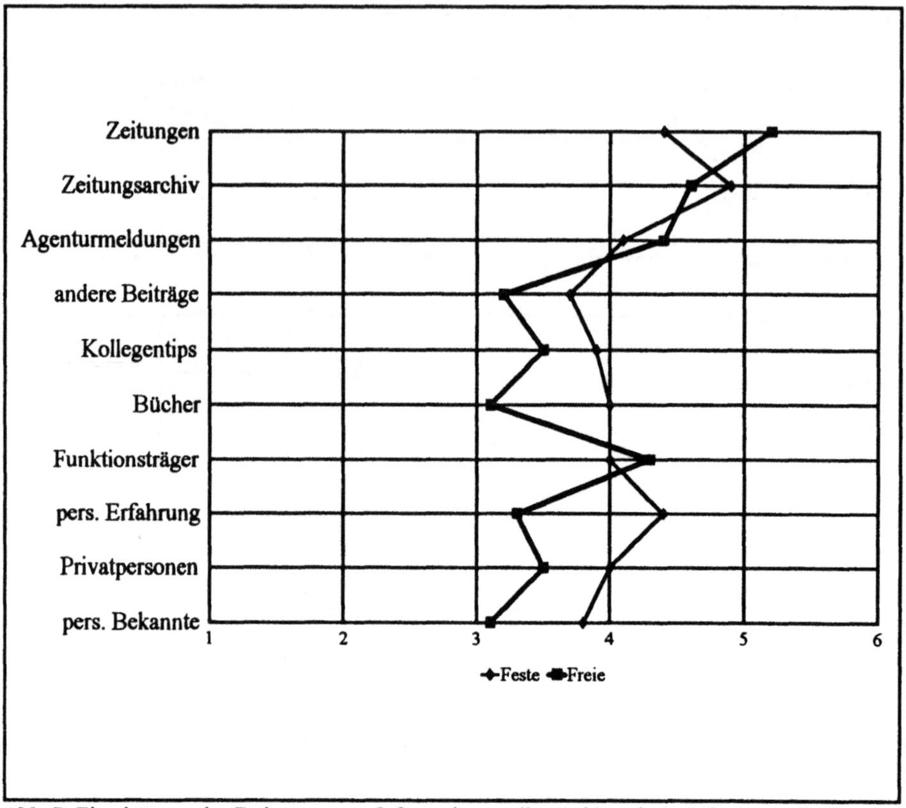

Abb. 7: Einschätzung der Bedeutung von Informationsquellen (arithmetische Mittelwerte frei/fest auf einer Skala von 1=spielt gar keine Rolle bis 6=spielt eine sehr große Rolle)

und daraus evtl. Themen zu ermitteln. Auch während der Konferenz lesen die meisten Mitarbeiter weiter Zeitung, während der RVD die Schaltkonferenz mit den angeschlossenen Studios des Südwestfunks und des Südfunks abwickelt.

Von den Mitarbeitern wird erwartet, daß sie intensiv Zeitung lesen. In einem Beobachtungsbericht aus der Redaktion S4 heißt es in Bezug auf eine Redaktionsbesprechung:

> "Der Redaktionsleiter appellierte noch an alle Freien, daß sie doch bitte bei der allmorgendlichen Terminvergabe durch den RVD nicht nur dasitzen, sondern ihrerseits Vorschläge und Anregungen einbringen sollten. Zu diesem Zweck müsse man eben noch mehr Zeitungsberichte und dergleichen lesen" (Beobachtungsbericht S4)

Deutlich wird hier nochmals, daß die Freien durchaus nicht die Rolle der großen Themenanreger spielen, eher schon wird ihre diesbezügliche Passivität beklagt. Auch der Ratschlag des Redaktionsleiters zur Themenfindung mehr Zeitungsberichte zu lesen, ist nicht gerade im Sinne unseres Speditionsmodells.

Eine freie Mitarbeiterin beschreibt die Rolle der lokalen Tageszeitung für ihre Arbeit wie folgt:

> "Ich les' sehr genau des Tagblatt und überleg mir schon zu Hause beim Frühstück, les' ich 's Tagblatt sehr genau und überleg mir da schon ahm, ob ich aus was 'n Thema machen könnte, was mer 'n bissel umändern könnte oder vor allem auch, ob da irgendwelche Sachen, die ich verpennt hab' von meinen Themen, ich hab' natürlich auch Tübinger Themen, und wenn ich dann morgens in der Zeitung lese, daß da was drüber drin is und ich hab' des selber gehabt, dann weiß ich auch schon, daß ich 'n Rüffel krieg....Die meisten Themen sind Konferenz oder Zeitungen, glaub ich, leider." (Interview 4)

Bemerkenswert ist dabei die Formulierung "ob ich aus was 'n Thema machen könnte". Themen sind, das impliziert die Formulierung, nicht einfach vorhanden, sondern sie werden "gemacht", in diesem Fall aus der Zeitung herausgelesen und etwas "umgeändert". Ich komme darauf ausführlich in Kapitel 3 zurück.

Darüber hinaus weist die freie Mitarbeiterin aber auf einen weiteren Aspekt der Rolle der Zeitungen hin - nämlich eine Kontrolle darüber zu ermöglichen, ob man ein Thema "verpennt" hat. Als maßgebliche Entscheidungshilfe für die Frage, was denn - in den Worten v. Sells - als "*relevante* gesellschaftliche" Wirklichkeit zu betrachten sei, fungiert hier wiederum die mediale *Berichterstattung* darüber. Nimmt man das mit dem Umstand zusammen, daß die "meisten Themen Konferenz oder Zeitung sind"[156], dann wird schon jetzt deutlich, daß die schlichte Unterstellung, die Medien hätten es unmittelbar mit der "gesellschaftlichen Realität" zu tun, fragwürdig ist. Sowohl für die Themenfindung als auch für die Beurteilung, was denn "relevante gesellschaftliche Wirklichkeit" (v. Sell) ist, spielt nicht diese selbst (was immer das denn auch wäre) die Hauptrolle, sondern das, was die Medien darüber berichten. [157]

Wir haben andere Fälle erlebt, bei denen die Berichterstattung anderer Medien zum Hauptkriterium für die Frage der Relevanz oder Nicht-Relevanz von Themen wurde. Das gilt sowohl für Kritik gegenüber RVDs ("Darüber hätte man berichten müssen!") in der Regel durch den Redaktionsleiter als auch umgekehrt für die Rechtfertigung von Entscheidungen ("Die anderen haben darüber auch nicht berichtet"). In einem Fall gab ein Mitarbeiter eine minutiöse Auflistung der einem Thema gewidmeten Sendezeit in anderen Programmen und des Stellenwerts in Tageszeitungen, um zu begründen, warum er dem Thema einen geringen Stellenwert beimaß.

---

156 Wobei hinzukommt, daß die Themen aus der Konferenz ebenfalls nocheinmal zu einem großen Teil Tageszeitungen entnommen sind!

157 Systemtheoretiker hätten ihre Freude daran und würden daran den selbstreferentiellen Charakter der Medien festmachen.

Eine wichtige Rolle spielt in diesem Zusammenhang aber auch der Umstand, daß das Studio zwar für Regionalberichterstattung zuständig ist, aber nicht in dem Maße vor Ort präsent sein kann, wie das für lokale Tageszeitungen der Fall ist. Eine Mitarbeiterin bemerkt:

> "Also, es fehlt halt an bisschen die Bodenbindung, die Bindung, die an Tagblattredakteur an Tübingen hat, die fehlt uns halt.... Des is des Problem, daß wir die Kontakte nicht so halten, wobei sie halt auch nicht so gepflegt werden. Des Tagblatt hat fast 30 Redakteure, die können in jede Gemeinderatssitzung sitzen... und en Freien-Mitarbeiterpool. Also, des is ne andere Infrastruktur, die die sich schaffen können." (Interview 4)

Das Problem regionaler Hörfunkberichterstattung scheint darin zu liegen, daß das Medium zwar technisch "schneller" ist, aber im Vergleich zu regionalen Tageszeitungen weniger in der Region präsentiert und sozial verankert ist. Dieses Manko scheint vor allem durch die intensive Ausbeutung der lokalen Tageszeitungen ausgeglichen zu werden.

Die "Pressemitteilungen", die auch eine erhebliche Rolle spielen, stammen zumeist aus organisierten Kontexten, die routinemäßig mit Medien zu tun haben, wie etwa politische Parteien, öffentliche Behörden, große Privatunternehmen oder kulturelle Institutionen. Auf die Frage eines Beobachters, woher er seine Themen bekommen würde, antwortete ein Kulturredakteur lakonisch: "Die kommen mit der Post" (Beobachtungsbericht K).

2.3. Integration in den Betrieb

Die Frage, wie sehr die freien Mitarbeiter in den Redaktionsbetrieb integriert sind, ist ein zentraler Punkt in der Argumentation unserer Gewährsleute. Der freie Mitarbeiter ist im Verständnis des Speditionsmodells jemand, der eine eng umrissene Dienstleistung für die Organisation erbringt und mit ihr nur sozusagen bei Auftragserteilung und -Ablieferung zu tun hätte. Eine weitergehende Integration in den Rundfunkbetrieb soll gerade vermieden werden, weil dann, in den Worten von Sells, die "außerbetriebliche Umwelt" "eingemeindet" würde.

Diesem Typ von freien Mitarbeiter sind wir in unserer eigenen Beobachtung allenfalls im Bereich der Kulturredaktion begegnet. In den anderen Redaktionen findet man überwiegend den Typus des freien Mitarbeiter, der täglich und den ganzen Tag in die Redaktion kommt und die täglichen Redaktions-Routinen (Zeitungslesen, Teilnahme an der morgendlichen und mittäglichen Konferenz, Teilnahme an der Sendung, wenn er im Hause ist, auf Termine fahren, Schlagzeilen formulieren usw.) mitmacht.

Von den 29 befragten freien Mitarbeitern im Landesstudio arbeiten 19 Mitarbeiter nach eigenen Angaben zwischen 40 und 55 (!) Stunden wöchentlich für das Landesstudio. Dabei dürften Zeiten, in denen sie beispielsweise auf ein Thema

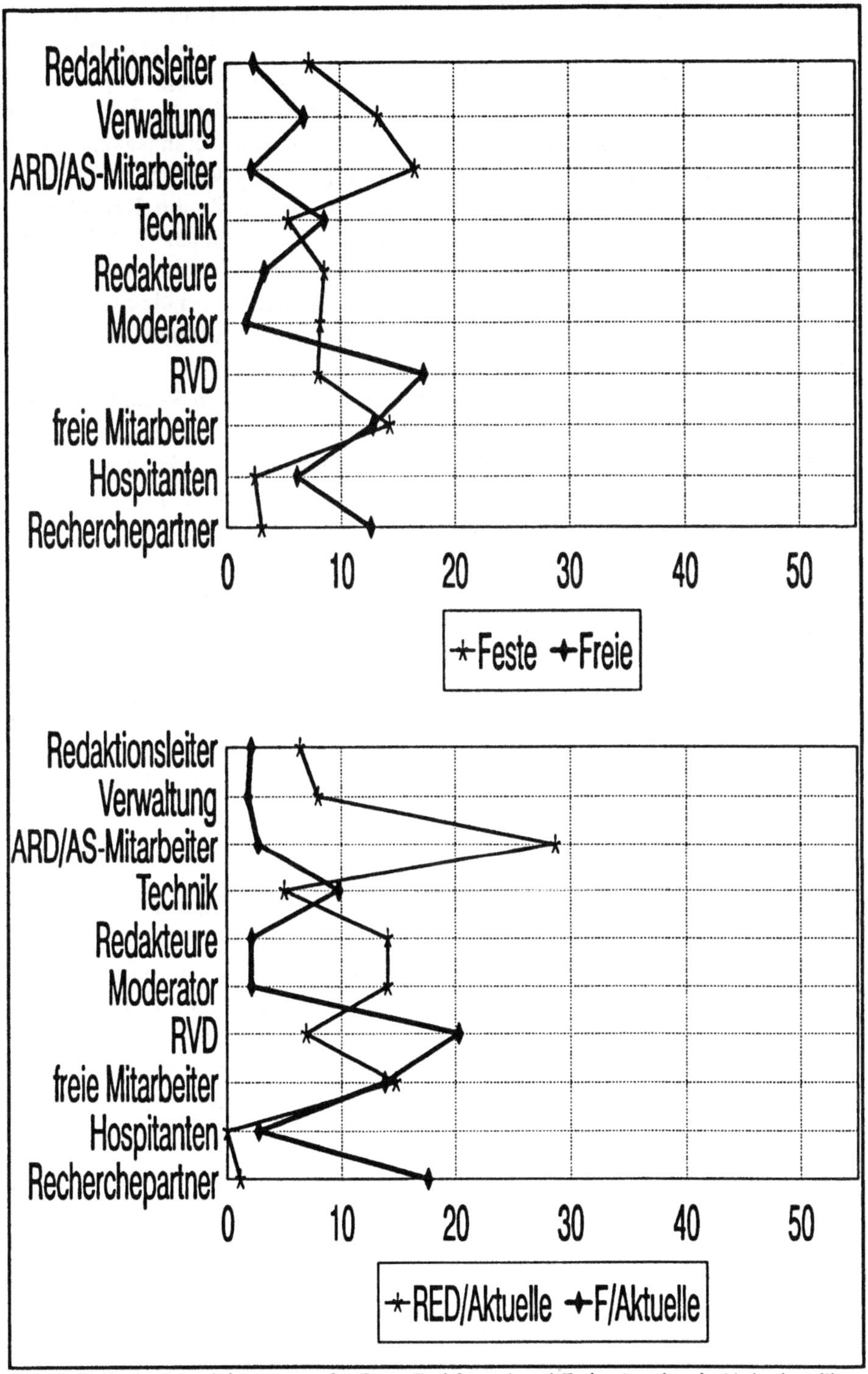

Abb. 8: Rolle der Interaktionspartner für Feste (Redakteure) und Freie; Angaben in % der jeweiligen Gesamtepisodenzahl (oben: Gesamtstichprobe, unten: Aktuelle)

warten, während der Konferenz Zeitung lesen u. dgl. mit enthalten sein. Ein Teil dieser freien Mitarbeiter ist jedoch nur periodisch tätig (beispielsweise verstärkt in Semesterferien) oder es kommt z.B. bei Studenten wegen Prüfungsvorbereitungen zu einer Reduzierung oder Aussetzung der Mitarbeit. Allerdings gaben zum Zeitpunkt unserer Erhebung nur 5 Mitarbeiter für die vorangegangenen 18 Monaten mehr als ein zusammenhängendes Tätigkeitsintervall an. [158] 24 der 29 freien Mitarbeiter des Landesstudios geben an, täglich in die Redaktion zu kommen. Nur auf Abruf oder je nach eigener Zeit kommen: 9 Mitarbeiter. Bescheid sagen, wenn sie einmal nicht kommen, müssen nach eigenen Angaben 22 der 29 freien Mitarbeiter. Von diesen Angaben her muß man also überwiegend von einer sehr starken zeitlichen Integration und Involvierung der freien Mitarbeiter in den täglichen Redaktionsbetrieb ausgehen.

Daß die freien Mitarbeiter ein fester Faktor im täglichen Redaktionsbetrieb sind, zeigt sich auch etwa daran, daß in den Redaktionen "Aktuelles", "Unterhaltung" und "S4" die freien Mitarbeiter ein eigenes Zimmer haben (das "Freienzimmer" oder, wie es bei den S4lern heißt: das "Bimbozimmer"). Diese Zimmer sind wie die Büros der Redakteure mit Schreibtischen (die allerdings nicht für alle Mitarbeiter ausreichen), Telefonanschlüßen usw. ausgerüstet. Das gilt allerdings nicht für die Kulturredaktion: hier haben die freien Mitarbeiter immerhin noch Fächer mit Namen, in denen Mitteilungen, Material, Aufträge usw. hinterlegt werden können.

Als weiteren Indikator für die soziale und organisatorische Integration haben wir sowohl in Fragebogen als auch in der Arbeitsbeobachtung die Kontakthäufigkeiten mit verschiedenen Kategorien von Personen während der täglichen Arbeit abgefragt bzw. ermittelt. Eine besondere Rolle spielt dabei das Verhältnis von Binnen- und Außenkontakten.

Bei den freien Mitarbeitern müßte man im Sinne des Speditionsmodells eine größere Rolle von Außenkontakten erwarten. Abbildung 8 zeigt Profile, die die Personenkontakte betreffen, die wir bei der Arbeitsbeobachtung aufgezeichnet haben. Der Wert gibt jeweils den Anteil der unterschiedlichen Personenkategorien an der jeweiligen Gesamtepisodenzahl an. Oben sind die Werte der Auszählung für alle Mitarbeiter festgehalten, unten nur für die aktuelle Redaktion. Die Unterschiede sind bis auf den Wert für die freien Mitarbeiter bezüglich der beiden Gruppen "frei" und "fest" signifikant (vgl. Tabelle in Anhang 8). Folgende Tendenzen sind schon bei der Gesamtauszählung der Beobachtungsdaten für alle Redaktionen deutlich:

- Freie haben in der Tat mehr mit Externen (Recherchepartnern) und mehr mit technischem Personal zu tun.
- Feste nehmen demgegenüber eher routinisierte, institutionalisierte Außenkon-

158 Darunter sind allerdings, was die Sache etwas verkompliziert : 13 Mitarbeiter, die weniger als ein halbes Jahr freie Mitarbeiter sind.

takte wahr: insbesondere in der täglichen Schaltkonferenz und in Telefonaten mit Außenstudios und anderen SWF- bzw. ARD-Einrichtungen.

- Bei den Festen spielen Binnenkontakte eine größere Rolle: Verwaltungspersonal (Sekretärinnen, Disposition), andere Redakteure; höhere Instanzen (Redaktionsleiter, Studioleiter).
- Für Freie wie Feste spielt der Kontakt mit Freien eine erhebliche Rolle.
- Der Redakteur vom Dienst stellt, was die Episodenbelegung anbelangt, die wichtigste Bezugsperson der freien Mitarbeiter dar.

Bei dem Profil für die *aktuelle Redaktion* (Abb. 8, unten) treten manche Trends noch stärker hervor. So spielen die Interaktionen des festangestellten Redakteurs mit Mitarbeitern der ARD- und Außenstudios eine ganz erhebliche Rolle. Das hängt mit der RVD-Funktion zusammen, die vor jeder Sendung unzählige Anrufe meist organisatorischer Art zur Beitragsbeschaffung nötig macht. Freie Mitarbeiter haben, zumindest in ihrer Funktion als Reporter, sehr wenig Kontakte zu dieser Personenkategorie. Eine gleichfalls untergeordnete Rolle spielen die Kontakte des freien Mitarbeiters zu anderen Redakteuren - auch hier gibt es für Freie (wenn sie nicht gerade RVD sind) keinen Anlaß zur Zusammenarbeit. Dasselbe trifft für den Moderator zu. In der aktuellen Redaktion verstärken sich diese Trends - die Redaktion ist insgesamt größer, die Funktionen sind ausdifferenzierter, die Redakteure treten, wenn sie nicht gerade Redaktionsdienste innehaben, im täglichen Betrieb viel weniger in Erscheinung wie in den kleineren Redaktionen "Unterhaltung" oder "Kultur". Dagegen spielt der RVD in den Interaktionen des freien Mitarbeiters die Hauptrolle, gefolgt von Recherchepartnern und anderen freien Mitarbeitern.

Man kann einwenden, daß nicht nur die Kontakt*häufigkeit* von Belang ist, sondern auch die Kontakt*intensität*. Abbildung 9 zeigt für die Mitarbeiter der aktuellen Redaktion neben dem Profil für die Häufigkeit der Episodenbelegungen auch die absolute Dauer der Kontakte in Minuten. Das Profil als solches und damit die Rangfolge der Personenkategorien bleibt für die einzelnen Mitarbeiter gleich. Es ergeben sich jedoch in einzelnen Fällen gewisse Verschiebungen im Verhältnis zwischen den beiden Mitarbeitern.

So weist das Diagramm für den (festangestellten) RVD zwar eine geringere Kontakthäufigkeit mit Technikern aus, dafür aber dauern diese Kontakte insgesamt länger. Das liegt insbesondere daran, daß er den gesamten Sendungsablauf bei der Ausstrahlung überwacht und während dieser Zeit natürlich ständig mit den Technikern zusammen ist, während der freie Reporter zwar öfters, aber auch punktueller mit den Technikern zu tun hat. Eine Verschiebung ergibt sich für den festen Mitarbeiter bei den Interaktionspartnerkategorie "Redakteure" und "Freie" - das könnte man zurückführen auf den höheren Anteil an informellen Gesprächen mit den Redakteuren, die eher länger dauern als kurze Absprachen mit freien Mitarbeitern.

Beim freien Mitarbeiter ergibt sich die wichtigste Verschiebung bei der Kategorie "RVD" und "externe Recherchepartner". Mit dem RVD hat er zwar mehr Episoden, dagegen dauern die Episoden mit Außenstehenden durchschnittlich

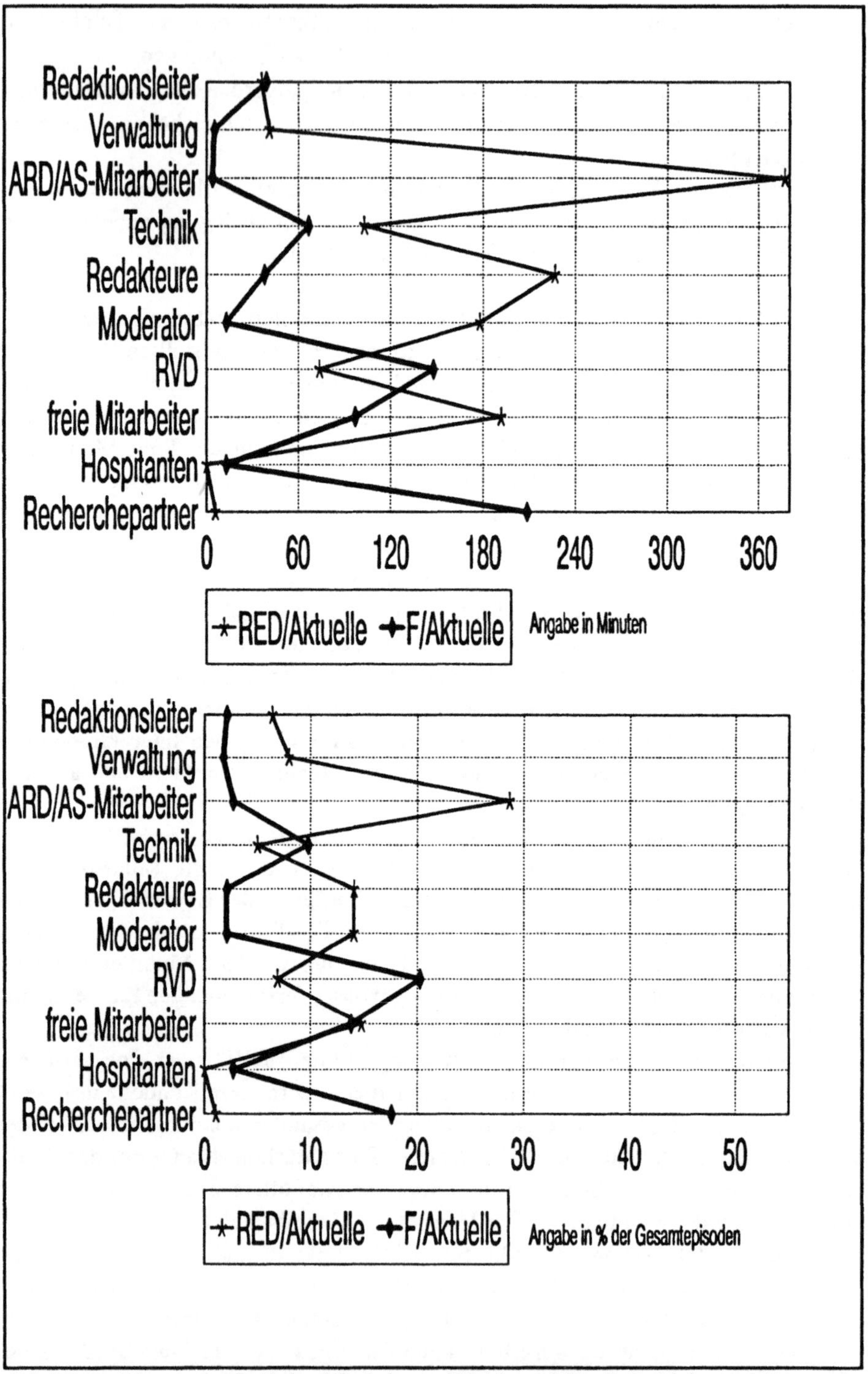

Abb. 9: Interaktionspartner für Freien Mitarbeiter und Redakteur /Aktuelle Redaktion nach Summe der Dauer der jeweiligen Episoden und nach % der jew. Gesamtepisodenzahl

länger. Das kann man auf den geringeren Routinisierungsgrad der Interaktionen mit Externen zurückführen, die ja immer längere Informationsgespräche, Erläuterungen, Nachhaken, Erklärungen usw. erforderlich machen. Insgesamt kann man die Daten als eine partielle Bestätigung der Integrationsvermutung ansehen. Bei den festen Mitarbeitern spielen in der Tat Binnenkontakte ein weit größere Rolle, während die freien Mitarbeiter schwergewichtig die Außenkontakte tragen. Berücksichtig man die Rangfolge ihrer Kontakte insgesamt, muß man allerdings hervorheben, daß diese Außenkontakte ein Gegengewicht in den Interaktionen der Freien mit dem zuständigen RVD finden.

Relevant für die Frage der Integration ist natürlich auch die Frage der *informellen Einbindung* der freien Mitarbeiter. Wir hatten hierfür in unserem Beobachtungsschema die Kategorie "I" vorgesehen, die jedesmal dann zu vergeben war, wenn es zu Interaktionen und zu Gesprächen über Themen kam, die mit der unmittelbaren Arbeit nichts zu tun hatten. Beispielsweise Gespräche über Fussball, über "chinesische Dampfkochtöpfe", "die Haltbarmachung von Pilzen durch radioaktive Bestrahlung" (Zitate aus Beobachtungsbericht A), Redaktions- und Studioklatsch, Bewertungen von Personen oder vergangenen Beiträgen usw..

Interessant ist in diesem Zusammenhang, mit wem diese informellen Gespräche vorrangig geführt werden und welche Unterschiede zwischen festangestellten und freien Mitarbeitern sich zeigen lassen. Die Ergebnisse von Kreuztabellierung der "I"-Interaktionsepisoden mit den Personenkategorien stellt Abbildung 10 für die Gesamtstichprobe und für die in der aktuellen Redaktion beobachteten Episoden dar, jeweils nach freien und festangestellten Mitarbeitern getrennt.

Auch hier zeigt sich wieder, daß das Episodenprofil der aktuellen Redaktion Tendenzen der Gesamtstichprobe verstärkt. Der Hauptunterschied besteht im Anteil der informellen Interaktionen mit der Kategorie "Verwaltung". Das ist dadurch zu erklären, daß die Redaktionsassistentinnen in den Redaktionen Kultur und Unterhaltung ganz allgemein eine wichtigere Rolle im Redaktionsbetrieb spielen (sie übernehmen dort nicht selten auch redaktionelle Arbeiten) und so natürlich auch in den informellen Interaktionen. Hinzukommt, daß dort die Büros und redaktionellen Arbeitsräume dicht beieinanderliegen.

Bei den Aktuellen zeigen sich für den freien und den festangestellten Mitarbeiter zwei wichtige Unterschiede. Für den Redakteur sind die primären Gesprächspartner für informelle Gespräche in erster Linie andere Redakteure und der Moderator. Mit dem Letztgenannten hat er durch den RVD-Dienst ohnehin den ganzen Tag zu tun, während sich mit den Redakteuren eigentlich weniger Anknüpfungspunkte über laufende Arbeiten ergeben. Für den freien Mitarbeiter sind andere freie Mitarbeiter die vorrangigen Gesprächspartner für informelle Gespräche. Auch hier erscheint aber wieder an zweiter Stelle der RVD, an dritter Stelle dann die Technik.

Sowohl für den RVD als auch für den Reporter gilt, daß sie von der Arbeit her gesehen mit Redakteuren bzw. anderen freien Mitarbeitern nicht primär zu tun

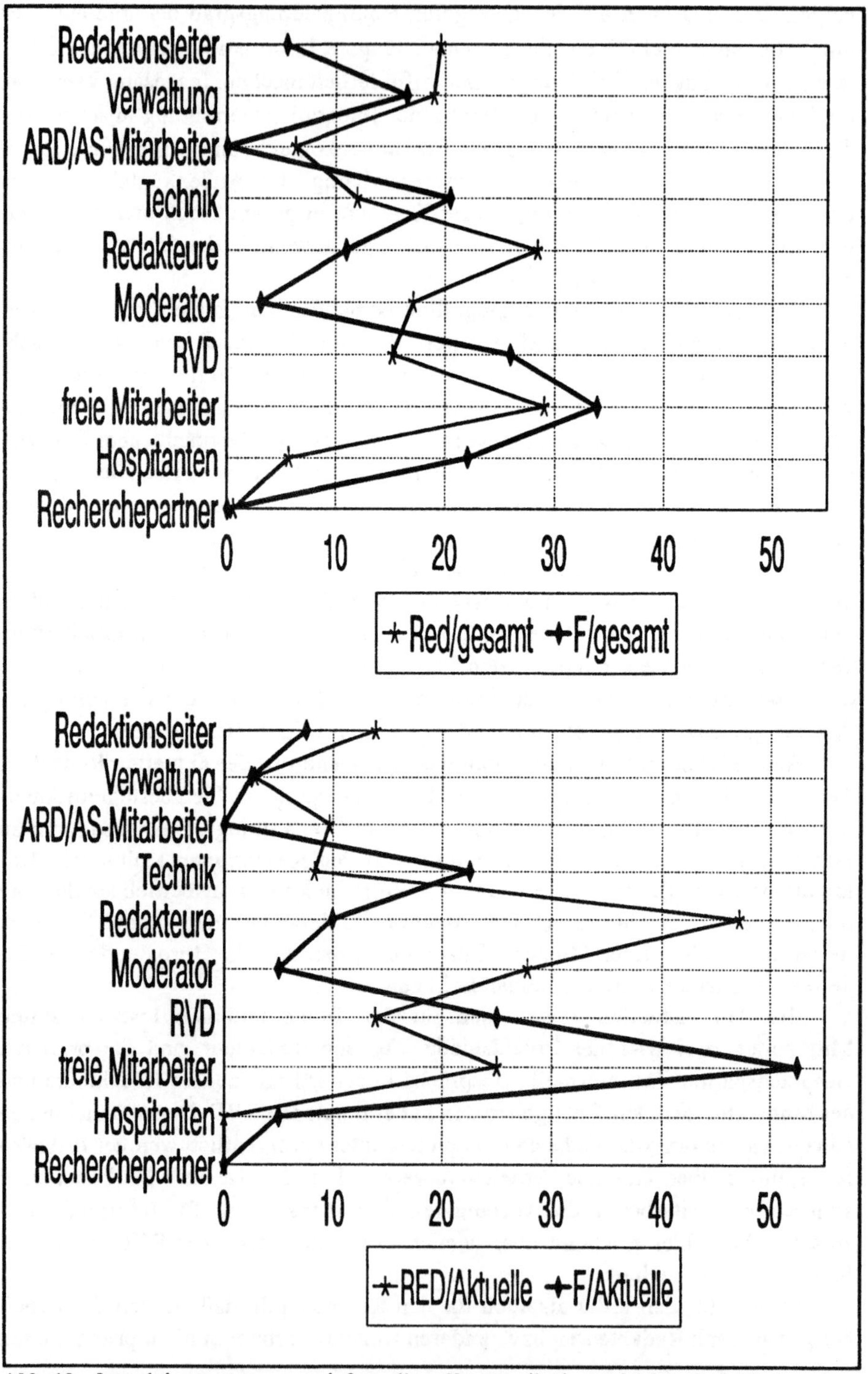

Abb. 10: Interaktionspartner von informellen Kommunikationsepisoden Freie/Feste, oben: Gesamtstichprobe, unten Aktuelle (Angaben in % der jeweiligen "I"-Gesamtepisodenzahl)

haben.[159] Besonders bei den freien Mitarbeiter versteht sich diese informelle Kontaktdichte auch insofern nicht von selbst, als man von einer gewissen Konkurrenz um Themen ausgehen kann. Eine Rolle spielt in diesem Zusammenhang der gemeinsame Büroraum und allgemein natürlich die Statusgleichheit.

Mit der gebotenen Vorsicht könnte man aufgrund dieses Befunds unterstellen, daß sich eine Differenzierung der informellen Kommunikationsnetze nach Anstellungsstatusgruppen ergibt. Schwierig ist dieses Datum allerdings auf die Frage der geringeren oder größeren Integration der freien Mitarbeiter in den Betrieb hin zu deuten. Eindeutig ist, daß sie nicht in dem Maß in die "inneren" informellen Kommunikationsnetze eingebunden sind wie die festangestellten Mitarbeiter.

Wir haben in unserer schriftlichen Befragung einen weiteren Indikator für den Grad der Integration der freien Mitarbeiter mit aufgenommen: nämlich welche Personen für den freien Mitarbeiter entscheidend sind, wenn es um Gütekriterien für die Qualität seiner Beiträge geht. Festgemacht haben wir das an der Frage, von wem die freien Mitarbeiter hauptsächlich "Kritik" ihrer Beiträge erhalten und von wem sie sich Ratschläge zur inhaltlichen und formalen Gestaltung ihrer Beiträge einholen.[160] Auch hier könnte man vermuten, daß, wenn die Freien in geringerem Maße in den Betrieb integriert sind, sie sich solche Einschätzungen eher von Außenstehenden holen, und insofern eine größere Loyalität gegenüber "externen" Instanzen aufweisen.

In Abbildung 11 sind die Mittelwerte einer sechstufigen Rating-Skala nach freien und festen Mitarbeitern abgetragen. Die Frage lautete "Von wem erhalten Sie Kritik bzw. Bewertungen Ihrer Arbeit?", der Wert 1 bedeutet "nie", der Wert 6 bedeutet "sehr oft". Es zeigt sich zunächst der überraschende Sachverhalt, daß die Profile der freien und festen Mitarbeiter nahezu gleichförmig verlaufen, es kommt allenfalls zu geringen Gewichtungsunterschieden.

Die einzig signifikanten Unterschiede beziehen sich auf den Hörfunkdirektor und den Studioleiter, allerdings auf sehr niedrigem Niveau.[161] Beide Instanzen spielen auch bei den Festen eine geringe Rolle für Kritik und Bewertungen, bei ihnen liegt der Wert aber immerhin etwas höher. Dasselbe gilt für das Item "Hörer". Im Sinne des Speditionsmodells hätte man hier - die Freien als Bindeglied zur gesellschaftlichen Umwelt - erwarten dürfen, daß diese höher liegen. Die Hörer sind aber auch für die freien Mitarbeiter eine abwesende Größe.

Bei allen anderen Items sind die Unterschiede verschwindend: jedoch zeigt sich hier ein schwacher Trend, der schon mehrfach festgestellten Tendenzen entspricht: für die festangestellten Mitarbeiter spielen höhere Instanzen eine etwas größere Rolle als bei den Freien. Für die freien Mitarbeiter ist auch hier der RVD

159 vgl. die Tabellen 4 und 5

160 Auch in der Arbeitsbeobachtung hatten wir dazu Kodes gebildet: FB für "feedback" und KS für "Konsultation". Die Kategorien sind jedoch mit 3,4 % (KS) und 1,7 % (FB) sehr gering belegt, so daß sich bei Kreuztabellierungen sehr kleine Werte ergeben, die wenig aussagekräftig sind.

161 Eine Erklärung wäre wohl die geringe Streuung, die bewirkt, daß geringere Unterschiede signifikant werden.

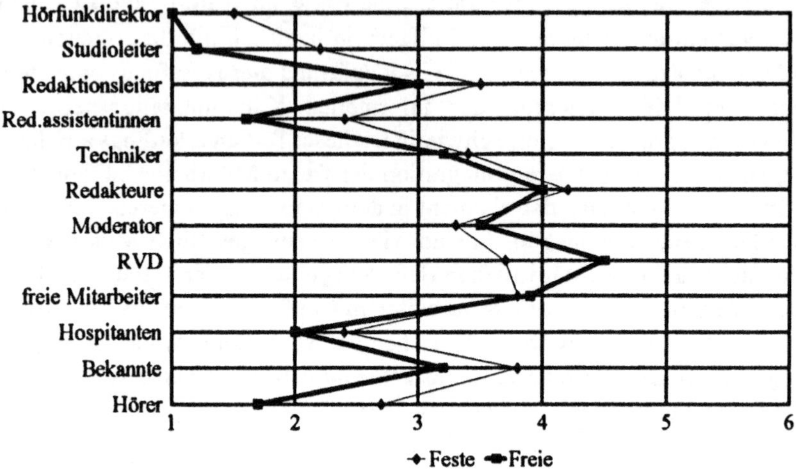

Abb. 11: Antworten auf die Frage "Von wem erhalten Sie Kritik...?" Freie /Feste (arithmetische Mittelwerte auf einer Skala von 1=nie bis 6=sehr oft)

die entscheidende Bezugsperson, gefolgt dann allerdings von Redakteuren und anderen freien Mitarbeitern auf etwa gleichem Niveau. Das Item "Bekannte" liegt ebenfalls bei den Festen leicht höher. Im Sinne des Speditionsmodells hätten Bekannte und Freunde des freien Mitarbeiters eine größere Rolle spielen müßen als bei den Festen.

Im Unterschied zur Frage nach "*Kritik*" zielt die Frage "Wen fragen Sie bei Dingen, die ihre Arbeit betreffen, um *Rat*?" eher auf eine vom Mitarbeiter selbst eingeholte Bewertung und Hilfe. Abbildung 12 zeigt die zugehörigen Profile. Bei zwei Items kommt es zu signifikanten Unterschieden: Freie holen sich mehr Rat beim RVD und bei anderen freien Mitarbeitern wie die festangestellten Mitarbeiter.[162] Vergleicht man die Werte bei "Rat einholen" mit den Werten für Kritik, fällt auf, daß Redakteure bei Redakteuren weniger Rat *einholen*, dafür aber mehr Kritik von Kollegen *erhalten*, während freie Mitarbeiter von Freien weniger Kritik *bekommen*, aber mehr Rat *einholen*. Das deutet auf einen Umstand hin, der gleich zum Thema werden wird, nämlich auf ein höheres *wahrgenommenes Erfahrungsgefälle* bei den freien Mitarbeitern. Externe Instanzen spielen für die freien Mitarbeiter eine noch geringere Rolle wie bei der "Kritik". Ein

162 Die Signifikanzniveaus liegen im einen Fall unter 5% (RVD um Rat fragen: 0.280) und im anderen Fall bei 1 % (Freie um Rat fragen: 0.0104)

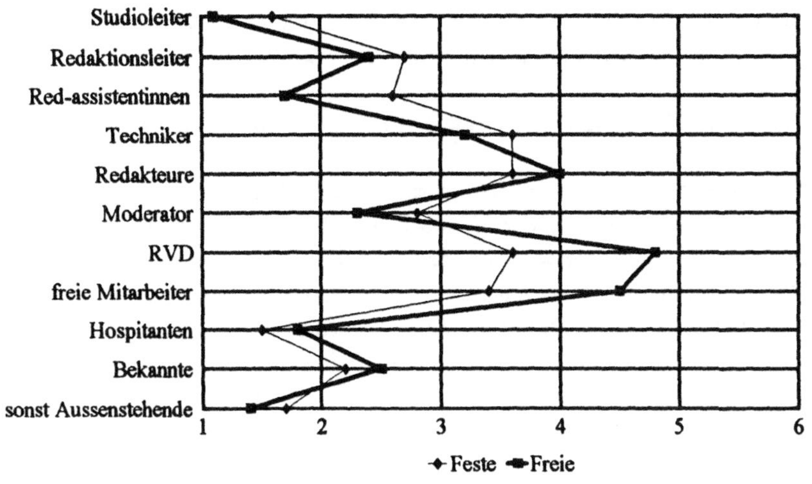

Abb. 12: Antworten auf die Frage "Wen fragen Sie bei Dingen, die Ihre Arbeit betreffen, um Rat?" Freie/Feste (arithmetische Mittelwerte auf einer Skala von 1=nie bis 6=sehr oft)

durchlaufender Trend setzt sich auch hier durch: wichtigster Ansprechpartner für die freien Mitarbeiter sind auch im Falle von Konsultationen der RVD und die freien Mitarbeiterkollegen.

Insgesamt gibt es also in unseren Daten keinerlei Anhaltspunkte für eine höhere Loyalität der freien Mitarbeiter gegenüber betriebsfremden, externen Instanzen. Man muß allerdings auch in dieser Hinsicht, wie schon bei den informellen Interaktionen, die wichtige Rolle der freien Mitarbeiter für die freien Mitarbeiter hervorheben. Dafür sprechen auch die sozialen Kontexte, in denen Kritik geäußert wird. Schon bei unserer Arbeitsbeobachtung war uns aufgefallen, daß Kritik oder Bewertungen von Sendungen und Beiträgen, wenn sie überhaupt vorkommt, sich eher nebenbei, etwa im Rahmen informeller Gespräche ergeben. Institutionalisierte Kontexte (wie etwa die tägliche Konferenz) werden, wenn überhaupt (und abhängig vom RVD oder auch von gelegentlichen Interventionen des Redaktionsleiters) allenfalls für eine pauschale Sendungskritik genützt. Eine Mitarbeiterin bestätigt in einem Interview diesen Eindruck, und hebt zugleich auf die Wichtigkeit von Rückmeldungen von anderen freien Mitarbeitern ab:

"*Interviewer*: Gibt es da mehr oder weniger institutionalisierte Formen, wo man Beiträge bespricht, kritisiert?
Mitarbeiter: An sich die Mittagskonferenz. <-> Da wird, des ist von RVD zu RVD verschieden, wie stark da kritisiert wird, im Moment wird sehr wenig

kritisiert..... da ist aber da meistens schon die Hauptkritik, indem mer fast immer dann eigentlich nach der Mittagsmoderation zusammen essen geht, und dann ne Stunde lang verdaut was, was in der, ähm, Sendung gelaufen ist... Da kommt viel, also wir bereden eigentlich viel miteinander so in der Stadt... Ja, also grad auch wir Freien untereinander. Mehr, viel mehr als in den Konferenzen.
Interviewer: Des spielt 'ne größere Rolle, die sozusagen Kritik auf der gleichen Ebene?
Mitarbeiter: Ja, für mich spielts 'ne sehr viel größere Rolle, wenn en Freier von dem ich, von dessen Beiträge ich viel halte, wenn der zu mir sagt: wieso hast es so gemacht, oder was kam denn da noch 'raus oder so, als wenn dann in der Konferenz des besprochen wird, weil in der Konferenz hams nicht alle gehört und <-> naja, es ist halt so ein "vorgeführtwerden". Des is' manchmal sinnvoll, jemanden vorzuführen, aber oft halt auch nicht, ne? Is' aber auch kolossal 'ne Frage des Selbstbewußtseins. Des Selbstbewußtsein zu haben, andere, jemanden vor anderen Leuten zu kritisieren oder dem Stand zu halten, daß ein jemand vor anderen angreift. Also, ich würd' da auch nie irgendwas Negatives über 'nen Hospitantenbeitrag auf der Konferenz sagen, des is' ja, is' ja die Hölle für den." (Interview 4)

Zur Erläuterung: Die Mitarbeiter, die bei der Mittagssendung anwesend sind, gehen hinterher in kleinen Gruppen oft gemeinsam zum Mittagessen "in die Stadt" (das Studio liegt auf einem Hügel im Grünen etwas außerhalb der Innenstadt). Das ist ein betont informell-kollegialer Kontext. Die Konferenz erscheint dagegen eher in einer Semantik, die ein Forum zur Inszenierung von an Hierarchien orientierten Schaukämpfen nahelegt. Eine Machtproblematik scheint hier ins Spiel zu kommen, der man durch Formen der Kritik in kleinen informellen Rahmen auszuweichen scheint.
Die eher assymmetrische Form von Kritik in der Konferenz scheinen Formulierungen nahezulegen wie die, "daß man das aushalten muß", "Selbstbewußtsein" haben muß. In dieser Logik werden die Hospitanten als Beispiel für Mitarbeiter bemüht, bei denen das schon insofern nicht der Fall ist, als sie am unteren Ende der Hierarchie stehen Schon die Formulierung "jemanden vorführen" suggeriert einen impliziten"Tribunal"charakter.

Vorwiegend scheint nach meinem Eindruck der Redaktionsleiter die Konferenz für dosierte, z. T. indirekte, in Form von Anspielungen erfolgende Formen von Kritik zu nützen, denen dann allerdings in der Folge die Redaktion eine erhebliche Aufmerksamkeit beimißt. In einem Fall leitete der Redaktionsleiter eine Kritik an der Sendung des Vortages mit den Worten ein "Wie fanden Sie denn die Schuttgeschichte in der gestrigen Mittagssendung" - er erfragte also scheinbar ein kollegiales Urteil, um dann eine eigene Kritik an Gewichtung und Plazierung des Beitrags anzufügen.

Schon diese Strategie zeigt einen recht komplizierten Umgang mit Kritik, die den Eindruck einer "Bloßstellung" und hierarchischen Zurechtweisung durch die

Einkleidung in die Initiation einer scheinbar harmlosen kollegialen Diskussion zu vermeiden sucht.[163] Dennoch schloß der betroffene RVD an die Äußerungen des Redaktionsleiters mit verschiedenen Rechtfertigungsstrategien an und die "Intervention" (wie die Äußerung dann in der Folge aufgefaßt wurde) war im Laufe des Tages Gegenstand mehrmaliger Gespräche zwischen Redakteuren. Auch andere von uns beobachtete Beispiele lassen uns die Bewertung eines Mitarbeiters plausibel erscheinen, daß der Redaktionsleiter die Redaktion durch eine "subtile Führung" "in Schach hält" ("mal hier einen lobt und mal da eim wieder n Schuß vor den Bug knallt"). Allerdings scheint die vom Redaktionsleiter ausgehende Kritik sich schwergewichtig eher auf festangestellte Mitarbeiter zu beziehen.

2.4. Differenzierung der freien Mitarbeiter

Eine weitere wesentliche Implikation unseres Ausgangsmodells bestand in der These, daß freie Mitarbeiter, insofern sie einen hervorragenden Bezug zu bestimmten Umweltsegmenten unterhalten, für die Programmproduktion im wesentlichen *inhaltliche* Spezialkompetenzen beisteuern. Das müßte mit einer größeren Spezialisierung auf bestimmte Themen und Inhalte korrespondieren.

Es ist einer der zentralen Ergebnisse unserer Studie, daß das nicht so ist, sondern daß die freien Mitarbeiter in einer ganz anderen Dimension, nämlich dem Grad der Beherrschung formaler Kompetenzen differenzierbar sind. Genau dieser Umstand hat uns veranlaßt, parallel zu dem "Speditionsmodell" ein konkurrierendes Modell "Freie Mitarbeit als professionelle Sozialisation" zu formulieren. Dieses Argument wird noch ausführlich zusammen mit den wesentlichen Befunden zur Sprache kommen (Kapitel 4).

Ich begnüge mich an dieser Stelle mit einigen pauschalen Hinweisen. Bereits bei der Arbeitsbeobachtung kamen wir zu dem Eindruck, daß sich Spezialkompetenzen entweder gerade bei *festen* Mitarbeitern finden oder aber nur bei solchen freien Mitarbeitern, die sich durch langandauernde Mitarbeit und eine hohe zeitliche und soziale Integration in die Redaktionen auszeichnen. Solche Spezialkompetenzen (beispielsweise für bestimmte Themen) sind dann aber nicht durch einen privilegierten "außerbetrieblichen" Bezug zu bestimmten Kontexten gegeben (wie vom Speditionsmodell unterstellt), sondern gerade im Laufe der Tätigkeit als freier Mitarbeiter erworben. Beispielsweise, indem sich durch mehrmalige Beiträge des betreffenden Mitarbeiters zu einem bestimmten Themenkomplex ("Sinti und Roma", "Universitätsberichterstattung" usw.) eine Art informelle Zuständigkeit herausgebildet hat. So äußerte sich eine Mitarbeiterin auf die Frage,

163 Hier liegt, könnte man sagen, ein strukturelles Problem von professionellen Bürokratien vor. An sich widersprechen formelle Assymmetrien diesem Strukturierungsprinzip. Empirisch gibt es aus guten Gründen immer Hierarchien, was dann zu einem sehr komplizierten und prekären Umgang mit Kritik, Tadel, Anweisungen usw. führen muß.

ob sich eine Entwicklung ihrer Arbeitsweise im Laufe ihrer mehrjährigen Tätigkeit ergeben habe, sinngemäß so: Einerseits sei sowohl ihr Spektrum an beherrschten Formen als auch an Themen größer geworden, *zugleich* habe sie aber auch Spezialinteressen an bestimmten Themen entwickelt, und könne das in der Zwischenzeit auch gegenüber den anderen Mitarbeiter durchsetzen:

> "Ich hab' natürlich im Lauf der Zeit mehr den Überblick gekriegt, was an attra- , was für mich ein attraktives Thema is' und ich hab' auch mehr Selbstbewußtsein gekriegt in der Konferenz zu sagen, 'des möcht ich machen' und bei dem anderen irgendwie nix zu sagen und zu gucken, daß ich mich drücken kann. Des war natürlich am Anfang auch nich'." (Interview 4)

In unserer schriftlichen Befragung hat sich dieses Muster bestätigt. Das recht abschreckend formulierte Item "Ich nehme alle Themen an, die mir vorgeschlagen werden" kreuzten die freien Mitarbeiter auf der sechsstufigen Skala (1: stimme gar nicht zu; 6: volle Zustimmung) immerhin mit einem durchschnittlichen Wert von 3,1 an.[164] Die festangestellten Mitarbeiter kreuzen durchschnittlich 1,2 an. Bei der Frage nach dem Grad der Themenspezialisierung kommen die freien Mitarbeiter auf einen Wert von 3,8, während die Eigeneinschätzung der festen einen Durchschnittswert von 4,7 annimmt. Auch bei der Frage, ob sie "einen bestimmten Stil" hätten, ihre Beiträge zu machen, haben die Festen eine leichte Tendenz zu höherer Ankreuzung. Bei solchen Freien, die sich im Grad ihrer Integration in den Redaktionsbetrieb, im Tätigkeitsprofil und in der Berufserfahrung von den Festen weniger unterscheiden, liegt der Durchschnittswert für "nehme alle Themen an" signifikant niedriger, für "Spezialisierung auf bestimmte Themen" hingegen signifikant höher. Dasselbe trifft auf die Selbstzuschreibung eines "eigenen Stils" zu (vgl. dazu genauer Kapitel 4).

Wir hatten bereits oben bei der Frage der Themen- und Informationsquellen gesehen, daß gerade die festangestellten Mitarbeitern dazu tendierten, persönlichen Interessen und Hobbies einen höheren Stellenwert für ihre Arbeit einzuräumen und auch sonstige externe Elemente in die Arbeit einfließen zu lassen.

Das deutet alles zusammengenommen darauf hin, daß man *nicht davon ausgehen, daß sich die freien Mitarbeiter in besonderer Weise nach inhaltlichen Spezialkompetenzen differenzieren lassen*. Und wo das möglich ist, da ist es nicht auf einen priviligierten Zugang zu bestimmten Umweltsegmenten zurückzuführen, sondern ganz im Gegenteil auf eine *im Verlauf der Tätigkeit* als freier Mitarbeiter erworbene Spezialkompetenz für bestimmte Themen.

Was wir allerdings zeigen können, ist, daß sich die freien Mitarbeiter sehr wohl nach dem *Grad ihrer Beherrschung formaler journalistischer Kompetenzen* dif-

---

164 Bei den ermittelten Clustergruppen liegt er bei den freien Mitarbeitern, die die meisten Beiträge produzieren, selbst aber noch keinen RVD machen, gar bei 4,1.

ferenzieren lassen. Das zeigt sich vor allem darin, daß sie, je länger sie journalistisch tätig sein, desto mehr verschiedene journalistische *Formen* beherrschen und desto mehr auch für Funktionen wie Moderation und sogar für RVD-Dienste herangezogen werden. Unterstellte das Speditionsmodell, daß die freien Mitarbeiter ihren Wert gerade in ihrer "Nicht-Integriertheit" in den redaktionellen Betrieb haben, können wir zeigen, daß man ganz im Gegenteil von einer im Laufe der (oft mehrjährigen) Tätigkeit als freier Mitarbeiter *zunehmenden Integration* ausgehen kann. Der Teil 5 wird sich damit ausführlich beschäftigen.

Damit aber legt sich - zumindest für den von uns untersuchten Fall - die Vorstellung von "freier Mitarbeit als professioneller Sozialisation" nahe. Der Studioleiter des Tübinger Landesstudios kleidete das in die Formulierung, daß das Landesstudio auch die Funktion einer "Nachwuchsbäckerei" für den Südwestfunk habe. Die universitäre Umgebung des Landesstudios in Tübingen spielt hier natürlich eine wichtige Rolle. Viele freie Mitarbeiter rekrutieren sich aus Studierenden, die hier - in der Regel noch während des Studiums - erste Berufserfahrungen sammeln. In der Tat sind die freien Mitarbeiter im Schnitt verhältnismäßig jung: Der Median liegt bei 27, das arithmetische Mittel bei 29 Jahren; 17 der Mitarbeiter studieren noch, von den anderen 16 hat ein Teil sein Studium erst vor kurzem beendet.

2.5. Zwischenresumée

Die Ergebnisse, die sich überwiegend aus unseren standardisierten Verfahren ergeben haben, geben, bezogen auf die Ausgangshypothesen, insgesamt ein ambivalentes Bild. Zwar konnten wir bestimmte Anhaltspunkte ermitteln, die im Rahmen des von uns so genannten "Speditionsmodell" interpretiert werden können:

- So tragen die freien Mitarbeiter in der Tat schwergewichtig zur Herstellung des "Umweltbezugs" der Organisation insofern bei, als sie es sind, die überwiegend die Kontakte zu Recherchepartnern leisten
- So tragen sie schwergewichtig das Beitragsaufkommen und leisten die auf Inhalte bezogene Produktion von Beiträgen (Mintzberg würde von "basic work" sprechen).
- So läßt sich alles in allem eine geringere Integration feststellen, insoweit man man dies an einer geringeren Kontaktdichte zu höheren Instanzen, zu Verwaltung und zu Redakteuren festmachen kann. Allerdings ist die Kontaktdichte zu den die an den operativen Prozeduren unmittelbar beteiligten Personengruppen RVD und Technik höher als bei den festangestellten. Auch der Befund einer Art informellen Bezugsgruppe der freien Mitarbeiter kann nicht als ein Indiz für eine geringere Integration interpretiert werden, sondern muß im Gegenteil eher als ein Hinweis auf eine Art gegenseitige Selbstintegration der freien Mitarbeiter aufgefaßt werden.

Auf der anderen Seite ergeben sich eindeutige Gegenbefunde:

- Die Erwartung, daß freie Mitarbeiter in signifikanter Weise aus Themen- und Informationsquellen schöpfen, die sich aus einer besonderen Einbindung in bestimmte Umweltsegmente ergeben, erwies sich als nicht zutreffend.
- Es läßt sich unter den freien Mitarbeitern keine bedeutsame Differenzierung nach Spezialkompetenzen für bestimmte Inhalte feststellen.
- Die geringere Rolle der festangestellten Mitarbeiter für die Beitragsproduktion hängt ganz offensichtlich von einer funktionalen organisatorischen Binnendifferenzierung ab und nicht in erster Linie vom Anstellungsstatus (vgl. die Rolle der Außenstudios). Dafür spricht auch die hohe indirekte Bedeutung für die Beitragsproduktion.
- Damit zusammenhängend: die überragende Bedeutung des RVD als Kommunikationspartner für die freien Mitarbeiter, auch im informellen Bereich, wiegt die geringeren Werte bei den Redakteuren auf.
- Andere Indizien wie etwa räumliche und zeitliche Integration der freien Mitarbeiter in den Redaktionsbetrieb legen insgesamt doch ein hohes Maß an Involvierung der freien Mitarbeiter in die Organisation nahe.

Im Vorgriff auf die zu referierenden Ergebnisse im 4. Kapitel habe ich bereits darauf hingewiesen, daß wir aus diesen Befunden die Hypothese der freien Mitarbeit als einer Form "professioneller Sozialisation" abgeleitet haben. Im Rahmen dieses Modells wären die bisherigen Befunde insgesamt besser einzuordnen.

Zuvor legt sich jedoch, auch durch die referierten Ergebnisse, die beträchtliche Zweifel an der Tauglichkeit des "Speditionsmodells" für die Beschreibung unseres Falls aufkommen ließen, eine Überprüfung von dessen *systematischen* Implikationen nahe.

3. Zum Umweltbezug des redaktionellen Handelns

Im folgenden möchte ich anhand von Interpretationen vor allem von Beobachtungsberichten und Interviewausschnitten versuchen zu zeigen, daß das systematische Kernargument des "Speditionsmodells" die Logik des redaktionellen Handelns ungenügend beschreibt. Dieses Kernargument besteht - wie oben in Abschnitt 1.2. herausgearbeitet - in der Fassung des System/Umweltverhältnisses als eines direkten Inputs von Rohmaterial ("gesellschaftliche Wirklichkeit", "gesellschaftliche Vielfalt").

Im Sinne der in Teil I entwickelten theoretischen Prämissen ist dabei die extensive Sinnauslegung der Handlungspraxis, der Handlungsprobleme sowie ihrer Ausdeutung durch die Handelnden von zentraler Bedeutung. Insofern die Dimension "Umwelt" konstitutiv mit dem Sinn von Handlungen verknüpft ist, empfiehlt sich eine hermeneutische Ausbeutung des Materials. Ich möchte das an wenigen Auszügen aus unseren Beobachtungsberichten und Interviews vorexerzieren, möchte aber zur Kontrolle immer auch Material darstellen, das dann bloß illustrativen Charakter, den Wert einer zusätzlichen Plausibilisierung hat. Material, das ich insofern nicht selbst ausschöpfe, mit dem ich aber dem Leser die Gelegenheit gebe, sozusagen einen Konsistenztest vorzunehmen. Bei diesem Vorgehen handelt es sich, obwohl manche Aspekte des Vorgehens ähnlich sind (etwa die Profilierung von Sinngehalten durch die Konstruktion von Alternativ-Optionen, die damit zusammenhängende Pedanterie der Auslegung einzelner Formulierungen) nicht im strengen Sinne um die Analyse eines Falles im Sinne der strukturalen Hermeneutik Oevermanns[165]. Dazu müßten wir Material in Form von Interaktionssequenzen haben, um die Fallstruktur sozusagen im Moment ihrer Reproduktion dokumentieren zu können. Das Verfahren hier besteht eher in einer konstellativen Anordnung und Auslegung von fallbezogenem Material auf verschiedenen Ebenen. Es handelt sich dabei um eine Vorgehensweise, die auch unser gesamtes methodisches Vorgehen bestimmt hat: mit unterschiedlichen Methoden erzeugtes Material wird auf seine sinnhafte Konsistenz hin befragt und gruppiert. Insofern führe ich eine Art kriminalistischen Indizienbeweis.[166]

---

165 vgl. dazu Oevermann 1981; Oevermann 1979

166 Über den Zusammenhang von Kriminalistik und Hermeneutik, vgl. Sebeok 1982. Man könnte das Vorgehen auch vergleichen mit einem jener Rätselbilder in Illustrierten, bei dem nur Punkte vorgegeben sind, die man dann mit Strichen verbinden muß, damit eine sinnvolle Figur herauskommt. Der Unterschied ist, daß in unserem Fall die Zahlen fehlen. Insofern steht es dem kritischen Leser frei, unsere Befunde in anderer Weise zu verbinden und eine "bessere", eindeutigere und anschaulichere Figur herauszubekommen. Wir gehen vorläufig davon aus, daß unsere Version die sinnvollste ist.

Als Einstieg soll die Interpretation der Schilderung des Tagesablaufs eines Reporters dienen. Ich gebe den zugrundeliegenden Beobachtungsbericht aus der aktuellen Redaktion im folgenden in einer leicht gekürzten Fassung wieder.[167] Die verwendete "Ich-Form" bezieht sich auf den Beobachter .

3.1. Beobachtungsbericht von einem Reportertag

"Als ich (8.45) ankomme, sitzt F/A bereits mit anderen Freien und Redakteuren der Aktuellen Redaktion im Konferenzraum und liest Zeitung, unterbrochen von kurzen Gesprächen. Noch vor der Konferenz wird er vom RVD (RVD/A2) gefragt, "ob er was machen könne?". Während der Konferenz hört F/A zu bzw. blättert in den Zeitungen. Der RVD beauftragt ihn dann während der Konferenz mit einem "heiklen Thema" (ein Schulleiter, aus Reutlingen, der vor Gericht steht wegen Inzest mit seiner Tochter). Der RVD von S4 äußert sein Interesse an dem Beitrag für S4. F/A liest sich während der ablaufenden Konferenz den vorliegenden Artikel der Regionalpresse durch. Kurz nach Konferenzende erhält er allerdings ein anderes Thema: weil er über ein Auto verfügt, soll er einen Beitrag über das 900-Jahresjubiläum der Weihe des Klosters Waldtal[168] machen, der heute nachmittag in der Sendung von S4 gesendet werden soll und morgen u.U. in der Frühsendung der Aktuellen Redaktion. F/A kopiert das vorhandene schriftliche Material über die heute stattfindenden Feierlichkeiten und geht dann zu der freien Mitarbeiterin von S 4, die das Thema ursprünglich hätte bearbeiten sollen. Sie gibt ihm die Informationen über Termine und Personen, die sie hat, teilt ihm einige historische Fakten über das Kloster mit (sie selbst hätte ein Interesse an dem Thema von ihrem Theologiestudium her). Sie hätte die Geschichte irgendwie von der mittelalterlichen Kloster-"Reformbewegung" her aufgezogen. Sie erklärt F/A erstmal, was das ist. Insgesamt meint sie, daß "nichts dran sei an der Geschichte". F/A läßt keinen Zweifel daran, daß er mit dem Thema nicht viel anfangen kann und sich weder historisch noch kunstgeschichtlich auskennt. Wir gehen dann in das Zimmer der Freien, das sich im Untergeschoß befindet, neben dem Büro des Redaktionsleiters und der Redaktionsassistentinnen. Dort liest sich F/A das vorhandene schriftliche Material über die Feierlichkeiten in Waldtal durch. Dann telefoniert er mit dem Fremdenverkehrsamt Waldtal. Er bekommt weitere Informationen über die heutige geplante Veranstaltung und erkundigt sich nach möglichen Gesprächspartnern, als erstes nach dem Pfarrer. Er bekommt die örtliche evangelische Pfarrerin genannt (Fr. R.), die er danach anruft und mit der er

167 Verwendete Abkürzungen: F = freier Mitarbeiter; RED = Redakteur; A = Aktuelle Redaktion; S4 = Redaktion des vierten Programms; RVD = Redakteur vom Dienst

168 Name abgeändert

einen Termin vereinbart. Frau R. ist offenbar kooperativ, aber nicht begeistert: sie bekommt die beiden Landesbischöfe zum Kaffee, mußte die ganze Wohnung putzen und leidet überdies an Magen/Darm-Grippe. Wir gehen dann in das Konferenzzimmer im ersten Stock, wo sich eine kleine Handbibliothek findet: überwiegend ältere, um nicht zu sagen veraltete Nachschlagewerke, nimmt man einmal die Bände zu den einzelnen Landkreisen Baden-Württembergs aus. F/A nimmt den Band über den Kreis Walderstadt, liest sich die Beschreibung von Waldtal einschließlich einiger ziemlich langwieriger historischer Erklärungen durch und macht ziemlich umfangreiche Aufschriebe: Es sei ganz gut "gut für ungebildete Leute wie mich" geschrieben, "als Erfolgsstory: immer größer, reicher und fetter". Die Lektüre (unterbrochen von Gesprächen mit mir) dauert fast eine dreiviertel Stunde. Wir gehen dann in den Konferenzraum zurück. F/A kündigt dem RVD an, daß es wohl eher eine "Erzählstory" würde (es wurde dann das genaue Gegenteil daraus!). Der RVD meint, daß das nicht unbedingt sein müsse, er habe mal etwas Ähnliches gemacht mit O-Tönen; F/A : "was soll man die Leute denn da sagen lassen?" RVD/A2 erzählt, daß er die Leute damals nach "ihrer Beziehung" zum Kloster befragt habe und da wäre einiges gekommen. Wir gehen ins Freienzimmer zurück, F/A liest sich seine Aufschriebe durch, macht einige Auszüge und notiert sich Fragen für die Gesprächspartner. Nachdem er die beiden RVDs von unserer Abfahrt verständigt hat, sich einen kurzen Tip von der S4-Freien holt, fahren wir um 12.18 nach Waldtal ab. Unterwegs unterhalten wir uns über verschiedene Aspekte seiner Arbeit. F/A scheint ein zwiespältiges Verhältnis zu seiner Arbeit zu haben, er sieht die Probleme: den Zeitdruck, daß man nur an der Oberfläche von Themen kratzen könne. Aber er meint, wenn er länger als ein paar Tage an einem Thema arbeite, dann würde ihn das schnell langweilen; die "Schnellschüsse", das Arbeiten unter Zeitdruck und Hektik würde ihm auch wieder gefallen. In Waldtal angekommen gehen wir mit dem Aufnahmegerät (dem "Sony") in den Klosterhof, F/A sieht sich ein bißchen um und geht dann auf zwei Jungen, die auf einer Mauer sitzen, zu, und fragt sie nach dem Pfarrhaus. Sie antworten, er verwickelt sie ("seid Ihr aus Waldtal?") in ein Gespräch, erklärt dann, daß er für den Südwestfunk einen Beitrag mache, ob er ihnen ein paar Fragen stellen dürfe. Die beiden sind recht aufgeschlossen, fragen "Kommen wir dann im Radio?", F/A meint: "Kann schon sein". Auf seine Frage, was sie denn so im Klosterhof treiben würden, antworten sie mit "Spielen, herumklettern" usw. Einer der beiden Jungen hält einen kleinen geschichtlichen Vortrag, im übrigen haben sie mit der Museumseröffnung bzw. 900-Jahresfeier natürlich nicht viel am Hut. F/A nennt ihnen auf ihre Nachfrage die genaue Sendezeit und marschiert mit dem Mikrophon zu zwei Touristinnen, die er ebenfalls fragt, was sie hier machen würden, wie ihnen die Klosteranlage gefiele usw. Gleich darauf beobachten wir einen kleinen Mann in Anzug und mit einem "Inspektor-Clouseau-Hütchen", der ziemlich grob die beiden Jungen ausschimpft, weil sie statt auf der Bank auf der Mauer sitzen. Wegen ihnen müsse die Stadt jährlich 100 000 DM für die Renovierung ausgeben usw. F/A versucht noch etwas von der Schimpftirade aufzunehmen, läßt es dann aber bleiben (auch aus juristischen Gründen, wie er mir später sagt). Auch Inspektor Clouseau stellt er - aus der Situation heraus - ("ist das wirklich so schädlich für die Mauern?") ein paar Fragen, der Angesprochene stellt sich als der Bauleiter heraus, der für die Sanierungsmaßnahmen an der Klosterruinenanlage zuständig ist. Wir machen noch einen Rundgang durch die Anlage, bevor wir uns im Pfarrhaus einfinden. Was mir auffällt, ist der unbefangene, fast vertrauliche Ton, den F/A von Anfang an einschlägt. Die Pfarrerin, eine Frau zwischen 30 und 40 Jahren, geht darauf auch ein; in ihrem Wohnzimmer nehmen wir Platz, zwei Katzen tollen durch die Wohnung, an den Wänden Bilder von Chagall, die Einrichtung recht geschmackvoll. Auch hier setzt F/A wieder die schon mehrfach beobachtete Gesprächstechnik ein: zunächst scheint er nur locker-unbefangen zu plaudern, wohl mit dem Ziel Themen zu sondieren, er läßt die Pfarrerin einfach reden. Sie bringt denn auch bestimmte Aspekte recht ausführlich auf den Tisch, insbesondere scheint sie die ganzen Feierlichkeiten unter dem Gesichtspunkt der "Ökumene" sehen zu wollen. Sie erwähnt Kompetenzgerangel zwischen Staatlichem Liegenschaftsamt, Stadt, Kreis usw.; das mangelnde Interesse des Oberbürgermeisters. Wenn die Zusammenarbeit zwischen den Waldtaler Kirchengemeinden nicht so vorzüglich geklappt hätte, dann wäre aus der Sache nichts geworden. Überhaupt versteht sie sich mit ihrem katholischen Amtsbruder besser als mit den pietistischen Kreisen von Walderstadt. Sie zeigt uns ein von ihr verfaßtes Grußwort; äußert auf Befragen einiges zu ihrem Verständnis als Frau im Pfarramt und was Abt Wilhelm, der Klostergründer, dazu gesagt haben könnte; dazu liefert sie einige historische Schmankerln. Dann macht F/A mit ihr, was er sie gleich bei laufendem Aufnahmegerät fragen wird und was für Aspekte sie im Prinzip bei ihrer Antwort betonen soll. Das hat fast den Charakter einer Art Regiebesprechung für das sich anschließende Interview, in dem die präzise Fragestellung und da gezielte Nachhaken auffällt. Auch die Pfarrerin - offenbar interviewgewohnt - spricht sehr konzis und bündig. Wir verlassen dann das Pfarrhaus. Auf dem Weg dorthin äußert sich F/A darüber, daß er einen Gesichtspunkt, wie er sagt, finden muß, den man herausgreifen kann. Bei einem so kurzen Beitrag meint er, kann man nicht verschiedene Gesichtspunkte nehmen, sondern muß sich auf einen beschränken. Was er momentan in Erwägung zieht, ist, das "Motiv des Streites" herauszugreifen und als "Klammer" für das Ganze zu benützen: angefangen vom Konflikt zwischen der Kloster-Reformbewegung und der Amtskirche im Mittelalter, dann Katholiken und Protestanten, Bauleiter und Kinder, Kirchengemeinde, Land, Stadt: überall Streit. Nicht ganz passt das Motiv darauf, daß die Pfarrerin fortwährend die Ökumene betonte. Wir gehen zu dem noch nicht eröffneten Stadtmuseum, in dem eine Führung mit für mich nicht weiter identifizierbare Personen des öffentlichen Lebens und Vertretern der Presse stattfindet. Auch hier werden wieder ganz unterschiedliche Themen angeschnitten. Ein gewisser Professor H., Chef eines Landesmuseums, erzählt von historischen, kunstgeschichtlichen Fakten, immer wieder Verweise auf etwas verschiedenste Kompetenzprobleme zwischen einer Vielzahl an der Museumsrestauration beteiligter Personen und Institutionen: so könne er keinen Rundgang durch das Museum planen, weil die Gemeindebücherei unbedingt noch einen Raum in dem Gebäude beanspruche; es kommt zum Austausch kleiner Anspielungen zwischen ihm und dem Walderstadter Oberbürgermeister usw. F/A macht mit dem Professor am Rande, noch während der Führung, ein kurzes Interview. Wir verlassen die Führung dann, damit er, wie er sagt, O-Töne abhören kann. Vor dem Pfarrhaus lassen wir uns im Schatten einer Linde auf einer Bank nieder, der Klosterbrunnen plätschert und F/A hört seine O-Töne ab. Er transkribiert Anfänge und Schlüsse wörtlich und überlegt sich, welche O-Töne er verwenden will und in welcher Reihenfolge, wo er die Schnitte setzen will. Gegen 15.14 kommt dann endlich der evangelische Landesbischof. F/A geht auf ihn zu und verhandelt mit ihm, und dessen Famulus darüber, wann der Bischof kurz etwas ins Mikrophon sprechen wird. Wir folgen den beiden dann an die Kirche und F/A bittet darum, die Sache doch sofort hinter sich zu bringen. Der Bischof wendet sich ihm huldreichst zu und F/A stellt ihm ein paar (für meinen Geschmack recht gleichgültige) Fragen, über Katholiken und Protestanten im gemeinsamen Gottesdienst und das Verhältnis des Bischofs zu Waldtal. Auch hier fällt mir der unbefangene, in diesem Fall fast respektlose Ton auf: F/A spricht ihn mit "Herr S." an statt "Herr Bischof", redet im Theologiestudentenjargon von "Katholen und Evangelen". Im Prinzip reden F/A und der Bischof aneinander vorbei: der Herr Bischof versteht die Frage nach der Ökumene zu allgemein, kennt wohl auch die Waldtaler Querelen nicht und redet sehr pauschal von der Normalität ökumenischer Gottesdienste. F/A wiederum versteht nicht, was der Bischof meint, wenn der sagt "Ich habe in Waldtal früher oft Dienst getan" und fragt, was das denn für ein Dienst sei. Das Interview ergibt jedenfalls nichts Bedeutsames, das meint auch F/A, als wir gleich darauf im Auto sitzen und um 15.23 abfahren. In etwas mehr als einer Stunde beginnt die Sendung und wir brauchen diese Stunde fast für die Rückfahrt. Nichts ist geschnitten, keine Zeile des Beitragstextes ist geschrieben. F/A fährt ziemlich schnell durch die Gäudörfer, hört sich währenddessen die O-Töne ab, scheint zu überlegen. Er meint dann allerdings zu mir, ich solle jetzt "LP" (Leerphase") vermerken; er könne sich beim Autofahren nicht auch noch auf den Text konzentrieren. Trotz der Hektik scheint er zumindest äußerlich ruhig zu bleiben. F/A scheint sich auf den Standpunkt zu stellen: entweder klappts noch oder es klappt eben nicht mehr. Ich frage, was RVD/S4 denn jetzt mache, wenn er so lange nicht komme, sie erwarte ja den Beitrag und wisse nicht Bescheid, ob wir noch rechtzeitig kommen oder nicht. Er meint, der Zeitverlust, jetzt anzurufen, sei zu groß. Wir spurten nach Ankunft ins Studio. RVD/S4 scheint uns in der Tat wie auf

Kohlen erwartet zu haben. F/A wechselt ein paar Worte mit ihr, geht dann in den "Ütter"[169], wo ihm eine andere Freie das Schneidegerät überläßt; ziemlich schnell und recht geschickt schneidet er in Windeseile seine O-Töne. Vom ÜTR spurten wir in den Regieraum, die Sendung, die von Stuttgart "gefahren" wird, hat schon vor 6 Minuten begonnen. Der Technikerin gibt er das Band mit den hintereinandergeschnittenen O-Tönen, eine kurze Anweisung, dann setzt er sich in den Aufnahmeraum, Kopfhörer auf und beginnt wie ein Wilder zu schreiben. Er hat noch knapp 10 Minuten, dann soll der Beitrag live gesprochen in die Stuttgarter Sendung eingespielt werden. Auch RVD/S4 kommt nun in den Regieraum und redet mit mir und der Technikerin über F/A: er habe, meint sie, "Nerven wie Drahtseile" und sie frage sich, wie er das mache. Sie müsse auch unter Zeitdruck arbeiten, aber so extrem wie F/A - das könne sie nicht. "Woher habt ihr bloß diese tollen O-Töne", fragt sie mich erstaunt, als sie die recht netten Äußerungen der Jungen und den schimpfenden Bauleiter hört. F/A gibt noch das Stichwort (Ende seines Beitrags) für den SDR, das von RVD/S4 dem Südfunk übermittelt wird. Um 16.52 dann, eine halbe Minute, nachdem er das letzte Wort geschrieben hatte, fängt F/A an seinen Beitrag zu sprechen. Die Überspielung funktioniert reibungslos. Der Beitrag benutzt in der Tat das Motiv "Streit": "Gestritten wurde in Waldtal schon immer..." beginnt der Text. Ein bißchen wirkt der gesamte Beitrag, das ist durch die Umstände seiner Produktion nur allzu klar, wie eine Folge von O-Tönen mit Zwischentext. Die Gesamtintention ergibt so etwas wie eine Art "Stimmungsbild aus Waldtal", fast ein kleines Genrebild: die Pfarrerin und ihre beiden Katzen tauchen auf, was wohl der Abt Wilhelm dazu gesagt hätte, die beiden Jungs, durch den aufgebrachten Bauleiter gestört, das Museum mit seinen Exponaten. Gleich nach der Überspielung bemerkt F/A, daß er das Wichtigste, den eigentlichen Anlaß für den Beitrag, nämlich die Feierlichkeiten zum 900jährigen Jubiläum eigentlich gar nicht erwähnt hat. Allerdings ist das zumindest in der Anmod passiert. Ich habe schon vom Zusehen Lampenfieber bekommen", sage ich zu ihm. "Ich auch", gibt er trocken zu. Im anderen Regieraum verständigt er sich kurz mit dem Morgenradio-RVD über die Aufnahme des Beitrags in der Frühsendung. Der RVD ist übrigens RED/STGT., derselbe, der in der letzten Woche den Späthbeitrag gemacht hatte. Die Technikerin, die den Beitrag vorher an den SDR überspielte, fragt er noch nach der Länge des Waldtal-Beitrags (er war natürlich etwas zu lang). F/A macht sich dann an die Überarbeitung für die Frühsendung, er schreibt einen anderen Text, hört die O-Töne nochmals ab und produziert dann mit der Technikerin den Beitrag nochmals. Als der Moderator (und RVD) der Frühsendung den Beitrag im Zimmer des anwesenden Redaktionsleiters abhören, meint der RVD, jetzt müsse ihm F/A nur noch sagen, "warum das gesendet werden soll". F/A erklärt ihm den

169 = Übertragungsraum (ÜTR); hier befinden sich Schneidegeräte.

aktuellen Anlaß, die Feierlichkeiten zur 900-Jahresfeier. RED/STGT. akzeptiert, F/A schreibt ihm noch eine Anmoderation und füllt den "Bandzettel" (schriftlichen Nachweis für die Honorierung) aus. Damit ist der Arbeitstag beendet."

*

Zunächst nochmals eine Rekonstruktion des Verlaufs: Das an dem Tag bearbeitete Thema ergibt sich, eigentlich für eine andere Mitarbeiterin bestimmt, kurz nach Konferenzende. Primäre Themenquelle ist die von einer zentralen Dokumentationsstelle des SWF gefertigte Ereignisvorschau, sowie eine von den örtlichen zuständigen Behörden erstellte Pressemitteilung. Die Relevanz des Themas (Vorbedingung für die Aufnahme in die Sendung) wird mit dem 900-Jahre-Jubiläum der Weihe des Klosters Waldtal begründet, bei dem es zu entsprechenden Feierlichkeiten kommen soll. Am selben Tag soll eine Art Pressekonferenz vor Art in Gestalt einer Führung durch das neu zu eröffnende Museum in dem Ort stattfinden.

Damit und mit der Tatsache, daß der Beitrag als "Aussteiger" (also als letzter Beitrag vor Ende der Sendung) in der Nachmittagssendung des vierten Programm gesendet werden sollen, ist schon am Vormittag der weitere Zeitplan festgelegt. Mit dem Sendeplatz ist eine Relevanzsetzung vollzogen: Relevant ist das Kloster Waldtal unter dem aktuellen Aspekt der Feierlichkeiten. Das wird auch noch einmal deutlich am Ende des Tages, wo F/A das Thema vor dem zuständigen Redakteur für das Morgenradio mit dem Hinweis auf das Jubiläum legitimiert. Allerdings wird, deshalb die Nachfrage, dieser Anlaß aus dem Beitrag selbst gar nicht mehr deutlich, sondern er taucht lediglich in der Anmoderation auf, deren Funktion als erste und übergeordnete Rahmung für einen Beitrag man allerdings nicht unterschätzen sollte.

Die Bibliotheksrecherchen könnte man deuten als eine Suche nach Stoff - nach inhaltlichen Details. Aus den umfangreichen Exzerpten, die der Mitarbeiter anfertigt, taucht allerdings im endgültigen Beitrag nicht sehr viel mehr auf, als das Motiv des "Streites": "gestritten wurde in Waldtal schon immer." Auch alle Gespräche an dem Morgen, die sich auf den Beitrag beziehen, verhandeln nicht primär inhaltliche Details. Vielmehr geht es in ihnen um übergeordnete Aspekte, unter denen man das Thema angehen könnte, um eine pauschale Bewertung des Themas (nichts dran an der "Geschichte"), um prinzipielle Gestaltungsalternativen.

Im Gespräch etwa mit der freien Mitarbeiterin von S4 taucht eine erste denkbare Version den Beitrag "aufzuziehen" auf. Die freie Mitarbeiterin - selbst Theologiestudentin - betont den historischen Aspekt der "Geschichte". Die Gründung des eigentlichen Klosters in Waldtal ereignete sich im Zeichen der Klosterreformbewegung als "Protest gegen die Amtskirche". Diesen Gesichtspunkt könnte man dann fortsetzen in der Übernahme der Klosteranlage durch die Protestanten usw. F/A nimmt das zur Kenntnis, bleibt aber eher zurückhaltend gegenüber dieser

Rahmungsmöglichkeit. Allerdings bleibt er im Prinzip auf einer ähnlichen Schiene durch die Lektüre der historischen Erläuterungen in der Kreisbeschreibung, zu der er dann bemerkt, sie sei ganz gut geschrieben für ungebildete Leute wie ihn: als "Erfolgsstory" des Klosters: "immer größer, reicher und fetter". Es deutet sich ein Thema an wie "Aufstieg und Niedergang des Klosters im Laufe der Jahrhunderte".

In dieser Logik liegt dann die Äußerung gegenüber dem RVD der Aktuellen, zu dem er bemerkt, daß daraus wohl eine "Erzählstory" werden würde. Das eher beiläufige Gespräch mit dem RVD enthält dann aber den Schlüssel für das folgende. Der RVD bemerkt wie nebenbei, er hätte eine so ähnliche "Geschichte" mal mit O-Tönen gemacht. "Was soll man die Leute da denn sagen lassen" erkundigt sich F/A. RVD/A meint, er hätte die Leute damals nach ihrer Beziehung zu dem Kloster (Bad Herrenalb) befragt.

An diesem Gespräch ist Verschiedenes bemerkenswert. Trotz seiner Unscheinbarkeit enthält es im Prinzip den Schlüssel für das gesamte weitere Vorgehen des freien Mitarbeiters im Verlauf des Tages. Der Beitrag, der schlußendlich herauskam, entsprach dem Vorschlag des (für den Beitrag hier gar nicht zuständigen!) RVD/A formal und inhaltlich. Es wurden O-Töne von ganz verschiedenen Personen eingeholt. Der gemeinsame Nenner dieser O-Töne war letztendlich die jeweilige Beziehung der Befragten zum Kloster: die sich in der Klosteranlage herumtreibenden Jungen, der darob aufgebrauchte Bauleiter, die Touristen, die Pfarrerin, der für das Museum verantwortliche Professor, der Landesbischof, der in Waldtal auch schon "Dienst getan" hatte. Zweitens fällt der enge Zusammenhang zwischen der Erörterung von Formbestimmungen ("Erzählstory"), Verfahren (O-Töne) und Inhalt (Beziehung der Leute zum Kloster vs. Aufstieg und Niedergang des Klosters Waldtal) auf.[170] Drittens ist für den unbefangenen Beobachter der Rundfunkarbeit die Formulierung "die Leute etwas sagen lassen" natürlich fast anstößig (diese Formulierung bekamen wir im übrigen hier nicht das einzige Mal mit). Legt man die Vorstellung zugrunde, daß der Reporter als aufrichtiger Berichterstatter bloß weiterträgt, was Leute in der "Gesellschaft" sagen, wäre diese Formulierung illegitim, sie müsste als eine unzulässige Manipulation erscheinen.

Die Medialkonstruktion mit "lassen" läßt verschiedene Bedeutungsnuancen zu. Einerseits wäre an "zulassen" zu denken: man läßt eine Äußerung zu. Insoweit liegt lediglich eine anfängliche Entscheidung des O-Ton-Einholers vor, dann aber verhält er sich passiv (das entspräche in etwa der Konzeption eines "Gatekeepers"). Andererseits schwingt aber auch eine eher aktivere Konnotation mit im Sinne von "jemanden veranlassen, etwas zu tun". Der O-Ton-Einholer hat dann auch schon eine Vorstellung darüber, was er von den Leuten hören will und veranlaßt sie (etwa durch die Fragestellung) das dann auch zu tun. Damit verträglich sind die durchaus üblichen Absprachen mit O-Ton-Gebern: "Ich frage sie jetzt gleich dies und das - mir liegt daran, daß sie dann diesen oder jenen Aspekt betonen". Das

170 Schon hier läßt sich zeigen, wie sehr Handlung (in diesem Fall das "In eine Form bringen" des Material) und Umwelt (hier der Gegenstand der Berichterstattung) ineinander "verbacken" sind.

weist darauf hin, daß der Reporter es offensichtlich für notwendig hält, bereits vor jedem Kontakt mit Recherchepartnern mit einer Festlegung (oder vorsichtiger: Antizipation) der Inhalte nicht nur seiner Fragen, sondern auch deren Beantwortung zu arbeiten.

Insgesamt bekommt man den Eindruck, daß das "Materialraffen" im Studio weniger darauf angelegt ist, (Detail)-Informationen schon im Vorfeld zu sammeln, sondern darauf, möglichst schon vor der eigentlichen Recherche vor Ort eine thematische Rahmung zu finden, die das dortige Vorgehen und die erforderlichen Selektionsleistungen anleiten können. Das läßt sich an dem weiteren Vorgehen von F/A vor Ort zeigen. Schon der allererste O-Ton der Jungen auf der Mauer macht eigentlich nur dann einen Sinn, wenn der Beitrag tendenziell in die von dem RVD der Aktuellen vorgeschlagene Richtung geht. Hätte man eine eher historische Rahmung des Beitrags ins Auge gefaßt, hätte eine Befragung der Jungen gar keinen Sinn ergeben. Vermutlich wären die Jungen dem freien Mitarbeiter in diesem Fall gar nicht aufgefallen, sondern er hätte sein Augenmerk auf die historischen Erläuterungstafeln, die an den Mauern angebracht waren, gerichtet.

Gleich darauf interviewte F/A die beiden Touristinnen und dann ergab sich die Gelegenheit eines sehr reizvollen O-Tons: nämlich der schimpfende Bauleiter, der sich darüber aufregte, daß die (soeben befragten) Jugendlichen auf den Mauern herumklettern. Wohlgemerkt: "reizvoll" nur unter der Perspektive einer bestimmten thematischen Rahmung des Beitrags. Im Gespräch mit der Pfarrerin deuteten sich verschiedene Themen an, die im Grunde auch eine Alternativrahmung zugelassen hätten: etwa der Kompetenzwirrwarr bei der Planung der Feierlichkeiten und die wichtige Rolle der ökumenischen Zusammenarbeit bei der Bewältigung dieser Schwierigkeiten (sicherlich eine Rahmung, die die Pfarrerin gewählt hätte), historische Anekdoten usw. Was F/A aus diesem Gespräch letztendlich verwendete, (Pfarrer als Frau, zwei Katzen, Blick aus dem Fenster, was hätte wohl Abt Wilhelm dazu gesagt) war aber auch im Sinne eines Stimmungsbildes. Nach dem Gespräch mit der Pfarrerin, erwähnt F/A dem Beobachter gegenüber zwar explizit einen denkbaren "Aufhänger" für die Geschichte: das Thema "STREIT". In der Tat sollte der Beitrag dann auch mit den Worten beginnen: "Gestritten wurde in Waldtal schon immer". Allerdings war diese "Klammer", wie er es nannte, eine sehr formale. Die Montage von O-Tönen, die sich daran anschloß, wäre eher unter einem Obertitel: "Leute aus Waldtal und ihr Kloster" o.ä. bezeichnet.

Auch das weitere Vorgehen F/A's lag in der bereits bei der Einholung des ersten O-Tons anvisierten Logik: der Museumsführung, die mit umfänglichen Angaben zum Zustandekommen des Museums, der historischen Hintergründe, der Exponate, der Schwierigkeiten bei der Planung gespickt war, folgte er nur sehr unkonzentriert, machte sich kaum Notizen. Die Führung wurde sofort verlassen, als F/A den gewünschten O-Ton des Professors hatte. Ich führe das darauf zurück, daß die Entscheidung über die "relevante Umwelt" (von Sell) schon gefallen war: nicht die Welt von Historikern, Museumseinweihern und Kunstspezialisten, auch nicht eine Welt, die aus Kompetenzwirrwarr zwischen Behörden und lokalpolitischen Streitereien besteht, sondern die Alltagswelt von "Menschen wie du und ich".

Endgültig dürfte die Entscheidung über die Gestalt des Beitrags dann gefallen sein, als sich F/A im Schatten der Linde seine Schnitte notierte. Damit war im Prinzip Inhalt und Reihenfolge der O-Töne festgelegt. Der noch zu schreibende Zwischentext mußte sich nur noch sinnlogisch in die Sequenz der O-Töne einfügen. Das wäre auch eine Erklärung dafür (was die Leistung natürlich nicht schmälert), daß F/A in derartig kurzer Zeit (ca. 10 Minuten) seinen Moderationstext schreiben konnte. Der Text ergab sich aus der bereits festgelegten Folge der O-Töne quasi von selbst. Für diesen Automatismus in der sinnlogischen Determinierung des Beitragstextes durch die O-Töne spricht auch, daß F/A im Beitragstext den eigentlichen Anlaß für den Beitrag - das Klosterjubiläum - "vergessen" hatte, was er gleich nach der Überspielung des Beitrages bemerkte. Das Klosterjubiläum spielte in seinen O-Tönen, die nach dem Gesichtspunkt "Menschen in Waldtal und das Kloster" ausgesucht waren, einfach keine Rolle und insofern fiel es beim hektischen Texten des Beitrages wie von selbst unter den Tisch.

Hätte sich F/A unbefangen ohne die sukzessive Rahmung und Herausmodellierung eines "Gesichtspunkts" (Rahmung) mit den an dem Nachmittag von den verschiedensten Akteuren ausgesprochenen Deutungen, Informationen, Perspektiven, Details konfrontiert, hätte er vor Ort sehr viele Entscheidungen treffen müssen - dafür war aber, schon wegen des Sendetermins, sehr wenig Zeit. Daß ein Entscheidungsbedarf vorlag, läßt sich auch schon an den Eindrücken des Beobachters ablesen, daß man allein aus den an dem Nachmittag zugänglichen Informationen und Sinngehalten eine ausführliche Milieustudie in Buchform hätte fabrizieren können. Aber auch dann würde sich irgendwann die Frage nach einem übergreifenden Gesichtspunkt, einer sachlichen Rahmung stellen. Desto mehr unter dem Zeitdruck und dem formalen Druck eines Hörfunk-3-Minuten-Beitrags. Die getroffenen Vorentscheidungen, die dann die weiteren Aktivitäten immer mehr in eine bestimmte Spur geleitet haben, dürften insofern eine wichtige Ordnungsfunktion innegehabt haben. Sie fungierten zunehmend als eine Strukturierungshilfe für die Aufmerksamkeitszuwendung, für die Selektion und das aktive Provozieren (und Inszenieren) von O-Tönen.

Damit ist nicht gesagt, daß im konkreten Fall eine klare, bewußte Vorabentscheidung des Reporters vorgelegen hätte. Eher scheint es, als ob das Geschehen sukzessive und rückwirkend den Charakter einer reflektierten Entscheidung angenommen hätte.[171] Wichtig dafür war etwa auch der Zufall, gleich zu Anfang der Recherchen die beiden Jugendlichen zu treffen und zum Zeugen der Szene zwischen ihnen und dem Bauleiter zu werden.

---

171 Dafür spricht auch folgender Umstand: Der Reporter fand die hier vorliegende Interpretation seines Vorgehens, die ihm in Form unseres Forschungsberichtes vorlag, sehr einleuchtend und fügte hinzu, daß er es bei der Lektüre interessant gefunden hätte, wie anders sich sein Vorgehen aus der Beobachtungsperspektive dargeboten habe. Ihm wären die herausgearbeiteten Details an dem Tag selbst gar "nicht so bewußt gewesen".

3.2. Überlegungen zur Arbeitsweise des Reporters

3.2.1. Das "Beitragsschema"

Wir haben den Verlauf der Aktivitäten des Reporters, wie er sich in diesem Fall (und in ganz ähnlicher Form auch bei den anderen von uns beobachteten Recherchen) darstellte, zu der These zugespitzt, daß der Produktion von Beiträgen die Anwendung von mehr oder weniger expliziten, von Fall zu Fall mehr oder weniger ausgearbeiteten "Beitragsschemata" auf das dann zu ermittelnde Material zugrundeliegt. Diese Beitragsschemata wären als die Summe aller vorgängig getroffenen impliziten Vortypisierungen des entstehenden Beitrags und der darauf bezogenen Entscheidungen aufzufassen. Solche Entscheidungen können beispielsweise sein:

- Die Entscheidung über die *Behandlung des Themas überhaupt*: ob ein Thema genommen wird oder nicht, wird nach unserem Eindruck in der Mehrheit der Fälle *vor* der eigentlichen Recherche getroffen.
- Entscheidungen über den *Sendeplatz*: Damit ist die Machart des Beitrags festgelegt. So macht es einen Unterschied, ob der Beitrag Bestandteil einer aktuellen oder unterhaltenden Sendung ist oder ob er in einem Kulturmagazin gesendet wird. Jeweils ist ein völlig anderer kommunikativer Stil erforderlich. Es spielt mitunter eine Rolle, an welcher Stelle der Sendung ein Beitrag gesendet wird, vor allem im aktuellen Bereich: als "Aufmacher" der Sendung oder - wie im vorliegenden Fall - als "Aussteiger", der durchaus auch unterhaltende Züge haben kann (was er dann auch hatte - ohne, daß der Reporter diese Vorentscheidung eigens thematisiert hätte). Über den Sendeplatz ist natürlich auch der Zeitpunkt der Fertigstellung des Beitrags festgelegt. Daraus ergeben sich die zur Verfügung stehenden zeitlichen Ressourcen für die Produktion des Beitrags. Das hat nicht zuletzt Auswirkungen auf überhaupt mögliche Inhalte. Gegen langwierige Recherchen zu lokalpolitischen Dimensionen der Feierlichkeiten und den der Eröffnung vorangegangenen Streitigkeiten sprach auch der knappe Sendetermin. Es war kurz vor der Sendung schlichtweg keine Zeit mehr für gründliche Recherchen.
- Entscheidungen über die *Dauer des Beitrags*: Die von uns am häufigsten beobachtete Art der Vorgabe ist die Dauer des Beitrags. Auch daraus ergibt sich eine entscheidende Einschränkung der stilistischen Möglichkeiten und der inhaltlichen Weite des Beitrags. In einem Einminutenbeitrag wird man es vermeiden, so eine Äußerung des beobachteten Reporters, mehr als ein bis zwei inhaltliche "Gesichtspunkte" anzuschneiden.
- Damit auf engste verknüpft sind Vorentscheidungen über *Sendeformen* (Newsshows, Glosse, Meldung).

- Entscheidungen über *relevante Gesprächspartner*: Im vorliegenden Fall ergaben sich diese Entscheidungen durch die Telefongespräche im Vorfeld, den Pressetermin, sowie durch die Option, den Beitrag unter das Motto "Menschen in Waldtal und ihr Kloster" zu stellen.
- Entscheidungen über *thematische Relevanzen*: Der beobachtete Reporter sprach in diesem Zusammenhang von einem "Gesichtspunkt" bzw. einer "Klammer", die man finden müsse.[172]

Für diese Entscheidungen spielen Aktivitäten und Interaktionen innerhalb des Studios oft noch vor jeder Recherche eine erhebliche Rolle. Im vorliegenden Fall waren das:
- das Gespräch mit einer anderen freien Mitarbeiterin,
- die Lektüre des Pressematerials,
- die etwa 40 Minuten lang dauernde Lektüre eines Kapitels über das Kloster aus einer Kreisbeschreibung
- das kurze, fast beiläufige Gespräch mit dem Redakteur vom Dienst von nicht einmal 2 Minuten Dauer.

Dem Reporter stehen dann, so unsere Vorstellung, vor Ort eines oder mehrere implizite Beitragsschemata zur Verfügung, die als denkbare Optionen fungieren, das vorgefundene Material zu selegieren und unter einer übergreifenden inhaltlichen und formalen Rahmung zu organisieren. Im vorliegenden Fall ergaben sich folgende Optionen:

- ein denkbarer Beitrag, der, wie die freie Mitarbeiterin vorschlug, die "Geschichte" vom Gesichtspunkt "Kloster Waldtal im Zeichen des Protestes gegen die Amtskirche" organisiert hätte,
- eine "Erzählstory" mit historischen und kunsthistorischen Details wie etwa: "Aufstieg und Niedergang des Klosters im Laufe der Jahrhunderte",
- eine "Geschichte mit O-Tönen", etwa "Menschen in Waldtal und ihr Kloster".

Der optionale Charakter diese Vorgehens, ist, so meine These, von erheblicher Bedeutung, um evt. Unwägbarkeiten und Inkonsistenzen des vor Ort ermittelten Materials gerecht zu werden.[173] Ich hatte im ersten Teil an dem von Altheide geschilderten Problem, daß ein gewählter "Aufhänger" dazu führe, daß die Realität,

---

172 Manchmal liegen solche thematischen Rahmungen als "selbstverständliche" Sinnmuster bereit, die auch jedem Radiohörer geläufig sein dürften. So wird man die Joghurtbecher-Sammelaktion eines Supermarktes nicht unter dem Aspekt einer Kulturgeschichte der gesellschaftlichen Organisation der Verpackung von Lebensmitteln behandeln, sondern als weiteres Beispiel für lobenswerte Privatinitiativen auf dem Feld des Umweltschutz. Eine große Rolle scheinen dabei, das zeigte sich immer wieder, Themenkonjunkturen zu spielen.

173 Das ist übrigens ein Punkt, den Altheide in seiner pauschalen Kritik jeglicher Vortypisierung übersieht.

wie sich Altheide ausdrückt, "miskonstruiert" würde, die Widerständigkeit des zu recherchierenden Materials gegenüber dem journalistischen Handeln festgemacht. Die Optionalität des Vorgehens wäre dann ein professioneller Kniff, dem vorzubeugen.[174] Es hätten im interpretierten Fall auch Umstände eintreten können, die von einer Rahmung wie der gewählten hätten weggeführen können. Beispielsweise hätte es regnen können, es hätten keine Leute unterwegs sein können, die Pfarrerin hätte ein Pfarrer sein können, der historische Zahlen und Fakten doziert usw. Dann hätte der Reporter seinen Beitrag beispielsweise mehr aus dem Material der Museumsbegehung bestreiten müssen und es wäre in der Tat eine "Erzählstory" herausgekommen.

Man könnte mit anderen Worten sagen: das oder die impliziten Beitragsschemata (je nach dem Ausmaß und dem bindenden Effekt der getroffenen Vorentscheidungen ist ihr Spekteum mehr oder weniger eingegrenzt) fungieren als Hypothesen des Reporters über das, was er vor Ort antrifft. Sie dienen insofern, ganz ähnlich wie etwa in der Wissenschaft, als Mittel zur Fokussierung von Aufmerksamkeit, als Relevanzschema und Selektionshilfe. Mit ihrer Hilfe ist eine Art tentative Vororganisation des Materials möglich. Die Recherche vor Ort ist dann ein impliziter Hypothesentest - je nachdem, wie dieser ausfällt, ergeben sich Korrekturen, andere Akzentuierungen, Abwandlungen oder sogar Falsifikationen - in diesem Fall sollten möglichst alternative Hypothesen (Beitragsschemata) zur Verfügung stehen.[175] Der erfahrene Reporter verfügt, wenn diese Vorstellung zutreffend ist, bei jedem Beitrag, den er macht, über ein implizites Set denkbarer Beitragsschemata, die wiederum die Verfügung über einen durch Erfahrung erworbenen "Vorrat" an formalen und inhaltlichen Typen von Beiträgen voraussetzen.

Diese Notwendigkeit einer a-priori-Organisation des Materials gilt ganz besonders, wenn es sich um Ereignisse handelt, die erst noch stattfinden, und nicht vorhersagbare Details ergeben können[176]: beispielsweise eine Pressekonferenz, von der man eine entscheidende Auskunft erwartet. Gerade in diesem Fall hat man in der Regel vorher klare Relevanzkriterien darüber, was in welche Form von Beitrag einmünden kann, unter welchen Bedingungen es überhaupt einen Beitrag lohnt, ob es sich um einen Routinebeitrag handelt oder um einen "Aufmacher". Steht der Reporter ohne jede vorgängige Rahmung vor Ort, dürfte das zum einen zu beträchtlichen Schwierigkeiten führen, das vorgefundene Material irgendwie zu organisieren und den Zeitaufwand vor Ort vergrößern. Der Reporter wird Mühe haben, überhaupt sinnvolles Material buchstäblich zu "produzieren". Gerade Anfänger, die zum ersten Mal O-Töne einholen, berichten von beträchtlichen Problemen, aus einer Stunde ungezielt aufgenommener O-Töne einen sinnvollen Einminutenbeitrag zu machen.

---

174 Die Aufmerksamkeit auf diesen Punkt verdanke ich einem Gespräch mit Hans-Joachim Asmus.

175 Eine interessante Frage für weitere Forschungen wäre, durch welche Umstände sich Reporter genötigt sehen, ihre Vorannahmen zu korrigieren.

176 vgl. oben Teil I, 3.1.1. die Besprechung der Studie von Tuchman

3.2.2. O-Töne als "gestaltete Umwelt"

Es gibt "gute" und "schlechte" O-Töne[177], so ließen wir uns im Studio belehren. Ein guter O-Ton ist informativ und enthält das Wichtigste, womöglich noch auf eine formal prägnante (z.B. witzige, originelle, besonders typische) Art. Damit steht das von uns sogenannte "Beitragsschema" in engem Zusammenhang. Schon das Urteil darüber, was "informativ" und "prägnant" ist, ergibt sich aus dem Bezug auf die gewählte inhaltliche Rahmung als Bestandteil des Beitragsschemas. Es liegt nicht in dem O-Ton an sich. Beispielsweise hätte die Äußerung "Och, Fußballspielen, rumklettern und so" in einem Beitrag über "die Rolle des Klosters Waldtal im Protest gegen die Amtskirche" wenig Informationsgehalt, wohl aber in einem Beitrag über das Verhältnis der Waldtaler zu ihrem Kloster.

Zum anderen ist die notwendige Bedingung dafür, "gute" oder "schöne" O-Töne mit ins Studio zu bringen, daß der Reporter "richtig fragt". Die richtigen Fragen zu stellen, setzt aber voraus, daß er zumindest implizit weiß, worauf es ankommt - genau das ist, so wäre unser Vorschlag, der Effekt des von uns sogenannten Beitragsschemas. Ist man sich bei der Aufnahme der O-Töne nicht darüber im Klaren, was man will - dann führt das zu dem Problem, beliebig zustande gekommenes Material im Nachhinein zu organisieren unter einem meist unvertretbaren zeitlichen Aufwand. In diesem Sinne gibt eine befragte Mitarbeiter als wichtigen Lerneffekt für Anfänger an

> "...daß ma nich nachher zweistündige Interviews macht für 'n Zweiminutenbeitrag, sondern, daß ma gleich sieht 'ach, die schaltet ja ihr Mikrophon erst ein, wenn se ohnehin alles weiß' und irgendwie halt nochmal auf Sachen zurückkommt." (Interview 4)

Das entspricht der beobachteten Gesprächstaktik des Reporters in unserem Fallbeispiel. Jeder O-Tonaufnahme ging ein kürzeres oder längeres Gespräch mit dem Befragten voraus, in dem er - durch die eigenen inhaltlichen Vorannahmen geleitet - Fragen so stellte, daß sie dem Gesprächspartner die Gelegenheit gab, sich etwas länger zu äußern. Meist folgten dann Absprachen mit den Gesprächspartnern - "Ich werde Sie jetzt gleich nochmals dies und das fragen, mich interessiert dabei das und das, mir liegt dabei an dem Aspekt xy". Bei der eigentlichen Aufnahme dann fiel dem Beobachter das immer sehr gezielte und präzise Nachfragen auf. Die Gesprächseinleitung, oft in einer Art Plauderton geführt, dürfte neben der Funktion den Gesprächspartner "aufzuwärmen", ihm die Scheu vor der massenmedialen Kommunikationssituation zu nehmen, auch die Funktion eines Tests haben, ob die Gesichtspunkte, auf die der Reporter abzielt, auch präsent sind und erwartet werden können. In der daran anschließenden Absprache sozusagen eine Art

177 "Wo habt ihr bloß diese tollen O-Töne her", so der anerkennende Ausruf des zuständigen RVD.

improvisiertes Skript, ein Drehbuch im Kleinen ausgemacht, ein Vorgang, den wir auch in anderen Fällen immer wieder beobachten konnten.[178]

Besonders wichtig sind solche Absprachen im Falle von Live-Beiträgen. Dabei handelt es sich beispielsweise um ein sogenanntes "Radiomobil". Das "Radiomobil" ist ein mit einem Sender ausgerüsteter VW-Bus, mit dem Live-Berichterstattungen von vor Ort in die laufende Sendung eingespielt werden. Der Ausdruck dient im Studio zugleich zur Bezeichnung der damit verbundenen Form der Berichterstattung. Das Problem ist dabei, die inhaltliche Rahmung, so gut es geht, trotz der Unwägbarkeiten der Live-Situation durchzuhalten, um einen einigermaßen konsistenten Beitrag zu liefern. Das muß durch ganz besonders geschickte Fragestellung erreicht werden und setzt eine erhebliche Fähigkeit voraus, situativ die Gesprächspartner im Sinne der vorab festgelegten inhaltlichen Schwerpunkte zu steuern. Abgefangen wird das Risiko der Live-Situation idealiter dadurch, daß sich der Reporter schon vorher am Übertragungsort einfindet, sich Gesprächspartner rekrutiert und mit diesen kurz den Ablauf und Inhalt der Übertragung vorbespricht.

Der nachfolgende Auszug aus einem Beobachtungsbericht illustriert dieses Vorgehen. Es geht dabei um ein "Radiomobil" von der Eröffnung einer Umgehungstrasse um die Innenstadt einer schwäbischen Kleinstadt. Im Laufe der Bauplanung kam es zur Gründung von zwei Bürgerinitiativen, eine war gegen den Bau dieser Trasse, die andere war dafür. Der Reporter wollte seinen Beitrag vom Konflikt dieser beiden Interessensgruppen her aufziehen. Durch Telefonate hatte er bereits im Vorfeld die wichtigsten Namen der Gegner und Befürworter ermittelt und mit dem RVD die Gesprächspartner vereinbart. Der Auszug bezieht sich auf die Aktivitäten des Reporters vor der Übertragung der Interviews.

> "In Rottenburg angekommen - es ist recht kalt, unter einer Brücke ist eine kleine Tribüne, sowie ein Art Sektbüffet; etwas Publikum, die Kapelle rückt an - fragt sich F/A nach seinen Gesprächspartnern durch. Er wendet sich nach eigenem Bekunden einfach an Leute, die "wichtig" auszusehen scheinen, und fragt sie, ob sie ihm sagen können, wer hier xy sei.. So kommt er von einem Gesprächspartner zum nächsten, er erfragt dann schnell noch verschiedene Details zu dem Trassenbau und insbesondere zu den Bürgerinitiativen. Es stellt sich heraus, daß die Gegner nicht gegen die Trasse sind, sondern nur gegen eine dermaleinstige Umdefinition zum Autobahnzubringer. Etwas Mühe hat er bei einer der beiden Bürgerinitiativen, einen Gesprächspartner zu rekrutieren. Er bespricht dann den Ablauf mit den befragten Personen, zeigt ihnen, wohin sie kommen sollen und wann, sowie, was sie ungefähr sagen sollen. Daran schließt sich eine kurze Absprache mit dem Techniker und mit dem RVD im Studio an. Der Zeitpunkt der Übertragung wird ausgemacht.

178 vgl. dazu Teil I, Abschnitt 5.1., wo auf den geplanten Charakter massenmedialer Kommunikation abgehoben wurde.

> F/A hegt, als er bei den Grußadressen den Vertreter der "Pro-Bürgerinitiative" reden hört (- es handelt sich um einen älteren Herren, der mit einer sehr ausgreifenden Suada auftritt -) schon Befürchtungen ihn während der Übertragung nicht stoppen zu können. Die Gesprächspartner versammeln sich dann um F/A. Der teilt ihnen (mit dem Kopfhörer auf) dann mit: "Jetzt gehts los." Mit etwas verändertem Tonfall spricht er dann ins Mikrophon und wendet sich zuerst an den OB, darauf an den älteren Herren. Die Befürchtungen bewahrheiten sich: der ältere Herr hört nicht auf mit Reden, bringt sein Alter mit ins Spiel. Er habe die Entwicklung des gesamten motorisierten Verkehr miterlebt, auch in der unseligen Zeit, in der ein Herr, dessen Namen wir nicht nennen usw. usw. ... (Beobachtungsbericht A)

Aus dem Auszug wird nochmals die Vorgehensweise deutlich - der Reporter hat bereits im Vorfeld mehr oder weniger explizite Vorstellungen, wie er den Live-Beitrag aufziehen will. Er unterzieht diese Vorstellungen aber vor Ort durch Vorgespräche mit den Beteiligten (die er ebenfalls gleichsam "nebenher" in einer Art Plauderton führte) nochmals einem Test. Er erfährt dabei ein wichtiges Detail (die Gegner sind nicht gegen die Trasse selbst, sondern gegen ihren späteren Ausbau), bleibt aber insgesamt bei der Rahmung "Konflikt um die Trasse - Gegner und Befürworter melden sich zu Wort". Er spricht mit den Beteiligten sehr detailliert Zeit und Ort der Übertragung ab und erklärt ihnen, was sie sagen sollen.

Bereits als der Vertreter der "Bürgerinitiative pro Trasse" bei der Feier das Wort als Redner ergreift, ahnt der Reporter, daß er in ihm voraussichtlich einen schwierigen Gesprächspartner haben wird. In der Tat hält sich der ältere Herr bei der Übertragung nicht an die inhaltlichen und zeitlichen Vorgaben. Er faßt die Live-Übertragung als eine Möglichkeit auf, sehr allgemeine und ausschweifende Erörterungen zur Geschichte des Verkehrs in der Stadt Rottenburg von der Weimarer Republik über die NS-Zeit bis heute darzulegen. Damit macht er aber nichts anderes, als eine konkurrierende inhaltliche Rahmung ins Spiel zu bringen, nämlich die Eröffnung der Trasse als ein stadtgeschichtliches Ereignis zu rahmen. Damit gefährdet er die inhaltliche Rahmung und Organisation des Beitrags, wie er vom Reporter konzipiert war. In der Tat wird die für den Beitrag zur Verfügung stehende Zeit überschritten und der rote Faden ist nicht mehr erkennbar.[179]

Die Notwendigkeit einer vorgängigen inhaltlichen Rahmung gilt bereits für eine so unverfängliche Gattung wie die der "Umfrage". Man könnte von der Vorstellung ausgehen, eine Umfrage sei eben nur eine Aneinanderreihung von zufälligen Stellungnahmen des "Mannes von der Straße", die gerade in ihrer Unmittelbarkeit und ohne jedes Zutun des Berichterstatters wirken sollen. Aber auch diese O-Töne sollten im Idealfall durch eine übergreifende inhaltliche "Klammer" organisiert werden und organisierbar sein. Insofern gibt es nichtssagende Umfragen und

179 Im Studio räumte der Reporter das achselzuckend ein, der RVD fand den Beitrag trotzdem gut, wenn auch zu lange.

solche, bei denen etwas herauskommt. Mit anderen Worten: der Journalist kann auch bei einer Gattung, die sich scheinbar seinen Einwirkungsmöglichkeiten entzieht, allerhand "falsch machen".

Daß man auch hier im Prinzip vorher wissen muß, was man die Leute "sagen läßt", kommt in den folgenden Beispielen gut zum Ausdruck. Es handelt sich dabei um Erzählungen von Mitarbeitern bzw. Hospitanten vom ersten Tag ihrer Hospitanz. Beide wurden beauftragt, eine Umfrage zu machen.[180] Das erste Beispiel:

> "dann sollt ich 'ne Umfrage machen in Albstadt und zwar gings über Rad-, übern Radweg. Die Stadt hatte 'n Radweg gebaut und irgendwelche Leute, Geschäftsleute vor allen Dingen waren damit nich' einverstanden und Leute, die Auto fuhren, waren halt auch nich' einverstanden, weil ihre Autofahrspur schmaler war, des war 86, da waren die Radwege auf der Alb noch nich' so häufig. Und dazu gabs 'n Artikel in der Stuttgarter Zeitung.....Und dann bin ich also losgefahren, aber im Lauf der Fahrt fiel mir ein, daß ich eigentlich diesen Artikel der Stuttgarter Zeitung dringend bräuchte, da ich ja nicht genau wusste und des auch an an dem ersten Tag natürlich überhaupt nicht richtig kapiert hatte, was des Problem war, weswegen ich losgeschickt wurde. Und na hab' ich also versucht an Kiosken und Läden auf dem Weg auf die Schwäbische Alb eine Stuttgarter Zeitung zu kaufen, was nicht möglich war, weil die kurz nach Reutlingen nur noch die Albblätter führn. Des ging also scho' mal schief und dann bin ich also nach Albstadt gebrettert, weil des, mir wurde dann klar, daß des alles zeitlich, vor allen Dingen, 'ne schwierige Sache wird. Und dann, mh, kam ich also dort an, hab den Radweg gefunden und habe dann Leute gefragt und des war auch in der Tat so, daß des ein Riesenstreit war in dem Ort; die haben also alle fürchterlich geschimpft in des Mikrophon, ich bin dann in 'n Laden rein, hab' des über den Tresen gehalten und, und der Ladenbesitzer hat sich tierisch aufgeregt, in 'ner Gaststätte. Und des war dann wohl - irgendwann hat ich des Gefühl, jetzt muß ich zurückfahren, sonst kann (?) - bin ich niemals um 12 zurück, bin also zurückgefahren und hab, mpfh, 's war meine erste Erfahrung, daß ma schnell fahren muß, manchmal. <lacht> - gleich am ersten Tag. Und bin also um halb 12 völlig durchgeschwitzt und erledigt in diesem Funkhaus eingelaufen. Dort saß <Vorname, Nachname F/A> im Ütter, da in diesem Schneideraum und

180 Vgl. unten! Dieser erste Auftrag - meistens eine Umfrage - hat nach meinem Eindruck geradezu den Charakter eines "Initiationsritus" und wird oft nach dem Musters des "Sprungs ins kalte Wasser" interpretiert. Möglicherweise kommt dem, wie der Hospitant diese Situation bewältigt, eine erhebliche Bedeutung zu. In den beiden folgenden Fällen handelt es sich bei dem einen Fall um den Start einer sehr "erfolgreichen" Mitarbeiterin, die später über längere Zeit freie Mitarbeiterin war und eine Volontariatsstelle erhielt. Im anderen Fall handelt es sich um einen Hospitanten, der im Anschluß an seine Hospitanz nicht mehr weiterarbeitete und nach eigenem Bekunden auch kein Interesse an einer Fortsetzung der Mitarbeit hatte.

nahm mich entgegen und hat mich als erstes gefragt, was denn nun wo auf dem Band drauf sei. Des wußt' ich natürlich überhaupt nicht, weil, also des, ja, des muß ma' halt erst lernen, daß ma' sich auch merkt, was ma' aufgenommen hat. Und er hat dann halt, ich konnt überhaupt nix sagen, ich war eigentlich nur fertig, er hat dann da draus ne Umfrage gestol-gestöpselt, so, also, ich hab' da nix mehr mitgekriegt, ich war irgendwie geschafft. Und die ham se dann gesendet und, ja des war irgendwie der erste Tag. <lacht> Ich war dann stolz wie Harry, daß des Ding gesendet war <lacht>."(Interview 4)

Für eine Interpretation des Beispiels scheinen mir zwei Punkte wichtig:

1. Die eingeholten O-Töne sind zumindest teilweise den Erwartungen des Auftrags gerecht wurden: sie wurden gesendet und die Mitarbeiterin war "stolz wie Harry".
2. Die Mitarbeiterin nennt die inhaltliche Rahmung der Umfrage: "irgendwelche Leute, Geschäftsleute vor allen Dingen waren damit nicht einverstanden" bereits zu Anfang.

Es ist wichtig, sich zu verdeutlichen, daß es sich hier bereits um eine Vorentscheidung handelt, die sich nicht etwa von selbst nahelegt. Bei dem Beispiel scheint sich das Thema "Konflikt", "Streit um den Radweg" gewissermaßen als natürlich gegebene inhaltliche Rahmung aufzudrängen. Die Mitarbeiterin hält ihr Mikrofon über den Tresen und die Leute beginnen - wunschgemäß - zu schimpfen. Man hätte sich allerdings auch eine ganz andere Rahmung und damit verbunden ein ganz anderes Vorgehen vorstellen können. Die Mitarbeiterin hätte das Thema beispielsweise unter der inhaltlichen Rahmung "zukunftsweisende Initiative einer ökologischen Verkehrspolitik in einer Provinzstadt" aufgreifen können. Sie hätte dann nicht Geschäftsleute, sondern den Umweltbeauftragten oder den für Verkehrsplanung zuständigen Mitarbeiter des Rathauses interviewt oder die glücklichen Radfahrer selbst. Es ist klar, daß sie dann ganz andere und möglicherweise "unbrauchbare" O-Töne mit ins Studio gebracht hätte.

Die Mitarbeiterin war sich - das ist vermutlich auch auf ihre beträchtliche journalistische Vorerfahrung im Pressebereich zurückzuführen - über die grundsätzliche Notwendigkeit einer inhaltlichen Rahmung voll im Klaren. Das zeigt sich darin, daß sie, noch bevor sie in Albstadt ankam, verzweifelt versuchte, den Zeitungsartikel aus der Stuttgarter Zeitung, der ihr als Themenquelle genannt worden war, zu bekommen - eben, um herauszufinden, "was des Problem war, weswegen ich losgeschickt wurde". Was sie suchte, war, so meine Interpretation, nichts anderes als einen Anhaltspunkt für das, was wir "Beitragsschema" genannt haben. Bemerkenswert ist auch, daß sie sich diesen Aufhänger gerade von einer

Lektüre des Zeitungsartikels verspricht[181] und nicht etwa von einer unbefangenen Recherche vor Ort. Der Zeitungsartikel enthält, so könnte man schließen, bereits einen journalistisch brauchbaren "Aufhänger", an den man leicht anknüpfen kann. Außerdem wurde ihr die Quelle offenbar vorher genannt.

Die Erzählung der Mitarbeiterin legt nahe, daß ihr im Prinzip auch der inhaltliche "Aufhänger", Kernstück des Beitragsschemas, genannt wurde. Er dürfte in diesem Falle in einer möglicherweise recht unauffälligen Mitteilung gelegen haben wie etwa: "Ja und da ist in Albstadt ziemlicher Aufruhr bei den Geschäftsleuten". Der etwas erfahrenere Reporter wird eine derartige nebensächlich klingende Bemerkung eben als zentralen Hinweis darauf auffassen, wie er den Beitrag rahmen kann.[182] Die Unsicherheit der Hospitantin aus dem Beispiel rührte daher, daß sie diese unauffällige Bemerkung nicht als das erkannte, was sie war, nämlich eben ein Hinweis darauf "was des Problem ist", nichts anders als die inhaltliche Rahmung des Beitrags bzw. der Umfrage.

Nichtsdestoweniger handelte sie intuitiv genau im Sinne der Vorgabe, vielleicht weil das (eine Zeitung war nicht mehr zu bekommen), der einzige Anhaltspunkt war, den sie hatte. Sie befragte also Ladenbesitzer, ging in "Wirtshäuser" (also zu Geschäftsleuten!) und ließ sie ins Mikrophon schimpfen. Und sie ging eben *nicht* ins Rathaus, erkundigte sich *nicht* nach der Initiative "Mehr Radwege für die Zollernalb" oder befragte Radfahrer, ob sie jetzt noch mehr Rad fahren. Schlußendlich kam sie also mit den "richtigen" O-Tönen an. Der Mitarbeiter konnte in annehmbar kurzer Zeit daraus "eine Umfrage stöpseln" und diese wurde dann gesendet.[183] Handelte es sich bei dem eben interpretierten Beispiel um den "Treffer" eines Anfängers, so schildert das zweite Beispiel einen Fall, in dem es "schiefging":

> "Und da mal - kriegt man ein paarmal am Anfang auch - ja - äh - haste schon was gemacht, sag' ich ja, schon was gemacht, Privatfunk und so weiter. Möchtest ne Umfrage machen? Sag' ich 'ja, weshalb nich', klar.' Am ersten Tag gleich was zu tun is' ja nich' schlecht. Ja, wir bräuchten Verbrauchertips. Sag' ich ja, okay. Was denn? Ja, hmm, was fällt jetzt an? Dann hamwer uns für - was wars - Spargel entschieden... Fuhr dann runter in die Innenstadt und hab 'ne kleine Umfrage gemacht. Wobei ich nicht genau wußte, auf was se jetzt rauswollten. Hatte er mir oben auch nich' gesagt und ich hab' halt einfach nach Spargel mal gefragt - ja, essen Sie gern Spargel und lauter so

181 Damit, so könnte man etwas bösartig sagen, hat sie bereits einen wichtigen Punkt der Arbeitsweise von Rundfunkredaktionen verstanden.

182 Im Falle des Reporters aus unserer Fallanalyse war dies ja auch nur die unauffällige Bemerkung: man könnte die Leute nach ihrem Verhältnis zum Kloster fragen.

183 Nebenbei ist auch hier die Semantik interessant und ganz im Trend der schon mehrfach festgestellten Verschränkung von Handlung und Umwelt: die Umfrage ist nicht etwa das beigebrachte Rohmaterial selbst, sondern sie wird erst "gestöpselt", ist also Produkt eines nochmals auf die O-Töne bezogenen Handelns: des Schneidens.

ein Zeug, ne - und kam dann zurück und dann meinte <Name Red>, der die Umfrage haben wollte, ja, haste jetzt nicht nach Rezepten gefragt? Hat mir keiner gesagt vorher. Sag ich nö. Dann konnt mer des ganze nich' brauchen... Äh, war schon sehr sinnvoll am ersten Tag. Jo, und dann hab - bin ich also nich' nochmal runter, denn der Markt war auch vorbei - wann soll ich dahin gehen, wenn irgendwo Markt ist, hast de mehr Leute auch und so weiter - und ich bin dann am nächsten Tag nach Reutlingen gefahren, hab die Umfrage wiederholt dann - mit Rezeptfragen -... Dann wars auch okay. Aber fand ich schon etwas dumm auch, daß das also nicht gleich - eindeutig klargelegt wurde ..." (Interview 1)

In diesem Fall ergibt sich die Rahmung aus den beiden Stichworten "Verbrauchertips" und "Spargel". Der zuständige Redakteur hielt offenbar (zumal vor dem Hintergrund, daß der Hospitant angab, bereits Erfahrungen beim Privatradio gesammelt zu haben) die Anweisung für ausreichend. Er setzte bei dem Hospitanten die Kenntnis der Form "Verbrauchertips" voraus und unterstellte, dem Hospitanten sei damit klar, daß er bereits bei der Umfrage auf "Tips" abheben müsse (und in diesem Falle legen sich natürlich Kochrezepte nahe). Der Hospitant faßte jedoch den Hinweis "Verbrauchertips" nicht als eine Vorgabe zur inhaltlichen Rahmung seiner O-Töne auf - entweder hatte er das Gewicht dieser Formulierung schlichtweg übersehen oder aber er hatte die Vorstellung, die O-Töne hätten bloß die Funktion einer allgemeinen Illustration zu einem Beitrag, in dem dann im *Beitrags*text die Tips formuliert wären. In jedem Fall besaß er nicht die notwendige Kenntnis des Genres, aufgrund derer er hätte wissen können, daß die O-Töne schon selbst die Tips enthalten sollen: "hat mir keiner gesagt vorher".

Was in diesem Beispiel sehr gut herauskommt, ist auch der implizite Charakter der in den Interaktionen verwendeten Kürzel für solche Vorabfestlegungen für Beiträge. Während die erste Mitarbeiterin zwar ebenfalls unsicher war, dann aber intuitiv im Sinne der impliziten Anweisungen handelte, geriet der Hospitant im zweiten Beispiel in eine völlig "falsche" Richtung. Er setzte seine Frage zu pauschal und zu unverbindlich an - was er dann ins Studio mitbrachte, war schlichtweg nicht zu gebrauchen, weil es nicht dem vordefinierten Beitragsschema entsprach.

Ich habe deswegen so ausführliche Beispiele für die Probleme angeführt, die sich bei der Einholung von O-Tönen ergeben, weil es sich dabei um einen Vorgang handelt, den man leicht als eine Art direkte Einschleusung "gesellschaftlicher Wirklichkeit" mißverstehen könnte. Schon die Bezeichnung "O-Ton" (für "Originalton") legt so etwas wie die unverfälschte Widerspiegelung von Wirklichkeit nahe. Ich hoffe, daß ich zeigen konnte, daß diese Vorstellung zu einfach ist: in Wirklichkeit geht auch der bloßen Aufnahme von O-Tönen eine vorgängig konstruierte inhaltlich Rahmung voraus, in die sich die O-Töne, so gut es geht, einpassen müssen. Das verlangt vom Reporter nicht eine rein rezeptive Unbefangenheit, sondern die Fähigkeit, eine Entscheidung zu treffen und daran sein Vorgehen zu orientieren.

Man kann sich das auch an der Logik der Interaktionssituation klarmachen: eine "Frage zu stellen" heißt immer einem Gegenüber eine Sinnvorgabe zu machen. Diese Sinnvorgabe enthält natürlich Spielräume, aber das Gegenüber ist in seiner Rede nicht "frei" oder "unbefangen", es kann sich nicht in beliebiger Weise äußern.[184] Das Fragenstellen ist nicht ein gleichsam in einer unabhängigen Umwelt des redaktionellen Handelns stattfindendes Ereignis, sondern stellt eine Aktivität des Reporters dar, durch die er die Umwelt, wie Weick sagt "gestaltet". Die Medialform "die Leute etwas sagen lassen" drückt diesen Sachverhalt recht gut aus: die eigentümliche Verschränkung aktiver Herstellung von Umwelt und zugleich die Selbstkonfrontation mit einer - allerdings vorab eingeschränkten - Kontingenz.

3.2.3. Zusammenfassung mit Weick

Was als Umwelt des redaktionellen Handelns erscheint, hängt, so sollte am Detail demonstriert werden, von "internen" Vorentscheidungen ab und ist ebenso das *Produkt* wie die *Voraussetzung* der Handlungen des Reporters. Damit kommt man auf Zusammenhänge, wie sie mit Weicks Schema des Organisierens, das ich in Teil 1 vorgestellt habe, sehr gut beschrieben werden können. Ich möchte deshalb eine Anwendung dieses Schemas auf diese Problems vorschlagen.

Weick begreift den Vorgang des Organisierens wie im ersten Teil dargestellt als eine Abfolge von Prozeßen, die er "Ökologischen Wandel", "Gestaltung", "Selektion" und "Retention" nennt. Damit verbunden ist die Vorstellung eines sozusagen "medialen" Modus des Umweltbezugs. Auf unser Beispiel angewendet könnte man die Begrifflichkeiten Weicks wie in Abbildung 12 gezeigt, einbauen.

Gestaltung ist für Weick der Vorgang der handlungspraktischen Herstellung von Umwelt, die Erzeugung von "Rohmaterialien" zur weiteren Bearbeitung. Im Beispiel unseres Reporters wäre das der Vorgang der Recherche vor Ort bzw. über Telefon. Ich habe oben von "Umwelt*kontakt*" gesprochen und meine damit die Interaktion mit dem "Gegenstand der Handlung". Dabei kann es sich um Gewährsleute, Recherchepartner oder aber auch um anonymes Material (Informationen usw.) handeln. Dieser Umweltkontakt erfolgt in der Regel nicht aus dem Stand - er ist angeleitet von verschiedenen Vorentscheidungen, deren Gesamtheit wir als "Beitragsschema" bezeichnet haben. In die Erstellung solcher fallspezifischer Beitragsschemata gehen wiederum Vorerfahrungen mit früheren Beiträgen, formale und inhaltliche Vortypisierungen ein. Das Beitragsschema (oder mehrere Beitragsschemata) kommen im Rahmen von Interaktionen innerhalb der Redaktion

184 Beispielsweise enthält jede Meinungsumfrage schon die Zumutung an die Befragten, eine Meinung haben zu müssen. Es wäre interessant zu wissen, wie hoch der Anteil an Äußerungen von Meinungen ist, die ad hoc gebildet wurden, um überhaupt etwas zu sagen, einfach aufgrund des Ansinnens des Reporters, daß man darüber eigentlich eine Meinung haben muß.

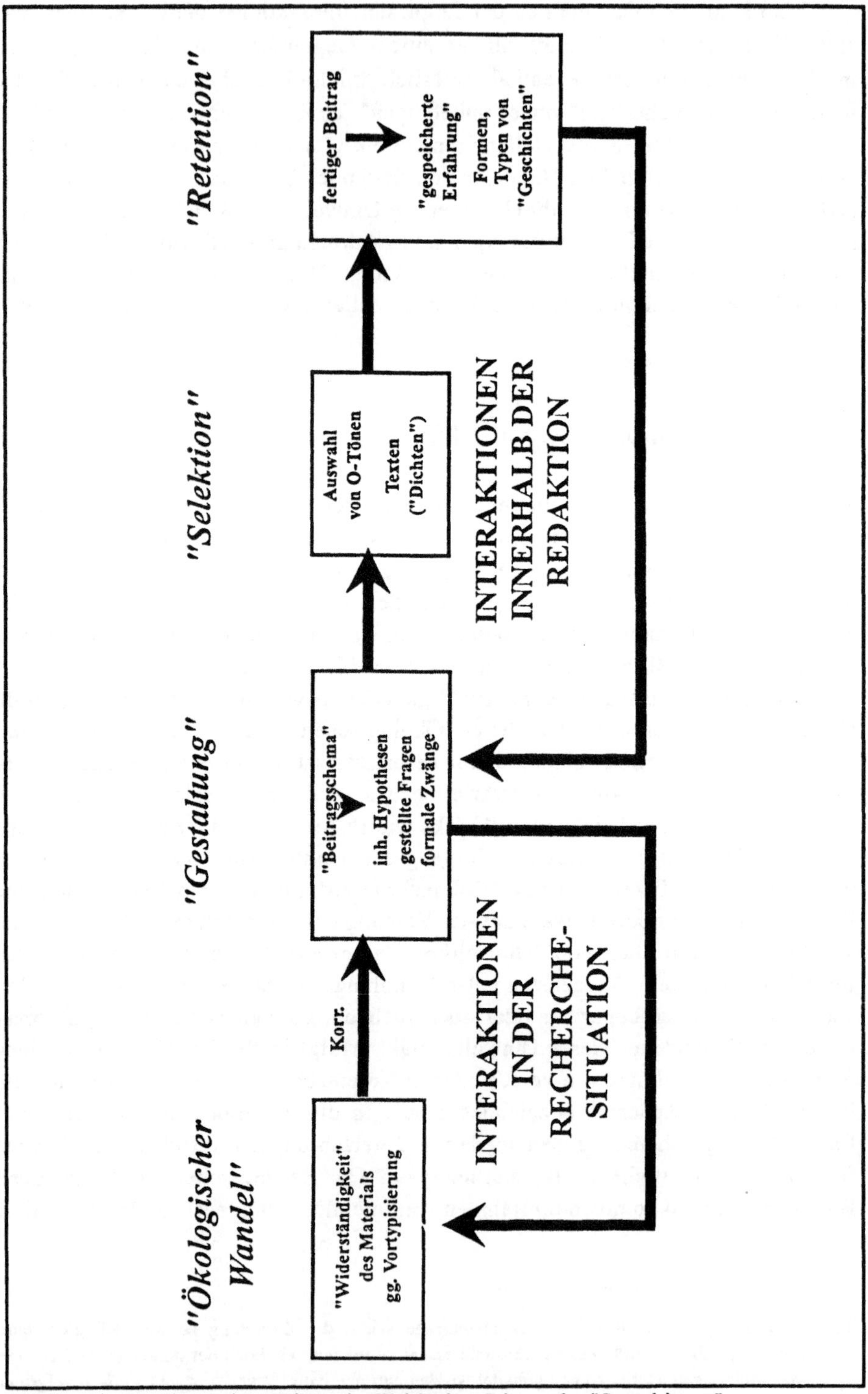

Abb. 13: Die Entstehung eines Beitrags im Weickschen Schema des "Organisierens"

auf oft sehr unauffällige Art und Weise zustande. Vor Ort fungieren sie als eine Art Wahrnehmungsraster, als Selektionshilfe, als eine Art Hypothese, anhand derer das Vorgehen orientiert wird: beispielweise, wie sehr der Reporter auf Anregungen der Recherchepartner eingeht eingeht, welche Details ihn interessieren, wie und an wen er überhaupt seine Fragen stellt.

Durch dieses durch das Beitragsschema gesteuerte Vorgehen definiert und gestaltet der Reporter eine bestimmte "Umwelt". In unserem Fallbeispiel geschah das beispielsweise dadurch, daß er von vorneherein auf die Jugendlichen, die auf der Mauer saßen, zuging und nicht etwa schnurstracks in die Pressekonferenz im historischen Museum marschierte, oder durch den lockeren Plauderton, den er der Pfarrerin gegenüber einschlug und mit der er sie zu Erzählungen verleitete.

Ein Effekt dieses Gestaltungsvorgangs kann aber auch sein, daß der Reporter auf Inkonsistenzen zwischen seinem Beitragsschema (seiner Hypothese über den Fall) und dem provozierten Material stößt. Die gewählten Vortypisierungen versagen grob oder erweisen sich als zu allgemein, geradezu falsch oder zu spezifisch, was auch immer. Es tritt dann ein, was Schütz eine "problematische Situation"[185] nennt. Das Beitragsschema, unter Umständen sogar die ihm zugrundeliegenden Typisierungen müssen dann korrigiert werden. Diese Erfahrung von "Diskontinuität" (Weick) ist mit dem Etikett *"Ökologischer Wandel"* bezeichnet, eine Erfahrung, die aber durch die Handlungen des Reporters hervorgerufen wird. Ich habe für eine Plausibilisierung dieses Phänomens im ersten Teil den Begriff des "Widerstandes" eingeführt. In diesem Widerstand drückt sich die Spezifizität des "Falles" gegenüber den gewählten Vortypisierungen (in Mintzbergs Vokabular: der "Schubladenhaftigkeit" der "Pigeon-holing-Kategorien) aus.

Läßt der Vorgang der Gestaltung noch Raum für verschiedene Umweltversionen oder Korrekturen, hat er also insofern noch optionalen und hypothetischen Charakter, ist das Ergebnis des Vorgangs der *Selektion* dann endgültig eine konsistente und abgeschlossene Version "gestalteter Umwelt", die sich auf die Produkte der Handlung des Gestaltens stützen kann. Die Rohmaterialien für diesen Vorgang sind dann die produzierten O-Töne und nicht etwa die "Wirklichkeit"! In unserem Beispiel war das die Tätigkeit des Reporters unter der Linde: er notierte sich die Stellen für die Schnitte, wählte die O-Töne aus und brachte sie in eine Reihenfolge. Zum anderen war es der Vorgang des durch die Folge der O-Töne schon angeleiteten Schreiben des Moderationstextes.[186]

"Retention" bezieht sich auf die Einfügung des fertigen Beitrags in die Sendung und die Ausstrahlung selbst. Der fertige Beitrag stellt dann eine stabilisierte und objektivierte Form von "Umwelt" dar, auf die man sich in künftigen Interaktionen beziehen und die nun ihrerseits als Modell für weitere Beiträge fungieren

185 Vgl. oben Teil I, Abschnitt 3.1.2

186 Von den Mitarbeitern manchmal "Dichten" genannt. Der Berufsjargon verrät schon selbst etwas vom "produzierten", hergestellt-konstruierten, sozusagen teilweise fiktionalen Charakter der journalistischen Genres.

kann ("Ich habe da mal eine Geschichte gemacht, die so ähnlich war ..."). Bereits am folgenden Tag wurde auf den Beitrag in diesem Sinne Bezug genommen: Im Rahmen einer Manöverkritik der Morgensendung des folgenden Tages wurde er durch den Redaktionsleiter auf als "sehr unterhaltend" gelobt. Tenor: der Reporter habe aus dem Thema etwas gemacht, diesem Lob schloß der Redaktionsleiter aber einen Seitenhieb auf die Sendung insgesamt an, indem er sinngemäß hinzufügte: "Wenn ein Beitrag über ein Klosterjubiläum der unterhaltenste Beitrag in der Frühsendung ist, dann gibt es zu wenig unterhaltende Beiträge in der Frühsendung".

Der Gesamtvorgang der Beitragsproduktion stellt sich dann als ein Ineinandergreifen von zwei verschiedenen interaktiven Kontexten dar - den Interaktionen innerhalb des Studios und den Interaktionen im Rahmen des "Umweltkontaktes" des Reporters in der Recherchesituation. Als Bindeglied des Gesamtvorgangs, als Schlüsselprozeß fungiert der Vorgang der Gestaltung. Er wird einerseits von Vorentscheidungen angeleitet, die sich als Effekt vergangener und gegenwärtiger binnenorganisatorischer Interaktionen darstellen, zugleich aber ergeben sich aus der Interaktion mit dem Gegenstand der Handlung heraus fallspezifische Korrekturen. "Umwelt" ist dann - beitragsbezogen - Produkt dieses Ineinandergreifens beider Handlungskontexte.

3.3. Die Rolle des RVD bei der Herstellung des Beitragsschemas

3.3.1. RVD und Reporter

Die bisherige Darstellung hob vor allem auf die Handlungen des Reporters und auf dessen Rolle zur Herstellung des redaktionellen Umweltbezugs ab. Das liegt nun auch im Sinne unserer Gewährsleute, die ja von der Vorstellung ausgehen, daß die festangestellten Mitarbeiter insofern keine direkte Rolle bei der Herstellung des redaktionellen Umweltbezugs spielen, als sie gar nicht mit der Gestaltung von Inhalten befaßt sind, sondern sich (wie Mr. Gates) allenfalls auf die Selektion der von freien Mitarbeitern beigebrachten Inhalte beschränken.

Wenn nun aber die Analyse des Reportertags korrekt war, dann liegt der Schlüssel zu dem Vorgehen von F/A in dem Gespräch mit dem RVD der Aktuellen Redaktion, in dem fast beiläufig eine wesentliche Gestaltungsalternative zu dem bisherigen Vorhaben des Reporters auftaucht. Möglicherweise war es kein Zufall, daß ausgerechnet ein RVD einen derartigen Vorschlag machte. Aufgrund unserer Beobachtungsdaten, die die wichtige Rolle des RVD als Interaktionspartner für den Reporter zeigen, gehen wir davon aus, daß das Beitragsschema - Produkt interner Interaktionen in der Redaktion - in der Hauptsache in Interaktionen zwischen Reporter und RVD erzeugt wird. Dies gilt um so mehr, als der RVD für die meisten, das "Beitragsschema" wesentlich konstituierenden Entscheidungen originär zuständig ist: Themenselektion, inhaltliche Gewichtungsentscheidungen, Entscheidungen über formale Aspekte, Entscheidung über Anzahl und Art von O-Tönen, zeitliche Vorgaben, Plazierung des Beitrags in der Sendung usw.

Ein großer Teil dieser Entscheidungen wird nach unserem Eindruck unmerklich - gleichsam unter der Hand - getroffen, ohne explizites Thema von Interaktionen etwa in Form deutlicher Anweisungen, Vorgaben o.ä. zu werden. Allerdings scheint das davon abhängig zu sein, welche Kompetenzen man bei dem Reporter voraussetzen kann. Eine Mitarbeiterin bemerkt hierzu:

> "Also, des isch so, we'mer ein Thema vergibt <- ->, dann ähm sagt mer ja oft dazu, was mer sich do vorstellt, was mer do genau habbe will. Und je unerfahrener die Mitarbeiter sin, um so genauer muß mer des natürlich sage. Bei ganz versierte Mitarbeiter, dene geb i des Thema, dene isch im Grund gnomme scho klar, um was es geht. Do sag i dann bloß, ob i en Beitrag habbe will oder a Newsshow. Bei Hoschpitante oder oder Leut, die no net so lang derbei sin, muß mer oft seeehr genau erkläre, was mer do habbe will. Dene sagt mer dann sogar, oder sag ich sogar, wo se arufe solle, welche Gesprächspartner ich mit drin habbe will, welche Aschpekte von dem Thema mir wichtig sin, dann natürlich, für wanns fertig werre muß. Also, dene sag i dann scho soviel wie möglich, do hab i dann scho 'n bissle en Plan im Kopf, wie son'n Beitrag auszusehen hat oder oder , um was es do geht, also au, ob der au witzig oder bunt sei soll oder lieber ernscht un' sag ehna dann teilweise aa, wo se do aa Hinnergrundinformationen derzu herkriege. (Interview 5)[187]

Das Zitat belegt sehr schön den handlungs-(bzw. kommunikations-) entlastenden Effekt professioneller Handlungskompetenzen. Je erfahrener der Reporter, desto weniger explizite Verständigung ist notwendig. Für die Verständigung genügt eine Kurztypisierung: "Beitrag" oder "Newsshow".[188] Vorausgesetzt ist allerdings, daß der Reporter über diese Typen verfügt und sie im gleichen Sinne wie der RVD versteht. Ist das nicht der Fall, müssen die impliziten Aspekte und Merkmale des jeweils gemeinten Typus auseinandergezogen und expliziert werden: Gesprächspartner, inhaltliche Aspekte, ob "witzig" oder nicht, ob Hintergrundinformationen oder nicht usw.

---

187 Aus dem Zitat kommen auch nochmals wichtige selektive Leistungen des "Beitragsschemas" ("Plan") gut heraus: Vorentscheidungen über Recherchepartner, Informationsquellen, thematische Relevanzen, Zeitvorgaben, Formvorgaben.

188 Mit "Beitrag" ist in diesem Zusammenhang die Standardform eines eineinhalb bis drei Minuten dauernden Beitrags gemeint, der in bestimmter Weise aufgebaut wird und in der Regel O-Töne enthält.

Mitarbeiter, die die zur Erstellung eines Vorab-Beitragsschema notwendigen Typisierungskompetenzen noch nicht selbst beherrschen, werden also vom RVD gleichsam vom grünen Tisch aus entlastet. Das gilt für den gesamten Vorgang der Beitragserstellung, der RVD kann sich durchaus auch *nach* oder während den Recherchen wieder einschalten:

> "Also, wenn wirklich no was fehlt, dann isch ganz klar, daß des so net lauffe kann und daß die nomal nausmüsse oder no was hole müsse, oder wenn die äh irgendwie halt was am Thema vorbei gmacht hen oder en Aschpekt meiner Ansicht nach net gnug berücksichtigt wird oder des ganze net witzig gnug isch, wenn sich 's meinetwege um irgenden Schildbürgerstreich handelt, dem mer oifach net ernscht abhandle kann - dann sag i des dene schon und erklär des dann aa, warum und wieso. Es isch net so, daß i dene vorschreib, wie se ihrn Beitrag zu schreiwe hen, aber wenn i genaue Vorstellunge hab, also, wenn i denk, i woiß, was da an dere Sach wichtig isch und was do eigentlich nei muß, dann besteh i do aa schon ziemlich druff." (Interview 5)

Das Zitat belegt nochmals die hohe Bedeutung gerade der inhaltlichen Vorabentscheidungen für das Vorgehen vor Ort. Es kommt offenbar - gerade bei unerfahreneren Mitarbeitern - vor, daß "etwas am Thema vorbei" gemacht wird. Der RVD ist gerade dann die Instanz, die - ohne jeden direkten Umweltkontakt vom Schreibtisch aus - beurteilt, ob das der Fall ist oder nicht. Wir haben auf der anderen Seite auch Fälle beobachtet, in denen der Reporter beim RVD ankommt mit der Meldung: "das Thema gibt nichts her", die Sachverhalte liegen anders als es das "Beitragsschema" nahelegt. In jedem Fall muß der RVD einen sehr sensiblen Umgang mit eigenen Vorerwartungen und Einschätzungen einerseits und mit dem vom Reporter beigebrachten Material andererseits beherrschen.

Das "Beitragsschema" ist nach unserer Erfahrung auch im Falle des erfahreneren Reporters (wo die Verständigung ja nur impliziter abläuft) als ein Produkt der Interaktion von RVD und Reporter anzusehen. Es hatte sich ja bereits bei unseren Auszählungen herausgestellt, daß der RVD in jeder Hinsicht eine zentrale Rolle bei den Reporterkontakten einnimmt. Vor allem gilt das für die Interaktionsepisoden, die sich auf die Beitragsproduktion beziehen: hier war der RVD nach den Recherchepartnern der häufigste Interaktionspartner der freien Mitarbeiter. Im Folgenden möcht ich daher nochmals etwas genauer einige Aspekte und Probleme der Tätigkeit des RVDs in den Blick bekommen.

3.3.2. *Typisierung von Themen durch den RVD*

Originäre Aufgabe des RVD ist es, die Themen (bzw. Beiträge der Sendung) festzulegen. Diese Auswahl geschieht meistens aufgrund von Themenanregungen, die als Vorschlag bei einer Schaltkonferenz von entsprechenden Korrespondenten eingehen, als Agenturmeldung aus dem Ticker kommen, von Ankündigungen in der sogenannten "Ereignisvorschau" oder die der Zeitung entnommen werden. Der RVD muß dabei unter erheblichem Zeitdruck eine sehr sichere und schnelle "Einordnung" von in meist sehr summarischer Form angebotenem Material vollziehen. Ein Beispiel für eine solche "Einordnung" ergab sich - quasi als "Trockenübung" in einem Interview mit einer freien Mitarbeiterin. Der Interviewer nannte ein Beispiel, das ihm bei der Beobachtung aufgefallen war. Es handelte sich dabei um einen Stromausfall in einer oberschwäbischen Stadt, ein Thema, das vom dortigen Regionalbüro vorgeschlagen wurde, das dann aber nicht in die Sendung aufgenommen wurde:

> *Interviewer*: Da war a Stunde lang oder so Stromausfall äh die Läden mußten schließen, weil die Registrierkassen nicht mehr funktionierten, Aufzüge blieben stecken und die Polizei rückte aus wegen Banküberfall.
> *Mitarbeiterin*: Also, des is auf alle Fälle 'n Beitrag, den man als Aussteiger machen kann, entweder als Aussteiger aus em Hauptprogramm hintenraus oder als Aussteiger aus der Newsshow, aus der Newsshow nur dann, wenns nicht allzulange her ist, denn die Newsshow muß new sein. Des is festes Kriterium. Hintenraus is es zu machen, wenns nicht genügend andere Beiträge gibt, wenn's des Programm noch aushält, des is kein Mußthema, des is 'n Kannthema. So würd ich des entscheiden. Also, 's gibt immer die Unterscheidung "muß" oder "kann". (Interview 4)

Das Zitat zeigt die enge Verknüpfung von formalen Bestimmungen, inhaltlichen Einschätzungen und Abschätzungen der "Relevanz" des Themas. Die Mitarbeiterin macht zunächst eine "formale" Einordnung des Themas. Das Thema käme als "Aussteiger" in Frage. Damit zusammen hängt die Bestimmung "Kann-Thema". Beides bezieht sich auf einen eher unterhaltenden und insofern fakultativen Charakter des Themas. Ob es im Hauptprogramm oder in der Newsshow läuft, hänge davon ab, ob es sich um ein aktuelleres Ereignis handle, oder ob es schon länger zurückliege. Diese Verbindung (von Relevanzeinschätzung, formaler Einordnung und inhaltlicher Typisierung) kommt auch in dem folgenden Zitat zum Ausdruck, das sich auf die Schwierigkeiten einer Mitarbeiterin bei ihrem ersten RVD-Dienst bezieht:

> "Also, mir sen do tausend Theme pro Tag um d'Ohre g'floge und äh, i hab manchmol halt des überhaupt nicht eiordne kenne und gar net g'wißt -...und do stehsch dann do und denksch 'Isch des jetzt a alte G'schicht oder a neue, isch de jetzt äh, wichtich oder net wichtich, macht ma do jetzt a Newsshow oder an bunte Beitrag?'" (Interview 5)

Die Mitarbeiterin parallelisiert hier formale Bestimmungen: "Newsshow oder bunter Beitrag" mit zeitlichen: "aktuell oder nicht" und Einschätzungen der inhaltlichen Relevanz: "wichtig oder nicht".[189]

Die Frage nach den Kriterien für die Beurteilung der *Relevanz* von Themen stand nur am Rand der Thematik unserer Studie. Einige Hinweise finden sich dennoch in unseren Interviews. Auffällig daran ist, daß sich, wenn immer sich Mitarbeiter dazu äußern, "interne" Kriterien mit "externen" mischen. Mit "internen" Kriterien meine ich Kriterien, die sich aus bestimmten Handlungszwängen des Medienbetriebs und der Programmproduktion bzw. -Konkurrenz selbst ergeben. Diese Kriterien werden in der Regel auf Anhieb genannt und gelten als relativ eindeutig. Beispiele dafür wären:

- ob ein Thema etwas mit dem Sendegebiet zu tun hat,
- die Frage, ob andere Medien und Programme das Thema aufgreifen oder nicht und in welchem Umfang,
- Kriterien, die sich aus der jeweiligen Sendungskonzeption ergeben (z.B. morgens eher bunte Beiträge, mittags eher "etwas härtere Themen"),
- Kriterien, die mit der ausgewogenen formalen Gestaltung der Sendung zusammenhängen: "daß man also jetzt zum Beispiel nicht nur Mord, Katastrophen und Umweltzerstörung in einer Sendung hat" (Interview 5) oder daß das Sendegebiet ausgewogen repräsentiert ist,
- wieviel Themen überhaupt da sind: "hat man zehn, schmeißt man drei raus, die einem nicht so wichtig erscheinen, hat man gar keine, nimmt man auch mal eine unwichtigere mit rein" (Interview 1) ,
- ob man in der Vergangenheit schon darüber berichtet hat oder nicht.

Mit "externen" Kriterien meine ich Kriterien, die sich auf eine unterstellte Relevanz oder Aktualität des Themas für die "Gesellschaft", das "Land" oder "jeden einzelnen Bürger" beziehen: ist das Thema "ein alter Hut" oder "im Gespräch"? Oder:

> "Wie wichtig is des, daß jemand in Konstanz weiß, daß in Biberach der Strom ausgefallen is. Also, es is nicht zentral für denjenigen. Wichtiger wäre beispielsweise, wenn er wüßte, daß irgendeine Bundesstraße nicht gebaut wird, durch die er vielleicht mal fahren muß. Des wär sicher wichtiger. Oder

---

189 Diese Kompetenz des RVD, auf angebotene inhaltliche "Stimuli" mit einer sicheren Typisierung zu reagieren, wurde in einem Fall vor dem ersten RVD-Dienst der betreffenden Mitarbeiterin in beiläufigen Gesprächen buchstäblich "getestet": "wenn ich mit dem zum Beispiel Frühdienst gehabt hab' und ich war Redakteurin, dann hat er manchmal so wegen den Regionalnachrichten gefragt, ähm: 'Ja was würd'sch da draus machen, eine Meldung oder - oder einen O-Ton oder eine Newsshow, oder mein'sch ned?' - oder er hat mir einen Zeitungsartikel gezeigt und hat gesagt 'Was mach'sch da jetzt draus?'"

wenn irgendwo Öl ausgelaufen is, was dann irgendwelche Konsequenzen hat...." (Interview 4)

Abgesehen davon, daß solche Annahmen immer den Charakter einer notwendig eher vagen Unterstellung haben, gibt die Mitarbeiterin dann im selben Atemzug zu, daß das Kriterium des unterstellten Interesses der Zuhörer nicht für alle Themen gelte:

"Ja, und dann äh gibts auch noch ne Relevanz so an politischen Sachen, wo ich schon manchmal denke, daß es die Zuhörer wahrscheinlich 'n Scheiß interessiert, es aber eben landespolitisch zentral is für weitere Entscheidungen. Also, wen interessiert die Neuauflage des Landesmediengesetzes? Keinen Schwanz. 'S spielt aber ne sehr große für die politische Entwicklung dieser Medien. Und insofern wird sowas halt gemacht." (Interview 4)

Ein Redakteur äußerte in diesem Zusammenhang, daß manchmal Beiträge über den Sender gehen würden, die auf Details landespolitischer Zusammenhänge anspielten, die letztendlich nur für ein paar wenige ("vielleicht fünf oder sechs") landespolitische "Insider" verstehbar wären und zu Adressaten hätten.

Insgesamt fällt auf, daß die Mitarbeiter in Bezug auf diese "externen" Kriterien ziemlich übereinstimmend die geringere Spezifiziertheit betonen und zu Etikettierungen wie "Geschmacksache", "diffus" greifen oder gar betonen, diese Kriterien seien gar keine, weil situativ fast beliebig einsetzbar und insofern auch deutlich von Personen bzw. von Machtpositionen innerhalb der Redaktion abhängig.[190] Entscheidend ist eine faktische oder zumindest unterstellte Linie der Redaktion im Umgang mit solchen externen Kriterien in früheren Fällen. Allerdings kommt es immer wieder zu Auseinandersetzungen darüber, worin diese Linie eigentlich besteht. Die Wirksamkeit von Kritik an einer Entscheidung ist so auch vom formellen oder informellen Status desjenigen abhängig, der sie äußert.

Wichtig für unseren Zusammenhang ist jedenfalls, daß der RVD inbesondere in Bezug auf die "externen" Kriterien eine eher "intuitive" Kenntnis der konkreten Arbeit der Redaktion benötigt. In der Tat waren sämtliche auch freien Mitarbeiter, die RVD-Funktionen wahrnahmen, längere Zeit als Reporter tätig. Nach einer Aufzählung solcher Kriterien durch eine Mitarbeiterin lautete ihr Fazit kurz und trocken: "Und so laviert man sich da durch, gell."[191]

---

190 In einem Fall riet ein Mitarbeiter davon ab, über den inoffiziellen Teil der Feier des Jubiläums einer großen Firma zu berichten mit dem Argument, der offizielle Teil sei bereits gelaufen. Der Grund dafür schien eher in seiner Unlust zu liegen, über das Thema zu berichten. Zum Beobachter meinte er dann, mit demselben Argument hätte man unter Umständen gerade eine Berichterstattung begründen können.

191 Und: "So setzt sich des irgendwie alles zamme, des isch so e bißle e Puzzle aus ganz verschiedene Faktore, des unheimlich schwer abwägbar isch, des a jeden Tag e bißle annersch aussieht."(Interview 4)

Die "Einordnung" von Themen hat, wie schon mehrfach bemerkt, neben dem Aspekt der Einschätzung ihrer Relevanz und der Zuordnung zu Beitragsformen noch einen weiteren wichtigen Aspekt: der RVD muß einen inhaltlichen "Aufhänger" als Kernbestandteil des Beitragsschemas definieren. Wir hatten bereits an den Beispielen zeigen können, daß dies oft auf eine sehr unauffällige Weise geschieht, die Rahmung wird in einem kleinen Nebensatz oder in einer Seitenbemerkung übermittelt: "Leute nach ihrer Beziehung zum Kloster fragen", "Verbrauchertips über Spargel", "in Albstadt streiten sich die Leute über Radwege", "es gibt zwei Bürgerinitiativen" usw. In unseren Beobachtungsprotokollen finden sich weitere Beispiele für solche beiläufigen Hinweise des RVD. Ich führe einige zur Illustration an:

1. Im Anschluß an eine Konferenz wird einem freien Mitarbeiter ein Thema vorgeschlagen. Auszug aus dem Beobachtungsbericht: "Es geht dabei um ein schwerbehindertes, dreijähriges Kind. Den leiblichen Eltern wurde das Sorgerecht entzogen, momentan liegt es in der Kinderklinik, die es aber - als Pflegefall - sozusagen 'loshaben' will. Das Sozialamt erklärt seine Unzuständigkeit, Pflegeeltern wären vorhanden, aber aus irgendwelchen Gründen wird keine Entscheidung getroffen. Der RVD umreißt die Geschichte mit dem Prädikat 'typischer Fall von Behördenopfer' und meint zu F/A, dem freien Mitarbeiter, er solle die 'Geschichte' ziemlich 'sensibel angehen'". (Beobachtungsbericht A). Der Fall wurde im weiteren Verlauf unter dem Gesichtspunkt, daß das Kind von Behörde zu Behörde weitergeschoben wurde, in einem Beitrag verarbeitet. Auch die Zurechnung dieses Umstands auf eine bürokratische Inkompetenz der Behörden war inhaltlicher Bestandteil des Beitrags.
2. Ebenfalls im Zusammenhang mit einer Konferenz ergibt sich folgende Episode: "Einige Beiträge werden Freien nahegelegt. F/A soll mal 'anrecherchieren': es geht um einen Gärtnermeister, der die Verdienstmedaille des Landes Baden-Württemberg erhalten soll, das Regionalstudio Stuttgart plant über diese Preisträger einen Beitrag ('Kommentar' bzw. 'Glosse') und braucht dazu noch O-Töne bzw. Kurzdarstellung einiger Medaillenträger. F/A ist der Beitrag sichtlich unsympathisch: 'Seit wann porträtieren wir Medaillenträger', RVD/A: 'Wenn sie Menschen sind wie du und ich'." (Beobachtungsbericht A) Hinter der offensichtlichen Ironie dieser Bemerkung steckt zugleich eine denkbare inhaltliche Rahmung: "Menschen wie du und ich bekommen eine Verdienstmedaille" und unter diesem Aspekt ist das Thema von Belang. Diese Rahmung scheiterte im konkreten Fall im Verlauf der Recherche. Etwas später kam der betreffende Reporter sichtlich amüsiert in den Konferenzraum zurück, um zu melden, daß der Gärtnermeister als hoher Funktionär eines Obstbauverbands im Moment nicht zu erreichen sei, weil er in Bonn weile.

Insofern wäre die Rahmung "Menschen wie du und ich" in der Tat nur mit einiger Ironie aufrechtzuerhalten gewesen.

3. Die inhaltlichen Typisierungen, die wir hier im Auge haben, äußern sich im Studio-Jargon immer wieder in Ausdrücken wie "Geschichte, "story" oder "Kiste". In einem Fall umriß ein Redakteur den inhaltlichen Aufhänger eines Beitrags mit dem Ausdruck "eine Reise-auf-Kosten-des-Steuerzahlers-Kiste". Andere Beispiele sind: "Behindertengeschichte", "Wettergeschichte", "ein buntes Gschichtle" oder sogar in Bezug auf ein Thema, das nicht allzu viel "hergab": "eine tote Kiste".

Wir haben in diesem Zusammenhang zum ersten Mal auf den im ersten Teil ausführlich dargestellten Begriff der "Typisierung" zurückgegriffen. Aus folgenden Gründen:

1. Diese auf die Organisation der Inhalte bezogenen Typen ergeben sich im Laufe der redaktionellen Arbeit oft in Abhängigkeit von jeweiligen Themenkonjunkturen (wie beispielsweise die "Reise-auf-Kosten-des-Steuerzahlers-Kiste") oder aufgrund einer mehr oder explizit unterstellten redaktionellen Linie des Umgangs mit Themen. Jedenfalls spielt der *Bezug auf bisherige konkrete Berichterstattung* eine erhebliche Rolle. Das unterscheidet sie beispielsweise von sogenannten "Nachrichtenfaktoren", die oft auf sehr allgemeine inhaltliche Charakteristika von Ereignissen ("Konflikt", "Sensation") abzielen, während die hier gemeinten Typisierungen konkreter, wandelbarer, redaktionsspezifischer sind, als das bei den Nachrichtenfaktoren der Fall ist.
2. Die *Erfahrungsgebundenheit* der Verfügung über Typen wird von den Mitarbeitern immer wieder betont. Man brauche, so der einhellige Tenor, viel Erfahrung in der Beitrags*produktion*, aber auch im *"Hören" von Beiträgen*, um diese "Einordnung" zu beherrschen.
3. Damit zusammen hängt der *"organische" Charakter des Typenerwerbs*. Man könne sie, so der Tenor, nicht direkt lernen oder lehren. Das kann daran liegen, daß die Anwendungssituation nicht vollständig routinisierbar ist:"... so richtig erklären tut einem das keiner und das ist auch schwierig. Du stehst jedesmal wieder vor einem neuen Thema und das ist jedesmal wieder ein bißchen anders..."(Interview 6)

Mit der Vermittlung ist zudem das Problem verbunden, daß die zu vermittelnde Sache nicht reflexiv präsent ist. Eine Mitarbeiterin weist auf die Schwierigkeiten hin, eine Betreuung im Sinne einer genauen Besprechung von Beiträgen durchzuführen:

> "I würd's gern mache, i würd's wirklich gern mache - awer dann kommt aa no hinzu, daß i mi do manchmol aa schwertu - uf de Punkt genau zu sage, was net gut isch oder was annerschd g'hört. Do hot ma dann so a diffuses G'fühl

- also ich würd's vielleicht so und so formuliere oder die Struktur, do schtimmt irgendwas net ganz - nur des wirklich denne begreiflich zu mache, ganz prägnant und eileuchtend begreiflich zu mache, so richtich uf de Punkt des zu bringe, des isch unheimlich schwierich un do - versuch i dann zwar mei beschtes. Awer meischtens artet des dann aa e bißl in G'schwafel aus - also do tu i mir e bißl schwer." (Interview 5)

Das weist darauf hin, daß diese Form von Wissen ziemlich weitgehend die Struktur von lebensweltlichem Wissen (vgl. Teil 1) hat. Es handelt sich um eine Form des impliziten Wissens, es ist inhaltlich nicht voll bestimmt und deswegen nur begrenzt systematisierbar und nicht kodifiziert. Die Kriterien der Zuordnung von Erfahrungen zu Typen sind nur sehr begrenzt argumentativ verfügbar. Sie gehorcht einem Evidenzkriterium - leuchtet unmittelbar ein oder eben nicht. Zum anderen weist das auf den von uns bereits herausgearbeiteten Aspekt hin, daß diese Typen fallspezifisch mobilisiert und dann auch: modifiziert, abgewandelt, korrigiert werden müssen.

3.3.3. "Aus einem Thema was machen" - wie der RVD die Sendung füllt

Die Fähigkeit, Themen inhaltlich zu typisieren, einen inhaltlichen Aspekt als "Aufhänger" zu definieren und vorzugeben ist ein Kernbestandteil der Kompetenz eines RVDs. Gerade solche (v.a. freien) Mitarbeiter, die noch nicht lange RVD-Funktionen wahrnehmen, bemerken dies und äußern sich dann dementsprechend bewundernd über Mitarbeiter, die das souveräner beherrschen als sie selbst. So äußern sich freie Mitarbeiterinnen über erfahrenere Kollegen wie folgt:

"Und er hat - mhm - er hat, wenn ich 'n Thema sag, dann hat er gleich so 'n gewissen Dreh und erkennt gleich den Kick daran oder oder verlagert einfach den Akzent oder so. Ich denk 'Mensch ja, das isses, das is toll'. Und da merk ich einfach, daß er also eine unglaubliche Erfahrung hat..." (Interview 6)
"Also, ich find so diese Themeneingrenzung und Besprechung, finde ich eigentlich, eigentlich find ichs ganz toll. Also zum Beispiel beim <Name Red> ist es so, daß der des immer ziemlich genau macht. Bei mir jedenfalls, und daß ich des, oder beim beim <Name Red> und daß ich des unheimlich produktiv find, weil ich oft gar nicht auf die Ideen gekommen wär. Weil des praktisch mir manchmal so überhaupt erst erweitert, was des eigentlich sein soll, weil ich's manchmal gar nicht begriffen hab." (Interview 4)

Die Semantik solcher Äußerungen deutet auch hier wieder darauf hin, daß Themen nicht einfach vorliegen und einfach nur aufgegriffen werden müssen, sondern daß hier eine aktive, "gestaltende" Leistung erforderlich ist: man muß den "Dreh haben", den "Akzent verlagern". Kurz: man muß aus dem Thema "etwas machen". Diese Formulierung ist uns in Interviews und Gesprächen oft begegnet. Beispielsweise in folgendem Zitat, in dem es um eine Zeitungsmeldung geht: in einem kleinen Schwarzwalddorf wurde die Einrichtung eines Dorffarren[192] abgeschafft:

> "So was ewe eizuschätze, zum Beispiel au Theme aus d'r Zeitung rauszulese äh, do hab i am Ofang immer üwer Sache driwerg'lese und hab gedacht haja, gut, schee, do hot seller halt äh do werd jetzt halt d'r Dorffarre von - von Kälberbronn wird halt jetzt äh aussortiert, weil die Rinder in Zukunft künschtlich befruchtet wered, wen interessiert des, gell? Das m'r do awer, wenn mer's richtich rum macht, *a ganz luschtige G'schicht draus macha kann und an bunte Beitrag draus macha kann*, des hab i am Ofang net kapiert, auf so Idee bin i net gekomme, des schärft sich wirklich erscht mit d'r Zeit." (Interview 5)

In dem Zitat stößt man auf eine ähnliche Doppeldeutigkeit, wie sie bereits Gaye Tuchman bei ihren Typisierungen von "News" registriert hatte (vgl. Teil I). Was die Mitarbeiterin als "Geschichte" bezeichnet, ist nicht einfach eine an sich vorliegende Sequenz von Ereignissen in der "Umwelt", sondern sie ist ebenso Produkt der Tätigkeit des Journalisten: die "lustige Geschichte" wird aus etwas "*gemacht*".

Man hat dieses "etwas aus etwas machen" bei Journalisten vielfach bemerkt und als professionelle Deformation, als eine Verfälschung der Wirklichkeit gehandelt. In dem systematischen Rahmen, den wir im ersten Teil aufgezogen haben, und dem empirische Beispiele wie die genannten zugrundeliegen, müßte man es ganz im Gegenteil als Paradigma redaktionellen Handelns überhaupt verstehen. Zwar können sich in Einzelfällen grobe Inkonsistenzen zu wahrgenommenen alternativen Interpretationen von Ereignissen und Themen ergeben - der Journalist hat dann in den Worten Altheides eine Story "miskonstruiert", grobe Unstimmigkeiten übersehen. Aber auch in den Fällen, in dem man ihm eine realistische Berichterstattung bescheinigen wird, liegt natürlich eine inhaltliche Rahmung vor, die auch *hätte anders ausfallen können*. Das meint Weick, wenn er sagt, daß die Handelnden ihre Umwelt "aktiv gestalten" und zu einem guten Teil selbst erzeugen.

Man kann in diesem Zusammenhang eine etymologische Reflektion anstellen. Das Wort "Redaktion" kommt vom lateinischen Verb "redigio". Dieses Verb kann die Bedeutung "verwandeln", "zu etwas machen" (auch mit doppeltem Akkusativ "etwas zu etwas machen") annehmen und davon abgeleitet: etwas herabsetzen, verkleinern, beschränken, reduzieren. Schon die Etymologie von "Redaktion" legt

192 Dabei handelt es sich um einen gemeindeeigenen Stier, zu dem die Bauern ihre Kühe zum Besamen bringen.

also weniger das Paradigma einer spiegelgetreuen "Abbildung" einer Wirklichkeit nahe als vielmehr ein aktiv-konstruierendes "etwas daraus machen".[193] Ganz besonders virulent wird diese Fähigkeit des RVD dann, wenn es zu Ausfällen von Beiträgen oder ganz allgemein zu einem Mangel an Beiträgen kommt. Eine Mitarbeiterin äußert sich dazu wie folgt:

> "Also, des isch bei mir der Punkt, wo dann der Adrenalinspiegel in unermeßliche Höha steigt. Also net so, daß e dann nur noch em Quadrat spring, awer - do werr i halt schon unruhig und do krieg i dann manchmal a so'n Fatalismus, wenn dann alles platzt un und irgendwie so aussieht, als ob i nur noch Musik spiele kennt, und koin oinzige Beitrag, dann denk i manchmal scho 'nach mir die Sintflut', i woiß jetzt ned, was e no macha soll. Awer des sin a die Momente, wo i ofang an mir selwer zu zweifle, weils dann Leit gibt, die plötzlich aus irgendera komische Tickermeldung iewer 's Wetter oder iewer die neischte- über 's neuste Kaufverhalten der Deutsche oder erhöhte Bierpreise oder was a immer -dene fallt no auf oimal ei, *do könnt i jetzt in dere kurze Zeit noch was draus macha,* und sei es bloß e Umfrog oder irgendwas." (Interview 5)

Es hatte sich bereits bei der Besprechung der Altheideschen Untersuchungsergebnisse angedeutet, daß das Problem zumal des dafür verantwortlichen Redakteurs vom Dienst weniger darin liegt, sich in der übermäßigen Komplexität einer fast unendlichen Menge möglicher Themen zu behaupten und daraus eine sinnvolle Auswahl zu treffen, sondern ganz im Gegenteil darin, überhaupt eine "Sendung vollzukriegen". Wir können diesen Eindruck bestätigen. Ein Mitarbeiter meinte sinngemäß, daß er selbst, wenn er mehrere Beiträge zur Auswahl habe, in der Regel gar nicht viel Entscheidungsspielräume habe, es sei in den meisten Fällen eigentlich klar, welche Themen aufzunehmen seien. Als viel vordringlicheres Problem wird, zumal von Anfängern im RVD-Geschäft, die Befürchtung geäußert, man habe nicht genügend Themen, um die Sendung vollzukriegen:

> *Interviewer*: ... Was war denn dein größtes Anfangsproblem?
> *Mitarbeiterin*: Ähm - des war eigentlich so des Gefühl, daß möglicherweise noch - wenn morgens wenig in der Sendung war, daß des dann vielleicht bis mittags sich nichts getan haben könnte oder daß ich, wenn ich im Streß bin, daß mir nicht rechtzeitig was einfällt. (Interview 6)

Wir konnten bei unserer Arbeitsbeobachtung in keinem Fall beobachten, daß in Äußerungen oder Handlungen der beobachteten Mitarbeiter etwa zum Ausdruck gekommen wäre, daß man Probleme hätte, aus einer Überfülle von Themen

193 Hier mag denn auch der reale Kern einer "kreativen" Kompetenz, die sich Journalisten gerne zuschreiben, liegen.

auszuwählen. Dagegen finden sich in den Beobachtungsberichten Formulierungen wie die folgende: "Die Stimmung ist etwas müde - es hat den Anschein, als ob man auf Beiträge wartet: 'keine gescheiten Schlagzeilen', 'keine O-Töne', 'echt nix da.'" (Beobachtungsbericht A)

In einem Fall wurde das "Radiomobil" einfach in Richtung Oberschwaben auf den Weg geschickt, ohne daß vorher klar gewesen wäre, zu welchem Thema eine Berichterstattung erfolgen sollte. Aufgefangen wurde das dann durch einen kurzfristigen Anruf eines Mitarbeiters aus einem Außenstudio. In einem anderen Fall war die Situation prekärer:

> "Das Radiomobil steht in Balingen und hat (die Sendung läuft bereits seit einer halben Stunde) kein Thema; sie waren zunächst bei einem Salzbergwerk bei Haigerloch, das hatte der RVD aber nicht als Thema akzeptiert, weil man darüber offenbar schon mal einen Beitrag in den letzten Monaten hatte. Der rettende Einfall des RVD: eine Wettergeschichte aus einem Eiscafe. Der Beitrag - als 'Aussteiger' gedacht - wird mehr als dünn: man erfährt im wesentlichen, daß die Stühle, auf denen sonst Leute im Freien sitzen, aufgestapelt sind und daß zwei Kinder bei dem kalten Wetter nicht gerne Fußball im Freien spielen." (Beobachtungsbericht A)

Das anfängliche Vorhaben wurde mit Hinweis auf eine bereits erfolgte Berichterstattung abgeblasen; das Thema "Wetter" ergab sich, weil es seit Wochen im Mai sehr kalt und regnerisch war, gleichsam als "Allerweltsthema". Allerdings war allen Beteiligten dabei klar, daß es sich um einen Notbehelf handelt. In der folgenden Nachmittagskonferenz meinte der zuständige RVD, es sei als "Aussteiger" gerade noch akzeptabel gewesen. Schwierigkeiten dieser Art zeigen, daß Themen für massenmediale Kommunikationen durchaus nicht "auf der Straße liegen".

3.4. Redaktionelles Handeln und seine Umwelt(en)

Der "Umweltbezug" von Organisationen ergibt sich auf einer primären Ebene, so war das Resultat unserer Diskussion im ersten Teil, aus dem Sinn von Handlungen. Die Handlung definiert Relevanzen, durch den Sinn der Handlung ist ihr "Gegenstand" gegeben als das, worauf sie sich bezieht und als das Gesamt möglicher Widerständigkeiten, die ihrer Realisierung entgegenstehen. Das hat methodische Implikationen.

Erstens kann man die "Umwelt" von Organisationen dann nicht quasi deduktiv bestimmen, man muß auf einer ersten Ebene die Handlungslogik konkreter Positionen innerhalb der Organisation ermitteln. Das methodische Vorgehen muß dementsprechend das einer extensiven Sinnauslegung, ein primär interpretierend-hermeneutisches sein. Das ergibt sich schon daraus, daß sich die Umwelt im konkreten Fall immer aus den mit Handlungen verknüpften

Bedeutung(sstrukturen) ergibt. Die "Umwelt" ist nichts, was jenseits dieses Handlungssinns gegeben wäre.[194]

Zweitens wird man damit rechnen, daß man es mit "der" Umwelt einer Organisation erst auf einer systematisch nachgeordneten Ebene bestimmter innerhalb der Organisation stabilisierter *Deutungsmuster* zu tun bekommt. Zunächst dürften sich Definitionen von Umwelt aus den handlungspraktischen Eigentümlichkeiten und Problemen von einzelnen Handlungspositionen innerhalb des organisierten Handlungszusammenhangs ergeben. Man wird deshalb zunächst einmal erwarten, daß sich innerhalb der Organisation divergierende Perspektiven auf "Umwelt", und damit verbunden u.U. Konflikte ergeben.

Ich kann im Rahmen dieser Arbeit nicht auf die Frage der Konstitution von Umwelt auf der Ebene positionsübergreifender Deutungsmuster eingehen. Wohl aber dürfte deutlich geworden sein, daß sich bereits die Handlungslogik der vorgestellten Positionen des RVD und der des Reporters in angebbarer Weise unterscheiden und damit eine divergierende Sicht von "Umwelt" erwartbar ist. Darauf soll jetzt abschließend eingegangen werden. Im Falle der RVD- und der Reporter-Position ist diese Frage deswegen besonders interessant, weil ja die RVD-Position eine rotierende, nur zeitweise eingenommene Position ist. Eine jeweils andere Perspektivik ist also nicht etwa auf personenspezifische Eigenheiten zurückzuführen, sondern sie hängt allein am Sinn der mit der Position verbundenen Handlungsformen.

Eine freie Mitarbeiterin, die beide Positionen: RVD wie Reporter einnimmt, hebt als einen wesentlichen Unterschied der Reportertätigkeit hervor, daß der Reporter in ungleich größerer Weise mit "Widerständigkeiten" konfrontiert wird, die mit der Anwendung des Beitragsschema in der Recherche zusammenhängen:

> "Ich hab 'ne Zeitlang unheimlich viel RVD gemacht und moderiert, des heißt, ich sitz nur am Schreibtisch im Funk. Jaa, und so schön des is, also so toll des is, nach außen zu telefonieren und zu sagen 'Mach doch mal dies, mach doch mal jenes' und dann merkt man, daß man von den Reportern unheimlich viel erwartet und wenn ich selber in der Situation wäre, jemand sagt 'Guck doch mal, ob du da Stimmen dazu kriegst', dann würde ich mir auch sagen 'Ohja, des is aber erstmal ziemlich schwierig da an jemanden ranzukommen oder diese ganze Recherche'. Und dann tut es unheimlich gut, mal wieder selber rauszugehen und zu gucken, wo die Schwierigkeiten liegen. Also mir macht es unheimlich Spaß, jetzt mal wieder rauszugehen und Beiträge zu machen und auch mit Leuten zusammenzukommen und was zu basteln." (Interview 6)

194 Was, wie gesagt, nicht heißt, daß sie, bei gegebener Handlung, nicht "handfeste", objektive Zwänge ausüben würde.

Der RVD sitzt "*im* Funk" am "Schreibtisch", und erteilt - oft telefonisch - "Anweisungen", er legt die Prämissen der Recherche fest ("mach doch mal dies"). Er entscheidet mitunter sogar vom Schreibtisch, welche O-Töne einzuholen sind ("Stimmen"). Der Reporter dagegen "*geht raus*". Deutlich ist somit eine Semantik von innen/außen, das "draußen" bezeichnet dabei die "Umwelt": die einzuholenden Informationen, O-Töne, der Kontakt mit den Recherchepartnern.[195] In diesem "draußen" wird der Reporter mit Schwierigkeiten konfrontiert: er setzt die Vorabentscheidungen oder Vorgaben des RVDs einer Bewährung aus und stellt offenbar typischerweise fest, daß sie nicht ganz passen. Der Effekt ist: der Reporter muß "basteln". Die Sinnimplikationen dieses Ausdrucks hängen nun aber aufs engste mit dem zusammen, was ich als "Widerständigkeit" bezeichnet habe. Der Bastler hat es mit begrenztem und nur begrenzt tauglichem Material zu tun, aus dem er "etwas macht". Das zugängliche Bastelmaterial setzt zwar als solches dem Bastler Grenzen, auf der anderen Seite liegt sein Geschick gerade darin, daß er es dennoch soweit im Sinne seines Vorhabens ausnützt, daß etwas daraus wird, was man den Materialien als solchen nicht angesehen hat. Dabei muß er Kompromisse eingehen, aber auch Möglichkeiten des Materials nutzen, die vorher vielleicht gar nicht absehbar waren. Es kommt, formuliert eine andere Mitarbeiterin, "manchmal bei den Geschichten was anderes hinten raus, als man vorne dachte" (Interview 4).

Man muß das nicht im Sinne einer Abwertung dessen, "was man vorher dachte", verstehen. Ganz im Gegenteil kann die Abweichung des vorgefundenen Materials zu den Vorerwartungen erst vor dem Hintergrund der Vorerwartung überhaupt registriert werden. Nur *über* die Vorerwartungen bzw. Entscheidungen war überhaupt ein gezieltes Vorgehen möglich. Ich habe das oben mit dem Vorgang einer Hypothesenprüfung verglichen.

Der RVD dagegen hat es zunächst mit einer Umwelt als dem Gesamt der ihm zugänglichen Themenquellen zu tun. Er ist abhängig von in der Regel institutionalisierten Quellen, die ihm einen beschränkten Einblick sowohl in denkbare Themen als auch in die Innenhorizonte denkbarer Beiträge geben. Die spezifische Widerständigkeit "seiner" Umwelt besteht darin, daß genügend Themen zur Verfügung stehen und daß er aufgrund sehr summarischer Informationen zu einer operationalisierbaren Einschätzung und Definition von Relevanzen, Formen und inhaltlichen "Aufhängern" kommt.

Solche Rückschlüsse auf den spezifischen Umweltbezug, der mit den beiden Positionen konstitutiv verknüpft ist, lassen sich auch nochmals anhand von Materials aus unserer Beobachtung untermauern. Wir haben - im Anhang ist das ausführlich dokumentiert - mit den Beobachtungsdaten des beobachteten RVDs und des Reporters der aktuellen Redaktion eine Diskriminanzanalyse durchgeführt,

195 Ich habe, nebenbei, die Formulierung "Rausgehen" auch in Gesprächen mit Krankenschwestern beobachten können: sie sprachen davon, daß sie zum "Patienten rausgehen". Hier hat dieses "Raus" vollends keinerlei räumliche Bedeutung mehr, denn der Patient ist ja "drinnen" (im Krankenhauszimmer). Das "Rausgehen" bezeichnet einfach den Gegenstand der Handlung.

um die entscheidenden, die jeweiligen Episoden diskriminierenden Variablen zu ermitteln. Als typisch für den beobachteten RVD stellten sich dabei Episoden heraus, in denen er Telefonate vorwiegend mit Mitarbeitern von Außenstudios und anderen ARD-Einrichtungen führte, in denen es um das Ob und Wie der Beitragszulieferung ging. Bei dem Reporter hingegen waren es zum einen Episoden, in denen es um inhaltliche Details ging; typischer Interaktionspartner sind neben dem RVD Recherchepartner oder aber es handelt sich um Episoden, in denen er nicht interagiert (und insofern, so unsere Unterstellung, Gelegenheit hat, den Beitrag bzw. die Beitragsgestaltung zu überdenken).

Proband	Mittelwert	Std.abw.	min	max	n	Dauer	E/St
RVD (fest)	2,72	3,68	1	52	370	1008	22
Reporter (frei)	5,47	8,01	1	62	187	1022	11

TABELLE 6: Vergleich der Episodenlänge und -Anzahl für RVD (fest) und Reporter (frei), Aktuelle Redaktion. (Anm.: "Dauer" bezeichnet die Summe der beobachteten Episoden in Minuten. E/St bedeutet die durchschnittliche Anzahl der Episoden pro Stunde. Nur dieses standardisierte Maß ist wegen der ungleichen Beobachtungsdauer zu Vergleichen der Episodenanzahl zu verwenden.)

Im vorliegenden Zusammenhang ist die Bedeutung der diskriminierenden Variablen "Episodendauer" von besonderer Bedeutung. Tabelle 6 zeigt die Anzahl und die Dauer der Episoden für den beobachteten RVD(fest) und Reporter (frei) der "Aktuellen Redaktion" im Vergleich. Wir haben für die Tagesabläufe unserer Probanden Diagramme angefertigt, die einen Zusammenhang zwischen der Episodendauer und den beteiligten Interaktionspartnern gut veranschaulichen (vgl. Abbildungen 14 und 15). Auf der x-Achse ist im Minutenabstand die Tageszeit abgetragen, auf der y-Achse finden sich Ausprägungen, die die jeweiligen Episoden spezifizieren. Das obere Diagramm veranschaulicht die bloße Episodendauer und - Frequenz. Kriterium für die Episodierung war ein Wechsel der Interaktionspartner bzw. des interaktiven Settings. Die Ausprägung 1 bedeutet, daß nicht interagiert wurde, Ausprägung 2 und 3 bedeuten, daß interagiert wurde. Ein Sprung von 2 nach 3 oder umgekehrt bedeutet einfach einen Episodenwechsel. Ein Sprung nach 1 bedeutet einen Wechsel von interaktiven Episoden zu nicht-interaktiven Episoden (und entsprechend umgekehrt). Das untere Diagramm enthält 6 Ausprägungen für verschiedene Kategorien von Interaktionspartnern, dabei bedeutet: 0=keine Beobachtung; 1=Interaktion mit Recherchepartner; 2=mit freien Mitarbeitern; 3=mit Technik/Verwaltung; 4=mit Redakteuren (RVD); 5= mit Mitarbeiter Außenstudios/ARD; 6= mit Redaktions/Studioleiter .

Beim RVD (Abb. 14) fallen die dichten zum Teil im 1-Minuten-Abstand sich abwechselnden Interaktionen vor der Mittagssendung auf. Hauptinteraktionspartner bei diesen Kurzepisoden sind (wie das untere Diagramm zeigt) jeweils wechselnd

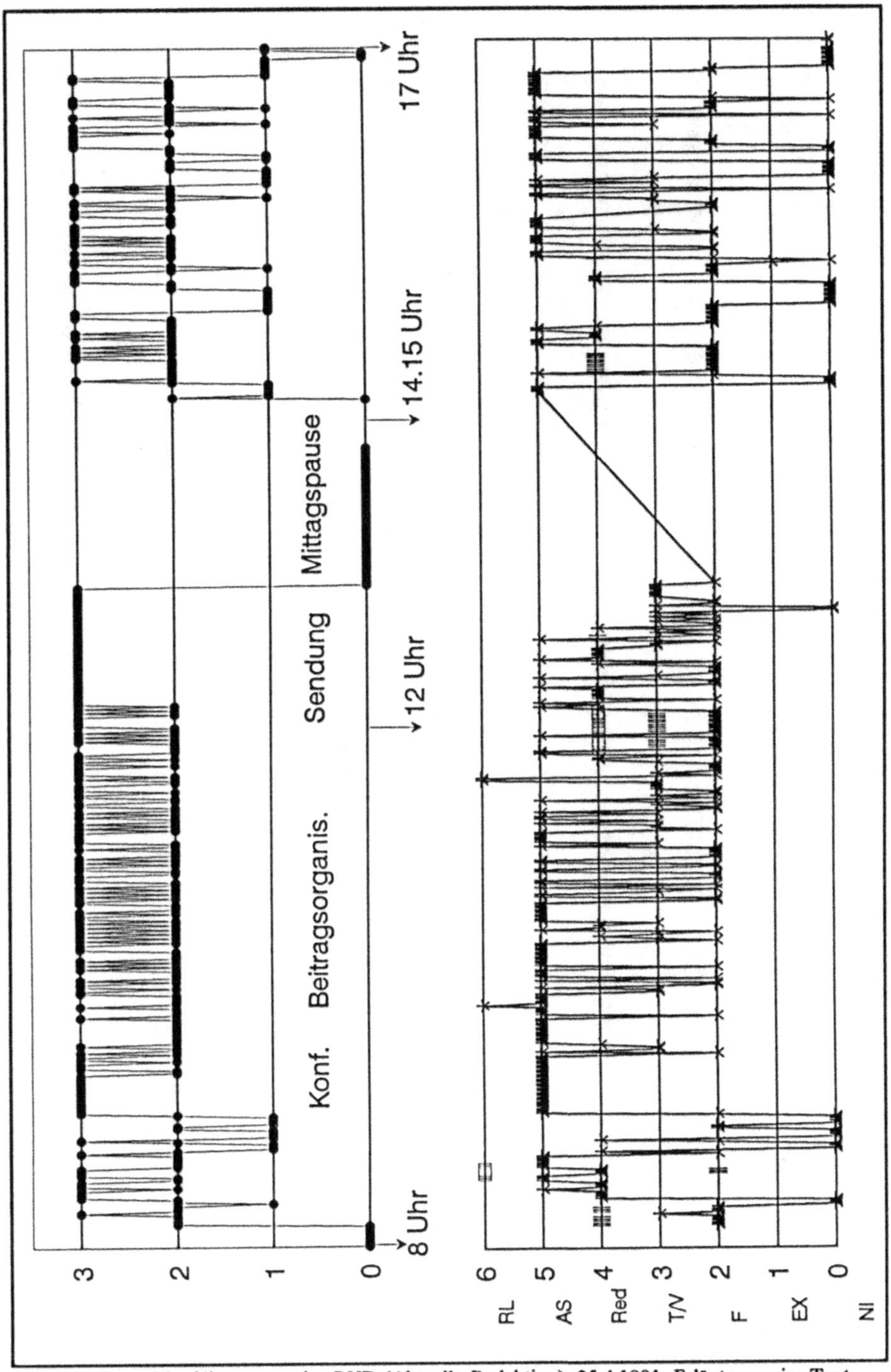

Abb. 14: Tagesablaufdiagramme des RVD (Aktuelle Redaktion), 25.4.1991, Erläuterung im Text

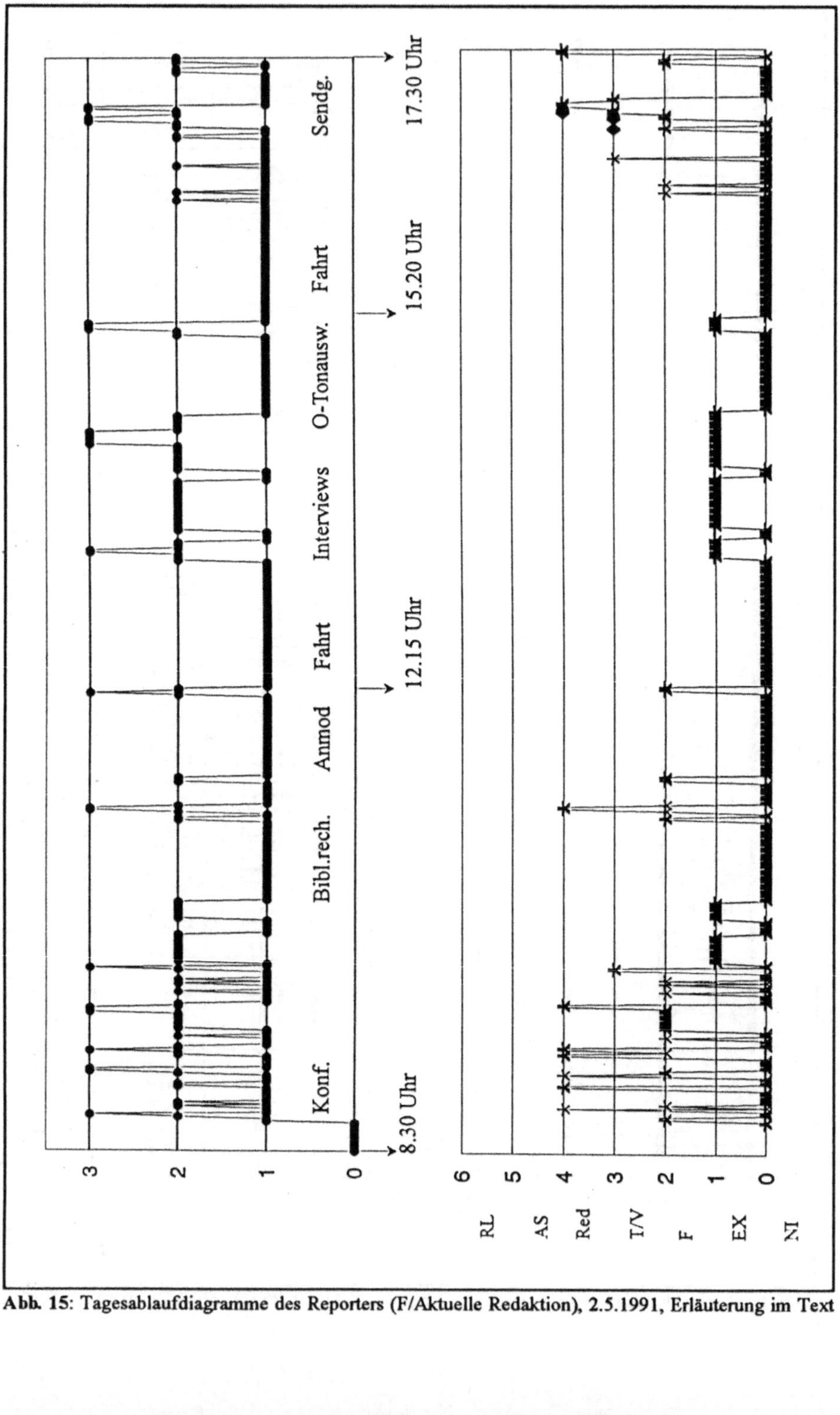

Abb. 15: Tagesablaufdiagramme des Reporters (F/Aktuelle Redaktion), 2.5.1991, Erläuterung im Text

Mitarbeiter von Außen- oder sonstigen ARD-Studios, freie Mitarbeiter im Landesstudio. Auffallend ist der sehr geringe Anteil an nichtinteraktiven Episoden. Das Diagramm des Reporters (Abb. 15, es handelt sich um den selben Tag, dessen Beobachtungsbericht wir oben analysiert haben), weist viel mehr längere Episoden auf. Entweder sind diese Episoden nicht-interaktiv oder aber es handelt sich (am Nachmittag) um Interaktionen mit externen Recherchepartnern (EX).

Die unterschiedliche zeitliche Struktur dieser Handlungspositionen steht, so mein Vorschlag einer Interpretation, in Zusammenhang mit dem jeweils anders gelagerten Bezug auf das journalistische "Rohmaterial". Die Erzeugung und Verarbeitung des journalistischen "Rohmaterials", die der Reporter leistet, erfordert vergleichsweise mehr Zeit: er muß mit Recherchepartnern reden, muß testen, er wird mit Widerständigkeiten konfrontiert, er muß Informationen abhören, anschließend das Material gruppieren, sprachlich in einen Sinnzusammenhang bringen. Diese Tätigkeiten sind fallspezifisch und insofern wenig routinisierbar - daher die signifikant längere Dauer der Episoden des Reporters (vgl. Tabelle 6).

Dagegen haben die Episodenlängen des RVDs mit dem routinisierten Charakter seiner Interaktionen und dem erheblichen Zeitdruck zu tun, unter der er, zumal vor der längeren Mittagssendung, arbeitet. Es handelt sich meist um Interaktionen mit anderen Mitarbeitern oder Mitarbeitern anderer Studios, mit denen eine Verständigung über Beiträge und Inhalte nur auf der Ebene einer schnellen Vortypisierung, pauschalen Einschätzung, Vorgabe von Beitragsschemata erfolgt. Die Schwierigkeit besteht weniger in einem Umgang mit informativen Details, die auf ihre Geeignetheit für Beitragsschemata befragt werden (wie beim Reporter), sondern in einer - ohne die Orientierung an diesen Widerständen - schnellen, sicheren und pauschalen Einschätzung von Optionen für Beitragsschemata. Das ist allerdings auch riskanter, weil bei geringer Detailkenntnis weitreichende Entscheidungen getroffen werden müssen.

Ausgehend von der eindrucksvollen Dichte der Episodierung läßt sich das Argument zuspitzen: vielleicht hängen ja die zeitliche Struktur der Tätigkeit (die eine unmittelbare Folge der Programmförmigkeit ist) und die Art des journalistischen Berufswissens (wir haben es als ein implizites "Typenwissen" bezeichnet) zusammen. Vor allem beim RVD läßt der Zeitdruck und die sehr dichte Episodierung (vormittags ohne jede Unterbrechung durch nicht-interaktive Episoden) praktisch keine reflektierte Diagnostik, keine sorgsame Analyse der angebotenen Themen und Inhalte zu. Damit mag der dem Alltagswissen angenäherte Charakter der zugrundeliegenden Handlungskompetenz zusammenhängen: es muß eine schnelle und zielsichere, situationsbezogene "Einordnung" vollzogen werden. Entscheidungskriterien müssen, von problematischen Sonderfällen abgesehen, in der Situation der Entscheidung deshalb notwendig implizit bleiben. Ein Zwang zur Explikation, Reflektion und detaillierten Dokumentation von Entscheidungen (wie er etwa für wissenschaftliches Handeln typisch ist) wäre unverträglich mit der aufgezeigten zeitlichen Struktur. Das heißt nicht, daß ein RVD Entscheidungen nicht begründen und rechtfertigen müßte. Wir haben mehrmals Beispiele mitbekommen, in denen Einzelentscheidungen von RVDs als problematisch wahrgenommen und Gegenstand von Diskussionen innerhalb der Redaktion geworden sind. Solche Diskussionen sind allerdings auf besonders problematische Sonderfälle beschränkt und finden typischerweise *nach der Sendung* statt. Die Kriterien der Entscheidung müssen dann rückwirkend, nachträglich expliziert (nicht selten: konstruiert) werden. Als besonderes Problem solcher Diskussionen wird dabei immer eine bestimmte Beliebigkeit der Argumentation und der Mobilisierung von Kriterien beklagt (sowohl auf der Seite des RVDs als auch auf der Seite derjenigen, die die Entscheidung kritisieren). Vermutlich handelt es sich dabei um ein mit der vorliegenden Handlungspraxis strukturell verknüpftes Problem.

Schon bei den beiden im operativen Kern der redaktionellen Arbeit angesiedelten Handlungspositionen des RVD und des Reporters ergibt sich also ein jeweils spezifischer Umweltbezug: pauschal, überfliegerisch, typisierend beim RVD; eher situativ, an konkreten Widerständen und Details orientiert beim Reporter. Dieser ganz andere Umgang mit dem journalistischen "Rohmaterial" führt, so wäre die Folgerung, zu einer jeweils besonderen Perspektive[196] und drückt sich in latenten oder manifesten Dauerkonflikten innerhalb der Organisation aus[197].

So ist der RVD seitens der Reporter gerne Adressat für Vorwürfe etwa der Art, er entscheide vom grünen Tisch aus über Sachverhalte, deren Tragweite er nicht abschätzen könne und die Reporter müssten es vor Ort ausbaden.[198] Etwas in der Art kommt ja auch in der oben zitierten Aussage der Mitarbeiterin zum Ausdruck: der RVD neige zu einer Unterschätzung der Schwierigkeiten vor Ort. Insofern festangestellte Mitarbeiter häufiger RVD-Funktionen wahrnehmen und freie Mitarbeiter eher mit der Produktion von Beiträgen befaßt sind, nimmt das nicht selten die Form eines Konflikts zwischen freien und festen Mitarbeitern an: die festen Mitarbeiter machten zu wenig Beiträge, gingen nie "raus" und unterschätzten deshalb die Zwänge vor Ort. Das kann geradezu im Vorwurf einer Deprofessionalisierung der festen Mitarbeiter münden. So meinte eine freie Mitarbeiterin zu einem RVD, dem gegenüber sie die Übernahme eines weiteren Beitrags abgelehnt hatte, auf dessen Argument, das habe er in einer halben Stunde erledigt, geradezu höhnisch: "weil du als Fester ja soviel Beiträge machst..." (Beobachtungsbericht A).

Eine analoge Unterstellung von Unverständnis gibt es gelegentlich auf Seiten der RVDs, der sich beispielsweise über Reporter ärgert, die in letzter Minute wegen eines überraschend kurz vor Sendungsbeginn herausgekommenen Details Sendeplatz beanspruchen und die ganze Sendungsplanung über den Haufen werfen

---

196 im Sinne von George Herbert Mead 1983, vgl. Teil I

197 Die - wohlgemerkt - nicht immer sehr dramatisch sein müßen.

198 vgl. dazu auch die Darstellung von Altheides Studie Teil I, 3..2.

wollen.[199] Auf einer etwas anderen Ebene findet sich dieses Problem von strukturellen Konflikten aufgrund eines unterschiedlichen "Umweltbezuges" wieder in der Haltung der im "operativen Kern" Tätigen gegenüber der Funktion des Studioleiters.

Wir sind sehr oft mit eher minimalisierenden Einschätzungen der Funktion und Bedeutung dieser Position konfrontiert worden, gepaart mit Unverständnis, was der Studioleiter eigentlich "den ganzen Tag tut". Ganz ähnlich wie es bei den von Altheide untersuchten Journalisten gegenüber ihrem Nachrichtenchef der Fall war, konnten auch wir eine Tendenz der redaktionellen Mitarbeiter beobachten, zu unterstellen, dieser habe von journalistischer Arbeit nicht viel Ahnung.

Das hängt natürlich auch mit der geringen Sichtbarkeit der Tätigkeit des Studioleiters für den Routine-Redaktionsbetrieb zusammen. Wir haben nur in einem Fall ein Auftreten des Studioleiters im redaktionellen Betrieb beobachten können. Dabei handelte es sich um die Mitteilung an den zuständigen Redakteur, daß Berichte über ein bestimmtes Thema wegen der Androhung einer einstweiligen Verfügung ab sofort *vorher* dem Justitiar vorzulegen seien. Auch Erzählungen von Redakteuren deuten auf nur sehr punktuelle "Eingriffe" des Studioleiters in Fällen, in denen eine scharfe, z.T. mit juristischen Konsequenzen verbundene Beschwerde auf eine Berichterstattung von außen entweder abzusehen war oder aber faktisch stattfand und intern zu Diskussionen über die Berechtigung von Berichterstattung führte. In einem Fall kam es sogar - von der örtlichen Tagespresse zum Gegenstand gemachten - Vorladung vor den Rundfunkrat.

Diese Beispiele werden aber von allen Beteiligten als seltene Sonderfälle berichtet, die Reaktion der im operativen Kern Tätigen ist gegenüber solchen als exzeptionell wahrgenommenen "Eingriffen" in die redaktionelle Arbeit entsprechend abwehrend. Was dann auf Seiten des Studioleiters wiederum zu Verwunderung darüber führt, "wie wenig manche Kollegen, vor allen Dingen Jüngere, mit dem... Funktionieren einer öffentlich-rechtlichen Anstalt vertraut sind" (Interview 9).

Davon abgesehen, daß der Studioleiter mit Funktionen betraut ist, die sich aus der Notwendigkeit der Verwaltung des Studios ergeben und sich schon von daher die "Umwelt" seines Handelns ganz anders darstellt als für die im operativen Kern

---

199 Ein Beispiel aus Beobachtungsbericht A: "25 Minuten vor Sendebeginn meldet sich nocheinmal RED/STGT., der Mitarbeiter, der im Landtag sitzt und will nun doch etwas längeres über den Untersuchungsausschuß Späth. RED/A lehnt das - ein halbe Stunde vor Sendung - ab. Er äußert sich kurz danach im Regieraum gegenüber Techniker und RED/A2 etwas unwillig: 'Die sitzen da im Landtag und glauben, daß man in der letzten halben Stunde noch Beiträge von der Newsshow ins Hauptprogramm umstellen kann.' Es klingt etwas durch: die wissen gar nicht, was hier los ist und was für Probleme ein RVD hier bewältigen muß. Etwas ähnliches äußerte RED/A in dieser Beziehung indirekt, als er mir einen ihm sehr sympathischen Außenstudiomitarbeiter als Interviewpartner vorschlug. Dieser sei ihm immer sehr lieb, weil er, da er selbst oft RVD-Dienst in Tübingen gemacht habe, wisse, 'was hier los sei'". Vgl. dazu die Konflikte zwischen Reporter und Redakteur vom Dienst, über die Altheide berichtet (Teil I, 3.2)!

Tätigen[200], läßt sich zeigen, daß er auch in bezug auf die im engeren Sinne *redaktionellen* Angelegenheiten notgedrungen eine andere Perspektive hat. So nimmt der Studioleiter im folgenden Zitat Bezug auf Auseinandersetzungen mit externen Instanzen, die ihn zu Eingriffen in die redaktionelle Arbeit veranlaßt hatten:

> "Da kam also au die einstweilige Verfügung, weil mir hen ja emmer die Gegenseite gfragt und hen gsagt: 'Wollen Sie dazu was saga', hot die Gegenseite gsagt 'ich erwirke eine einstweilige Verfügung', net, und no sin der <Name Redaktionsleiter> und ich, hen uns nogsetzt und hen versucht sine ira et studio zu überlegen 'wie gut isch eigentlich unsere Beweislage' ond no öh kommt ma halt drauf beim Nachdenken, no hemmer gsagt: 'Jo, <sonscht hem mer ?> so viel habhaftere Gschichta' ... do könne Se jahrzehntelang rumstreita, hem mer gsagt 'Lasse mers, brauche mer gar net'. Weil do ha'mer gsagt 'Do rentierts sich 's nicht', verstehn Se und des isch halt im inveschtigativen Journalismus - do knallts halt. Ond we'mer no seiner Sache net sicher ischt, da schadet mer sich ja mehr, we'mer gnug saubere Sacha hot, die hieb- und stichfest sind, we'mer dann mit halbsicheren Gschichten dann 'n Rückzieher antreten muß. Denn damit geht no immer die Gegenseite hausieren: 'aber do hemmer Sie gezwungen zum Widerruf' und so. Und so isch des entstanden. ... Hauptsach war, mir sind einigermaßen oder gut durchgekommen ohne Probleme." (Interview 9)

Die "Umwelt" des Studioleiters ist, wie man mit Mintzberg sagen könnte, von "hostility" geprägt.[201] Die Rede ist von "Gegenseite", von "Drohungen" und Auseinandersetzungen. Die spezifischen Widerstände ergeben sich aus Relevanzen, die zum Teil anders liegen als die in den Redaktionen: etwa das Prestige der Organisation zu sichern, sich gegen Angriffe abzusichern, eine generelle Glaubwürdigkeit des Studios in der Öffentlichkeit zu erhalten, fast wird eine Art Verpflichtung zur Bestandssicherung der Organisation ("gut durchkommen") geltend gemacht. Inhaltliche Details werden vorrangig unter juristischen Gesichts-

---

200 So ist der Studioleiter natürlich für die Einhaltung bestimmter Verwaltungsvorschriften zuständig, die sich insbesondere aus der öffentlich-rechtlichen Anstaltsstruktur ergeben, worin etwa auch eine Rechenschaftspflichtigkeit gegenüber den Landesrechnungshöfen impliziert ist. Der Studioleiter sieht sich hier zwischen zwei Bereichen mit völlig unterschiedlichen Handlungsorientierungen gestellt: "all die Gschichten, verstehen Se, des, diese Zwänge, die ich nicht geschaffen habe und die keiner geschaffen hot, sondern, die aus dem gesellschaftlichen Umfeld kommen und durch Vorschriften des Rechnungshofs und Gesetzesvorschriften und auf der anderen Seite eben - des haben Sie vielleicht auch 'n bissle gmerkt bei Ihrer Arbeit hier - die etwas ungebundenere Arbeit zu arbeiten - des do in eine Relation zu bringen, des koschtet schon öh gelegentlich Kraft...". Auch hier wird eine völlig andere Sicht der "Umwelt" deutlich. Für den Studioleiter ist die Umwelt nicht ein Fundus von O-Tönen, sondern eine hoch-institutionalisierte Umwelt, die die Rundfunkarbeit unter erhebliche formelle Zwänge setzt.

201 Mintzberg 1979, S. 281

punkten wahrgenommen, es geht darum, sie "hieb und stichfest" zu machen, es geht um "Beweislagen". Die Aufmerksamkeit liegt weniger auf der "Input-Seite" der journalistischen Produktion als vielmehr ihrer "Out-put"-Seite und der faktischen oder antizipierten Reaktion auf diesen Output.

Es handelt sich dabei um eine Form der Bezugnahme auf Umwelt, die (so wird man zugeben müssen) einerseits notwendig ist für die Bestandserhaltung und Absicherung der eigentlich journalistischen Arbeit, die aber andererseits nicht *primäres* Prinzip der täglichen redaktionellen Arbeit sein kann, weil sie zu einem viel zu sehr auf Institutionen fixierten, abwehrenden, skrupulös auf mögliche "Feindseligkeit" und auf Absicherung bedachten Handeln führen würde. Wenn man so will, wäre das mit der vollständige Verdrängung jeglichen Moments an journalistischer "Kreativität" gleichbedeutend. Gleichwohl ist auch diese Form des Umweltbezugs für die professionelle Organisation insgesamt unabdingbar und wie ich im ersten Teil versucht habe zu zeigen, strukturell mit dem erhöhten Zurechnungsrisiko massenmedialer Kommunikation verknüpft. Das Problem der relativen Unverträglichkeit dieser Bezugnahme auf Umwelt wird mit einem Auseinanderziehen von Funktionen beantwortet. Die Bearbeitung von "*Umwelt-feindlichkeit*" wird vorrangig einer die redaktionelle Arbeit im Prinzip kontrollierenden Position überantwortet, der Redaktionsbetrieb selbst wird schwergewichtig von dieser Form des Umweltbezugs entlastet (wenngleich er ihn natürlich immer auch im Hintergrund haben muß und sei es nur über die Antizipation der Kontrolle durch übergeordnete Instanzen).

Von ganz anderer Art ist die Ausdifferenzierung von Funktionen in den Positionen RVD und Reporter. Hier wäre nochmals anzuknüpfen an unsere Ergänzung der Mintzbergschen Professionstheorie. Mintzberg hatte die professionelle Kernkompetenz in der Anwendung von Pigeon-holing-Kategorien, "Schubladen" auf Fälle gesehen. Ich habe dem aus einigen Befunden Altheides heraus und aus den Analysen der Recherchen eines Reporters das Moment der Berücksichtigung fallspezifischer Widerständigkeiten hinzugefügt und damit das "optionale Vorgehen" des Reporters in Verbindung gebracht. Gerade im Zusammenwirken dieser beiden Faktoren: der zielsicheren Subsumierung von Fällen unter allgemeine Kategorien *und* der Berücksichtigung fallspezifischer Besonderheiten liegt die professionelle Kompetenz.

Unsere Analysen zeigen, daß RVD wie Reporter natürlich immer beiden Aspekten gerecht werden müssen. Aber der Schwerpunkt der RVD-Tätigkeit liegt doch auf dem erstgenannten Aspekt und der des Reporters auf dem zweiten. Die organisatorische Arbeitsteilung besteht in einem Auseinanderziehen dieser beiden Aspekte professionellen Handelns auf zwei unterschiedliche Positionen.

4. Freie Mitarbeit als professionelle Sozialisation

4.1. Das Gegenmodell zum Speditionsmodell; Methoden

Ich habe im vorangegangenen Abschnitt versucht, aus einer Analyse des spezifischen Umweltbezugs der beiden Positionen "Reporter" und "RVD" ein Modell der professionellen Handlungslogik redaktioneller Arbeit herauszuarbeiten. Die Anwendung des Begriffs "Professionalität" beinhaltet die Frage nach der professionellen Sozialisation. Der funktionale Sinn professioneller Organisationen liegt ja, folgt man Mintzberg, gerade darin, daß "äußere" soziale Koordinationsmechanismen wie "Standardisierung von Abläufen oder Produkten", "direkte Überwachung", "gegenseitige Abstimmung" (vgl. Teil 1) minimiert werden können, weil man sich auf eine vorgängige Handlungskompetenz der Mitarbeiter verlassen kann, die garantiert, daß die Arbeit im Sinne der Funktionsziele abläuft. Allerdings bekommt die Frage der *sozialen Genese dieser Handlungskompetenz* dann eine erhebliche Bedeutung.

Für uns stellte sich die Frage nach der Sozialisation auch im Rahmen unserer Auseinandersetzung mit den "Speditionsthesen". Eine Implikation dieser Thesen war es, daß sich die freien Mitarbeiter nach Spezialkompetenzen für bestimmte Inhalte bzw. Umweltsegmente unterscheiden lassen müssten, eine Vermutung, die wir aus den Befunden unserer Arbeit nicht belegen konnten. Es legte sich vielmehr der Schluß nahe, der freien Mitarbeit eine entscheidende Bedeutung für die professionelle Sozialisation der freien Mitarbeiter beizumessen. Insbesondere spielte hier eine Rolle der Sachverhalt, daß es sich bei den freien Mitarbeitern fast durchweg um jüngere Personen handelt, die vielfach noch studieren oder vor kurzer Zeit ihren Abschluß gemacht haben.

An sich ist das Volontariat das einzig vorgesehene *formalisierte* Ausbildungsverhältnis beim Südwestfunk. Voraussetzung für eine Festanstellung als Redakteur ist in der Regel ein Volontariat sowie ein abgeschlossenes Hochschulstudium. Nach Aussagen des Studioleiters ist es dabei relativ unerheblich, welches Hochschulstudium absolviert wurde. Wichtig sei, daß die Mitarbeiter gelernt hätten, "wissenschaftlich zu arbeiten". Die Erfahrung zeige zwar die Dominanz eher geistes- bzw. sprachwissenschaftlicher Studienfächer, er persönlich würde es angesichts der zunehmenden Bedeutung naturwissenschaftlicher Themen aber begrüßen, wenn sich mehr Naturwissenschaftler für Journalismus interessieren würden. Eher ablehnend äußerte sich der Studioleiter zu publizistikwissenschaftlichen bzw. Journalistik-Studiengängen oder Aufbaustudiengängen. Dahinter darf man die Einstellung vermuten, daß sich journalistische Kompetenzen nach wie vor durch journalistische Erfahrungen und nicht durch eine formalisierte

Ausbildung bilden. Bei den von uns befragten 34 freien Mitarbeiter stellen sich die formalen Bildungsvoraussetzungen wie folgt dar: mit einer Ausnahme haben alle freien Mitarbeiter studiert bzw. studierten noch zum Zeitpunkt der Befragung. Der Anteil der Noch-Studenten liegt dabei etwas höher als die Hälfte aller Befragten. Die ersten Studienfächer liegen dabei schwergewichtig in sprach- und kulturwissenschaftlichen Fächern (21), gefolgt von Sozial- und Verhaltenswissenschaften (7), die anderen Anteile sind sehr gering: Rechts- und Wirtschaftswissenschaften (1); technische Fächer (2); Kunst bzw. Musikwissenschaft (2). Nur einer der freien Mitarbeiter gibt einen journalistischen bzw. publizistikwissenschaftlichen Studiengang als 3. Studienfach an. Etwa zwei Drittel der Befragten geben an, bereits eine oder mehr Hospitanzen absolviert zu haben. Etwa ein Drittel hat ein Volontariat absolviert, allerdings nur in zwei Fällen beim Südwestfunk, überwiegend bei Printmedien (7) oder bei privaten Sendern (3). In mehreren Fällen, die wir im Laufe unserer Untersuchung mitbekommen haben, bekamen freie Mitarbeiter aus der aktuellen Redaktion eine Volontariatsstelle zugesprochen. Immer handelte es sich dabei um langjährig erfahrene Mitarbeiter, die bereits Moderations- oder RVD-Funktionen wahrgenommen hatten.

Aufgrund der von uns im Lauf unserer Arbeitsbeobachtung ermittelten Befunde (vgl. Kapitel 2) haben wir für unseren Fall ein alternatives Modell zur Interpretation der freien Mitarbeit entwickelt, das von der Unterstellung einer "informellen" Karriere der freien Mitarbeiter im Sinne einer fortschreitenden professionellen Sozialisation ausgeht. Damit verbundene Hypothesen, die wir als insgesamt bestätigt ansehen, waren:

1. Die freie Mitarbeit hat die Funktion einer "organischen" Sozialisation in den Journalistenberuf.
2. Es läßt sich eine Differenzierung der freien Mitarbeiter nach Niveaus oder Phasen dieser Sozialisation zeigen. Indikatoren dafür sind einerseits die faktische und jeweils unterschiedliche Anwendung von Beitragsformen und Funktionen wie Moderation und RVD; sowie Professionalitätsindikatoren wie Einschätzung der eigenen Autonomie bei der Arbeit, Routiniertheit, Spezialisierungsgrad, wahrgenommene Kriteriensicherheit, Selbstzuschreibung eines "eigenen Stils" usw..[202]
3. Bei der Abstufung dieser Phasen spielen bestimmte "Hürden" eine wichtige Rolle, nämlich erstens der Sprung von Hospitanz und gelegentlicher freier Mitarbeit zum in die Redaktion festintegrierten Mitarbeiter und zweitens der Sprung von der ständigen freien Mitarbeit zur Übernahme von RVD- und Moderationsfunktionen, die wir als einen Indikator für ein hohes Maß an Autonomie ansehen. Wichtig für den erstgenannten Punkt dürfte die Frage

202 Wir lehnen uns hier vor allem an Mintzbergs Verständnis professioneller Arbeit an; allerdings entsprechen diese Indikatoren (Autonomie, Kriteriensicherheit) weitgehend dem gängigen Professionalisierungs-Verständnis; vgl. beispielsweise Freidson 1979, 1986.

sein, ob die Mitarbeiter Live-Formen beherrschen oder nicht. Diese stellen einen wichtigen Indikator für den Grad der erreichten Routine dar.[203]

4. Es läßt sich eine zunehmende Integration der freien Mitarbeiter in die Redaktion nach Karrierephasen zeigen: das drückt sich in einem Kontaktprofil aus, das sich dem der festangestellten Mitarbeiter annähert.
5. Wenn sich die angeführten Hypothesen bewähren, müssten wir freie Mitarbeiter finden können, die den festangestellten Mitarbeitern im Tätigkeitsprofil, für bestimmte Integrations- und Professionalitätsindikatoren mehr ähneln als anderen freien Mitarbeitern. Bei einer Gruppierung *aller* Mitarbeiter müssten wir eine oder mehrere Gruppen bekommen, die sich aus festen *und* freien Mitarbeitern zusammensetzen.

Insgesamt bekommt man dann eine Art "Karriere"-Modell.[204] Abbildung 16 zeigt dieses Modell. Die Achse ist dabei als eine Zeitachse zu verstehen, die sich auf den Verlauf der Mitarbeit der Freien bezieht. Oben und unten sind bestimmte Indikatoren für eine zunehmende Integration und Professionalisierung abgetragen. Dieses Modell diente uns als Grundlage für die Erstellung eines Fragebogens für eine schriftliche Befragung. Er findet sich im Anhang und enthält Fragen, die wir als Indikatoren für die eben angeführten Fragestellungen ansahen (Tätigkeitsprofil, Grad eines professionellen Selbstverständnisses bzw. Arbeitsweise usw.). Zum anderen haben wir einige Fragen zu Indikatoren aufgenommen, die wir bereits in

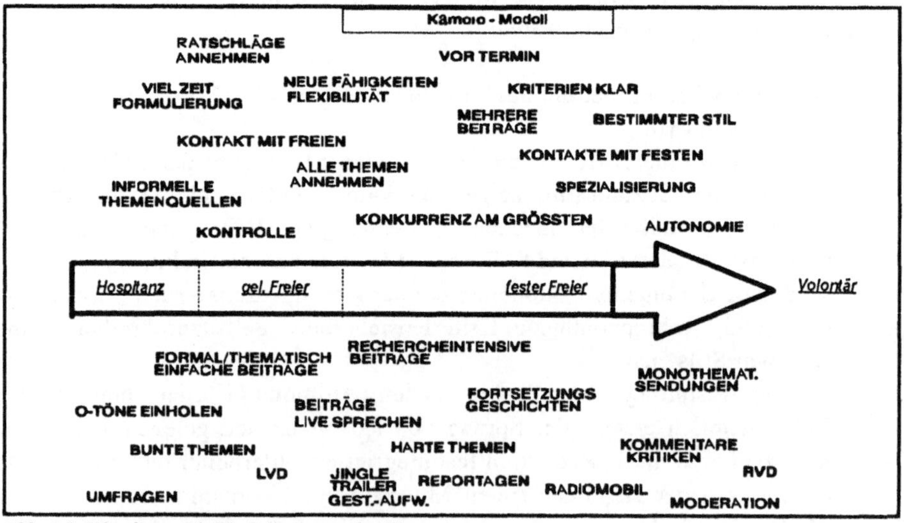

Abb. 16: "Karrieremodell", Erläuterung im Text

203 Vgl. Teil 3 zur Begründung der Bedeutung dieser Indikatoren.

204 Vgl. dazu auch das Modell 2 in Anhang 1. Der typologische Gesichtspunkt mit der Einbeziehung der Begriffe "adhocracy" und "simple structure" spielt allerdings in der vorliegenden Arbeit keine Rolle.

unserer Arbeitsbeobachtung berücksichtigt haben (Themen- und Informationsquellen, Kontrolle der Arbeit, Kontakte usw.). Das gestattet uns eine wechselseitige Kontrolle der Ergebnisse. Den Großteil der Fragen haben wir - wegen der differenzierteren Abstufungsmöglichkeiten und den rechnerischen Vorteilen - mit 6-stufigen Rating-Skalen versehen. Wir arbeiten, wie in den Sozialwissenschaften üblich, mit der Fiktion, daß sich diese Skalen als Intervallskalen auffassen lassen und interpretieren insofern *Differenzen und Relationen* von arithmetischen Mittelwerten. [205]

Das methodische Vorgehen bei der Auswertung bestand in einer Kombination von Cluster- und Diskriminanzanalyse. Die Clusterbildung erfolgte mit dem hierarchischen "Ward"-Verfahren. Bekanntlich wird dabei von den einzelnen Fällen ausgegangen, die dann sukzessive nach dem Kriterium des geringsten Anstiegs der Fehlervarianz zu Gruppen zusammengefaßt werden und zwar so lange, bis sich alle Fälle in einer einzigen "Gruppe" finden. Welche Anzahl von Gruppen man für sinnvoll hält, bedarf also einer Entscheidung.

Wir haben mit verschiedenen Clusterzahlen experimentiert. Dabei ließen wir uns primär vom Kriterium der inhaltlichen Interpretierbarkeit im Sinne unserer Sozialisationshypothese leiten. Für wichtig hielten wir, daß die gebildeten Clustergruppen eindeutig *verschiedenen Stadien* professioneller Sozialisation zuweisbar waren, daß anders gesagt nicht zwei Clustergruppen lediglich zwei Schattierungen desselben Stadiums darstellten. Anhand dieser Kriterien kristallisierte sich eine Lösung mit vier Clustern als optimal heraus. Bei mehr Clustern erhielt man mindestens zwei sehr ähnliche Gruppen, außerdem fanden sich in einer Gruppe lediglich zwei Personen. Bei weniger Clustern ging ein guter Teil der Information verloren, der in dem Vierclustermodell steckt.

Ein gewisses statistisches Kriterium ergab sich durch die Anwendung von Diskriminanzanalysen mit ausgewählten Variablen auf die Clustergruppen.[206] Die in die Analyse eingegangenen Variablen finden sich zusammen mit den wichtigsten Ergebnissen der Diskriminanzanalyse ebenfalls im Anhang. Die Fälle wurden 100prozentig richtig zugeordnet, der Wilks Lambda als Gütemaß für die Trennschärfe der verschiedenen Funktionen liegt zwischen 0,0043 und 0.3200; die Funktionen sind hochsignifikant. Allerdings kann diesen Werten keine übertriebene Bedeutsamkeit beigemessen werden, da das Kriterium der Gruppenbildung bei beiden Analysen die gleiche ist.[207] Wichtiger ist für uns das Ergebnis der Diskri-

---

205 vgl. zur Frage des Skalenniveaus von Rating-Skala Bortz (1984), S. 124. Bortz wendet sich hier gegen "meßtheoretische Puristen", die die Anwendung parametrischer Verfahren auf ratingskalierte Variablen verbieten und zitiert empirische Belege für die Robustheit der meisten parametrischen Verfahren. Entscheidend ist hier nicht zuletzt das Kriterium der theoretischen Interpretierbarkeit (Bortz 1984, S. 34).

206 vgl. zur Methode der Diskriminanzanalyse Backhaus 1990, Kap. 5

207 Andererseits ist es nicht zwingend, daß die Gruppen signifikant trennen. Die hierarchische Clusteranalyse minimiert bei der Gruppenbildung die Innergruppenvarianz; sie bildet jedoch in jedem Fall Gruppen, auch wenn diese letztlich nur minimal differieren.

minanzanalyse, insofern sie eine Beurteilung der Gewichtung der verschiedenen Variablen für die Gruppenunterschiede erlaubt. Es lassen sich damit Variablenkombinationen bestimmen, die sehr hoch auf die Diskriminanzfunktion laden, d.h. sich als "Schlüsselvariablen" für bestimmte Gruppen interpretieren lassen.

Anhand der Mittelwerte, die die Cluster für alle erhobenen Variablen aufweisen, läßt sich für jede Clustergruppe ein Profil erstellen, das ihre inhaltliche Deutbarkeit testet und eine Einordnung gegenüber den anderen Gruppen erlaubt. Dabei lassen sich auch die Variablen, die nicht in die Clusteranalyse eingingen, auf ihr diskriminatorisches Potential hin untersuchen. Das hat den Stellenwert einer Art Überprüfung der Plausibilität der ja zunächst nur aufgrund eines statistischen Kriteriums zustandegekommenen Gruppen. In Anhang 9 und 10 finden sich Mittelwerts/Standardabweichungstabellen der rating-skalierten (6) Variablen. Die Signifikanzniveaus, die sich aus univariaten Varianzanalysen (F-Test) ergaben, geben die Wahrscheinlichkeit für die Nullhypothese "Die Gruppenunterschiede sind zufällig an". Wegen der geringen Fallzahlen können wir den Signifikanzen keine Bedeutung für die Einschätzung der Repräsentativität der Ergebnisse beimessen. Sie haben für uns lediglich den deskriptiven Wert eines Vergleichs der Beiträge der einzelnen Variablen für die Unterschiede zwischen den Gruppen.

Zur Kontrolle haben wir Tests mit dem sogenannten Kruskal-Wallis-H-Test[208] durchgeführt. Dieses Verfahren kann als Alternative zur univariaten Varianzanalyse verwendet werden. In die Prüfung gehen lediglich Rangwerte ein. Außerdem setzt dieses Verfahren nicht - wie strenggenommen die Varianzanalyse gleichgroße Stichproben und annähernd gleiche Streuungen - voraus und ist laut Bortz[209] auch bei kleinen (n<10) Stichproben einsetzbar. Das Ergebnis war, daß Variablen, die bei der Varianzanalyse signifikant zwischen den Gruppen unterschieden, dies auch beim Kruskal-Wallis-Test taten; die Werte liegen in der Regel leicht höher. Sie sind für die signifikanten Variablen der Tabelle in Anhang 10 zu entnehmen. Auch in unserer Untersuchung zeigt sich, worauf die Lehrbücher aufmerksam machen, daß die Varianzanalyse relativ "robust gegenüber Verletzungen ihrer Voraussetzungen" ist.[210] Die Tabellen in Anhang 8 und 9 geben zunächst die in die Clusteranalyse eingegangenen Variablen an; dann werden die Blöcke von Variablen aufgelistet, die nicht in die eigentliche Clusterbildung eingegangen sind.

4.2. Ergebnisse der Cluster- und Diskriminanzanalyse

Wegen der ganz anders gelagerten Arbeitsbedingungen in den Außenstudios haben wir in die Cluster*bildung* nur die freien und festen Mitarbeiter sowie die Hospitanten im Landesstudio Tübingen einbezogen. Abbildung 17 zeigt als

208 vgl. dazu Bortz 1988, S. 347
209 vgl. Bortz 1988, S. 347
210 ebd.

Übersicht über die Clusterbildung das von SPSS erstellte Dendrogramm über die sukzessive Zusammenfassung der Fälle in Gruppen.

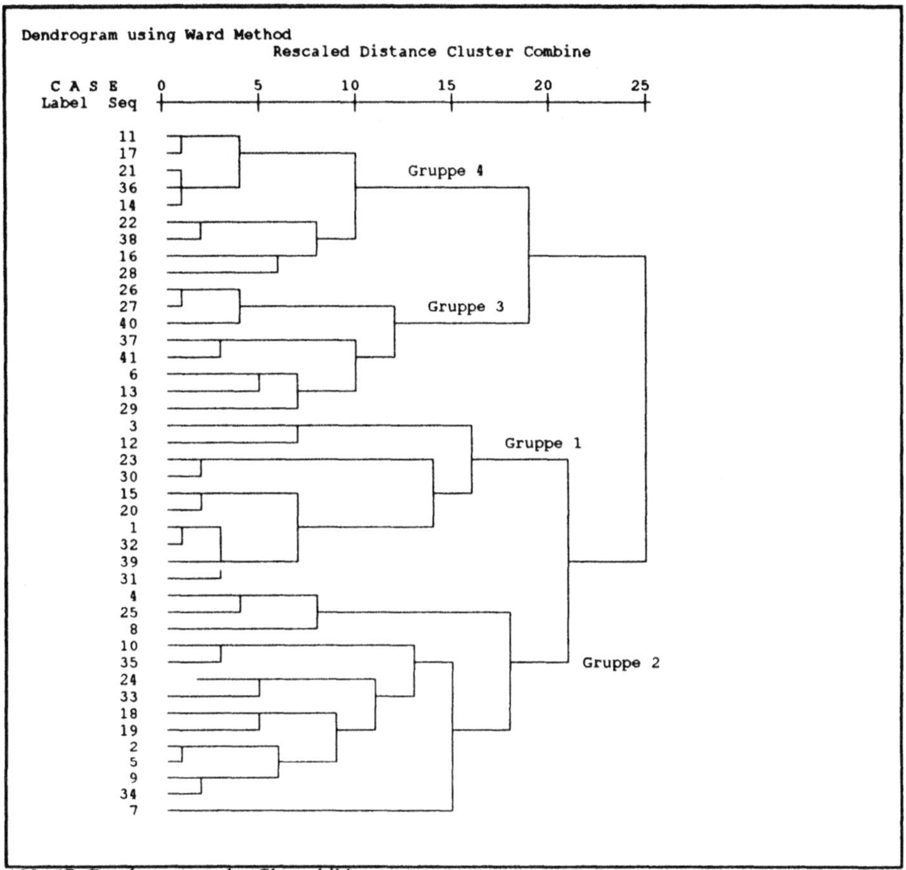

Abb. 17: Dendrogramm der Clusterbildung

Links sind die einzelnen Fälle als Ausgangspunkt der Gruppenbildung aufgelistet; dokumentiert wird dann die sukzessive Zusammenfassung in Gruppen bis zur Vereinigung aller Fälle in eine Gruppe. Die obere Skala stellt ein standardisiertes Distanzmaß dar, zeigt damit den Informationsverlust, der durch die Vereinigung entsteht. In das Schema wurde die uns wichtigen vier Gruppen markiert. Man kann sehen, daß die Gruppen 4 und 3 schon sehr früh vereinigt werden, das läßt auf eine größere Homogenität dieser Gruppen schließen. Bei Gruppe 1 fällt auf, daß bei einer Distanz von 15 eine Zweiergruppe aus einem frühen Stadium der Vereinigung hinzugefügt wird. Diese Zweiergruppe ist uns aus anderen Analysen als eine hartnäckige Gruppierung bekannt. Es handelt sich dabei um feste Mitarbeiter aus der Aktuellen Redaktion mit den mit Abstand höchsten Belegungen für die Variablen RVD, Moderation, monothematische Sendungen, Glossen.

Die ebenfalls spät zu Gruppe 2 zugeordnete Dreiergruppe besteht aus Mitarbeitern aus Musik, Kultur und Fernsehen. Wir haben die Cluster zunächst für den 5-Gruppenfall untersucht, uns dann aber entschlossen diese Dreiergruppe aufzugeben. Sie wird im nächsten Vereinigungsschritt in die Gruppe 2 eingeordnet, die wir als eine "professionelle, bunte" Gruppe interpretierten. Das schien uns sinnvoller als eine derartig kleine Gruppe weiter durch alle Analysen mitzuziehen.

Wir haben, wie gesagt, mit den erhaltenen Clustern Diskriminanzanalysen durchgeführt. Wichtig dabei ist, daß eine bestimmte Anzahl von Variablen nicht überschritten werden darf; insofern können wir den (angefertigten und sehr positiv ausgefallenen) Diskriminanzanalysen für alle Clustervariablen keine Beweiskraft zubilligen. Für die Diskriminanzanalyse, die jetzt dargestellt werden soll, wurde eine Auswahl von 16 Variablen getroffen. Auswahlkriterien waren primär sachliche: wir entschieden uns für eine Kombination aus Variablen, die die Tätigkeit kennzeichnen, etwas über die Form der Kontrolle der Arbeit aussagen und einige Professionalitätsindikatoren aus den Items; wir haben überwiegend Variablen herausgegriffen, die bei einer univariaten Varianzanalyse schon signifikante Werte aufwiesen. Im folgenden sind die wichtigsten Ergebnisse anhand des SPSS-Ausdrucks der Diskriminanzanalyse dokumentiert. Die zu den Variablen gehörigen Fragen können dem im Anhang beigefügten Fragebogen entnommen werden.

Classification Results -

Actual Group	No. of Cases	Predicted Group Membership 1	2	3	4
Group 1	10	10 100.0%	0 .0%	0 .0%	0 .0%
Group 2	14	0 .0%	14 100.0%	0 .0%	0 .0%
Group 3	8	0 .0%	0 .0%	8 100.0%	0 .0%
Group 4	9	0 .0%	0 .0%	0 .0%	9 100.0%
Ungrouped Cases	8	0 .0%	0 .0%	1 12.5%	7 87.5%

Percent of "grouped" cases correctly classified: 100.00%

```
        X----+----+----+----+----+----+----+----X
   Out X                                         X
       |                                         |
       |                                         |
       |                                         |
       |                                         |
   4.0 +           4                             +
       |       4     4             1     1       |
       |          *         #        11          |
       |        4 44  #           1 1 * 1        |
       |       4    #                   1        |
    .0 +          #  ## #        2               +
       |        3 3  #        2   2              |
       |       33*33         2  22*22  21        |
       |                    2         2          |
       |       3  3                2             |
  -4.0 +                                         +
       |                                         |
       |                                         |
       |                                         |
       |                                         |
   Out X                                         X
        X----+----+----+----+----+----+----+----X
      Out -6.0 -4.0 -2.0   .0  2.0  4.0  6.0   Out

All-groups Scatterplot

* indicates a
  group centroid

Across:  Function 1
  Down:  Function 2
```

```
                  Canonical Discriminant Functions
            Pct of   Cum  Canonical  After  Wilks'
Fcn Eigenvalue Variance  Pct      Corr       Fcn  Lambda  Chisquare    DF  Sig
                                           :   0   .0043    163.711    48  .0000
 1*   14.7601    71.45   71.45    .9678 :   1   .0672     80.987    30  .0000
 2*    3.7981    18.39   89.84    .8897 :   2   .3226     33.941    14  .0021
 3*    2.0998    10.16  100.00    .8230 :
 * marks the   3 canonical discriminant functions remaining in the analysis.

Structure Matrix:
Pooled-within-groups correlations between discriminating variables
                                   and canonical discriminant functions
(Variables ordered by size of correlation within function)
              FUNC  1    FUNC  2    FUNC  3
V055          .75363*   -.04637     .12093  Moderation
V054          .31744*    .20337    -.18952  RVD
V042        -.29564*     .04872    -.19601  Umfragen
V089        -.20597*     .03408     .20438  Vorgaben
V050          .16021*   -.00626     .09185  monothematische Sendungen
V149        -.14181*     .09518     .12922  nehme alle Themen an
V142          .12253*   -.03257     .05368  Spezialisierung
V060        -.08429      .56731*   -.12744  Schlagzeilen
V059          .00607     .51247*   -.19560  Newsshows
V043        -.02208      .28233*    .22400  Radiomobil
V140          .05849     .16653*   -.03878  Autonomie
V091        -.03713     -.15711*   -.12857  Abnahme
V141          .03133     .12909*   -.02134  vor Termin steht Beitrag fest
V046          .17237     .38755     .60150* Beiträge live
V153        -.03173     -.04405     .33811* Konkurrenzdruck
V090        -.08412     -.06937    -.16744* Vorlagen
```

Auch die dritte Funktion ist noch hochsignifikant; die Wilks Lambda-Werte der ersten beiden Funktionen sind extrem niedrig[211]. Alle Fälle werden richtig klassifiziert und die Gruppen streuen geradezu idealtypisch in den vier Quadranten des durch die Diskriminanzfunktionen aufgespannten Merkmalsraum. Interpretationsbedürftig ist die inhaltliche Dimension der jeweiligen Diskriminanzfunktionen bzw. der Diskriminanzachsen.

Wir betrachten die Variablen, deren Wert bei der gepoolten Innergruppenkorrelation mit der Diskriminanzfunktion noch über 0.20 liegen, als "Schlüsselvariablen". Es ergeben sich dabei folgende Rangfolgen für die jeweiligen Funktionen (Tabelle 7):

Funktion 1	Funktion 2	Funktion 3
Moderation: 0,75	Schlagzeilen: 0,57	Live: 0,60
RVD: 0,32	Newsshows: 0,51	Konkurrenz: 0,34
Umfragen: -0,30	Live: 0,39	Radiomobil: 0,22
Vorgaben: -0.21	Radiomobil: 0,28	Vorgaben: 0,20

TABELLE 7: "Schlüsselvariablen" der Diskriminanzfunktionen für die vier ermittelten Clustergruppen

211 Wilks Lambda gibt das Verhältnis von nichterklärter Streuung zur Gesamtstreuung an, d.h. kleinere Werte bedeuten eine höhere Trennschärfe der Diskriminanzfunktion.

Eine Analyse des Streudiagramms ergibt, daß Funktion 1 zwischen den Gruppen 1 und 2 einerseits und den Gruppen 3 und 4 andererseits unterscheidet. Funktion 2 unterscheidet zwischen den Gruppen 1 und 4 einerseits und den Gruppen 2 und 3 andererseits. Das diskriminatorische Potential der dritten Funktion (die als dritte Dimension von SPSS nicht abbildbar ist) läßt sich erschließen, wenn man die Mittelwerte der hochladenden Variablen ansieht: sie scheint überwiegend Gruppe 3 von Gruppe 4 zu trennen.

Die Kreuze im Streudiagramm bezeichnen die nicht gruppierten Fälle. Das sind in unserem Fall die Mitarbeiter der Außenstudios, die ja in die Clusteranalyse nicht eingegangen sind. Die Diskriminanzanalyse kann auch als Verfahren benutzt werden, unbekannte Fälle mit Hilfe einer vorher validierten Diskriminanzfunktion zu klassifizieren. Das ist in diesem Fall geschehen. Die Außenstudiomitarbeiter wurden, wie der Klassifikationstabelle zu entnehmen ist, mit einer Ausnahme, der Gruppe 4 zugeordnet.

4.3. Interpretation der ermittelten Gruppen

Zunächst empfiehlt sich eine kurze Betrachtung der Rahmendaten der Mitarbeiter in den einzelnen Gruppen. Über den Mitarbeiterstatus und die Aufteilung auf Redaktionen gibt Tabelle 8 Aufschluß.

Status/Redakt.	Gruppe 1	Gruppe 2	Gruppe 3	Gruppe 4
Status: fest	5	5	-	-
frei	5	9	5	8
Hospi.	-		3	1
Redaktionszugehörigkeit	Akt.: 5 S4: 5	Akt.: 1 Ferns.: 1 Kultur: 3 Musik: 2 S4: 2 U: 5	Akt.: 2 S4: 3 U: 3	Akt.: 9

TABELLE 8: Status und Redaktion der Mitarbeiter in den Clustergruppen (Landesstudio)

Hieran ist zunächst bemerkenswert, daß sich alle Festen ausschließlich in den Gruppen 1 und 2 befinden, jeweils zusammen mit 5 bzw. 9 freien Mitarbeitern. Gruppe 3 und 4 sind reine Freien-(bzw. Hospitanten-) Gruppen. Das heißt, daß für den Zwei-Clusterfall (vgl. Dendrogramm, Abb. 17) noch eine sinnvolle Unterscheidungsdimension genannt werden kann: gemischte Gruppen auf der einen und reine "Freien"-Gruppen auf der anderen Seite.

Das legt schon eine wichtige Schlußfolgerung nahe. Die Differenz frei/fest ist wirksam, aber nicht so, daß wir Gruppen bekommen, die nur festangestellte Mitarbeiter enthalten. Es scheint - wie hypothetisch postuliert - Freie zu geben, die in Bezug auf die ausgewählten Variablen mehr Ähnlichkeit mit festen Mitarbeitern haben als mit anderen freien Mitarbeitern. Es gibt aber (zumindest im LS) nicht Feste, die mehr Ähnlichkeit mit Freien von Gruppe 3 und 4 haben als mit anderen Festen.

Auch die Besetzung der Gruppen nach Redaktionen zeigt Tendenzen: Gruppe 1 ist ausschließlich mit Mitarbeitern der beiden aktuellen Redaktionen des LS besetzt. In Gruppe 2 finden sich Vertreter ganz verschiedener Redaktionen; es dominiert aber die Redaktion "Unterhaltung", alle (gültigen) Kultur-Fälle sind in diesem Cluster sowie alle Mitarbeiter der Redaktion "Musik". Im Prinzip werden hier überwiegend Mitarbeiter untergebracht, die nicht im "harten" tagesaktuellen Bereich tätig sind, mit Ausnahme eines aktuellen Mitarbeiters. Die beiden Angehörigen von S4 könnte man sich mit der größeren Nähe der Programmkonzeption von S4 zu unterhaltenden, bunten Themen erklären. In Gruppe 3 findet sich ebenfalls eine redaktionelle Mischung ein. Daß fast alle befragten Hospitanten in diesem Cluster sitzen, könnte allein schon darauf hindeuten, daß es sich um ein "Anfängercluster" handelt. Das bestätigt sich, wenn man die vorwiegend bearbeiteten Beitragsformen ansieht (vgl. unten). Gruppe 4 schließlich besteht ausschließlich aus freien Mitarbeitern aus der aktuellen Redaktion.

Einen Einblick in den unterschiedlichen Grade der Involvierung in die redaktionelle Arbeit gibt Tabelle 9 (vgl. Fragebogen V19 ff.). Alle 5 Freien in Gruppe 1 sind um die 50 Stunden pro Woche (!!) tätig. Sie verdienen ihren vollen Lebensunterhalt mit der freien Mitarbeit am Landesstudio. Sie sind soweit in die Redaktionen integriert, daß sie Bescheid sagen müßen, wenn sie nicht (täglich) kommen. Sie sind soweit in ihrer beruflichen Identität gefestigt, daß sie weiterarbeiten werden. Ein Volontariat wird nur deswegen nicht angestrebt, weil es entweder schon absolviert wurde (in 3 von 5 Fällen) oder schon zugesichert wurde.

Bei Gruppe 2 dagegen dokumentieren die Angaben auch hier typische redaktionsspezifische Abweichungen. In der Kulturredaktion ist der in den Redaktionsbetrieb voll integrierte ständige freie Mitarbeiter nicht in dem Ausmaß zu finden wie in den aktuellen Redaktionen. Hier findet man eher den Typ des Freien, der "je nach Zeit" oder auch auf Abruf kommt. Dementsprechend streuen die Angaben beim wöchentlichen Zeitaufwand beträchtlich. Der geringere Integrationsgrad dokumentiert sich auch darin, daß 6 der 9 freien Mitarbeiter nicht sagen müssen, wann sie nicht kommen. Auch das Weiterarbeiten scheint nicht eine so klare Sache zu sein wie bei den Mitarbeitern der Gruppe 1.

Bei den Freien der Gruppe 3 liegt die geringste Integration in den Redaktionsbetrieb vor: nur ein freier Mitarbeiter arbeitet 40 Stunden, alle anderen unter 20. Sie kommen eher je nach Zeit ins Studio und müssen in 3 Fällen nicht sagen, wenn sie nicht kommen. 3 von 5 wissen nicht genau, ob sie weiterarbeiten wollen.

Variable	Gruppe 1	Gruppe 2	Gruppe 3	Gruppe 4
Arbeitszeit pro Woche in Stunden	48 (1) 50 (2) 55 (1) Mittel: 50,8	6 (2) 15 (1) 30 (1) 40 (2) 44 (1) 50 (1) Mittel: 28,9	5 (1) 7 (1) 20 (1) 24 (1) 40 (1) Mittel: 19,2	40 (2) 44 (1) 45 (2) 50 (1) 55 (2) Mittel: 46,8
Lebensunterhalt: voll 1/2 1/4 > 1/4	5 0 0 0	5 2 0 2	1 1 0 2	4 1 3 0
Volontariat angestrebt: ja nein	1 4	4 5	0 5	6 2
Bescheid sagen bei Nichtkommen: ja nein	5 0	3 6	2 3	7 1
Kommt ins LS: täglich je nach Zeit auf Abruf	 5 0 0	 5 3 1	 1 4 0	 7 1 0
weiterarbeiten ja nein vielleicht	 5 0 0	 6 0 3	 2 0 3	 7 0 1

TABELLE 9: Rahmendaten der freien Mitarbeiter in den Clustergruppen

Anders sieht es bei den Freien der Gruppe 4 aus. Hier deuten die Rahmendaten auf eine hohe Integration in die Redaktion und auf eine relativ gefestigte berufliche Identität hin: im Mittel wird 47 Stunden pro Woche gearbeitet (!), 4 der 9 verdienen ihren vollen Lebensunterhalt, 7 von 9 müssen Bescheid sagen, 7 kommen täglich, 7 wollen weiterarbeiten und 6 streben ein Volontariat an.

Nimmt man allein diese Rahmendaten mit den Ergebnissen der Diskriminanzanalyse zusammen, so könnte man die ermittelten "Schlüsselvariablen" (siehe Tabelle 7) wie folgt interpretieren: Funktion 1 trennt Gruppe 1 und 2 von Gruppe 3 und 4. Dabei kann man aus den auf die Funktion 1 relativ hoch ladenden Variablen schließen, daß die erstgenannten typischerweise viel Redaktionsdienste machen (Moderation und RVD) und wenig Umfragen, zugleich wenig Vorgaben erhalten; bei den Gruppen 4 und 1 verhält sich dies genau umgekehrt. Aus den im dritten Teil angestellten Analysen wissen wir, daß RVD-Dienst auf der einen Seite und Umfragen auf der anderen Seite als zwei Pole eines "Autonomiekontinuums" darstellbar sind[212]. Wir haben die Funktion von daher als eine "Professionalitätsachse" interpretiert. Auf die zweite Funktion laden durchweg Variablen hoch, die Formen der Berichterstattung beinhalten, wie sie für den aktuellen Bereich typisch sind. Wir deuten deshalb die zweite Funktion als eine Achse "redaktionsspezifische Arbeitsformen". Die Funktion trennt dabei die redaktionell gemischten Gruppen von denen, die ausschließlich aus Mitarbeitern der aktuellen Redaktionen bestehen.

Funktion 3 ist auf den ersten Blick schwerer zu deuten, weil hier Variablen von Funktion 2 ebenfalls auftauchen. An der Spitze findet sich der Item "Live-Beiträge". Die Funktion trennt nochmals Gruppe 4 von Gruppe 3 ab. Hier dürften redaktionsspezifische Einflüsse ebenfalls eine Rolle spielen. Zusammen mit dem Tatbestand, daß "Vorgaben" eine erhebliche Rolle spielen, haben wir die Funktion 3 auch im Hinblick auf die Mittelwertstabellen als eine "Routine-Achse" ausgedeutet (vgl. 4.3.4.).

Wir haben aufgrund der Tendenzen in den einzelnen Gruppen eine Zuordnung von verschiedenen Niveaus der Professionalität vorgenommen. Folgende Kürzel für die einzelnen Gruppen sollen das zum Ausdruck bringen: Gruppe 1 nannten wir "die aktuellen Profis", Gruppe 2 "die bunten Profis", Gruppe 3 "die Anfänger", und Gruppe 4 "die Routiniers". Diese Interpretation soll jetzt anhand einer Darstellung der Ausprägungen der einzelnen Gruppen für die wichtigsten Variablen plausibilisiert werden. Die genauen Mittelwerte sind den Tabellen 10 und 11 im Anhang zu entnehmen.

4.3.1. Die "aktuellen Profis" - Gruppe 1

Im Tätigkeitsprofil der Gruppe stechen solche Arbeitsfunktionen hervor, die die Zuständigkeit für ganze Sendungen beinhaltet: RVD-Funktionen, Moderation und die Produktion monothematischer Stundensendungen. Vor allem RVD-Funktionen und die monothematischen Sendungen lassen dabei ein weitgehend autonomes Arbeiten zu - prinzipiell ist der Mitarbeiter für die Sendung zuständig und (presserechtlich) verantwortlich.

---

212 vgl. auch unten 4.4.

Dem entspricht die Selbsteinschätzung der Mitglieder dieser Gruppe, sie bescheinigen sich selbst sehr hohe Freiräume bei der Beitragsgestaltung (Autonomie), was wiederum mit der geringeren wahrgenommenen Kontrolle einhergeht. Das gilt sowohl für "Vorgaben" als auch für nachträgliche Kontrollen wie Abnahmen, nachträgliche Veränderungen oder gar das "Kippen" von Beiträgen. Ebenfalls als Indiz für eine Dramatisierung von Autonomie, jetzt aber mehr im Sinne der Beanspruchung von Freiräumen für individuelle Fähigkeiten und Vorlieben kommt darin zum Ausdruck, daß die Mitarbeiter sich selbst bescheinigen, nicht alle Themen anzunehmen, auf bestimmte Themen spezialisiert zu sein und so etwas wie einen "eigenen Stil" bei der Produktion von Beiträgen zu haben.

Verbunden ist diese hohe Autonomie (bzw. Autonomiewahrnehmung) zugleich mit einem hohen Grad an selbstbescheinigter Kriteriensicherheit.[213] Die Gruppe zeichnet sich dadurch aus, daß sie als einzige das Item: "Die Kriterien für gute Beiträge sind im Prinzip klar umrissen" deutlich zustimmend ankreuzt. Diese Unterstellung der Geltung sachangemessener Kriterien zeigt sich besonders deutlich in der Einschätzung, welche Kriterien bei der Beitragsvergabe eine Rolle spielen. Die Gruppe (die ja durch die RVD-Funktionen eben diese Beiträge vergibt!) geht konsequent von einer hohen Bedeutung sachangemessener Kriterien und einer geringen Bedeutung nicht sachlich begründeter Kriterien (Machtspiele, Willkür, persönliche Beziehungen usw.) aus.

Weitere Indikatoren, die in die Richtung eines professionelleren Selbstbildes weisen, waren für uns die Zustimmung zu den Items "Ich weiß schon vor einem Termin, wie mein Beitrag ungefähr aussehen wird"sowie "Wenn ich von einem Termin zurückkomme, weiß ich bereits, welche O-Töne ich verwenden werde", sowie die geringen Schwierigkeiten bei der Entscheidung darüber, ob etwas ein Thema ist oder nicht.[214]

Was die Arbeitskontakte betrifft, so scheinen bei dieser Gruppe Kontakte innerhalb des Studios zu überwiegen. Die Werte für Kontakte zu Recherchepartnern sind durchschnittlich und entsprechen in der Höhe etwa denen der Gruppen 2 und 3. Gegenüber der Arbeit allein oder mit Recherchepartnern ragt jedoch die Arbeit mit Mitarbeitern heraus. In der Verteilung dieser Mitarbeiterkontakte fällt vor allem auf, daß Redakteure und Redaktionsleiter eine größere Rolle spielen, allerdings liegt das Schwergewicht der Kontakte wie bei allen übrigen Gruppen bei freien Mitarbeitern und den Redakteuren vom Dienst.

Andererseits nützen diese Mitarbeiter nicht weniger informelle Themenquellen als die anderen Gruppen. Ein gewisses Monopol scheinen sie auf die Auswertung von Agenturmeldungen zu haben - was offensichtlich mit der großen Rolle der RVD-Dienste für diese Gruppe zusammenhängt, mit dem die Auswertung der

213 Die Frage zielte auf das, was Mintzberg als "Standardisierung von Kenntnissen und Fähigkeiten" bezeichnet am Beispiel der Gütekriterien von Beiträgen als Maß für Professionalität.

214 In beiden Items wird sich der Leser an die Analysen von Kap. 3 erinnern. Beide Items ergeben Anhaltspunkte dafür, wie reflexiv das Arbeiten mit "Beitragsschemata" ist.

Agenturmeldungen gekoppelt sind. Sie schlagen außerdem in ihrer Wahrnehmung ebensoviele Themen vor wie die Mitglieder der anderen Gruppen.

4.3.2. Die "bunten Profis" - Gruppe 2

Im Großen und Ganzen weist diese Gruppe ein ähnliches Tätigkeitsprofil wie die Gruppe 1 auf. RVD-Dienste haben nicht ganz die überragende Bedeutung wie dort, dafür findet sich hier ein Schwergewicht auf komplexen Sendungs- und Beitragsformen. Das schlägt sich in hohen Werten für Kategorien wie "gestalterisch aufwendige Beiträge" und "monothematische Sendungen" nieder; auch die Fertigung von Jingles und Trailern spielt eine vergleichsweise große Rolle. Auffallend im Tätigkeitsprofil ist, daß Beitragsformen, die für die aktuellen Redaktionen typisch sind, fast völlig fehlen, während sie in Gruppe 1 sehr hohe Werte aufweisen.

Auch bei den Indikatoren für ein professionelles Selbstbild finden sich einige Parallelen zur Gruppe 1: Die Mitglieder der Gruppe 2 sehen sich als ebenso spezialisiert an, bescheinigen sich einen individuellen "Stil" und sind ebenfalls wählerisch in den Themen, die sie zu bearbeiten bereit sind. Weniger ausgeprägt sind dagegen die Werte für die Kriteriensicherheit. Während sie sich in der Themenauswahl eine relative Sicherheit bescheinigen, halten sie die Kriterien für bestimmte Beitragsformen für weniger klar umrissen. Sie bewegen sich damit im Bereich der übrigen Gruppen, während die Gruppe 1 hier absolut herausragt. Man könnte sagen, der Schwerpunkt ihres professionellen Selbstbildes liegt vergleichsweise eher auf der Zuschreibung individueller Gestaltungsmöglichkeiten als auf der Unterstellung der Beherrschung "objektiv gültiger" Kriterien.

Auch hier entspricht der selbstzugeschriebenen Professionalität ein geringes Ausmaß an wahrgenommener Kontrolle der Arbeit. Die Gruppe erhält zwar etwas mehr Vorgaben für ihre Arbeit, aber verglichen mit den übrigen Gruppen immer noch relativ wenig. Nachträgliche Kontrolle spielt auch hier eine vergleichsweise geringe Rolle.

Der Kontakt mit Recherchepartnern steht ebenfalls nicht im Zentrum der Tätigkeit. Im Vergleich zur "Arbeit allein" oder "mit Mitarbeitern" bilden sie das Schlußlicht, während die "Arbeit allein" die Spitzenposition einnimmt (auch das spricht für ein eher individualisierteres professionelles Selbstbild). Folgerichtig liegt das Level für die Personenkontakte insgesamt etwas niedriger als bei den übrigen Gruppen. Ausnahme sind die Redakteure und Redaktionsleiter; mit ihnen haben die Vertreter dieser Gruppe im Vergleich noch relativ häufig zu tun.[215] Insgesamt überwiegen auch hier die internen gegenüber den externen Kontakten.

215 Das hat mit den kleineren Redaktionen "Unterhaltung" und "Kultur" zu tun und mit der dadurch bedingten größeren Präsenz der Redaktionsleiter im täglichen Betrieb.

In weiten Bereichen ähneln sich die Gruppen 1 und 2 sehr stark. Die extremen Differenzen bei redaktionsspezifischen Beitragsformen weisen daraufhin, daß hier die Redaktionszugehörigkeit einen starken Einfluß ausübt. Während die Gruppe 1 ausschließlich aus Angehörigen der aktuellen Redaktionen SWF 1 und S 4 besteht, ist die Gruppe 2, wie schon gesagt, gemischt (fünf Unterhaltungsmitarbeiter, je zwei aus Musik und S 4, drei aus der Kulturredaktion und je einer aus "SWF 1 aktuell" und dem Bereich Fernsehen). Der RVD hat außerhalb der aktuellen Redaktion nicht die ausgeprägte Schlüsselposition - der Fernsehmitarbeiter ist einem RVD beim Südfunk Stuttgart bzw. SWF Baden-Baden zugeordnet, die auf Sportthemen spezialisierten Mitarbeiter bilden keine selbständige Redaktion, sondern beliefern die diensthabenden Redakteure der Unterhaltungs- oder einer aktuellen Redaktion mit Beiträgen.

Redaktionsspezifisch variieren dürfte auch die Kriteriensicherheit für Themen und Beitragsformen. Dabei ist zu vermuten, daß die aktuellen Redaktionen noch über die "schärfsten" Trennkriterien verfügen und es erscheint plausibel, daß gestalterisch aufwendige Beiträge in den Bereichen Unterhaltung, Kultur und Fernsehen eine relativ große Rolle spielen, während im aktuellen Bereich Gestaltungsspielräume durch den ständigen Zeitdruck begrenzt sind.

4.3.3. Die "Anfänger" - Gruppe 3

Bei den Mitarbeitern dieser Gruppe spielen Beitragsformen, die die Zuständigkeit für ganze Sendungen implizieren, keine Rolle. Stattdessen liegt in ihrem Tätigkeitsprofil das Schwergewicht bei den Umfragen. Andere Beitragsformen stehen demgegenüber bei weitem zurück; gerade noch mittlere Werte erreicht die Gruppe in den Kategorien "Reportagen" und "gestalterisch aufwendige Beiträge". Was der Einzelne noch als aufwendig einstuft, hängt allerdings stark von seinen eigenen gegenwärtig verfügbaren Fähigkeiten ab. Daher ist dieser Wert vor dem Hintergrund zu relativieren, daß diese Gruppe weder mit der Produktion von Jingles noch mit der von Glossen viel zu tun hat. Diese Kategorien stellen Konkretisierungen des Begriffs "gestalterisch aufwendige Beiträge" dar. Dieser Wert ist daher in diesem Fall niedriger zu hängen als bei Gruppe 2 (bei der er mit hohen Werten bei allen diesen Beitrags- und Sendungsformen einherging). Auffallend ist hier, daß Live-Situationen im Tätigkeitsprofil völlig unbedeutend sind, im Gegensatz zu allen anderen Gruppen.

Im Sinne unserer Überlegungen in Teil 3 geht die hohe Bedeutung der Umfragen im Tätigkeitsprofil einher mit einem großen Ausmaß an wahrgenommener Kontrolliertheit. Hierbei springt ins Auge, daß es vor allem die Formen nachträglicher Kontrolle (Vorlagen, Abnahmen, nachträgliche Veränderungen) sind, die bei dieser Gruppe die Hauptrolle spielen.

Der hohen Kontrolliertheit entsprechen niedrige Werte bei allen Indikatoren für ein professionelles Selbstbild. Der Gestaltungsspielraum wird als eingeschätzt, Spezialisierung für bestimmte Themen wird als vergleichsweise niedrig eingestuft.

Die Vortypisierung von Beiträgen bzw. die Reflexivität der Anwendung von Beitragsschemata ist mit Abstand am niedrigsten: die Mitarbeiter sind vor dem Termin noch am unsichersten über die letztlich resultierende Gestalt des Beitrags und geben an, schlechter abschätzen zu können, welche O-Töne sie benützen werden. Ihre Unterstellung der Geltung "objektiver" Kriterien ist entsprechend gering ausgeprägt.

Die Mitglieder dieser Gruppe schätzen die Zeit, die sie für den Umgang mit Recherchepartner investieren, als gewichtiger ein wie die Gruppen 1 und 2. Das liegt bei der Dominanz der Umfragen in ihrem Tätigkeitsprofil auch nahe. Als genauso umfangreich wird jedoch der Zeitumfang eingestuft, in dem man allein arbeitet. Der Arbeit mit anderen Mitarbeitern zusammen kommt im Vergleich dazu eine etwas geringere Bedeutung zu. Während bei den ersten beiden Gruppen die internen Kontakte überwogen, sind es hier externe Kontakte und Alleinarbeit. Der Kontakt zu Redakteuren, Redaktionsleiter, Studioleiter spielt eine geringe Rolle, der Kontakt zu RVD, freien Mitarbeitern und Hospitanten dagegen eine hohe Rolle.

4.3.4. Die "Routiniers" - Gruppe 4

Ganze Sendungen betreffende Funktionen sowie wertende oder aufwendigere Beitragsformen spielen auch für die Gruppe 4 kaum eine Rolle. Statt dessen finden sich bei ihr sehr hohe Werte für alle "Routine-Beitragsformen": Radiomobil, Beiträge mit geringem Rechercheaufwand, Beiträge für andere Studios, Live-Beiträge, Reportagen, recherchеintensive Beiträge, Fortsetzungsgeschichten, Newsshows, Schlagzeilen. Bei den "Umfragen" weisen die Anfänger leicht erhöhte Werte auf. Besonders kennzeichnend sind für die Routiniers zum einen Kurzformen wie Newsshows und Schlagzeilen, zum anderen Live-Formen (Live-Beiträge, Radiomobil, Reportagen).

Damit dürfte zusammenhängen, daß die Routiniers durchweg ankreuzen, nachträglich (über Vorlagen, Abnahmen, nachträgliche Veränderungen) selten kontrolliert zu werden, was ja eben bei Live-Einspielungen auch nicht möglich ist. Dagegen haben wir den Sachverhalt, daß die Mitarbeiter sich selbst den höchsten Wert für "bekomme Vorgaben" bescheinigen, als Indiz für eine gleichsam "vorbeugende" Kontrolle gedeutet.

Die Werte bei den Fragen, die auf das professionelle Selbstbild zielen, liegen fast durchweg zwischen den Ankreuzungen der "aktuellen Profis" und der "Anfänger". Das gilt etwa für die Unterstellung der Gültigkeit von Kriterien sowie für die Selbstzuschreibung einer operativen Geschicklichkeit ("vor einem Termin" (Variable 141, vgl. Anhang 7), "O-Töne" (Variable 143)). Die "Routiniers" geben einen großen Freiraum bei der Beitragsgestaltung an, also einen hohen Grad an wahrgenommener Autonomie. Weniger ausgeprägt ist die Zuschreibung individueller Spielräume und Ausgestaltungen der Arbeit: das zeigt sich insbesondere darin, daß diese Mitarbeiter angeben, wenig spezialisiert zu sein und bei dem Item "nehme allen Themen an" noch am höchsten von allen Gruppen zustimmen. Nimmt man das mit dem Sachverhalt zusammen, daß die Routiniers abgesehen von "Umfragen" bei allen Routinebeitragsformen an erster Stelle liegen, darf man unterstellen, daß diese Gruppe einfach "so viel Beiträge wie möglich" macht, d. h. diejenigen Mitarbeiter enthält, die den Löwenanteil der Beiträge für die aktuellen Sendungen liefert.

Was den Kontakt mit Recherchepartnern betrifft, so führt diese Gruppe mit Abstand. Recherchepartner stellen in der Wahrnehmung dieser Gruppe die häufigsten Interaktionspartner während der Arbeit dar. Die Arbeit mit anderen Mitarbeitern wird demgegenüber als wesentlich weniger bedeutsam eingeschätzt. Man kann das damit erklären, daß die Routiniers überwiegend als Reporter tätig sein, also den "Umweltkontakt" im Sinne von Kapitel 3 leisten. Es bestätigen sich auch Tendenzen der Ergebnisse der Arbeitsbeobachtung: die geringere Bedeutung der Kontakte zu Redakteuren, Redaktions- und Studioleiter, die große Bedeutung dagegen des RVDs.

Ganz im Sinne unserer Korrekturen am "Speditionsmodell" findet diese (signifikante) Bedeutung für die Herstellung des Umweltkontaktes keine Entsprechung in einem (signifikant) großen Umfang an Themenvorschlägen; hier bilden die Routiniers sogar das Schlußlicht.

4.3.5. Vergleich nach Variablenblöcken

Zur besseren Veranschaulichung sollen jetzt für ausgewählte Variablenblöcke Profile vorgestellt werden, die die ***Unterschiede zwischen den Gruppen*** noch einmal deutlicher in einer ***relationalen*** Darstellung aufzeigen sollen. Ich begnüge mich jeweils mit einem Kurzkommentar.

a) Arbeitsprofil (Abb. 18)
Bei den Gruppen 1 und 2 fällt zunächst die sehr große Bedeutung von Redaktionsdiensten (RVD,Moderation), von monothematischen Sendungen, von wertenden Formen wie Glossen und Kommentaren und von gestalterisch aufwendigeren Beitragsformen ins Auge. Gruppe 2 liegt bei den letzteren vorne. Bei typischen Routinebeitragsformen wie "Radiomobil", "live eingespielten Beiträgen" und "Reportagen" (wie auch, in dem Diagramm nicht verzeichnet, bei Beiträgen mit geringerem Rechercheaufwand) liegen die Gruppen 1 und 2 dagegen hinter der Gruppe 4, die hier insbesondere bei "Radiomobil" die höchsten Werte erhält. Gruppe 3 hat fast überall die niedrigsten Werte, sieht man von den "Umfragen" ab.

b) Variablen zu Professionalität und Arbeitsweise: (Abb. 19)
Die Autonomie des Arbeitens wird von allen Gruppen relativ hoch eingeschätzt, am höchsten allerdings von der Gruppe 1, den aktuellen Profis. Das korrespondiert mit der Bedeutung der RVD-Dienste in dieser Gruppe.

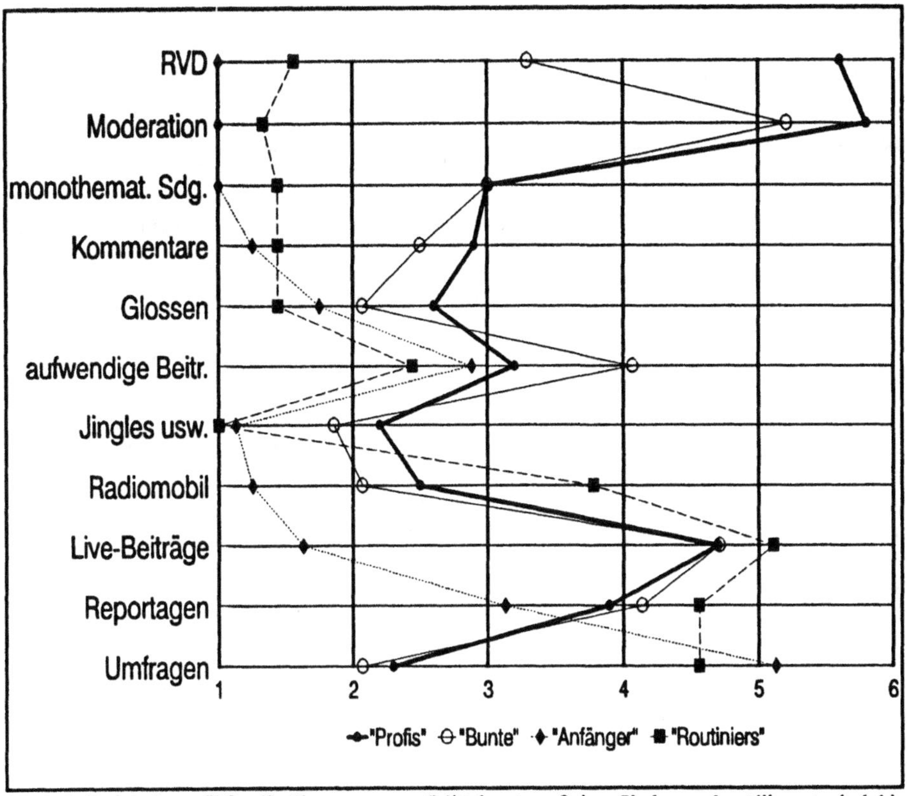

Abb. 18: Tätigkeitsprofil für die Clustergruppen (Mittelwerte auf einer Skala von 1=völlig untypisch bis 6=sehr typisch), vgl. Anhang 6

In der Einschätzung der eigenen Spezialisierung auf bestimmte Themen und der Selbstzuschreibung eines "bestimmten Stils" und in der Zustimmung zu dem O-Töne-Item[216] liegen die Gruppen 1 und 2 vorne. Die aktuellen Profis kreuzt am höchsten zustimmend an bei dem Item: "Ich weiß bereits vor einem Termin, wie mein Beitrag ungefähr aussehen wird". Hier liegt Gruppe 2 hinter der Gruppe 4, den Routiniers. Dasselbe Bild zeigt sich bei der Frage der Kriteriensicherheit.[217]

Alle genannten Variablen: Autonomie, Grad der Spezialisiertheit, Kriteriensicherheit stellen für uns, wie gesagt, Indikatoren für Professionalität dar. In allen diesen Dimensionen liegt Gruppe 3, die Anfänger, ganz hinten. Umgekehrte Bedeutung haben für uns die Variablen, die sich auf die wahrgenommene Konkurrenzsituation, die Frage, ob Themen wahllos abgenommen werden oder Schwierigkeiten bei der Themenauswahl bestehen. Hier liegen die beiden Profigruppen (mit einer Ausnahme) ganz hinten. Die Routiniers halten in der Regel

216 "Wenn ich von einem Termin ins Studio zurückkomme, weiß ich bereits, welche O-Töne ich verwenden werde."

217 "Die Kriterien für gute Beiträge sind im Prinzip klar umrissen."

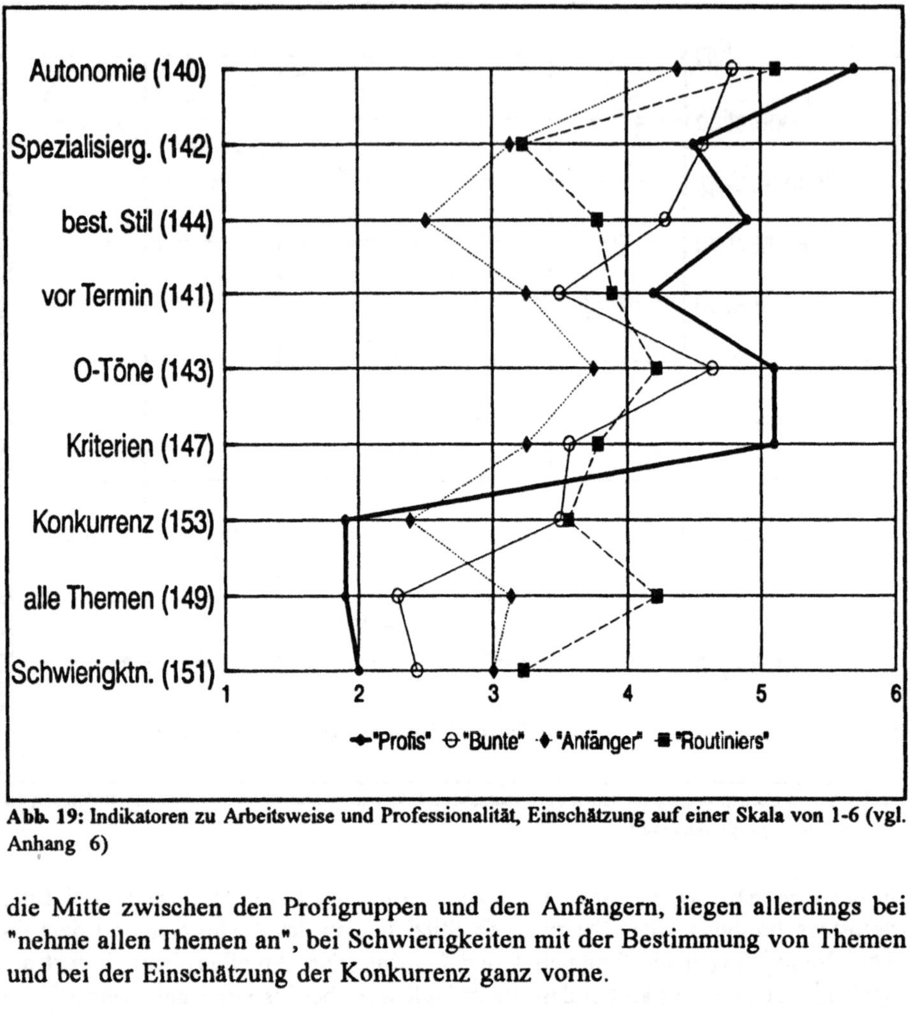

Abb. 19: Indikatoren zu Arbeitsweise und Professionalität, Einschätzung auf einer Skala von 1-6 (vgl. Anhang 6)

die Mitte zwischen den Profigruppen und den Anfängern, liegen allerdings bei "nehme allen Themen an", bei Schwierigkeiten mit der Bestimmung von Themen und bei der Einschätzung der Konkurrenz ganz vorne.

c) Kontrolle und Entscheidungen über Beiträge (Abb. 20)

Die Variablen beziehen sich alle auf Formen der Kontrolle der Arbeit der Mitarbeiter. Die Anfänger geben mit Ausnahme der Vorgaben bei allen Kontrollformen den höchsten Wert an. Die Routiniers haben allerdings bei der Kontrolle durch Vorgaben einen höheren Wert aufzuweisen als die Anfänger. Alle Formen nachträglicher Kontrolle weisen bei ihnen durchweg niedrige Werte auf. Die Profigruppen weisen bei allen Formen der Kontrolle niedrigere Werte auf.

d) Personenkontakte (Abb. 21)

Die Gruppen 1 und 2 geben an, am meisten mit anderen Mitarbeitern zu arbeiten, zugleich aber weniger mit Recherchepartnern als die anderen beiden Gruppen. Schlüsselt man nach Personenkategorien auf, so fällt zunächst die ungefähr ähnliche Tendenz aller Gruppen auf: Kontakte zu höheren Instanzen spielen eine

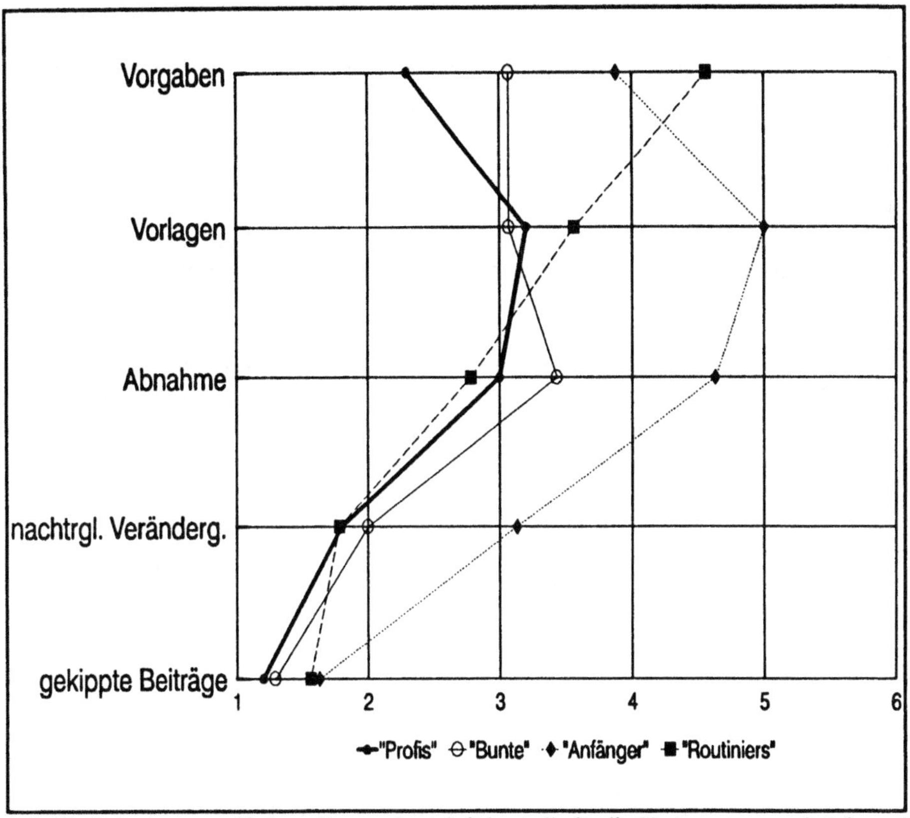

Abb. 20: Bedeutung verschiedener Formen der Arbeitskontrolle für die Clustergruppen, vgl. Anhang 6

geringere Rolle, die höchste Rolle spielen für alle Gruppen RVD und freie Mitarbeiter. Die wichtigsten Unterschiede sind: Die Gruppen 1 und 2 haben mehr mit Studioleiter, Redaktionsleiter und Redakteuren zu tun als die beiden anderen Gruppen. Den höchsten Wert von allen Gruppen bei Recherchepartner erzielen die Routiniers.

Die wichtigsten Unterschiede zwischen den Gruppen spielen in den Dimensionen "Zuständigkeit für ganze Sendungen", "Routine", "Umweltbezug" (Kontakt mit Recherchepartner oder Binnenkontakte?), "Grad der Autonomie bzw. Kontrolle". Wir haben die Mittelwerte der Variablen, die für diese Dimensionen wichtig sind, addiert und dann durch die Variablenanzahl geteilt. Man erhält dann einen Index-Wert, der wiederum auf einer Skala von 1-6 den relativen Stellenwert der jeweiligen Dimension angibt.[218]

218 Indizes für die Merkmalsdimensionen der Tabelle:
1.) in "Verantwortung für ganze Sendungen" gingen ein: monothematische Sendungen (V050), RVD (V054) und Moderation (V055).
2.) in "Beitragsroutine" gingen ein: Radiomobil (V043), Beiträge mit geringem Rechercheaufwand (V044), Live-Beiträge (V046), Reportagen (V048). Umfragen wurden

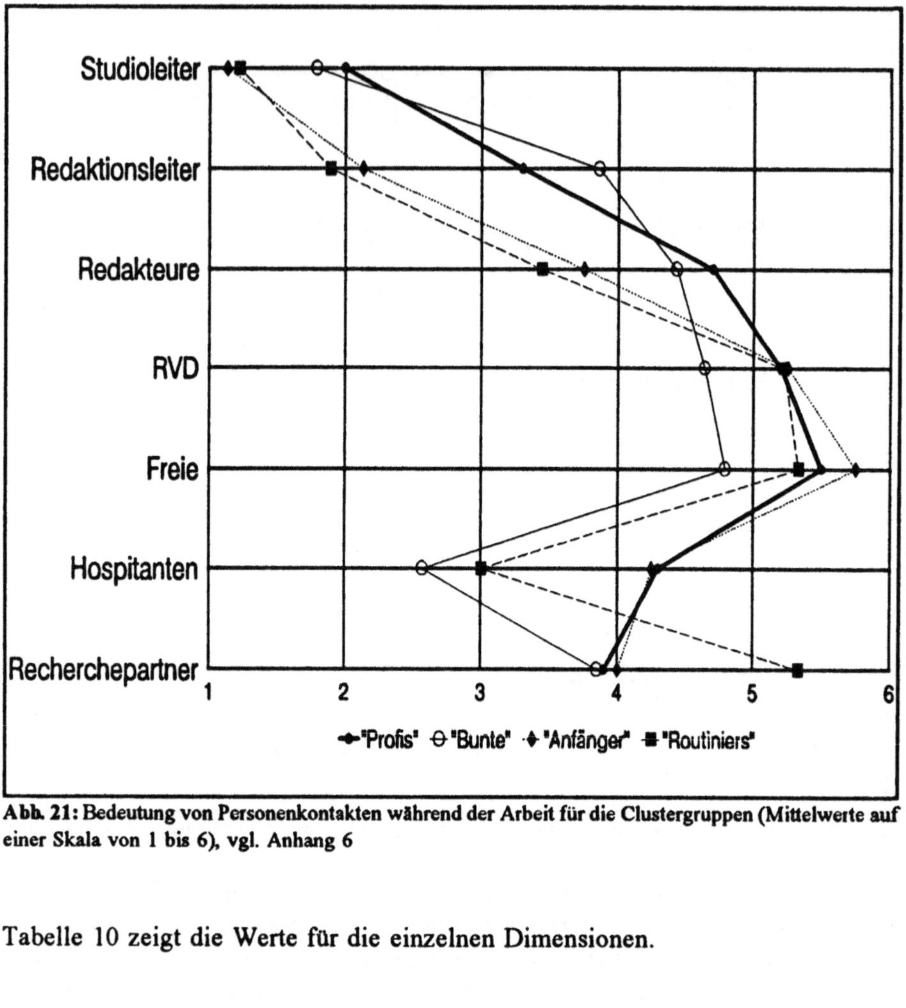

Abb. 21: Bedeutung von Personenkontakten während der Arbeit für die Clustergruppen (Mittelwerte auf einer Skala von 1 bis 6), vgl. Anhang 6

Tabelle 10 zeigt die Werte für die einzelnen Dimensionen.

---

nicht aufgenommen; sie setzen nicht unbedingt eine Routine bezüglich der Beitragsstandards voraus, da sie nachträglich weitgehend verbessert werden können.

3.) in "Umweltbezug" gingen ein: Recherchepartner im Verhältnis zur Alleinarbeit bzw. Arbeit mit Mitarbeitern (V104); Recherchepartner im Verhältnis zu anderen Personenkontakten (V115).

4.) in "Autonomie/Kontrolle" gingen ein: Autonomie bei der Beitragsgestaltung (V140), Beitragsgestalt vor Termin wissen (V141), Spezialisierung (V142), O-Töne vor Rückkehr vom Termin wissen (V143), bestimmter Stil (V144), Beitragskriterien (V147). In umgekehrtem Sinn (gerechnet wird dann immer die Differenz zu 7, wodurch die Skala lediglich ihre Pole tauscht): Schwierigkeiten Themen zu erkennen (V149), Vorgaben (V089), Vorlagen (V090), Abnahmen(V091), nachträgliche Veränderungen (V092). Die Indizes wurden errechnet durch Aufsummierung und Standardisierung auf den Maßstab der 1-bis-6-Skala.

zentrale Dimensionen	Gruppe 1	Gruppe 2	Gruppe 3	Gruppe 4
Zuständigkeit für ganze Sendungen	*4.80*	*3.83*	1.00	1.44
Routine (v.a. Livebe- richterstattung)	3.48	3.55	2.41	*4.37*
Umweltbezug (v.a. Recherchepartner)	3.8	3.57	4.07	*5.36*
Autonomie/Kontrolle	*4.76*	*4.21*	3.24	3.92
Redaktionszugehörig- keit	*aktuelle*	gemischt	gemischt	*aktuelle*

TABELLE 10: **Profil der Clustergruppen (Indizes einer Skala von 1 bis 6; N=43) Erläuterung siehe Text**

Die Werte (Minimum: 1; Maximum: 6), die den Dimensionen zugeordnet sind, sind folgendermaßen zu lesen:

- "Zuständigkeit für ganze Sendungen":Je größer der Wert, desto größer die Rolle, die die Zuständigkeit für ganze Sendungen spielt.
- "Routine": Je größer der Wert, desto größer die Routine bei der Produktion von Beiträgen.
- "Umweltbezug": Je größer der Wert, desto größer die Rolle des Kontakts mit Recherchepartnern.
- "Autonomie/Kontrolle": Je größer der Wert, desto höher die eigene Autonomie und die Kriteriensicherheit, desto niedriger die Kontrolle durch Vorgaben, Vorlagen, Abnahmen usw..

4.4. Interpretation als Phasen

Die vier erhaltenen Gruppen haben wir im Sinne eines dreistufigen Phasenschemas interpretiert. Die Vorstellung war dabei, daß wir - da wir keine langfristige Untersuchung von Sozialisationsverläufen machen konnten - zum Erhebungszeitpunkt verschiedene Gruppen von freien Mitarbeitern auf verschiedenen "Niveaus" der Sozialisation antreffen müßten.

In der Tat läßt sich aus unserer Kenntnis der Redaktionen und aufgrund der Rahmendaten für die Mitarbeiter des Landesstudios eine solche Karriere im zeitlichen Sinne festmachen: so finden sich in der Anfängergruppe die meisten Hospitanten, in der Regel institutionalisierter Einstieg in die journalistische Arbeit. Die

Hospitanten dürften etwa zwischen einem und drei Monaten mitarbeiten, die freien Mitarbeiter in der "Anfänger"-Gruppe im Schnitt 10 Monate. Die Routiniers arbeiten im Schnitt 2 Jahre als freie Mitarbeiter beim SWF, bei den bunten Profis schwankt die Mitarbeit der Freien zwischen 3 und 7 Jahren. Hier finden sich allerdings auch Fälle aus der Kulturredaktion, die sicher nicht im Sinne unseres Sozialisationsschemas interpretierbar sind. Bei den aktuellen Profis ist die Dauer der freien Mitarbeit im Schnitt wesentlich geringer (16 Monate), das liegt allerdings an der Tatsache, daß sich darin solche Mitarbeiter des Programms S4 finden, die erst kurze Zeit beim Südwestfunk als freie Mitarbeiter arbeiten.[219] Diese Mitarbeiter waren aber bereits in anderen Rundfunkinstitutionen als feste freie Mitarbeiter beschäftigt bzw. hatten teilweise sogar ein Volontariat hinter sich.

Neben diesen auf den zeitlichen Aspekt des Sozialisationsverlaufs bezogenen Befunden gilt es für eine Interpretation der Gruppen als Phasen nun systematische Argumente zu mobilisieren, die sich aus den Feinanalysen der redaktionellen Arbeit in Kapitel 3 ergeben haben. Ich hatte dort versucht zu zeigen, daß der redaktionellen Tätigkeit von der Erhebung von O-Tönen bis zur Übernahme von RVD-Funktionen im Kern eine Typisierungskompetenz zugrundeliegt, die den Umgang mit sogenannten "Beitragsschemata" ermöglicht. Die ermittelten Gruppen müssten sich, will man sie als Phasen interpretieren, systematisch auf die Herausbildung dieser Kompetenz beziehen lassen. Außerdem müsste sich zeigen lassen, daß sich diese Phasen auch systematisch hinreichend abgrenzen lassen. Als empirischen Anhaltspunkt hierfür haben wir die die Gruppen jeweils kennzeichnenden typischen Tätigkeits- bzw. Beitragsformen im Sinne von Schlüsselvariablen als Hinweise auf Kompetenzen aufgefaßt, die sukzessive und aufeinander aufbauend erworben werden müssen. Signifikante Sprünge haben wir dabei als Indiz für diskontinuierliche Phasen interpretiert.

Eine solche Schlüsselvariable ist im Falle der Anfänger die hervorstechende Rolle der "Umfragen", die mit einem Wert von 5,13 die am höchsten bewertete Beitragsform ist und zwar mit erheblichem Abstand zu allen anderen Beitragsformen. Der entscheidende Sprung im Vergleich zur Gruppe der Routiniers ergibt sich bei den "live" gesprochenen Beiträgen (von 1,63 zu 5,11), beim "Radiomobil" (von 1,25 auf 3,78) sowie etwas geringer bei "Newsshows" (von 2,75 auf 5,00) und "Schlagzeilen" (von 2,25 auf 4,89). Mit anderen Worten, insbesondere Formen der Liveberichterstattung fallen hier als Schlüsselvariablen auf.[220] Beim Sprung von der Routiniergruppe zu den "Profigruppen" ergeben sich solche auffallenden Sprünge bei den redaktionellen Tätigkeiten im engeren Sinne: dem RVD- und Moderationsdienst (von 1,33 auf 5,80 bei Moderation bzw. von 1,56 auf 5,60 beim RVD).[221]

219 Sie wurden bei der Einführung des Programmes 1991, wie es im Studio heißt, "eingekauft".
220 Verbunden mit einem insgesamt sehr viel größeren Spektrum an bearbeiteten Formen.
221 vgl. auch die Ladungen der Variablen auf die Diskriminanzfunktionen, oben Tabelle 7!

Ich möchte diese quantitativen Befunde nochmals kurz auf die Interpretationen des 3. Kap. beziehen. Es fiel bereits bei den Beispielen in Abschnitt 3.2.2. auf, daß Hospitanten als Einstieg typischerweise mit *Umfragen* betraut werden. In allen Gesprächen, die wir im Verlauf unserer Untersuchung mit Hospitanten geführt haben, taucht in diesem Zusammenhang regelmäßig der Topos des "Sprungs ins kalte Wasser" auf. Unser Eindruck war - das ist allerdings zugegeben nicht direkt belegbar - daß dieser "Sprung ins kalte Wasser" geradezu eine Art "Initiationsritus" darstellt, der die Funktion eines Tests hat, ob der Hospitant von sich aus begreift, "was das Problem ist", wie eine Mitarbeiterin formulierte.

Die zentrale Bedeutung der Kategorie "Umfrage" bei der "Anfängergruppe" könnte man sich zunächst im Sinne des Erwerbs einer Basiskompetenz, die Voraussetzung für alles weitere ist, deuten. Der freie Mitarbeiter muß befähigt werden, die Situation des journalistischen "Umweltkontakts" zu meistern, er muß trivialerweise in der Lage sein, sich Informationen zu beschaffen. Dazu gehört:

- ein sozialer Aspekt: er muß sich "trauen", Leute anzusprechen, er muß lernen als Vertreter der RFA (Rundfunkanstalt) aufzutreten, der durch sein Auftreten signalisiert, daß es sich bei der Befragung um eine legitimen Vorgang handelt;
- ein technischer Aspekt: der Umgang mit Mikrophon und Aufnahmegerät, Schnitt usw.

Allerdings erfordert die Durchführung einer Umfrage, wie sich in unseren Interpretationen gezeigt hatte, mehr. Es gehört bereits etwas dazu, was wir als Kern des redaktionellen Handelns identifiziert hatten, die zielsichere Vortypisierung der Befragungssituation unter der Perspektive eines bestimmten vorher definierten inhaltlichen Gesichtspunktes. Der Hospitant bzw. der Anfänger im allgemeinen muß sich die Kompetenz erwerben, die Leute "etwas sagen zu lassen", wie es ein Reporter formulierte. Er muß lernen, daß es darauf ankommt, die "richtigen Fragen zu stellen" und daß die Voraussetzung dafür ist, daß man bereits einen inhaltlichen Gesichtspunkt vordefiniert hat. Mehr noch als für jede Gattung gilt gerade für Umfragen, daß die Situation, in der sich der Mitarbeiter seinen Recherchepartnern konfrontiert, und das produzierte Material allein durch das journalistische Handeln selbst definiert wird. Die Relevanzen werden durch die Frage des Reporters "Können Sie mir ein Spargelrezept nennen?" gesetzt.[222] Damit hängt zusammen, daß die Gattung "Umfrage" wie keine andere Form einfache und eindeutige Vorgaben bis hin zur Vorformulierung der Frage zuläßt. Der unerfahrene Mitarbeiter kann dadurch von komplexeren Selektionsleistungen entlastet werden.[223]

222 Zum Vergleich nehme man einen Bericht über einen wissenschaftlichen Kongreß, wo sich dem Mitarbeiter viel eher Probleme stellen wie: was ist relevant? unter welchem Gesichtspunkt will ich das bringen?

223 Die folgenden Überlegungen verdanke ich einem Gespräch mit Thilo Schmautz wie auch viele andere wichtige Anregungen.

Wir haben bei der Analyse der Beispiele gesehen, daß es dennoch zu Schwierigkeiten kommen kann. Im Falle der Gattung "Umfrage" ist aber in den meisten Fällen das Problem dadurch entschärft, daß man im nachhinein noch relativ große Bearbeitungsspielräume hat. Durch die sequentielle Anordnung einer großen Menge an sich gleichwertiger O-Töne kann man im Studio die geeignetsten (d.h. dem Beitragsschema entsprechenden) Äußerungen herausschneiden und so rekombinieren, daß sich wenigstens ansatzweise eine inhaltliche Konsistenz ergibt. Insofern Umfragen eine typisch fakultative Gattung sind, kann man sie, wenn sie nun wirklich "nichts geworden" ist, auch ganz weglassen.

Dem entspricht, daß die "Anfänger" überwiegend über nachträgliche Formen der Kontrolle: "Abnahme", "Vorlagen" und "nachträgliche Veränderungen" angeleitet werden. Sie verstehen, so mein Vorschlag einer Interpretation, die "Vorgaben" wie im Fall der oben analysierten Beispiele gar nicht als Vorgaben. Sie beherrschen die professionellen Kürzel, die sich auf Beitragstypen, inhaltliche Aufhänger usw. beziehen, in der Regel nicht sicher. Deshalb ist eine nachträgliche Kontrolle ihrer Arbeits*produkte* effektiver.

Die Fähigkeit, informative Umfragen zu machen, stellt zugleich eine Vorstufe für die weitergehende Kompetenz dar, *O-Töne als Bestandteil von Beiträgen* einzuholen. Ich habe am Beispiel unserer Analyse der Recherche eines Reporters zu zeigen versucht, daß hier bereits anspruchsvollere Kompetenzen vorausgesetzt sind. Die inhaltliche Vortypisierung muß schärfer konturiert sein, weil sich die O-Töne ja in einen Sinnzusammenhang des späteren Beitrags einfügen müssen. Das schränkt die Spanne möglicher O-Töne wie auch nachträglicher Manipulationsmöglichkeiten beträchtlich ein.

Die Arbeitssituation, die bei den Routiniers im Zentrum steht, ist der "Termin", der aber jetzt nicht nur mehr ein bloßes Einholen von O-Tönen mit vorgegebenen Fragen ist (Umfrage), sondern *Recherche für einen Beitrag*. Damit ist verbunden, daß der Reporter vor Ort von seinen Recherchepartnern mit teilweise konkurrierenden eigenen Relevanzsetzungen und Deutungen von Ereignissen konfrontiert wird. Er muß damit rechnen, daß sich so erhebliche Inkonsistenzen ergeben, daß er ein alternatives Beitragsschema zum Einsatz bringen muß. Bei Umfragen wird man dann einfach auf Äußerungen verzichten, bei denen das der Fall ist. Ich habe hier die spezifische "Widerständigkeit" der Umwelt angesetzt und darauf verwiesen, daß der Reporter deswegen sehr häufig ein optionales Vorgehen wählt.

Mehr als es bei Umfragen der Fall ist, hat es der Routinier insofern immer mit einer mehr oder weniger "problematischen Situation" im Sinne von Schütz zu tun: Das Beitragsschema paßt nie exakt auf die besondere Wirklichkeit, mit der er durch Recherchepartner konfrontiert wird. Der Reporter muß "basteln". Folgt man Schütz/Luckmann, ist aber genau dies - die Bewältigung "problematischer Situationen" - die Bedingung des Erwerbs von (neuen) Typen.[224] Die Situation auf dem Termin könnte man also zugleich als *Erwerbssituation für die Typisierungsfähigkeit*, mit deren Hilfe Beitragsschemata entworfen werden, ansehen. Daß in der Routinierphase diese Typisierungsfähigkeit in besonderer Weise ebenso gefordert ist, wie sie nach unserer Interpretation durch die praktische Konfrontation mit diesen Anforderungen erworben wird, läßt sich auch bei den anderen für diese Phase typischen Beitragsgattungen zeigen.

Neben der Tatsache, daß die Routiniers (bzw. die werdenden Routiniers) ganz allgemein die Gruppe sind, die den Großteil der Beiträge liefert und ein großes Spektrum an Formen beherrschen muß - zeichnen sie sich dadurch aus, daß sie am meisten mit *Liveberichterstattung* zu tun hat. Das Besondere der Liveberichterstattung liegt darin, daß sie nicht oder wenig nachträglich korrigierbar ist; die Konstruktion der "Aufhänger" sowie die formalen Anforderungen müssen situativ geleistet und durchgesetzt werden. Die Typisierung muß mit einer erheblichen Sicherheit und unter erheblichem zeitlichem Druck erfolgen. Das Risiko des Scheiterns ist beträchtlich und insofern folgenreich, als alles, was gesagt wird, im selben Moment über den Sender läuft. In dem oben angeführten Beispiel ergab sich ja auch prompt ein Problem durch einen Befragten, der die inhaltlichen und zeitlichen Vorgaben des Reporters sabotierte und nur schwer unter Kontrolle zu bekommen war. Es ist anzunehmen, daß die häufige Bewältigung von Livesituationen (einschließlich des damit verbundenen psychologischen Streß), wie sie für die Routiniers typisch ist, gleichbedeutend mit einen erheblichen Professionalisierungsdruck ist.

Das gilt auch in etwas geringerem Maße für das Live-Einspielen von Beitragstexten wie im Falle des von uns ausführlich analysierten Beispiels. Live-Einspielungen ergeben sich v.a. in den aktuellen Redaktionen nicht selten deshalb, weil eine Vorproduktion des Beitrags aus Zeitgründen nicht mehr möglich ist. In unserem Fall begann der Reporter 10 Minuten vor der Sendung damit, den Text zu schreiben.[225] Ich habe zu zeigen versucht, daß das nur deswegen möglich war, weil er schon in der Sequenzierung der O-Töne streng nach einem definierten inhaltlichen Schema vorgegangen war und sich der Beitragstext insofern "von selbst" ergeben hatte.

Die besondere Typisierungsfähigkeit ergibt sich auch durch die Routinisierung dieser Kompetenz im Anfertigen von Kurzformen wie *Newsshows und Schlagzei-*

224 vgl. oben Teil I, Abschnitt 3.1.3. Die problematische Situation beschreibt Schütz (vgl. Schütz, Luckmann 1979, S. 230) so: in jeder Situation bezieht man aktuell vorkommende Erfahrung zunächst auf bereits verfügbare, im Wissensvorrat "zuhandene" Typen. Problematisch wird die Situation eben dann, wenn eine aktuelle Erfahrung nicht in einen im Wissensvorrat angelegten Typus fällt. Das kann heißen: Erfahrung und Typ kommen nicht zur Deckung; der Typ ist zu unspezifisch, der Typ erweist sich als intern widersprüchlich. Das zwingt dazu den vorhandenen Typ abzuändern, etwa im Sinne einer inhaltlichen Modifizierung, Ergänzung, Spezifizierung oder eben der Neubildung eines Typs.

225 In noch extremeren Fällen muß der Text improvisiert werden.

len. Newsshows sind kurze, telegrammartige Beitrag mit einem O-Ton (entweder eines Befragten oder des Reporters) im Rahmen eines aktuellen Nachrichtenblocks. Gerade die Kürze verlangt eine Fähigkeit zur Zuspitzung von Inhalten, eine rigide Einschränkung von Relevanzen und Herausarbeitung des Punkts, auf den es ankommt. In extremer Weise ist das bei den Schlagzeilen der Fall. In den "Schlagzeilen" wird am Schluß der aktuellen Mittagssendung in einem Satz - wie in einem Werbeslogan - der Inhalt von Beiträgen noch einmal zusammengefaßt, es handelt sich um eine Art Behaltenshilfe für den (unterstellten) chronisch unaufmerksamen Zuhörer. Die Schlagzeilen werden *während* der laufenden Sendung von den Mitarbeitern getextet, nachdem sie die betreffenden Beiträge mitgehört haben und dann an den Moderator weitergereicht. Nichts anders, so wäre meine Interpretation, wird hier geschult und praktiziert als das schnelle Erkennen und Ausformulieren von inhaltlichen Rahmungen ("Aufhängern").

Die Tatsache, daß die freien Mitarbeiter den Löwenanteil der Routinebeiträge tragen, würden wir mit dem sozialisierenden Effekt der Recherchesituation begünden, in der sie über Widerstandserfahrungen in der Tat eine Art "Umweltbezug" herstellen und herstellen lernen - aber eben nicht als Transporteure von Wirklichkeit, sondern als handelnde Journalisten.

Wir glauben, daß die in der Routinierphase erworbenen Kompetenzen als eine systematische Voraussetzung für die Ausübung von RVD-Funktionen gelten können, wie sie für die beiden Profigruppen typisch sind. Die Kernqualifikation des RVD ist für uns die oben beschriebene sichere Typisierungsfähigkeit und damit verbunden die Kompetenz, Beitragsschemata zu entwerfen und zwar aufgrund einer sehr schematischen Einsicht in Themen und Sachverhalte und zunächst ohne die Anhaltspunkte, die sich aus der Widerständigkeit des Materials vor Ort ergeben würden. Das verlangt einen umfangreichen "Wissensvorrat" an verfügbaren Typen (sowohl thematisch wie formal), deren Erwerb in der Routinierphase erfolgen würde.

Was den "Profi" vom Vollroutinier zusätzlich unterscheidet, ist die Fähigkeit eines reflexiven Umgangs mit Typen und Beitragsschemata. Im Unterschied nämlich zum Routinier genügt beim RVD nicht mehr eine bloße praktische Beherrschung. Er muß dieses Wissen bis zu einem gewissen Grad auch verbalisieren können, etwa bei Vorgaben, Anweisungen oder auch bei der Rechtfertigung von Entscheidungen. Er muß zumindest ungefähre (wenn nicht oft: fiktive) Kriterien angeben. Ich habe oben das Zitat einer Mitarbeiterin angeführt, die genau damit Schwierigkeiten hatte und das mit dem Status des journalistischen Wissens in Verbindung gebracht.

Insgesamt glaube ich damit, daß unsere Befunde im Sinne eines Phasenmodells interpretierbar sind: die jeweils vorangehende Phase kann als systematische Voraussetzung für die nachfolgende begriffen werden.

4.5. Der informell-organische Charakter der Sozialisation

Unser Vorschlag einer Art Phasenabfolge der professionellen Sozialisation ist mit einer Doppeldeutigkeit belastet. Wir haben die ermittelten Gruppen deshalb als Indiz für verschiedene Sozialisationsphasen deuten können, weil wir unterstellt haben, daß die in den einzelnen Gruppen vorherrschenden Beitrags- und Arbeitsverfahren den Rückschluß auf zugrundeliegende Handlungskompetenzen zulassen. Zugleich fassen wir aber die Phasen als den Prozeß des *Erwerbs* dieser Kompetenzen und müssten insofern besser von einer "Anfängerphase", einer "Routini*sierungs*phase" und einer "Professionali*sierung*sphase" sprechen. Das ist auf der einen Seite eine nicht abzuleugnende Schwäche unseres methodischen Instrumentariums. Wir haben ja, sieht man von der narrativen Anlage unserer Interviews ab, strenggenommen nicht Sozialisationsprozesse zum Gegenstand, sondern haben nur aufgrund der Existenz verschiedener Gruppen auf sie zurückgeschlossen. Korrigierbar wäre dieser Mangel beispielsweise durch eine abermalige und auf die Ergebnisse unserer Clusteranalyse abgestimmte Untersuchung der professionellen Bildungsgeschichte von freien Mitarbeitern über längere Zeiträume.

Auf der anderen Seite rechnen wir diese Doppeldeutigkeit der Sache selbst zu. Sie hängt mit dem Umstand zusammen, daß sich die journalistische Sozialisation zumindest in unserem Fall nicht als eine formelle Ausbildung darstellt, sondern vollständig auf einem Prinzip des - alltagssprachlich ausgedrückt - "learning by doing" beruht. Soziologisch betrachtet, haben wir es im strengen Sinn mit "Sozialisation" zu tun: im Vergleich zu einem intentionalisierten und formell organisierten Lernen (wie im Falle von "Erziehung" und "Ausbildung"), bezeichnet Sozialisation den Erwerb von Handlungskompetenz durch die Einbindung des Sozialisanden in Handlungskontexte. Das beinhaltet: Handlungskompetenzen werden durch nicht-intendierte und nicht pädagogisch systematisierte Überforderung konstituiert. Erfahrungen werden erst nachträglich als Erfahrungen interpretierbar und als Kompetenzen wahrnehmbar.[226]

Daß der Topos des "ins-kalte-Wasser-springen" ein fester Bestandteil der organisationsinternen Deutungsmuster ist, läßt allerdings den Verdacht aufkommen, daß diese Überforderung bis zu einem gewissen Grad reflektiert wird und die Tatsache, daß der Mitarbeiter sich darauf einläßt, selbst schon als Qualitätsmerkmal fungiert.[227]

---

226 vgl. zu diesem Verständnis von Sozialisation, Oevermann u.a. 1976

227 Eine Mitarbeiterin formuliert das wie folgt und äußert zugleich Zweifel:" <---> Also, die Hospitanten, die jetzt in den letzten anderthalb Jahren da waren, wenn die bereit waren, in des Wasser zu springen, dann hat ma die immer geschubst. Und, ich mein, niemand sagt an dem ersten Tag, 'ne, mach ich nich', also, jeder möcht ja gern. Und insgesamt wird von der Redaktion schon die Position ver-treten, daß Leute springen müßen, weil sie in ihrem ganzen Job nachher schon immer wieder auch springen müßen. Und die Frage ist eigentlich nur - des zweite stimmt, daß ma immer wieder Sachen machen muß, die man sich nicht zutraut und die ma zum ersten

In Berichten von Hospitanten finden sich regelmäßig Formulierungen, die selbst bei der Hospitanz (wo ja eigentlich per Definition feststeht, daß hier ein Sonderstatus vorliegt) gelegentlich den Eindruck geradezu einer Strategie der Redaktion nahelegen, jeden Anschein von Betreuung oder "Ausbildung" zu vermeiden, ja geradezu das Bild einer "Anti-Ausbildung" nahezulegen.[228] Die Hospitanten berichten ziemlich übereinstimmend und manchmal befremdet von der Zumutung, sich "Betreuung" oder Rat selbst organisieren zu müssen. So spricht eine Hospitantin davon, daß sie im Prinzip "ins kalte Wasser geschmissen worden sei", sie hätte sich aber Betreuung "erzwungen" (Interview 2). Ähnlich ein anderer Hospitant:

> "Aber selbst von sich aus sagen, tut dir am Anfang an und für sich - was mich erstaunt hat - entgegen meiner bisherigen Erfahrung war des da oben zum ersten Mal so - niemand... Also, daß dir jetzt halt mal einer erklärt, so ist das hier, so ist das hier, so ist das." (Interview 1)

Diese Erwartung an den Hospitanten, sich seine Hospitanz selbst zu organisieren, zeigt sich darin, daß es gelegentlich vorzukommen scheint, daß der Hospitant sogar seine Bereitschaft "etwas zu machen" eigens signalisieren muß. Auf die Frage, was denn wäre, wenn ein Hospitant die Initiative nicht von sich aus ergreift, meint der Interviewpartner: "Dann sitzt er vielleicht zwei Monate in der Ecke und liest die Zeitung." (Interview 1). Eine andere Hospitantin berichtet einen Fall, in dem sie den Eindruck hatte, daß sie bewußt "links liegen gelassen" wurde:

> "Und zwar hab ich dann, ich hab nen Ausschnitt bekommen von ner Zeitung und mußte jetzt recherchieren und des wollten die Aktuellen auch machen und da wurde ich wirklich so ins kalte Wasser geschmissen, da hat mir keiner geholfen, ich konnt auch, ich konnt auch keinen zwingen mir zu helfen. In dem Moment hab ich mir gedacht, gehst mal kurz zu den Aktuellen und dann hab ich gefragt, und ich bin einfach links liegen gelassen, also, als wär ich in dem Moment Luft für die." (Interview 3)

Selbst, wenn man einmal unterstellt, daß die Hospitantin in einem ungünstigen Moment ankam, so zeigt das Beispiel doch, daß man ihr durch die extreme Reaktion ("als wär ich in dem Moment Luft für die") offenbar direkt die Illegitimität ihres Ansinnens signalisierte. Hätte man ihr Anliegen für im Prinzip legitim

---

Mal macht. Was aber die große Frage is, is ob ma des nem Anfänger zumuten sollte und ob des unbedingt - nnh - n Eignungs-kriterium is, wenn jemand blind springt oder ob vielleicht jemand, der zurückhaltender ist, nich später auch lernt, wie Springen funktioniert und nich der Blindsprung des Qualitätsmerkmal is. Also da hätt ich ziemliche Zweifel." Interview 4)

228 Das mag natürlich damit zusammenhängen, daß die Mitarbeiter auch in Anbetracht der Tatsache, daß sie dafür eigentlich keine Zeit haben, jeder Verpflichtung in dieser Richtung aus dem Wege gehen

gehalten, aber eben situativ nicht realisierbar, wäre etwa eine Reaktion wie "Wir haben im Moment gar keine Zeit, kannst du nicht später nochmal kommen" angemessen gewesen. Die Sinnimplikation der faktischen Reaktion ist eben die, daß es keinen formell garantierten Anspruch auf Betreuung und Beratung gibt. Dieser Sachverhalt läßt sich auch an weiteren Details belegen. Besonders aussagekräftig sind in diesem Zusammenhang die Berichte von Hospitanten über ihre Eindrücke vom ersten Tag ihrer Hospitanz. Nachstehende Auszüge sind erstaunlich übereinstimmend:

(1) "Also, ich hab' irgendwann mal die Sekretärin von <Studioleiter> angerufen und gefragt, wann mer denn da morgens kommen müßte, weil eim des irgendwie nicht gesagt wurde und dann sagte die, naja, so ab acht. Also stand ich Punkt acht auf der Matte, war natürlich kein Schwanz da. Und dann saß ich da in dem Vorraum und dann kam < Redaktionleiter> vorbei, hat mich aufgelesen und dann simmer in den Konferenzraum gegangen." (Interview 4)

(2) "Nö, ich kam morgens so um halb neun hin... Halb neun, ich hatt' keine Zeit vorgegeben, ich ging um halb neun hin, weil ich gewohnt war - daß in den meisten Redaktionen so um neun Uhr alles beginnt.... Ging unten hin halt an den Eingang, sagte ja, ich bin der neue Praktikant, so ungefähr. Ja für was? Fürs Aktuelle. Gut, dann wurde dort angerufen - und ich wurde unten abgeholt, vom <Name F>.... Wie gsagt, jetzt weiß ich ja, daß des <Name F> is, damals - war des no net so klar. Er bat mich dann hoch - damals waren wir noch oben, im Konferenzraum -... Jo, dann saß ich mit rein. Es war halb neun, wie gsagt. Da versammeln sich die Leut so allmählich zur Konferenz - dacht mir, daß des au so läuft - bin also per Zufall schon zur richtigen Zeit gekommen. Ja, und hab dann ersmal Hallo gsagt, zu den vier, die da saßen. Am Anfang waren nur vier Leute da - der RVD und noch drei andere - und dann hab ich einfach mal mit Zeitung gelesen. Gut, und dann wars neun, der Saal war mittlerweile ziemlich voll oben, als die erste Konferenz kam und ging - um - bis so um halb zehn blieben auch die meisten anderen noch sitzen, weiter n'bißchen Zeitung geblättert und so weiter. Jo, und des zog sich so hin bis um zehn .... Und dann hat sich das Ganze sehr schnell aufgelöst, hat sich allerdings also keiner irgendwie für mich zuständig gefühlt, sag ich mal... Daß einer gsagt hätt, ja, komm mit, jetzt - wir zeigen dir mal da unten so die Räumlichkeiten, da is dein Platz eventuell oder sowas. Nö, es gingen einfach mal alle. Ich saß dann weiter oben allein mit dem RVD erstmal und meinte ja, und nun? So ungefähr. Und er sagte ah, ja, mhm, ja und - sagt er guck dich halt mal um und so weiter, mach das. Und dann meint er später ja, hast mal Lust, was zu faxen oder sonstwas -aber insgesamt hat dir keiner irgendwann mal die Räumlichkeiten gezeigt. Ich mußt mich dann zum Fax-Gerät durchfragen, mußt mich durchfragen, wo der Kopierer is und so alles mögliche." (Interview 1)

(3) "Und, naja, ich bin am vierten Mai- Quatsch, am vierten März hab ich angefangen, des war mein erster Tag. Ich musste um acht hier sein. Ich war schon um halb acht hier, naja und dann hab ich erst mal bis um halb eins hab ich hier gewartet. <lacht> Hab irgendwas gelesen. Zeitungen, Zeitschriften, irgendwas, was mir gerade kam, also vorm Tisch lag.
Interviewer: Es hat sich also niemand um Dich gekümmert?
Hospitantin: Gar keiner. Es war auch keiner da, außer der Sekretärin war keiner da. Und, naja, so um halb eins rum sind halt die beiden Redakteure gekommen... Und ja dann gings los, dann hat mich der Herr <RED> durchs Haus geführt. Was auch ziemlich selten ist, was ich danach natürlich erfuhr, jetzt von anderen Hospitanten." (Interview 2)

In allen drei Fällen läßt sich eine Unterorganisation im Umgang mit den Hospitanten feststellen, die sich bereits daran festmachen läßt, daß nicht einmal der Zeitpunkt des Eintreffens des Hospitanten Gegenstand klarer Regelungen war. In allen drei Fällen treffen die Hospitanten auf eine Situation, in der sie sich zunächst einmal selbst zu beschäftigen haben. Zwar zeigt der Redakteur im dritten Zitat dem Hospitanten das Haus und stellt ihn vor. Ein Vorgang, den man sich als selbstverständlichen Bestandteil einer angemessenen Einführung des Hospitanten erwarten dürfte und den die Hospitanten ja auch erwarten. Allerdings weist ihn die Hospitantin sogleich als eine "Ausnahme" aus.

Wohlgemerkt: es geht hier nicht um eine Anprangerung von Praktiken im Umgang mit Hospitanten, sondern darum, solche Beobachtungen als Hinweis auf strukturelle Merkmale der hier vorliegenden Form der Sozialisation zu begreifen. Die Vermutung wäre, daß hierfür "der erste Tag" ganz besonders signifikant ist. Wir haben in unseren Interviews auch Formulierungen, in denen positiv von Hospitanten bzw. freien Mitarbeitern auf "Betreuung" Bezug genommen wird. Allerdings wird das immer im Rahmen von Formulierungen geschildert wie, daß der Hospitant "irgendwie 'n guten Draht zu jemanden hat", daß ein Redakteur "im Prinzip Interesse an Hospitanten habe", daß in einer bestimmten Redaktion ein besonders "gutes Klima" bestehe oder daß sich freie Mitarbeiter um einen Hospitanten kümmerten (die eigentlich dafür unzuständig sind). Manche Mitarbeiter berichten von mentorenähnlichen Beziehungen zu Redakteuren. Das läßt den Eindruck aufkommen, daß "Betreuung" in weiterem Umfang in informell-organische Beziehungen eingebunden ist, nicht Gegenstand besonderer institutioneller Vorkehrungen ist und demzufolge nicht als formelle Verpflichtung wahrgenommen wird.

Auf analoge Sachverhalte sind wir auch im Falle des ersten RVD-Dienstes von Mitarbeitern gestoßen. Hier war die Absicherung durch vorangegangene Konsultationen und Beratungen durch erfahrenere Kollegen zwar fast immer gegeben. Sie wurde jedoch stets quasi dankbar von dem Betroffenen als eine an sich nicht einklagbare, solidarische Unterstützung durch die Kollegen oder als Ausdruck eines guten Verhältnisses (manchmal mit Mentorencharakter) zu bestimmten Mitarbeitern ausgedeutet und war insofern, darf man annehmen, wiederum abhängig von einer guten informellen Einbettung des betreffenden Mitarbeiters in die Redaktion. So äußert eine Mitarbeiterin:

> "Also wie bei allen Sachen zum ersten Mal hatt' ich total Angst davor. Aber äh die Redaktion hat mich enorm unterstützt. Des ging schon vorher so los, daß der eine Redakteur mit mir zwei Abende bevor's losging mit 'n Bier trinken gegangen is und wir gemeinsam 'ne Liste verfasst ham, was d - die RVD sozusagen alles tun muß."(Interview 4)

Das Zitat betont den informellen Rahmen der Einweisung in den RVD-Dienst ("Mit 'n Bier trinken gegangen is"). Man darf unterstellen, daß dafür eine gute Integration des Mitarbeiters in die Redaktion Vorbedingung ist. Für eine Plausibilisierung dieser These haben wir auch ein Gegenbeispiel, nämlich eine Mitarbeiterin, die gerade *nicht* gut in die Redaktion integriert war. Sie war eine Quereinsteigerin, arbeitete erst wenige Monate in der betreffenden Redaktion und hatte also nicht (zumindest nicht im Landesstudio) unsere unterstellten Phasen durchlaufen. Sie berichtet von Erfahrungen, die ganz ähnlich liegen wie die von den anderen Hospitanten berichteten:

> "Also ich hab drauf gedrängt, daß ich, bevor ich die Redaktionswoche zum ersten Mal mach, daß mir des jemand erklärt. Nochmal genau was zu tun isch, damit ich net so äh - ins kalte Wasser geworfen werd und da hat sich dann eben <RED> bereit erklärt... ähm - ja, und dann hab ich mich - hab ich mich dafür dann auch bereit erklärt, mal eine Woche unentgeldlich dort mitzulaufen und dem no hinterherzulaufen. Hab i au gmacht, aber i hab do so's Gfühl ghabt, wenn ich irgendwas nachgfragt hab, dann isch des meischtens je nach Laune so abgeblockt worden oder total manchmal - isch er dann total pampig gworden. Er hätt jetzt keine Zeit und so...So daß ich dann irgendwann mal entweder gedacht hab, ich kapitulier jetzt und lass des einfach laufen wie's läuft und hab dann aber noch ein paar Anläufe gemacht nachzufragen und je nachdem, ob er gut gelaunt war, hat er irgendwas gsagt oder hat mich dann manchmal aber auch so ablaufen lassen, daß er gsagt hat: Ja, des sollten sie doch jetzt endlich wissen! oder: Ja, des werden se ja schon nächste Woche sehen oder so. Also ich hab mich an sich vom Angebot her - des Angebot war da, mich vorzubereiten, aber ich hab mich sehr schlecht vorbereitet gefühlt. Oder sehr wenig unterstützt gefühlt." (Interview 7)

Schon die Tatsache, daß es offenbar als zumutbar angesehen wurde, daß die Mitarbeiterin unentgeldlich eine Woche hospitiert, um diesen RVD-Dienst zu machen, weist darauf hin, daß man im Prinzip von der Vorstellung ausging, daß die

Qualifizierung der Mitarbeiter in deren eigene Zuständigkeit fällt.[229] Die Handlungsweise des Redakteurs zeigt nochmals deutlich, daß die Betreuung im Prinzip als ein Zugeständnis aufgefaßt wird, jedenfalls nicht auf eine formelle, unabhängig von der jeweiligen Sitauation einklagbare Verpflichtung zurückgeht. Das Ansinnen der Mitarbeiterin "sich vorzubereiten" wird objektiv fast schon als Eingeständnis ihrer Unqualifiziertheit behandelt, das Argument "das werden Sie ja schon nächste Woche sehen" zielt auf die gängige und offenbar als legitim betrachtete Form des Kompetenzerwerbs, nämlich eben des "Sprungs ins kalte Wasser", den die freie Mitarbeiterin ja vermeiden möchte.

Damit stimmt zusammen, daß bei den anderen von uns befragten Mitarbeitern, die bereits RVD-Funktionen eingenommen hatten, die Initiative dazu stets von ihnen selbst ausging. Der übliche Weg zur RVD-Funktion führt also eher über Selbstqualifikation und Selbstüberforderung. Eine Mitarbeiterin äußert auf die Frage, von wem die Initiative für ihren ersten RVD-Dienst ausgegangen sei:

> "Also - die ging dann schon von mir aus. Ich wollt das gern mal machen; weil so - also ich hatte als Reporterin angefangen und dann Beiträge, Beiträge, Beiträge, Beiträge, Beiträge.... Aber dann wollt ich einfach irgendwie mal ne Stufe mehr machen und einfach auch ne Stufe mehr Verantwortung übernehmen." (Interview 6)

Auf dieselbe Frage eine andere Mitarbeiterin:

> "Ich hab dann des irgendwann mol in der Redaktionskonferenz o'gschproche und hab g'frogt: wie sieht'n des eigentlich aus, ... i bin die oinzige, die - die bis jetzt no koin (RVD) mache durft und i will jetzt aa mol. Also i hab zwar Schiß d'rvor g'habt, awer i wollt natürlich aa net mein e Kollege do nochschtehe und wollt des aa mache und lerne. Und doraufhin - also i hab wie g'sagt quasi eigeklagt, daß i do jetzt aa mol will -dann hat d'r <RL> noch ganz erschtaunt g'sagt: "Waas, willsch des jetzt schon?" und so. No ha i gsagt, ja i denk, daß des jetzt langsam mol Zeit wird..."(Interview 4)

Die Semantik beider Zitate weist auf eine Ausdeutung des RVD-Dienstes hin als etwas, das man zwangsläufig "einmal" machen muß: die erste Mitarbeiterin spricht von einer "Stufe", die zweite Mitarbeiterin faßt ihr Ansinnen in die Formulierung "einklagen". Dieses Einklagen begründet sie mit dem Verweis auf die bereits verstrichene Dauer ihrer Mitarbeit ("auch einmal", "wird jetzt langsam Zeit"). Daß diese Sichtweise im Prinzip auch von dem Redakteur geteilt wird, darauf deutet auch die zitierte Antwort hin: die Formulierung "jetzt schon" zeigt, daß er ebenfalls von der Vorstellung ausgeht, daß die Mitarbeiterin im Prinzip

229 Das um so mehr, als die Initiative zu dem RVD-Dienst der Mitarbeiterin, erst kurze Zeit in der Redaktion tätig, aufgrund eines personellen Engpasses von der *Redaktion* ausging.

irgendwann RVD-Funktionen übernimmt, nur hält er offenbar den Zeitpunkt für verfrüht. Beiden Interviewauszügen gemeinsam ist die Ausdeutung des RVD-Dienstes als etwas, wo man etwas "dazu lernt" bzw. "mehr Verantwortung" übernimmt. Wir fassen solche Interviewstellen als Belege dafür auf, daß die Mitarbeiter selbst von der Vorstellung eines fortschreitenden Kompetenzerwerbs ausgehen bzw. sogar die von uns ermittelten Phasen, eine Art "Karriereschema" unterstellen.

Allerdings eben eine Karriere in sehr spezifischem Sinne, wie das eben präsentierte Material zeigt. Mechanismen der Selbstqualifizierung spielen eine erhebliche Rolle, dazu kommt die große Bedeutung informeller Mechanismen. Es gibt, so die übereinstimmende Aussage befragter Mitarbeiter, keine formalisierten Kriterien für die Rekrutierung von freien Mitarbeitern für diese "Karriere" bzw. für den "Aufstieg" von Mitarbeitern in die jeweils nächste Phase.

Insbesondere beim Einstieg vom Hospitant zum gelegentlichen freien Mitarbeiter wird nach unserem Eindruck eine eindeutige, als solche erkennbare Entscheidung seitens der Redaktionen bzw. Redaktionsleiter eher vermieden[230]. Ob sich jemand dann als freier Mitarbeiter etabliert, scheint einerseits vom Engagement des potentiellen Mitarbeiters selbst abzuhängen und andererseits davon, ob ihn der jeweilige Redakteur vom Dienst im Einzelfall mit Themen beauftragt oder nicht. Auch der Studioleiter spricht in einem Interview davon, daß der Übergang von der Hospitanz zu gelegentlicher freier Mitarbeit etwas "Fließendes" habe, das sei auch "bewußt so gehalten" (Interview 9). Wenn ein Hospitant weiterhin als freier Mitarbeiter arbeite, dann ginge dies eher auf eine Initiative des Hospitanten zurück als auf eine förmliche Entscheidung im Haus. Bezüglich der Kriterien für diesen Übergang, äußert er:

> "Da gibt es Leute, die für das Medium begabt sind und da braucht man gar nicht viel zu reden und keine großen Kriterien - die hängen dann halt mehr hier im Haus herum, wachsen dann mehr hinein und signalisieren dann auch zu einem relativ frühen Zeitpunkt, daß sie nach Abschluß des Studiums halt gerne das zum Hauptberuf machen würden." (Interview 9)

Die Formulierung "die hängen dann halt mehr hier im Haus rum" hebt in etwas übertreibender Form einerseits auf den informellen und organischen Charakter ("wachsen hinein") der Rekrutierung und zunehmenden Integration der freien Mitarbeiter ab; zum anderen auf die eher passive Rolle der Redaktionen bei dieser Rekrutierung. Man scheint die Initiative zunächst vornehmlich den betreffenden Mitarbeitern zu überlassen.

---

230 In zwei uns bekannten Fällen verließen Hospitanten ein Gespräch mit dem zuständigen Redakteur über die Frage, ob sie weiterhin mitarbeiten könnten, deutlich verwirrt, weil sie sich keinen Reim auf die Aussagen des Redakteurs machen konnten (Interview 3 und Interview 6).

Ähnliche Formulierungen finden sich in bezug auf die Frage, wann ein freier Mitarbeiter RVD-Dienst macht. In verschiedenen Interviews wird dafür die Metapher des "Herauskristallisierens" gewählt. Kriterien wie "Begabung", "Organisationstalent", "gute Beiträge", "viele Beiträge", "sich bewährt haben" werden genannt. Die Initiative geht, wie gesagt, vielfach vom freien Mitarbeiter selbst aus, der in diese Richtung einen Vorstoß beim betreffenden Redaktionsleiter unternehmen muß. Möglicherweise fungiert dieses Engagement des freien Mitarbeiters selbst schon als *ein* Kriterium, als Anzeichen, daß jemand "weit genug" ist, um RVD-Dienst zu machen.

Auf die Frage, wer entscheide, ob ein freier Mitarbeiter für RVD-Funktion eingesetzt werde[231], antwortet der Studioleiter, daß dazu keine förmliche "Genehmigung" von seiner Seite erfolge, sondern er erfahre das meistens im Rahmen eines "allgemeinen Informationsaustausches":

> "Deswega redet ma ja immer wieder über die Leut, na sagt der <RL>, ja, der die Frau Soundso oder der Herr Soundso macht sich gut, den will e amal a bissle jetzt ah auch als Moderator einsetzen und so und: 'Hen Se was dagega?' no sag I 'Ha noi, wenn er's kann oder so, na han i nix dagega' oder er wird als RVD oder in der Kultur läuft des genauso. ... Insofern weiß ich dervon, gell, aber do gibts auch kein Verwaltungsakt, der sagt: 'Ab jetzt hat des den Prüfstempel'. Des ka au sei, der machts a Woch lang und machts na nie mehr, weil ma dann sich öh geirrt hot oder so." (Interview 9)

Auch in diesem Zitat wird (wie übrigens in sehr vielen anderen Stellen des Interviews) eine Tendenz des Studioleiters deutlich zu einer eher ironisierenden, bewußt untertreibenden Einschätzung formeller Mechanismen. Jedenfalls gibt es auch für den Übergang in die RVD-Phase keine formalisierten, kodifizierten Kriterien wie etwa eine bestimmte Dauer der Mitarbeit. Wohl aber eine Art Zuständigkeit des Redaktionsleiters für die Entscheidung, ob jemand Redaktionsdienst macht oder nicht.[232] Aufgrund solcher Tatbestände gehen wir von einem überwiegend "organischen" Charakter der herausgearbeiteten "Karriere" aus. Mintzberg versteht darunter in Anlehnung an die Arbeiten von Burns und Stalker die "Abwesenheit von Standardisierung" (bzw. Formalisierung) von Handlungsabläufen und Entscheidungen. Entscheidungen werden wenig oder gar nicht durch Rückgriff auf kodifizierte Regeln gefällt, sondern interaktiv, situationsabhängig ausgehandelt, kontingente Umstände spielen eine große Rolle, Entscheidungsträger und Entscheidungskriterien sind nicht immer explizit definiert, informelle und horizontale Kommunikationen spielen eine erhebliche Rolle.[233]

---

231 Was wegen der erheblichen presserechtlichen Bedeutung dieser Funktion erwartbar gewesen wäre.

232 Nicht zu unterschätzen ist - darauf wurden wir ebenfalls mehrmals hingewiesen - die Rolle von bestimmten kontingenten Umständen wie etwa personellen Engpässen bzw. dem jeweiligen Arbeitsanfall für die festangestellten Mitarbeiter.

233 vgl. Mintzberg (1979), S. 87 und Burns, Stalker (1961), S. 121

Daß diese "organische" Form der Sozialisation, die weitgehend auf formelle Mechanismen verzichtet, eine erstaunliche "Wirksamkeit" aufweist, läßt sich an der Tatsache sehen, daß im Landesstudio offenbar ohne jedes Problem freie Mitarbeiter als RVDs eingesetzt werden. Das ist - wohlgemerkt - in anderen Einrichtungen der ARD nicht durchgängige Praxis, wohl eben wegen der presserechtlichen Bedeutung des RVD und aufgrund der Tatsache, daß der RVD die Person ist, die im operativen täglichen Redaktionsbetrieb die letztlich vom Intendanten delegierte Programmverantwortung wahrzunehmen hat. Im Modell etwa von v. Sells (vgl. oben I.2.) wäre der RVD geradezu prototypisch für die Funktion von festangestellten Mitarbeitern. Daß es trotzdem "funktioniert", spricht dafür, daß die herausgearbeitete Form der informell-organischen beruflichen Sozialisation so "wirksam" ist, daß sie als funktionales Äquivalent für die Erzeugung von Loyalität durch formelle Arbeitsverhältnisse fungieren kann.

Die Frage ist natürlich, in welchem Zusammenhang diese "informelle", organisch verlaufende Karriere zu dem formalisierten Ausbildungsverhältnis, das der SWF in Gestalt eines Volontariats ja durchaus kennt, steht. Während unserer Untersuchung traten mehrere freie Mitarbeiter ein Volontariat an oder erhielten eine definitive Zusage. Immer handelte es sich dabei um Mitarbeiter, die mindestens für kurze Zeit schon Redaktionsdienste absolviert hatten, also in unserem Phasenschema die "Profiphase" erreicht hatten. Das legt in der Tat die Schlußfolgerung nahe, daß das Volontariat in der Tat eher am Ende der von uns ermittelten Phasen steht und die Beherrschung journalistischer Grundkompetenzen (einschließlich Moderation und RVD-Funktionen) nicht das Ergebnis, sondern die Voraussetzung des Zugangs zum Volontariat ist. Die Funktion des Volontariats ist demnach nicht die einer Grundlagenausbildung. Der entscheidende Teil der beruflichen Sozialisation, einschließlich der Identifizierung mit der Berufsrolle, der Ausbildung einer Berufs-Identität als "Journalist" liegt unseres Erachtens in der beschriebenen vorgeschalteten *informellen* "Karriere". Das Volontariat wäre dann *auch* als eine institutionelle Bestätigung schon erworbener Kompetenzen aufzufassen und dürfte eher die Funktion haben, diese Kompetenzen in anderen Bereichen (z.B. Fernsehen) auszuprobieren und auszubauen, sowie eine größere Institutionenkenntnis zu vermitteln.

Wie auch immer, hierzu haben wir keine Daten. Welche Rückschlüsse ein derartiges Auseinanderfallen von Kompetenzerwerb und formeller Ausbildung zuläßt, worin die Funktionen der formellen Ausbildung dann liegt bzw. liegen könnte (z.B. die Vermittlung von größerer Institutionenkenntnis?), wären jedenfalls interessante Anknüpfungspunkte für Nachfolgestudien.

5. Schlußüberlegung

Ich habe in dieser Arbeit versucht, ein eng umrissenes Forschungsproblem, die Frage nach der Funktion der freien Mitarbeit, auf der empirischen Basis einer Fallanalyse in einen größeren systematischen Zusammenhang zu stellen. Fallanalytisch war unser Vorgehen dabei auf verschiedenen Ebenen. Wir haben den redaktionellen Bereich des Landesstudios Tübingen als Fall behandelt, indem wir eine Befragung sämtlicher redaktioneller Mitarbeiter und von Schlüsselpersonen (Studioleiter) vorgenommen haben und es mit Aggregierungen von Daten auf redaktionsübergreifender Ebene zu tun hatten. Wir hatten es mit Fällen auf der Ebene von redaktionsspezifischen Daten zu tun (insbesondere aus der "aktuellen Redaktion") und schließlich hatten wir es mit Fällen auf der Ebene einzelner Mitarbeiter (Interviews) oder sogar einzelner in sich abgeschlossener Arbeitsprozeße (Recherche für einen Beitrag) zu tun.

Der Vorteil liegt in der differenzierten Optik und darin, daß durch die Projektion der verschiedenen und verschieden erzeugten Befunde aufeinander eine Art Konsistenztest möglich ist. Der Nachteil liegt selbstverständlich im Problem von Fallanalysen an sich: man kann detaillierte Aussagen über die Struktur des Falles machen, eine Verallgemeinerung über den Fall hinaus aber kann strenggenommen lediglich wieder in der Form von forschungsanleitenden Hypothesen für weitere empirische Arbeiten erfolgen. Nicht anders habe ich die Fallstudien von Dygutsch-Lorenz, von Tuchman und Altheide benutzt: zur Gewinnung einer möglichst klar umrissenen Fragestellung, durch theoretische Überlegungen systematisiert. So wie die Journalisten nur imstande sind, aus Sedimentierungen von Erfahrung fallbezogene Beitragsschemata zu basteln, so haben wir auf der Basis von objektivierten Forschungserfahrungen ein "Forschungsschema" gebastelt und aus den so erhobenen Daten unsererseits eine operationalisierbare Version von Umwelt gestaltet. Nicht anders wollen die vorliegenden Befunde verstanden werden: als Anregung zum Weiterbasteln, als Anstoß für anschließbare und weiterführende Hypothesenformulierungen.

Daß es sich lohnt, das zu tun, daß es mithin Evidenzen dafür gibt, daß wir auf Phänomene von grundsätzlicherer Bedeutung gestoßen sind - das legen nicht nur unsere empirischen Befunde nahe. Sie sind mit Unvollkommenheiten, Vagheiten und Problemen behaftet wie alle empirischen Befunde. Denn auch in sie gehen, ebenso wie in die Beiträge der Journalisten, zahllose Widerständigkeiten, praktische Handlungszwänge ein, die wiederum mit dem täglichen wissenschaftlichen Handeln verknüpft sind. Aber der Sinn dieser Arbeit war es, zu zeigen, daß das, was wir produziert haben, in einem angebbaren empirischen Zusammenhang steht zu Befunden, die andere vor uns produziert haben und daß sie sich in einen gegebenen theoretischen Stand des Faches einfügen lassen. Und das spricht dafür, daß der Fall über sich hinausweist.

Um solche Zusammenhänge herzustellen, habe ich im ersten Teil versucht, ein systematisches Raster zu entwerfen, das sowohl eine progressive Deutung der Befunde der referierten Autoren gestattet wie auch eine Einordnung unserer eigenen Ergebnisse zuläßt. Anregungen aus der Literatur folgend habe ich versucht, Begriffe wie Komplexität, Umwelt, Typen und Typisierung, professionelle Bürokratie, Handeln und Widerstand, Sozialisation in eine möglichst produktive Konstellation zu bringen, um mich damit wiederum der Widerständigkeit des empirischen Materials zu konfrontieren.

So habe ich in einer Feinanalyse journalistischen Handelns versucht zu zeigen, daß der "Umweltbezug" der journalistischen Arbeit weniger in einer passiven, realitätsgetreuen Rezeption liegt, sondern ein "Gestaltungsvorgang" ist, wie Weick es formulierte. Das redaktionelle Handeln bildet nicht Phänomene ab, sondern es "macht etwas aus etwas". Voraussetzung dafür ist etwas, was ich (in Anlehnung an Tuchman) als Beherrschung und Anwendung einer Form des impliziten (Typen-) Wissens gefaßt habe, das wiederum systematisch bezogen ist auf das Konstitutionsprinzip jeglicher Form massenmedialer Kommunikation: ihrer "Programmförmigkeit". Insgesamt hatte ich damit ein entscheidendes Argument gegen das sogenannte "Speditionsmodell", andererseits war damit das, was Altheide an der Arbeit seiner Journalisten kritisierte, in gewissem Sinn als "Normalfall" ausgewiesen.

Von dieser handlungstheoretischen Analyse läßt sich zugleich ein Bogen zu einer eher organisationsstrukturellen Betrachtungsweise schlagen. Der von Mintzberg vorgeschlagene organisationstypologische Begriff der "professionellen Bürokratie" kann in seine handlungstheoretische Implikationen auseinandergezogen werden und auf empirisch beobachtbare Arbeitsweisen angewendet werden. Am Beispiel von Live-Berichten, Beitragsrecherchen, am Beispiel der Tätigkeit des RVD, an der Rolle von Vorgaben bei "Anfängern", "Routiniers" und "Profis" konnte (so hoffe ich zumindest) der Zusammenhang zwischen einer autonomen, d.h. von direkten Kontrollen entlasteten Arbeitsweise und erworbener Handlungskompetenz aufgezeigt werden. Den Kernvorgang der "professionellen Bürokratie", das sogenannte "Pigeon-holing" habe ich in der Beherrschung und Anwendung formaler und inhaltlicher "Typen" auf Fälle lokalisiert. Dabei war in der Tat ein Aspekt von Kategorisierung, Subsumtion unter allgemeine Begriffe, mithin von "Schubladendenken" sichtbar. Andererseits haben wir die Mintzbergsche Vorstellung insoweit korrigiert, als wir das andere Moment von "Professionalität" in einem optionalen Vorgehen lokalisierten, als einer Form der Berücksichtigung fallspezifischer Widerständigkeiten.[234]

Mit dieser Doppelung der professionellen Kompetenz habe ich (Teil 3) zugleich *die* zentrale Funktionsdifferenzierung im redaktionellen Betrieb - die

---

234 Hierin läge dann wieder ein berechtigtes Moment in Altheides Kritik.

zwischen RVD und Reporter - in Zusammenhang gebracht. Es ergab sich dadurch eine Relativierung der pauschalen Redeweise von "der" Umwelt einer Organisation.

Am Anfang dieser Arbeit stand die Frage nach der "Komplexität" der Realität, mit der die Medien konfrontiert sind. Das Motiv zog sich durch: es tauchte bei der Besprechung von Arbeiten aus der Organisationsforschung auf, es klang im Kontext des "Speditionsmodells" in der Unterstellung an, die Rundfunkanstalten hätten es mit dem Problem der "Vielfalt" und "Dynamik" der modernen Gesellschaft zu tun. Unser Beitrag dazu bestand darin, daß wir die Frage der "Komplexität" in die Frage nach den konstitutiven Handlungsproblemen umformuliert haben, denen institutionalisierte, routinisierte Lösungsformen entsprechen. Ich habe versucht, das anhand von Problemen herauszuarbeiten, die sich Mitarbeitern im Verlauf ihrer beruflichen Sozialisation stellen: der Probleme des Hospitanten bei der Einholung von O-Tönen, des Reporters bei der Anwendung von Beitragsschemata oder bei der Kontrolle von Live-Situationen, der Nöte des RVDs, seine Sendung zu füllen oder richtige Vorgaben zu formulieren. Immer ergaben sich diese Probleme nicht so sehr aus der Konfrontation mit einer überwältigenden Fülle von Material, sondern eher aus dem Tatbestand, daß man "etwas aus etwas machen" muß.

Von da aus konnten wir das Problem der Bewältigung von "Komplexität" in die Frage nach der Form der Sozialisation fassen, in deren Verlauf typische Problemlösungen erworben werden. Ich habe zu zeigen versucht, daß die freie Mitarbeit dabei eine wichtige Rolle spielt. Wir konnten verschiedene Phasen dieser Sozialisation lokalisieren und als einen stufenweisen Aufbau von Handlungskompetenzen ausdeuten. Zugleich ergaben sich Indizien für einen informellen, organischen Charakter dieser Form der Sozialisation, der wiederum mit der Form des spezifisch journalistischen "Wissens" zusammenhängen mag. Diese professionelle Sozialisation ist gleichbedeutend mit einer sukzessiven Aneignung des mit dem redaktionellen Handeln verbundenen spezifischen Umweltbezugs. Der Mitarbeiter lernt die Perspektive des Journalisten einzunehmen, er lernt, wenn man so will, mit den "Augen" der professionellen Organisation zu sehen.

*

Man kann mit dem spröden Pathos der Systemtheorie formulieren, daß es die Massenmedien sind, mit deren Hilfe die moderne, komplexe Gesellschaft sich selbst beschreibt. Man kann als kritischer Bürger monieren, daß die Medien dieser Funktion mehr schlecht als recht nachkommen und man kann sich als schwacher Konsument dann doch wieder von dem täglichen Sammelsurium der Programme faszinieren lassen. Unsere Protokolle aus dem Innenbereich der Medienorganisationen vermerken zum Problem der "gesellschaftlichen Vielfalt" ein Themenspektrum von Terroristenprozeßen zu automatischen Wurstschneidemaschinen, von Stellungnahmen der grünen Landtagsfraktion "100 Tage Erwin Teufel" zur Frage der landwirtschaftlichen Nutzbarkeit von Kamelmist, von der

Lebenstragödie eines behinderten Kindes zur skandalösen Raumsituation des Notariats einer Schwarzwaldgemeinde. Es schadet aber nichts, sich dabei die Einsicht Walter Lippmanns vor Augen zu halten: Die Vielfalt der Gegenstände, mit denen sich Journalisten befassen, wäre ein Wunder, wäre es nicht *standardisierte Routine*. Mit anderen Worten: es wird mit Wasser gekocht.

LITERATUR

Aldrich, Howard; Mindlin, Sergio: "Uncertainty and dependence: Two perspectives on Environment"; in: Lucien Karpik (Hg.) "Organization and environment. Theory, Issues and Reality" Sage Studies in International Sociology 12; London, Beverly Hills 1978

Altheide, David L.:"Creating Reality. How TV News Distorts Events"; Sage Library of Social Research Vol. 33, Beverly Hills, London 1976.

ARD-Jahrbuch 1984, hg. von der ARD; Hamburg 1985

Backhaus, Klaus; Erichson, B.; Plinke, W.; Weiber, R.: "Multivariate Analysemethoden"; Berlin, Heidelberg 1990.

Bateson, Gregory: "Eine Theorie des Spiels und der Phantasie"; in ders.: "Ökologie des Geistes"; Frankfurt a.M. 1985

Benveniste, Guy: "Professionalizing the Organization"; San Francisco, London 1987

Berger, Peter; Luckmann, Thomas: "Die gesellschaftliche Konstruktion der Wirklichkeit"; Frankfurt a.M. 1980

Bertalanffy, Ludwig von: "General Systems Theory"; New York 1968

Blau, Peter M.; Scott, W. Richard: "Formal Organizations"; London 1963

Böckelmann, Frank: "Theorie der Massenkommunikation"; Frankfurt a.M. 1975

Bortz, Jürgen: "Lehrbuch der empirischen Forschung"; Berlin, Heidelberg 1984

Bortz, Jürgen: "Statistik für Sozialwissenschaftler"; Berlin, Heidelberg 1988 (3. Aufl.)

Breed, Warren: "Soziale Kontrolle in der Redaktion: eine funktionale Analyse"; in J. Aufermann, H. Bohrmann, R. Sülzer (Hg.) "Gesellschaftliche Kommunikation und Information ; Frankfurt a.M. 1973, S. 356-378

Bullinger, Martin; Gödel, Christoph: "Landesmediengesetz Baden-Württemberg - Kommentar", Baden-Baden 1986

Burns, Tom: "Mechanistic and organismic structures", in D.S. Dugh: "organization thoery" London (Penguin) 1971

Burns, Tom; Stalker, G.M.: "The Management of Innovation.", Tavistock 1966

Dill, William R.: "Environment as an Influence on Managerial Autonomy", in: Administrative Science Quarterly Vol 2, 1957/8, S. 409-443

Duncan, Robert B.: "Characteristics of Organizational Environments and Perceived Environmenatl Uncertainty"; in : Administrative Science Quarterly Vol. 17 (1972), S. 313-327

Dygutsch-Lorenz, Ilse: "Die Rundfunkanstalt als Organisationsproblem", Düsseldorf 1971

Dygutsch-Lorenz, Ilse: "Professionalisierung, Mobilität und Sozialisation in Massenmedien. Empirische Befunde über eine Rundfunkanstalt", in: Rundfunk und Fernsehen Vol 20 (1972,2), S. 138-159

Dygutsch-Lorenz, Ilse: "Journalisten und Rundfunk" Düsseldorf 1973

Dygutsch-Lorenz, Ilse: "Empirische Kommunikatorforschung: Gegenstand - Zielsetzung - Methoden"; in: M. Rühl, J. Walchshöfer (Hg.): "Politik und Kommunikation. Festgabe für Franz Ronneberger zum 65. Geburtstag", Nürnberg 1978 S. 295-355

Eco, Umberto: "Einführung in die Semiotik", München 1972

Elster, Ines: "Journalisten zweiter Klasse. Die ständigen freien Mitarbeiter der Rundfunkanstalten"; in: H.M. Kepplinger:"Angepaßte Außenseiter", Freiburg, München 1979; S. 142-165

Endruweit, Günter: "Organisationssoziologie"; Berlin, New York 1981

Entscheidungen des Bundesverfassungsgerichts, 59. Band. Herausgegeben von den Mitgliedern des Bundesverfassungsgerichts. Tübingen 1982, S. 231 ff.

Ettema, James S.; Whitney, Daniel B.: "Professional Mass Communicators"; in: C.R.Berger, S.H. Chaffee: "Handbook of Communication Science", Newbury Park, Beverly Hills 1987, S. 747 ff.

Ettema, James S.; Whitney, Daniel B.: "Individuals in Mass Media Organizations: Creativity and Constraint"; Beverly Hills, London, New Delhi 1982

Fix, Oliver: "Organisation des Rundfunks"; Wiesbaden 1988.

Freidson, Eliot: "Der Ärztestand"; Stuttgart 1979

Freidson, Eliot: "Professional Powers."; Chicago, London 1986

Fünfgeld, Hermann: "Zur Personalwirtschaft der öffentlich-rechtlichen Rundfunkanstalten"; in: Zeitschrift für öffentliche und gemeinwirtschaftliche Unternehmungen, Beiheft 5 (1983): "Rundfunkökonomie"; S. 62-79

Funkkolleg "Medien und Kommunikation", Studienbrief 8; herausgegeben vom Deutschen Institut für Fernstudien an der Universität Tübingen, Weinheim, Basel, 1991

Galtung, J.; Ruge, H.M.: "The structure of foreign news"; in: Journal of Peace Research, Vol. 2 (1965)

Gitlin, Todd: "The whole world is watching: Mass Media in the Making and Unmaking of the New Left"; Berkeley, Los Angeles, London 1980

Goffman, Erving: "Radio Talk. A Study of the Ways of our errors."; in ders.: "Forms of talk", Oxford 1981.

Goffman, Erving: "Rahmenanalyse. Ein Versuch über die Organisation von Alltagserfahrungen"; Frankfurt a.M. 1980

Heublein, Frank; Kastl, Jörg; Knauer, Armin; Leißa, Wolfgang; Loeffler, Stefan; Pfeifer, Andrea: -"Zwischenbericht zur Untersuchung über feste und freie Mitarbeiter am Landesstudio des SWF in Tübingen"; Soziologisches Seminar Universität Tübingen, August 1991

Heublein, Frank; Kastl, Jörg; Knauer, Armin; Leißa, Wolfgang; Loeffler, Stefan; Pfeifer, Andrea: "2. Forschungsbericht zur Untersuchung über feste und freie Mitarbeiter am Landesstudio des SWF in Tübingen; Soziologisches Seminar Universität Tübingen, Dezember 1991

Heublein, Frank; Kastl, Jörg; Knauer, Armin; Leißa, Wolfgang; Loeffler, Stefan; Pfeifer, Andrea: " Freie Mitarbeit als professionelle Sozialisation. Abschlußbericht zu einer Organisationsstudie am SWF-Landesstudio Tübingen; Soziologisches Seminar Universität Tübingen, März 1992

Hirsch, Paul M.: "Processing Fads and Fashions: An Organization-Set Analysis of Cultural Industry Systems"; in: American Journal of Sociology Vol. 77 (1972/3), S. 639 ff.

Huber, George P.; Daft, Richard L.: "The Information environments of Organizations"; in F.M. Jablin u.a. (Hg.): "Handbook of Organizational Communication" Beverly Hills 1987, S. 130 ff.

Hübner, Heinz; Rehbinder, Manfred: "Freie Mitarbeiter in den Rundfunkanstalten" München 1973

Joas, Hans: "Praktische Intersubjektivität. Die Entwicklung des Werkes von G.H. Mead"; Frankfurt a.M. 1980

Kastl, Jörg Michael: "Kommunikation mit Risiko - die soziale Wirklichkeit von Fernsehen"; unveröffentlichte Magisterarbeit, Soziologisches Seminar Universität Tübingen 1988

Katz, Daniel; Kahn Robert L.: "The Social Psychology of Organizations", darin Kap. 2: "Organizations and the System Concept", New York, London 1966

Kubicek, Herbert; Welter, Günter: "Messung der Organisationsstruktur"; Stuttgart 1985

Kunczik, Michael: "Journalismus als Beruf"; Köln, Wien 1988

Lang, Kurt; Lang, Gladys E.: "Politics in Television: reviewed"; Beverly Hills, London, New Delhi 1984

Lawrence, Paul R.; Lorsch, Jay W.: "Organization and Environment. Managing Differentiation and Integration", Boston 1967.

Lippmann, Walter: "Die öffentliche Meinung", München 1964

Löwisch, Manfred: "Befristete Vertragsverhältnisse programmgestaltender Mitarbeiter der Rundfunkanstalten"; Beiträge zum Rundfunkrecht, Heft 29; Frankfurt 1982

Luckmann, Thomas; Sprondel, Walter (Hg.): "Berufssoziologie"; Köln 1972

Luhmann, Niklas: "Funktionen und Folgen formaler Organisationen"; Berlin 1964

Luhmann, Niklas: "Allgemeine Theorie organisierter Sozialsysteme"; in: "Soziologische Aufklärung II"; Opladen 1975

Luhmann, Niklas: "Die Unwahrscheinlichkeit der Kommunikation"; in: "Soziologische Aufklärung III", S. 25 ff.; Opladen 1981 (1981a)

Luhmann, Niklas: "Veränderungen im System gesellschaftlicher Kommunikation und die Massenmedien"; in: "Soziologische Aufklärung III", S. 25 ff.; Opladen 1981 (1981b)

Luhmann, Niklas: "Soziale Systeme"; Frankfurt a.M. 1987

Luhmann, Niklas: "Organisation"; in: W. Küpper, G. Ortmann (Hg.): "Mikropolitik", Opladen 1988, S. 165 ff.

Marcinkowski, Frank: "Publizistik als autopoietisches System. Politik und Massenmedien. Eine systemtheoretische Analyse.", Opladen 1993

Maturana, Humberto R.: "Erkennen. Die Organisation und Verkörperung von Wirklichkeit: ausgewählte Arbeiten zur biologischen Epistemologie"; Wiesbaden 1985 (2. Aufl.)

Mead, George Herbert: "Die Genesis der Identität und die soziale Kontrolle"; in ders.: "Gesammelte Aufsätze, Band 1", hrg. von Hans Joas, Frankfurt a.M. 1983, S. 299-328

Mead, George Herbert: "Die objektive Realität der Perspektiven"; in ders.: "Gesammelte Aufsätze, Band 2", hrg. von Hans Joas, Frankfurt a.M. 1983, S. 211-224

Mead, George Herbert: "Körper und Geist", in ders.: "Gesammelte Aufsätze, Band 2", hrg. von Hans Joas, Frankfurt a.M. 1983, S. 188-184

Mead, George Herbert: "Philosophy of the Act"; Chicago, London 1972 (2. Aufl.)

Menge-Güthling: "Enzyklopädisches Wörterbuch der lateinischen und deutschen Sprache"; Berlin-Schöneberg 1961 (13. Aufl.)

Mintzberg, Henry: "The Structuring of Organizations"; Englewood Cliffs 1979

Mintzberg, Henry: "Power in and around Organizations"; Englewood Cliffs 1983

Mintzberg, Henry: "The effective Organization: 'Forces and forms'"; in: Sloan Management Review Winter 1991; S. 54-67

Mintzberg, Henry: "Die Mintzbergstruktur" Landsberg/Lech 1992.

Oevermann, Ulrich: "Fallrekonstruktion und Strukturgeneralisierung als Beitrag der objektiven Hermeneutik zur soziologisch-strukturtheoretischen Analyse" Manuskript Frankfurt a.M. 1981

Oevermann, Ulrich: "Zur Sache"; in: Jürgen Habermas, Ludwig von Friedeburg: "Adornokonferenz 1983", Frankfurt a.M. 1983, S. 331 ff.

Oevermann, Ulrich: "Klinische Soziologie"; Manuskript Frankfurt a.M. 1990

Oevermann, Ulrich; Allert, Tilman; Gripp, Helga; Konau, Elisabeth; Krambeck, Jürgen; Schroeder-Caesar, Erna; Schütze, Yvonne: "Beobachtungen zur Struktur der sozialisatorischen Interaktion"; in: M. Rainer Lepsius (Hg.): "Verhandlungen des 17. deutschen Soziologentags - Zwischenbilanz der Soziologie"; Stuttgart 1976

Oevermann, Ulrich; Allert, T.; Konau, E., Krambeck, J.: "Die Methodologie einer objektiven Hermeneutik und ihre allgemeine forschungssoziologische Bedeutung in den Sozialwissenschaften"; in: H.G. Soeffner (Hg.): "Interpretative Verfahren in den Sozialwissenschaften"; Stuttgart 1979, S. 352 ff.

Pfeifer, Andrea: "Der freie Mitarbeiter als 'Redakteur vom Dienst' in einer Rundfunkanstalt"; unveröffentl. Magisterarbeit, Soziologisches Seminar der Universität Tübingen 1992

Rehbinder, Manfred: "Soziale Sicherung freier Mitarbeiter in rechtssoziologischer Sicht"; in: ders.; H.Hübner u.a. (Hg.): "Freie Mitarbeiter in den Rundfunkanstalten", München 1973, S. 17 ff.

Robinson, Gertrude Joch: "Fünfundzwanzig Jahre Gatekeeper-Forschung: eine kritische Rückschau und Bewertung"; in J. Aufermann, H. Bohrmann, R. Sülzer (Hg.) "Gesellschaftliche Kommunikation und Information"; Frankfurt 1973, S. 344-355

Rühl, Manfred: "Die Zeitungsredaktion als organisiertes soziales System" Freiburg 1979 (2. Aufl.)

Rühl, Manfred: "Journalismus und Gesellschaft", Mainz 1980

Rühl, Manfred: "Organisatorischer Journalismus. Tendenzen der Redaktionsforschung"; in: M. Kaase, W. Schulz (Hg.): "Massenkommunikation. Theorien, Methoden, Befunde." Kölner Zeitschrift für Soziologie, Sonderheft 30, Opladen 1989, S. 253 ff.

Rundfunkrecht - Staatsverträge der Länder, Landesrundfunkgesetze, Landesmediengesetze, Bundesrundfunkgesetz; München 1990.

Sartre, Jean Paul: "Das Sein und das Nichts"; Hamburg 1987 (2. Aufl.)

Saur, Karl-Otto: "Klipp und klar 100x Fernsehen und Hörfunk"; Mannheim, Wien, Zürich 1978

Schreyögg, G.: "Umwelt, Technologie und Organisationsstruktur. Eine Analyse des kontingenztheoretischen Ansatzes"; Bern, Stuttgart 1978

Schütz, Alfred: "Der sinnhafte Aufbau der sozialen Welt. Eine Einleitung in die verstehende Soziologie"; Frankfurt a.M. 1981 (2. Aufl.)

Schütz, Alfred; Luckmann, Thomas: "Strukturen der Lebenswelt", 1. Band; Frankfurt a. M. 1979

Schütz, Alfred; Luckmann, Thomas: "Strukturen der Lebenswelt", 2. Band; Frankfurt a. M. 1984

Scott, W. Richard: "Grundlagen der Organisationstheorie", darin besonders Kapitel 8 und 9; Frankfurt a.M., New York 1986

Sebeok, Thomas H.; Sebeok, Jean Umiker: "Du kennst meine Methode - Charles S. Peirce und Sherlock Holmes"; Frankfurt a.M. 1982

Seidel, Norbert: "Einsatz freier Mitarbeiter", in: Mediaperspektiven 11/1983, S. 755 ff.

Sell, Friedrich Wilhelm Freiherr von: "Die Funktion der freien Mitarbeiter bei der Erfüllung des Rundfunkauftrages.", in: H. Hübner, M. Rehbinder (Hg.): "Freie Mitarbeiter in den Rundfunkanstalten"; München 1973.

Sigelman, Lee: "Reporting the News: An Organizational Analysis"; in: American Journal of Sociology Vol. 79 (1973), S. 132 ff.

Srubar, Ilja: "Die Theorie der Typenbildung bei Alfred Schütz. Ihre Bedeutung und ihre Grenzen" in W.M. Sprondel, R. Grathoff: "Alfred Schütz und die Idee des Alltags in den Sozialwissenschaften", Stuttgart 1979

SÜDWESTFUNK: Geschäftsbericht, Baden-Baden 1989

SÜDWESTFUNK: Geschäftsbericht, Baden-Baden 1990

SÜDWESTFUNK: Honorarrahmen, Stand 1.5.1990

SÜDWESTFUNK: Organogramm vom 1.10.1990

SÜDWESTFUNK: Rahmenvereinbarung - Formular

SÜDWESTFUNK: "Rechtsgrundlagen", Broschüre Baden-Baden 1979

SÜDWESTFUNK: "Südwestfunk-Radioprogramme", Broschüre Baden-Baden 1991

Terreberry, Shirley: "The Evolution of Organizational Environments"; in: Administrative Sciense Quarterly Vol 5(1968), S. 590-613

Tuchman, Gaye: "Making News by Doing Work: Routinizing the unexpected"; in: American Journal of Sociology, Vol. 79 (1973/4), S. 110 ff.

Tuchman, Gaye: "Telling Stories", in: Journal of Communication (1976), S. 93-97

Tuchman, Gaye: "Making News. A Study in the Construction of Reality"; New York, London 1978

Tyrell, Hartmut: "Zwischen Interaktion und Organisation I. Gruppe als Systemtyp"; in: "Gruppensoziologie. Perspektiven und Materialien", Sonderheft der Kölner Zeitschrift für Soziologie und Sozialpsychologie, Vol. 25 (1983), S. 75 ff.

Türk, Klaus: "Soziologie der Organisation"; Stuttgart 1978

Türk, Klaus: "Neuere Entwicklungen in der Organisationsforschung. Ein Trendreport"; Stuttgart 1989

Weber, Max: "Geschäftsbericht"; in: Verhandlungen des ersten Deutschen Soziologentags, Tübingen 1911, S. 42 ff.

Weichler, Kurt (Hg.): "Ratgeber Freie Journalisten - ein Handbuch"; Berlin 1987

Weick, K.E.: "Der Prozeß des Organisierens"; Ffm. 1985.

White, David Manning: "The 'Gatekeeper': A Case Study in the Selection of News", in ders., L.A. Dexter: "People, Society and Mass Communications", London 1964

Verwendetes Datenmaterial

1. Beobachtungsberichte:

- Beobachtungsbericht Aktuelle Redaktion (A) (Jörg Kastl): 24.4.91; 25.4.91; 26.4.91; 2.5.91; 3.5.91;

- Beobachtungsbericht Kulturredaktion (K) (Armin Knauer): 24.4.91; 25.4.91; 30.4.91; 3.5.91; 6.5.91;

- Beobachtungsbericht Redaktion S4 (Wolfgang Leißa, Stefan Loeffler): 23.4.91; 24.4.91; 25.4.91; 7.5.91; 8.5.91; 31.7.91;

- Beobachtungsbericht Redaktion Unterhaltung (U) (Andrea Pfeifer): 24.4.91; 25.4.91; 2.5.91; 3.5.91

2. Interviews:

- Interview 1: Hospitant Aktuelle Redaktion 17.5.91

- Interview 2: Hospitantin Redaktion Unterhaltung 29.4.91

- Interview 3: Hospitantin Redaktion S4 5.6.91

- Interview 4: freie Mitarbeiterin Aktuelle Redaktion 24.4.91

- Interview 5: freie Mitarbeiterin Redaktion S4 11.12.91

- Interview 6: freie Mitarbeiterin Redaktion Unterhaltung 26.11.91

- Interview 7: freie Mitarbeiterin Redaktion Unterhaltung 16.2.92

- Interview 8: Redakteur Redaktion Unterhaltung 16.1.92

- Interview 9: Studioleiter 17.12.91

ANHANG

Anhang 1: Kodierungsliste der Arbeitsbeobachtung

a) Kategorisierung von Tätigkeiten/Interaktionen

P	produktbezogene Arbeit ohne Interaktion
PI	interaktive produktbezogene Arbeit
PIT	wie PI, telefonisch
O	organisierende Arbeit ohne Interaktion
OI	wie O, interaktiv
OIT	wie OI, telefonisch
I	nicht arbeitsbezogene Interaktion
IT	wie I, telefonisch
NI	nicht-arbeitsbezogenes, nicht-interaktives Verhalten
KO	Koordination
FB	Feed-Back
AW	Anweisung
IF	gibt/erhält Information
VOR	Vorlage/Abnahme eines Kommunikats
L	Lesen
LA	Lesen von Agenturmeldungen
AR	Archivrecherche
D	"Dichten" (Schreiben eines Beitrags- oder Moderationstextes)
S	Schneiden
PRO	Produzieren
BH	Bänder abhören
LP	"Leerphase" (Warten o.ä.)
PAU	Pause
MOD	Moderieren
W	Wege
NOT	Notizen anfertigen
Ü	Üben, Probesprechen von Texten
ip	informelle Interaktion mit produktbezogenem Inhalt
io	wie ip mit Bezug auf das Landesstudio (z.B. Klatsch)
ie	wie ip/io mit "externem" Inhalt (z.B. Fußball)

b) Kategorisierung von Interaktionspartnern und Redaktionen

EX	externe Interaktionspartner
ARD	Kollegen in anderen SWF- bzw. ARD-Einrichtungen
F	Freie Mitarbeiter
RED	feste Mitarbeiter, Redakteure
RL	Redaktionsleiter
RVD	Redakteur vom Dienst
M	Moderator
H	Hospitant
T	Technisches Personal
V	Verwaltungspersonal
SEK	Sekretärin/Redaktionsassistentin

A	**Aktuelle Redaktion (SWF 1)**
K	**Kulturredaktion**
S4	**Redaktion S4**
U	**Unterhaltungsredaktion**

Anhang 2: Episodenübersicht

Die folgende Tabelle gibt eine Übersicht über die Anzahl der beobachteten Episoden und ihre absolute Dauer in Minuten:

beobachteter Mitarbeiter	Anzahl beobachtete Episoden	Gesamtdauer der Episoden in Minuten
Redakteur - Aktuelle	370	1008
FM - Aktuelle	187	1022
Redakteur - Kultur	223	938
FM - Kultur	72	512
Redakteur - S 4	182	635
FM - S 4	244	1250
Redakteur -Unterhltg.	86	904
FM - Unterhaltung	88	823
gesamt	1510	7092

Anhang 3: Verteilung der wichtigsten Tätigkeitskategorien

Die Tabellen enthalten die zugehörigen Werte für freie und feste Mitarbeiter in % der jeweiligen beobachteten Gesamtepisodenanzahl samt Signifikanzniveaus, ermittelt durch eine einfaktorielle Varianzanalyse (F-Test).

1. Tätigkeitstypen, gesamt	Festang. N=919	Freie N=591	Sig.niv.
produktionsbezogene, nicht-interaktive Tätigkeit (P)	5.8 %	16.6 %	.0003
produktionsbezogene, interaktive Tätigkeit (PI)	9.1 %	21.4 %	.0000

produktionsbezogene, interaktiv-telefonische Tätigkeit (PIT)	6.0 %	6.3 %	.8673
organisierende, nicht-interaktive Tätigkeit (O)	8.1 %	5.3 %	.0086
organisierende, interaktive Tätigkeit (OI)	30.0 %	17.2 %	.0000
organisierende, interaktiv-telefonische Tätigkeit (OIT)	23.3 %	7.8 %	.0000

2. Tätigkeitstypen, Aktuelle	RED/A N=370	F N=187	Sig.niv.
produktionsbezogene, nicht-interaktive Tätigkeit (P)	1,4 %	18 %	.0013
produktionsbezogene, interaktive Tätigkeit (PI)	10 %	31 %	.0000
produktionsbezogene, interaktiv-telefonische Tätigkeit (PIT)	3,3 %	10,2 %	.0011
organisierende, nicht-interaktive Tätigkeit (O)	2,6 %	0,6 %	.0295
organisierende, interaktive Tätigkeit (OI)	30,3 %	11.2 %	.0000
organisierende, interaktiv-telefonische Tätigkeit (OIT)	37,4 %	3,7 %	.0000

Anhang 4: Verteilung der Interaktionspartner-Kategorien

Die Tabellen enthalten die zugehörigen Werte für freie und feste Mitarbeiter in % der jeweiligen beobachteten Gesamtepisodenanzahl samt Signifikanzniveaus, ermittelt durch eine einfaktorielle Varianzanalyse (F-Test).

1. Interaktionspartner-Kategorien/gesamt	Feste N=919	Freie N=591	Sig.Niv.
Mitarbeiter anderer ARD- oder SWF-Einrichtungen	16.6 %	2.2 %	.0000
Verwaltung	13.3 %	6.8 %	.0001
Technik	5.4 %	8.6 %	.0189
Redakteure	8,5%	3,3%	.0001
RvD	8.0 %	17.3 %	.0000

Moderator	8.2 %	1.7 %	.0000
Redaktionsleiter	7.3 %	2.4 %	.0000
freie Mitarbeiter	14.3 %	12.8 %	.4128
Hospitanten	2.4 %	6.1 %	.0000
Externe (Recherchepartner)	3.0 %	12.6 %	.0000

2. Interaktionspartner-Kategorien/Aktuelle	Redakteur N=370	FM N=187	Sig.Niv.
Mitarbeiter anderer ARD- oder SWF-Einrichtungen	28.7 %	2.7 %	.0000
Verwaltung	8.0 %	1.6 %	.0022
Technik	5.4 %	9.6 %	.0349
Redakteure	14.1%	2.1%	.0000
RvD	7.9 %	20.3 %	.0000
Moderator	14.1 %	2.1 %	.0000
Redaktionsleiter	7.4 %	2.1 %	.0291
freie Mitarbeiter	14.8 %	13.8 %	.7869
Hospitanten	0.0 %	2.7 %	.0018
Externe (Recherchepartner)	1.1 %	17.6 %	.0000

Anhang 5: Diskriminanzanalyse/Arbeitsbeobachtung

Die wichtigsten Ergebnisse der Diskriminanzanalyse für die aktuelle Redaktion seien hier angeführt. Gruppierungsvariable ist der Status des Beobachteten: es werden also Episoden eines freien Mitarbeiters von denen eines festen Mitarbeiters (der RVD war) unterschieden. Wir haben Auszüge aus dem Computerausdruck von SPSS im folgenden ausführlich kommentiert.

Die Gesamtfunktion ist hochsignifikant, was natürlich auch den relativ hohen Fallzahlen zu verdanken ist. Der Wilks Lambda-Wert ist ein inverses Gütemaß für die Trennschärfe der Funktion[235], sein höchster (also "schlechtester") Wert wäre 1; er liegt - verglichen mit Ergebnissen der Fragebögen relativ hoch.

```
                    Canonical Discriminant Functions
              Pct of   Cum  Canonical  After  Wilks'
Fcn Eigenvalue Variance  Pct      Corr     Fcn  Lambda  Chisquare    DF  Sig
                                         :   0   .4175    459.022    37  .0000
  1*    1.3953  100.00  100.00    .7632 :
  * marks the   1 canonical discriminant functions remaining in the analysis.
```

235 Wilks Lambda gibt das Verhältnis der nichterklärten Streuung zur Gesamtstreuung an.

Die standardisierten Diskriminanzkoeffizienten geben die standardisierten Gewichtungen der Variablen in der Diskriminanzfunktion an; sie geben Aufschluß darüber, in welchem Ausmaß die einzelnen Variablen zum Diskriminanzwert beitragen.
Allgemein wird aber als Maß für den Beitrag der Einzelvariablen zur Trennung der Gruppen auf die gepoolte Innergruppen-Korrelation zwischen den Ausprägung der Variablen mit der Diskriminanzfunktion zurückgegriffen (dabei werden für jeden Fall Korrelationen zwischen den Variablenausprägung und dem Diskriminanzwert berechnet).
Wir haben in diesem Fall mit Absicht möglichst viele Merkmalsvariablen in die Analyse aufgenommen, um eine Vergleichbarkeit zwischen verschiedenen Redaktionen zu ermöglichen (vgl. unten!). Von den Fallzahlen her war das möglich, allerdings ist dadurch natürlich eine inhaltliche Interpretation der Diskriminanzachse erschwert.

Structure Matrix:

Pooled-within-groups correlations between discriminating variables and canonical discriminant functions
(Variables ordered by size of correlation within function)

negative Werte: "typisch für Freie"		positive Werte: "typisch für Feste"	
EX31	**-.27816**	**OIT9**	**.33098**
NI11	**-.22471**	**ARD32**	**.30072**
PI5	**-.21463**	**KO13**	**.18735**
DAUE3	**-.19685**	**OI8**	**.18471**
RVD99	**-.17137**	**RED99**	**.16407**
D21	-.14512	**M99**	**.16150**
PIT6	-.11953	IF17	.11699
P4	-.11726	V40	.11168
H38	-.11378	LA20	.11046

Anm.: alle anderen Variablen haben Werte unter 0.10 und wurden hier weggelassen.

Bis zu dem Wert von 0.11 lassen sich die Korrelationen gut interpretieren.
Negative Vorzeichen weisen in diesem Fall daraufhin, daß die Variable besonders typisch für den Freien Mitarbeiter sind. Kurze Hinweise zu den einzelnen Variablen:

OIT und ARD diskriminieren am besten, sie sind typisch für den festen Mitarbeiter, dessen Haupttätigkeit als RVD darin besteht -telefonisch mit den Mitarbeitern in den Außenstudios und in anderen SWF- und ARD Einrichtungen die Beiträge für die Sendung zusammenzustellen. Diese Variablen sind sozusagen die, die den Hauptunterschied markieren, da sie - zumal in dieser Zusammenstellung - beim beobachteten Freien praktisch nicht vorkommen.

Freie dagegen leisten eher direkt beitragsbezogene (PI) Interaktionen mit Recherchepartnern (EX). Wie auch aus den Tagesablaufdiagrammen ersichtlich hat der RVD so gut wie keine nichtinteraktiven Phasen (NI), in denen eine Reflektion möglich ist. Das ist dagegen beim Freien etwa bei Autofahrten zum Termin oder auch beim Texten des Beitrags der Fall.

Zur Frage der Dauer (DAU) vgl.oben: Freie haben weniger Koordinationsaufgaben, dafür mehr Kontakte mit Recherchepartnern, also Interaktionen, die sich eher durch "Intensität" als durch "Extensität" auszeichnen.

Koordinationen sind verbunden mit der Kategorie OIT bzw. OI.

Die höhere Belegung der Kategorie RVD beim Freien ist trivial, da der Feste selbst RVD ist. Der Feste hat mehr Kontakte zu anderen Redakteuren, die nicht RVD sind. Diese spielen für den Freien fast keine Rolle.

Ein ähnliches Bild beim Moderator, der für den RVD ein wichtiger Interaktionspartner ist: er sitzt in der Regel den ganzen Tag im selben Raum wie der RVD, um mitzubekommen, was in die Sendung kommt, um ggf. von ihm Anweisungen entgegenzunehmen und die Anmoderationen abzustimmen.
D, PIT, P ergeben sich aus der eher beitragsbezogenen Tätigkeit des Freien.

Die Bedeutung der Kategorie IF (Informationen weitergeben oder entgegennehmen) hängt mit der Schlüsselposition des RVD zusammen, der zwischen ganz verschiedenen Ebenen (Außenstudio, Landesstudio, ARD-Einrichtungen, Technik, Verwaltung) vermitteln, sie aufeinander abstimmen muß, insofern selbst einen hohen Informationsbedarf hat, aber auch als Vermittler von Informationen fungiert. Das zeigt auch eine Aufschlüsselung nach "Information geben" (15,6 % der Episoden) und "Information erhalten"(13,4 %).

Die Betreuung von Hospitanten erfolgt jedenfalls nicht durch den RVD (das ist meist schon aus zeitlichen Gründen kaum möglich); diese Funktion wird anscheinend auch in informellen Gesprächen von den Freien wahrgenommen. Allerdings ist der Anteil der Interaktionen mit Hospitanten ziemlich gering (2,7 % beim Freien, 0 % beim RVD).

Eine höhere Zahl von Verwaltungskontakten ergeben sich aus der Funktion des RVD, die auch die administrative und technische Seite der Sendungsplanung umgreifen.

Das Lesen der Agenturmeldungen und die Entscheidung, welche Meldungen in die Sendung kommen oder als Beitrag aufgegriffen werden, liegt beim RVD.

Alle genannten Variablen trennen univariat signifikant zwischen den Gruppen.

Im folgenden Diagramm sind die klassifizierten Fälle über der Diskriminanzachse abgetragen.
Gruppe 0 (frei) entspricht der Zahl 1 , Gruppe 1 (fest) entspricht der Zahl 2.

Die Zahlen unter der Diskriminanzachse geben den Bereich der Gruppen auf der Achse an bzw. markieren die Gruppenzentroide, also den Mittelwert der Diskriminanzwerte für die jeweiligen Fälle in den Gruppen.

Zur inhaltlichen Deutung der Achse kann man die Variablen heranziehen, die auf die Diskriminanzfunktion hoch laden
Das sind in diesem Fall (vgl. oben) vor allem die Variablen OIT, ARD als sozusagen "typisch" für den festen und EX, NI, und PI für den Freien Mitarbeiter. Insofern wäre die Diskriminanzachse überwiegend in der Dimension Organisieren/Beitrag produzieren und - damit verknüpft: institutionalisierte/nicht-institutionalisierte Außenkontakte. Allerdings muß hier darauf hingewiesen werden, daß auch die anderen Variablen mit einem Korrelationskoeffizient unter 0.2000 insgesamt noch viel zur Diskriminierung beitragen. Ein merklicher Sprung läßt sich erst ab Werten von > 0.1000 feststellen.

Man sieht an dem Diagramm desweiteren, daß es zu Überschneidungen kommt, d.h. mehrere feste Episoden wurden aufgrund ihrer Diskriminanzwerte als feste verbucht und umgekehrt. Über die genaue Anzahl der Fehlverbuchungen gibt die folgende Klassifikationstabelle Aufschluß:

```
                 All-groups Stacked Histogram

                 Canonical Discriminant Function 1
     160 +                                          +
         |                                          |
         |                                          |
     120 +                                          +
         |                                          |
         |                        2                 |
         |                        2                 |
      80 +                       22                 +
         |                       22                 |
         |                   2   22                 |
         |                   22 222                 |
      40 +              1    22 222                 +
         |             11   2122222                 |
         |             1111 1122222                 |
         |           1 11111111122222               |
          X----+----+----+----+----+----+----+----X
    Out -6.0 -4.0 -2.0   .0  2.0  4.0  6.0    Out
  Class   111111111111111111112222222222222222222222
Centroids                1      2
```

Classification Results -

Actual Group		No. of Cases	Predicted Group Membership 0	1
Group frei	0	187	150 80.2%	37 19.8%
Group festangestellt	1	359	37 10.3%	322 89.7%

Percent of "grouped" cases correctly classified: 86.45%

Eine zufällige Zuordnung hätte 50% richtig klassifizierte Fälle ergeben können. Die meisten Fehlklassifizierungen traten zudem nicht bei der Gruppe auf, wo sie rein statistisch wahrscheinlicher gewesen wären, weil diese mehr Episoden aufweist, sondern bei den freien Episoden. Das könnte man so deuten: in diesem Fall gab es mehr Episoden des Freien, die Ähnlichkeiten zu Festen aufwiesen (z.B. könnten das organisierende Interaktionen sein, die auch für die Freien eine wichtige Rolle spielen vgl. oben!) als umgekehrt.

Anhang 6: Fragebogen

Es sind die Fragen der schriftlichen Befragung und die dazugehörigen Variablennummern (in spitzen Klammern) wiedergegeben.

Frage 1.1.:
Im folgenden sind die Redaktionen des Landesstudio aufgeführt. Kreuzen Sie vorne bitte an, für welche Redaktion Sie vorrangig arbeiten und auf den Skalen, wie oft Sie für die jeweiligen Redaktionen arbeiten

1☐ 2☐ 3☐ 4☐ 5☐ 6☐
(1 = nie; 6 = sehr oft)

<8>
☐ Aktuelles <1>

☐ Fernsehen <2>

☐ Kultur <3>

☐ Musik <4>

☐ S 4 <5>

☐ Sport (als Themenbereich) <6>

☐ Unterhaltung <7>

Frage 1.2.:
Sind Sie...
☐ fester Mitarbeiter? ☐ Hospitant ☐ freier Mitarbeiter <9>

Hospitanten weiter mit Frage 2.
Freie Mitarbeiter weiter mit Frage 1.4.
Festangestellte Mitarbeiter weiter mit Frage 1.3.

NUR FÜR FESTANGESTELLTE MITARBEITER !
Fragen 1.3.:
Seit wieviel Jahren sind Sie festangestellt? _______ Jahre <10>
Derzeitige Vergütungsgruppe?________ <11>
Waren Sie am Landesstudio Tübingen vor Ihrer Festanstellung als freier Mitarbeiter tätig?
☐ nein ☐ ja <12>
wenn ja, wie lange?:_____ Jahre <13>
Ist Ihr Vertrag zeitlich befristet? ☐ nein ☐ ja <14>

Festangestellte Mitarbeiter bitte weiter mit Frage 2 .

NUR FÜR FREIE MITARBEITER !

Fragen 1.4.:

Seit wann arbeiten Sie als freier Mitarbeiter? Seit 19_____ <15>

Haben Sie einen Rahmenvertrag? ☐ nein ☐ ja <16>

Streichen Sie bitte auf der folgenden Leiste an, wann Sie im Verlauf des Jahres 1990 bis heute regelmäßig (d.h. mindestens einmal pro Woche) für das Landesstudio gearbeitet haben. Zur Verdeutlichung haben wir in der ersten Leiste das Beispiel eines Mitarbeiters markiert, der 1990 von Mitte März bis Mitte April und ab 1991 durchgehend gearbeitet hat.
<Leiste> <17/18>

Wenn Sie regelmäßig gearbeitet haben, wieviel Stunden waren das durchschnittlich pro Woche?
Cirka______ Stunden <19>

In welcher Größenordnung bewegt sich Ihr Jahreshonorar?
☐ bis 5 000 DM ☐ bis 10 000 ☐ bis 20 000 ☐ bis 30 000
☐ bis 40 000 ☐ bis 50 000 ☐ bis 60 000 ☐ bis 70 000
☐ bis 80 000 ☐ darüber <20>

Bestreiten Sie durch das beim SWF verdiente Geld Ihren Lebensunterhalt ...
☐ vollständig ☐ etwa zur Hälfte ☐ etwa zu einem Viertel
☐ zu weniger als einem Viertel? <21>

Streben Sie an: ☐ ein Volontariat? ☐ beim SWF? (dann bitte ankreuzen)
☐ eine Festanstellung ☐ beim SWF?
☐ weder/noch <22/23>

Wenn Sie arbeiten, kommen Sie dann
☐ täglich ins Landesstudio,
☐ je nachdem, wann Sie Zeit haben,
☐ oder nur auf Abruf? <24>

Müssen Sie Bescheid sagen, wenn Sie nicht kommen?
☐ nein ☐ ja <25>

Bekommen Sie bezahlten Urlaub? ☐ nein ☐ ja <26>

Bekommen Sie Zahlungen im Krankheitsfall? ☐ nein ☐ ja <27>

Beabsichtigen Sie in den nächsten beiden Jahren weiter für den SWF zu arbeiten?
☐ nein ☐ ja ☐ vielleicht <28>

Frage 2.1.:
<RASTER für beruflichen Werdegang>
<29/30/31/177>

Frage 2.2.:
Wie haben Sie journalistisches Arbeiten und die dazu notwendigen Arbeitstechniken gelernt? Beurteilen Sie, inwieweit die angeführten Faktoren dabei eine Rolle gespielt haben.

1▒ 2▒ 3▒ 4▒ 5▒ 6▒
(1 = gar keine Rolle; 6 = eine sehr große Rolle)

- mit erfahreneren Mitarbeitern auf Termine mitgehen <32>
- Literatur über Journalismus lesen <33>
- direkte Anleitung durch erfahrene Kollegen <34>
- Sendungen hören <35>
- Journalistik(aufbau)studium oder Ausrichtung des Studiums auf journalistische Themen <36>
- selbst ausprobieren, experimentieren <37>
- Fortbildungskurse <38>
- Gespräche mit Kollegen <39>
- Hilfe durch das technische Personal <40>
- Abgucken <41>

Frage 3.1.:
Beurteilen Sie bitte, wie typisch die folgenden Tätigkeiten und Beitragsformen für Ihre Tätigkeit am Landesstudio sind.

1▒ 2▒ 3▒ 4▒ 5▒ 6▒
(1 = völlig untypisch; 6 = sehr typisch)

- Umfragen machen/O-Töne einholen <42>
- Radiomobil <43>
- Beiträge mit geringem Rechercheaufwand <44>
- Beiträge für Redaktionen außerhalb des Landesstudios <45>
- Beiträge live sprechen <46>
- Recherchezulieferung(z.B. Gesprächspartner anleiern, Themen vorrecherchieren) <47>
- (Sony)Reportagen <48>
- Rechercheintensive Beiträge <49>
- Vorbereitung und Durchführung von monothematischen Sendungen (z.B. Rafo) <50>
- gestalterisch aufwendigere Beiträge(z.B. Collagen u.ä.) <51>
- Produktion von Jingles und/oder Trailern <52>
- Fortsetzungsbeiträge (Serie oder Folgeberichterstattung) <53>
- RvD-Tätigkeit <54>
- Moderation <55>
- Kommentare/Kritiken <56>
- Hintergrundberichte <57>
- Glossen <58>
- Newsshows <59>
- Schlagzeilen <60>
- Hörspielregie <61>
- Hörspiel-Regieassistenz <62>
- Sonstige Beteiligung an Hörspielproduktionen <63>
- Verwaltungsarbeit <64>
- Vorbereitung von nicht aktuellen Beiträgen ("auf Halde") <65>

Frage 4.1.:
Beurteilen Sie bitte die Rolle, die die folgenden "Quellen" für die Anregung der Themen spielen, die Sie bearbeiten.

1▒ 2▒ 3▒ 4▒ 5▒ 6▒
(1 = spielt gar keine Rolle; 6 = spielt eine sehr große Rolle)

- Tageszeitungen <66>
- Bücher, Zeitschriften <67>
- Hörfunk-/Fernsehsendungen <68>
- Agenturmeldungen <69>
- Pressemitteilungen <70>
- Ereignisvorschau <71>
- Persönliche Interessensgebiete, Hobbies <72>
- Gespräche mit Freunden und Bekannten <73>
- Gespräche mit Kollegen vom Landesstudio <74>
- Tips durch Kollegen außerhalb des Landesstudio <75>
- Geistesblitz <76>

Frage 4.2.:
Beurteilen Sie nun bitte die Rolle, die folgende Quellen für die Gewinnung von *Informationen* für Sie spielen!

1☐ 2☐ 3☐ 4☐ 5☐ 6☐
(1 = spielt gar keine Rolle; 6 = spielt eine sehr große Rolle)

- andere Beiträge im Hörfunk oder Fernsehen <77>
- Artikel in der Presse <78>
- Bücher <79>
- Zeitungs- bzw. Pressearchiv <80>
- Freunde, Bekannte <81>
- Tips von Kollegen <82>
- Agenturmeldungen <83>
- Funktionsträger (z.B.Sprecher, Amtsinhaber) <84>
- persönliche Erfahrungen <85>
- Privatpersonen (keine persönlichen Bekannten) <86>

Frage 5.1.:
Wie oft kommt es vor, daß Sie Themen vorschlagen?

1☐ 2☐ 3☐ 4☐ 5☐ 6☐ <87>
(1 = nie; 6 = sehr oft)

Frage 5.2.:
Wie oft werden diese Themen dann auch bearbeitet?

1☐ 2☐ 3☐ 4☐ 5☐ 6☐ <88>
(1 = nie; 6 = sehr oft)

Frage 5.3.:
Wie oft bekommen Sie konkrete Vorgaben für die Erstellung Ihrer Beiträge?

1☐ 2☐ 3☐ 4☐ 5☐ 6☐ <89>
(1 = nie; 6 = sehr oft)

Frage 5.4.:
Wie oft legen Sie fertige Beiträge von sich aus jemandem vor, bevor sie gesendet werden?

1☐ 2☐ 3☐ 4☐ 5☐ 6☐ <90>
(1 = nie; 6 = sehr oft)

Frage 5.5.:
Wie oft kommt es nach Ihrer Erfahrung zu einer förmlichen "Abnahme" Ihrer Beiträge?

1░ 2░ 3░ 4░ 5░ 6░ <91>
(1 = nie; 6 = sehr oft)

Frage 5.6.:
Wie oft kommt es vor, daß Ihre Beiträge nach der Fertigstellung noch verändert werden?

1░ 2░ 3░ 4░ 5░ 6░ <92>
(1 = nie; 6 = sehr oft)

Frage 5.7.:
Wie oft kommt es vor, daß Ihre fertigen Beiträge "gekippt" werden?

1░ 2░ 3░ 4░ 5░ 6░ <93>
(1 = nie; 6 = sehr oft)

Frage 5.8.:
Schätzen Sie bitte ein, eine wie große Rolle die unten angeführten Faktoren bei der Vergabe von Themen spielen.

1░ 2░ 3░ 4░ 5░ 6░
(1 = keine Rolle; 6 = eine sehr große Rolle)

- gleichmäßige Verteilung unter den Mitarbeitern <94>
- persönliche Beziehungen <95>
- Geschlecht <96>
- Kompetenz des Beauftragten <97>
- Machtspiele <98>
- organisatorische Zwänge (z.B.niemand anders steht zur Verfügung) <99>
- Willkür <100>
- Sympathie <101>

Frage 6.1.:
Wie hoch ist der Anteil Ihrer Arbeitszeit, in der Sie...

1░ 2░ 3░ 4░ 5░ 6░
(1 = sehr niedrig; 6 = sehr hoch)
... alleine arbeiten <102>
... mit Mitarbeitern des Landesstudios oder anderer SWF bzw. ARD-Studios zu tun haben <103>
... mit Recherchepartnern zu tun haben<104>

Frage 6.2.:
Beurteilen Sie bitte bei den folgenden Personenkategorien, wie oft Sie in Ihrer täglichen Arbeit mit ihnen zu tun haben.

1░ 2░ 3░ 4░ 5░ 6░
(1 = nie; 6 = sehr oft)

- Hospitanten <105>
- Freie <106>

- Hörer <107>
- Redakteure (nicht RVD!) <108>
- RVD <109>
- Moderator <110>
- Redaktionsassistentinnen <111>
- Redaktionsleiter <112>
- Studioleiter <113>
- Techniker/Dispo <114>
- Recherchepartner <115>
- sonstige Außenstehende <116>

Frage 6.3.:
Von wem erhalten Sie Kritik bzw. Bewertungen Ihrer Arbeit?

1☐ 2☐ 3☐ 4☐ 5☐ 6☐
(1 = nie; 6 = sehr oft)

- Hospitanten <117>
- Freie <118>
- Redakteure (nicht RVD!) <119>
- Moderator <120>
- RVD <121>
- Redaktionsassistentinnen <122>
- Redaktionsleiter <123>
- Studioleiter <124>
- Hörfunkdirektor <125>
- Bekannte/Freunde <126>
- Techniker/Dispo <127>
- Hörer <128>

Frage 6.4.:
Wen fragen Sie bei Dingen, die Ihre Arbeit betreffen, um Rat?

1☐ 2☐ 3☐ 4☐ 5☐ 6☐
(1 = nie; 6 = sehr oft)

- Hospitanten <129>
- Freie <130>
- Redakteure (nicht RVD!) <131>
- Moderator <132>
- RVD <133>
- Redaktionsassistentinnen <134>
- Redaktionsleiter <135>
- Studioleiter <136>
- Techniker/Dispo <137>
- Bekannte und Freunde <138>
- sonstige Außenstehende <139>

Fragen 7 (zur Arbeitsweise):
Nun interessieren uns noch einige Punkte, die Ihre Arbeitsweise betreffen. Sie finden unten eine Reihe von Sätzen, sogenannte "Items", zu denen Sie einfach angeben sollen, inwieweit Sie sie für richtig halten.

1☐ 2☐ 3☐ 4☐ 5☐ 6☐
(1 = stimme gar nicht zu; 6 = volle Zustimmung)

Wie ich meine Beiträge gestalte, bleibt weitgehend mir selbst überlassen. <140>

Ich weiß schon vor einem Termin, wie mein Beitrag ungefähr aussehen wird. <141>

Es gibt Themen, auf die ich mich besonders spezialisiert habe. <142>

Wenn ich von einem Termin ins Studio zurückkomme, weiß ich bereits, welche O-Töne ich verwenden werde. <143>

Ich habe einen bestimmten Stil, meine Beiträge zu machen. <144>

Ich muß immer wieder Aufgaben bewältigen, die mir neue Fähigkeiten abverlangen. <145>

Ich verwende viel Zeit für die Formulierung meiner Beitragstexte. <146>

Die Kriterien für gute Beiträge sind im Prinzip klar umrissen. <147>

Ich habe in der Regel verschiedene Beiträge gleichzeitig in Arbeit . <148>

Ich nehme alle Themen an, die mir vorgeschlagen werden. <149>

Kreativität ist in diesem Beruf nicht gefragt. <150>

Ich habe oft Schwierigkeiten, zu entscheiden, was ein Thema ist. <151>

Ich lasse mir gerne Ratschläge und Tips von anderen geben. <152>

Ich fühle mich einem ständigen Konkurrenzdruck ausgesetzt. <153>

Für die meisten Situationen sind mir klare Regeln vorgegeben. <154>

Frage 8 (Angaben zur Person):

Alter:________ <155>
Geschlecht: ☐ männlich ☐ weiblich <156>
Beruf der Mutter:____
Beruf des Vaters:____ <157>
wohnhaft in Baden-Württemberg seit______ Jahren <158>
Familienstand: ☐ ledig ☐ verheiratet <159>
Schulabschluß:____<160>

Studium: ☐ nein ☐ ja <161>
wenn ja, Studienfächer?: ___________________________ <162/178/179>
Studium abgeschlossen? ☐ nein ☐ ja <163>

Berufsausbildung: ☐ nein ☐ ja <164>
wenn ja, welche?: ___________________________
Berufsausbildung abgeschlossen?
☐ nein ☐ ja

Volontariat:
☐ nein ☐ ja <165>
wenn ja, wo?
☐ SWF ☐ Printmedien

☐ ARD/ZDF ☐ Privat-Radio/TV <166-170>

☐ Sonstige:________________

Arbeiten Sie im Landesstudio ☐
oder in einem der Außenstudios? ☐ <171>

Sind Sie außerhalb des SWF journalistisch tätig?
☐ nein ☐ ja <172>

wenn ja, wo?
☐ ARD/ZDF ☐ Printmedien

☐ Privat-Radio/TV

☐ Sonstige:________________ <172-176>

Und nun noch eine allerletzte Frage: Angenommen, ein Bekannter von Ihnen will das tun, was sie derzeit tun - was wäre das Hauptargument, mit dem Sie ihm a) von dem Job abraten und mit dem Sie ihm b) zuraten würden?

Anhang 7: Übersicht Befragte - schriftliche Befragung:

1. Befragte nach Anstellungsstatus

	frei	festangestellt	Hospitanten
n	34	14	4

2. Befragte nach Redaktionen (ohne Aussenstudios)

	ges.	Akt.	TV	Kultur	Musik	S4	Unterhltg.
n	44	17	2	4	2	11	8

3. Befragte nach Studios

	LS Tübingen	Aussenstudios
n	44	8

Anhang 8: Mittelwerte der Clustergruppen für die Variablen der schriftlichen Befragung

Fettgedruckte Labels unterscheiden **signifikant** zwischen den 4 Gruppen.

Tabelle 1:
MITTELWERTE/STANDARDABWEICHUNGEN DER CLUSTERVARIABLEN FÜR DIE MITARBEITER IM LANDESSTUDIO (CLMLS4)

Variablen	G1 n=10	G2 n=14	G3 n=8	G4 n=9	univar. Signifik
Umfragen 42	2,3 (0,95)	2,07 (1,07)	5,13 (1,25)	4,56 (1,51)	.0000
Radiomobil 43	2,5 (1,36)	2,07 (1,27)	1,25 (0,70)	3,78 (1,92)	.0046
Beiträge/ger. Aufwand 44	2,80 (1,69)	3,29 (1,54)	3,63 (1,85)	3,78 (1,56)	.5829
Beiträge/aus-serhalb 45	3,0 (1,70)	3,21 (1,93)	1,63 (0,74)	3,44 (0,89)	.0741

Variablen	G1 n=10	G2 n=14	G3 n=8	G4 n=9	univar. Signifik
Beiträge live 46	4,70 (1,25)	4,71 (1,07)	1,63 (0,74)	5,11 (0,78)	.0000
Recherchezu-lieferg. 47	3,50 (1,71)	3,21 (2,01)	3,13 (1,36)	3,11 (1,17)	.9520
Reportagen 48	3,90 (1,6)	4,14 (1,61)	3,13 (2,17)	4,56 (1,24)	.3521
Beiträge/rech.in-tensiv 49	4,2 (1,32)	4,29 (1,44)	3,88 (1,46)	4,56 (1.13)	.7777
monothem. Sen-dungen 50	3,00 (1,63)	3,00 (2,00)	1,00 (0)	1,44 (0,73)	.0058
Beiträge/auf-wendig 51	3,20 (1,48)	4,07 (1,64)	2,88 (1,73)	2,44 (1,24)	.0921
Jingles usw. 52	2,20 (1,87)	1,86 (1,46)	1,13 (0,35)	1,00 (0)	.1369
Beiträge-Fort-setzung 53	2,2 (1,89)	1,43 (0,76)	1,00 (0)	2,33 (1,2)	.0621
RVD 54	5,60 (0,7)	3,29 (2,05)	1,00 (0)	1,56 (1,13)	.0000
Moderation 55	5,80 (0,42)	5,21 (1,12)	1,00 (0)	1,33 (0,71)	.0000
Kommentare 56	2,90 (1,7)	2,50 (1,79)	1,25 (0,71)	1,44 (0,53)	.0373
Hintergrund 57	3,50 (1,35)	3,14 (1,75)	2,25 (1,58)	2,67 (0,87)	.2999
Glossen 58	2,60 (1,26)	2,07 (1,44)	1,75 (1,75)	1,44 (0,73)	.2961
Newsshows 59	5,4 (0,97)	2,21 (1,72)	2,75 (1,58)	5,00 (1,22)	.0000
Schlagzeilen 60	4,00 (2,05)	1,21 (0,58)	2,25 (1,39)	4,89 (1,17)	.0000
Verwaltung 64	2,4 (2,0)	1,29 (0,61)	1,0 (0)	1,0 (0)	.0141
Beiträge auf Halde 65	2,30 (2,3)	2,36 (1,60)	3,13 (1,73)	2,22 (1,30)	.5650

Variablen	G1 n=10	G2 n=14	G3 n=8	G4 n=9	univar. Signifik
Autonomie 140	5,7 (0,48)	4,79 (1,53)	4,38 (1,5)	5,11 (0,93)	.1368
vor Termin 141	4,20 (1,03)	3,50 (1,50)	3,25 (1,49)	3,89 (1,05)	.4167
Spezialisierg. 142	4,50 (1,27)	4,57 (1,34)	3,13 (2,0)	3,22 (1,40)	.0501
Kriterien klar 147	5,10 (0,74)	3,57 (1,55)	3,25 (0,89)	3,78 (1,56)	.0162
alle Themen 149	1,90 (1,2)	2,29 (1,27)	3,13 (2,03)	4,22 (1,64)	.0085
Schwierigkt. m.Themen 151	2,00 (1,63)	2,43 (1,45)	3,00 (1,60)	3,22 (1,30)	.2877
Konkurrenz-druck 153	1,90 (0,99)	3,50 (1,65)	2,38 (1,85)	3,56 (1,24)	.0331

Tabelle 2:
STATUS UND REDAKTION DER CLUSTERGRUPPEN IM LANDESSTUDIO (CLMLS4)

Status/Redakt.	Gruppe 1	Gruppe 2	Gruppe 3	Gruppe 4
Status: fest	5	5	-	-
frei	5	9	5	8
Hospi.	-		3	1
Redaktionszugehörigkeit	Akt.: 5 S4: 5	Akt.: 1 Ferns.: 1 Kultur: 3 Musik: 2 S4: 2 U: 5	Akt.: 2 S4: 3 U: 3	Akt.: 9

Tabelle 3:
ENTSCHEIDUNGEN ÜBER THEMEN UND BEITRÄGE

Variablen	G1 n=10	G2 n=14	G3 n=8	G4 n=9	univar. Signifk
Vorschläge 87	4,7 (0,95)	4,43 (1,16)	4,38 (1,41)	4,00 (1,00)	.6115
Bearbeitung 88	5,10 (0,88)	4,71 (0,99)	4,25 (1,28)	4,56 (1,42)	.4589
Vorgaben 89	2,30 (1,16)	3,07 (1,14)	3,88 (0,83)	4,56 (1,42)	.0001
Vorlagen 90	3,2 (1,75)	3,07 (1,98)	5,00 (1,60)	3,56 (1,59)	.0998
Abnahme 91	3,0 (1,63)	3,43 (1,95)	4,63 (1,69)	2,78 (1,64)	.1577
nachträgl. Veränderung 92	1,80 (0,42)	2,00 (0,96)	3,13 (1,46)	1,78 (0,67)	.0147
gekippte Beiträge 93	1,20 (0,42)	1,29 (0,47)	1,63 (1,06)	1,56 (0,53)	.3956

Tabelle 4:
THEMENQUELLEN

Variablen	G1 n=10	G2 n=14	G3 n=8	G4 n=9	univar. Signif.
Tageszeitungen 66	5,70 (0,67)	4,71 (1,27)	5,25 (1,49)	5,67 (0,50)	.1038
Bücher,Zeitschriften 67	4,10 (0.99)	3,29 (0,91)	3,50 (1,60)	3,00 (1,22)	.2069
Sendungen 68	4,40 (1,58)	2,64 (1,28)	2,63 (0,74)	4,00 (0,87)	.0019
Agenturmeldungen 69	5,10 (1,10)	3,36 (1,50)	4,00 (1,31)	4,78 (1,09)	.0110
Pressemitteilungen 70	4,20 (0,92)	3,79 (1,05)	4,00 (1,51)	5,00 (0,87)	.0853
Ereignisvorschau 71	4,70 (1,06)	3,57 (1,70)	2,50 (1,31)	4,67 (1,22)	.0053

Pers. Interessen/Hobbies 72	4,00 (1,05)	3,79 (1,67)	3,75 (1,49)	4,33 (1,32)	.8019
Gespräche/Bekannte 73	4,00 (1,15)	3,50 (1,61)	3,38 (0,92)	4,00 (1,12)	.6031
Gespräche/Kollegen LS 74	3,80 (1,69)	3,86 (1,35)	3,25 (1,49)	3,89 (0,93)	.7514
Kollegen außerhalb 75	2,80 (1,14)	2,79 (1,25)	1,88 (1,46)	2,22 (1,09)	.2952
Geistesblitz 76	3,90 (1,37)	3,17 (1,75)	2,75 (1,49)	3,78 (1,30)	.3445

Tabelle 5:
INFORMATIONSQUELLEN

Variablen	G1 n=10	G2 n=14	G3 n=8	G4 n=9	univar. Signif.
andere Rundfunk-beiträge 77	3,60 (1,17)	2,86 (1,46)	3,0 (1,93)	3,89 (1,45)	.3565
Presseartikel 78	4,90 (0,99)	4,71 (1,33)	5,38 (1,19)	5,0 (1,0)	.6421
Bücher 79	3,10 (1,37)	3,57 (1,45)	3,50 (1,69)	3,11 (1,27)	.8110
Pressearchiv 80	5,10 (1,10)	4,64 (1,91)	3,75 (1,58)	4,33 (1,58)	.3561
Freunde / Bekannte 81	3,40 (1,17)	3,0 (1,11)	3,50 (1,20)	3,44 (1,51)	.7493
Tips von Kollegen 82	3,80 (1,32)	3,21 (1,31)	4,0 (1,07)	3,50 (0,93)	.4597
Agenturmeldungen 83	5,0 (0,94)	3,64 (1,39)	4,25 (1,49	4,56 (1,42)	.1051
Funktionsträger 84	4,30 (1,25)	3,71 (1,27)	4,13 (1,89)	5,22 (0,97)	.0915
persönliche Erfahrungen 85	3,67 (1,12)	3,69 (1,11)	4,0 (1,29)	2,86 (1,21)	.3071
Privatpersonen 86	3,50 (1,18)	3,43 (1,60)	3,75 (1,28)	4,67 (1,0)	.1625

Tabelle 6:
KRITERIEN BEI DER VERGABE VON THEMEN

Variablen	G1 n=10	G2 n=14	G3 n=8	G4 n=9	univar. Signif.
gleichmäßige Verteilung 94	4,44 (1,33)	3,57 (1,50)	3,75 (1,49)	4,22 (1,30)	.4721
persönliche Beziehungen 95	1,50 (0,71)	3,71 (1,33)	4,00 (1,85)	3,78 (1,20)	.0003
Geschlecht 96	1,80 (1,03)	2,71 (1,59)	2,38 (1,51)	2,00 (1,00)	.3766
Kompetenz 97	4,80 (1,32)	4,93 (0,83)	4,88 (1,13)	4,78 (0,83)	.9843
Machtspiele 98	1,70 (0,82)	3,23 (1,30)	3,50 (1,77)	3,13 (1,46)	.0250
organisatorische Zwänge 99	5,56 (0,73)	4,36 (1,01)	4,25 (1,49)	5,00 (0,87)	.0327
Willkür 100	1,60 (0,84)	2,85 (1,21)	3,38 (1,92)	3,00 (1,58)	.0491
Sympathie 101	2,30 (1,16)	4,00 (1,53)	3,88 (1,55)	3,00 (1,22)	.0267

Tabelle 7:
ARBEITSZEIT UND INTERAKTION

Variablen	G1 n=10	G2 n=14	G3 n=8	G4 n=9	univar. Signif.
alleine arbeiten 102	4,20 (1,75)	4,50 (1,29)	4,50 (1,51)	4,87 (1,36)	.8168
mit anderen Mitarbeitern 103	4,90 (0,99)	3,79 (1,58)	3,13 (0,83)	3,38 (1,69)	.0384
mit Recherchepartnern 104	3,70 (1,16)	3,29 (1,14)	4,13 (1,36)	5,38 (0,74)	.0018

Tabelle 8:
PERSONENKONTAKTE

Variablen	G1 n=10	G2 n=14	G3 n=8	G4 n=9	univar. Signif.
Hospitanten 105	4,30 (1,83)	2,57 (0,94)	4,25 (1,39)	3,00 (1,58)	.0132
Freie 106	5,50 (0,85)	4,79 (1,58)	5,75 (0,71)	5,33 (1,12)	.2760
Hörer 107	2,30 (1,06)	2,07 (1,21)	1,25 (0,46)	1,78 (0,44)	.1137
Redakteure 108	4,70 (1,42)	4,43 (1,22)	3,75 (1,04)	3,44 (1,88)	.1919
RVD 109	5,20 (1,14)	4,64 (1,28)	5,25 (1,04)	5,22 (0,83)	.4832
Moderator 110	4,20 (1,14)	4,14 (1,41)	3,38 (1,19)	3,89 (1,36)	.5239
Redaktionsassis 111	4,20 (1,69)	4,57 (1,40)	2,86 (1,68)	1,89 (0,93)	.0005
Redaktionsleiter 112	3,30 (1,70)	3,86 (1,79)	2,13 (0,64)	1,89 (0,6)	.0067
Studioleiter 113	2,00 (1,25)	1,79 (1,12)	1,13 (0,35)	1,22 (0,44)	.1397
Techniker/Dispo 114	4,80 (1,14)	4,93 (1,07)	4,63 (1,30)	4,67 (0,87)	.9143
Recherchepartner 115	3,90 (1,10)	3,85 (1,34)	4,00 (1,53)	5,33 (0,5)	.0271
sonstige Außenstehende 116	2,11 (0,93)	2,79 (1,05)	2,43 (1,40)	2,67 (1,22)	.5532

Tabelle 9:
KRITIK/BEWERTUNGEN VON...

Variablen	G1 n=10	G2 n=14	G3 n=8	G4 n=9	univar. Signif.
Hospitanten 117	2,1 (1,45)	2,14 (0,95)	2,38 (1,19)	2,11 (1,05)	.9557
Freie 118	3,6 (1,26)	3,57 (1,28)	4,88 (0,99)	4,22 (1,09)	.0721
Redakteure 119	4,1 (0,99)	4,21 (1,25)	5,22 (1,16)	3,67 (1,22)	.0568
Moderator 120	3,8 (1,48)	3,5 (1,7)	4,00 (1,60)	3,56 (1,33)	.8887
RVD 121	4,4 (1,07)	4,31 (1,49)	4,75 (1,39)	4,33 (1,32)	.8921
Redaktionsassis 122	1,7 (0,67)	2,36 (1,28)	1,57 (0,79)	1,22 (0,44)	.0401
Redaktionsleiter 123	3,1 (1,45)	4,14 (1,7)	2,5 (1,97)	2,56 (1,24)	.0329
Studioleiter 124	1,8 (1,14)	1,71 (0,83)	1,0 (0)	1,11 (0,33)	.0533
Hörfunkdirektor 125	1,4 (0,97)	1,29 (0,47)	1,0 (0)	1,0 (0)	.2906
Bekannte 126	3,2 (1,23)	3,93 (1,33)	3,5 (2,0)	3,67 (1,22)	.6711
Techniker 127	3,0 (0,82)	3,21 (1,05)	3,75 (1,04)	3,67 (0,87)	.2789
Hörer 128	2,1 (1,45)	2,29 (1,33)	1,25 (0,46)	2,11 (0,6)	.2143

Tabelle 10:
RATSCHLÄGE VON...

Variablen	G1 n=10	G2 n=14	G3 n=8	G4 n=9	univar. Signif.
Hospitanten 129	1,70 (1,06)	1,62 (0,65)	3,0 (1,31)	1,78 (0,97)	.0172
Freie 130	3,50 (1,08)	3,86 (1,17)	5,50 (0,76)	4,89 (1,27)	.0012
Redakteure 131	3,90 (0,88)	3,64 (0,84)	4,50 (1,31)	4,33 (1,32)	.2513
Moderator 132	3,10 (1,29)	2,43 (0,94)	2,75 (1,39)	2,22 (0,97)	.3464
RVD 133	4,30 (1,06)	4,08 (1,26)	5,13 (1,13)	4,78 (1,64)	.2825
Redaktionsassis 134	1,80 (0,79)	2,79 (1,53)	1,86 (1,07)	1,11 (0,33)	.0090
Redaktionsleiter 135	2,60 (1,17)	3,43 (1,70)	1,87 (1,36)	1,67 (1,0)	.0190
Studioleiter 136	1,40 (0,70)	1,43 (0,65)	1,13 (0,35)	1,0 (0)	.2179
Techniker/Dispo 137	3,0 (0,82)	3,29 (1,14)	4,38 (1,60)	3,33 (1,22)	.1055
Bekannte/Freunde 138	2,0 (0,94)	2,50 (1,02)	2,25 (1,58)	2,89 (1,69)	.4967
Sonstige Außen- stehende 139	1,20 (0,42)	1,71 (0,91)	1,57 (1,13)	1,44 (0,53)	.4703

Tabelle 11:
LERNFORMEN

Variablen	G1 n=10	G2 n=14	G3 n=8	G4 n=9	univar. Signif.
auf Termine mitgehen 32	2,6 (1,58)	2,93 (1,69)	3,0 (1,83)	2,22 (1,39)	.7226
Literatur lesen 33	2,50 (0,97)	2,43 (1,28)	2,14 (1,22)	2,22 (1,09)	.9036
direkte Anleitung 34	4,40 (1,43)	4,07 (1,21)	5,14 (1,07)	4,22 (1,79)	.4178
Sendungen hören 35	4,50 (1,27)	3,86 (1,51)	4,29 (1,38)	5,0 (0,71)	.2310
Studium 36	2,50 (1,90)	2,17 (1,59)	2,0 (1,73)	2,11 (1,45)	.9288
Experimentieren 37	4,70 (1,70)	5,14 (1,35)	5,38 (1,41)	5,33 (0,71)	.6899
Fortbildungskurse 38	3,40 (1,90)	2,29 (1,68)	1,67 (0,82)	1,75 (1,04)	.0877
Gespräche mit Kollegen 39	4,50 (1,35)	4,14 (1,29)	4,38 (0,52)	4,56 (1,01)	.8205
Hilfe durch Techniker 40	3,50 (1,65)	3,50 (0,94)	4,50 (0,76)	4,11 (1,05)	.1747
Abgucken 41	3,80 (1,87)	3,92 (1,38)	4,63 (1,06)	5,44 (0,88)	.0466

Anhang 9: Vergleich der Signifikanzniveaus F-Test und Kruskal-Wallis-Test für die signifikant die Clustergruppen unterscheidenden Variablen

Signifikanzniveaus der Variablen für CLMLS 4	F-Test	Kruskal Wallis
Umfragen 42	.0000	.0000
Radiomobil 43	.0046	.0087
monothem. Sendungen 50	.0058	.0022
RVD 54	.0000	.0000
Moderation 55	.0000	.0000
Kommentare/Kritiken 56	.0373	.0281
Newsshow 59	.0000	.0001
Schlagzeilen 60	.0000	.0000
Verwaltung 64	.0141	.0480
Vorgaben 89	.0001	.0000
nachtr. Veränderung 92	.0147	.0340
TQ Sendungen 68	.0019	.0057
TQ Agenturmeldg. 69	.0110	.0178
TQ Ereignisvorschau 71	.0053	.0117
persönl. Beziehungen 95	.0003	.0014
Machtspiele 98	.0250	.0264
Organis. Zwänge 99	.0327	.0398
Willkür 100	.0491	.0391
Sympathie 101	.0267	.0427
Kontakt Mitarbeiter 103	.0384	.0332
Kontakt Rech.partner 104	.0018	.0046
Kontakt Hospi. 105	.0132	.0219
Kontakt Red.-assis. 111	.0005	.0015
Kontakt Red.-leiter 112	.0067	.0187

Kontakt Rech.partner 115	.0271	.0135
Kritik Red.-assis 122	.0401	.0324
Kritik Red.-leiter 123	.0329	.0502
Kritik Studioleiter 124	.0533	.0264
Rat Hospis. 129	.0172	.0545
Rat Freie 130	.0012	.0032
Rat Red.-assis 134	.0090	.0155
Rat Red.-leiter 135	.0190	.0254
Abgucken 41	.0466	.0532
Spezialisierung 142	.0501	.0577
bestimmter Stil 144	.0013	.0069
Kriterien 147	.0162	.0130
Beiträge gleichztg. 148	.0227	.0246
alle Themen 149	.0085	.0187
Konkurrenz 153	.0331	.0245

GPSR Compliance

The European Union's (EU) General Product Safety Regulation (GPSR) is a set of rules that requires consumer products to be safe and our obligations to ensure this.

If you have any concerns about our products, you can contact us on ProductSafety@springernature.com

In case Publisher is established outside the EU, the EU authorized representative is:

Springer Nature Customer Service Center GmbH
Europaplatz 3
69115 Heidelberg, Germany

Batch number: 10809468

Printed by Printforce, the Netherlands